土木工程测量

主　编　索俊锋
副主编　马　宁　陈丹华
王　铮　魏相君

西北民族大学规划教材建设项目
甘肃省高等教育教学成果培育项目
资助出版

科学出版社
北　京

内 容 简 介

本书以测量学的特点和土木工程应用需求为背景，立足应用型人才培养，遵循理论联系实际和突出应用的原则，对标工程教育专业认证，融入最新教学改革成果和土木工程测量实践内容，注重学生科学精神和创新实践能力的培养，具有广泛的适用性。章节安排上遵循循序渐进、由浅入深的原则，注重知识体系的完整性和先进性，着重从测量的基础知识、测定和测设三个模块进行介绍。

本书共 14 章，第 1 章介绍测量学的基本概念、基本理论；第 2～5 章阐述测量学的基本知识和测量仪器（包括常规和新型仪器）的操作使用方法；第 6 章介绍测量误差的基本知识；第 7 章介绍小区域控制测量，包括平面控制测量和高程测量的施测与计算方法；第 8 章阐述 GNSS 测量的原理与方法；第 9 章介绍地形图的基本知识；第 10 章介绍大比例尺地形图的测绘；第 11 章介绍大比例尺地形图的应用；第 12 章介绍施工测量的基本工作；第 13 章介绍建筑施工测量；第 14 章介绍线路工程测量。

本书可作为土木工程和水利工程、交通工程、农学、资源环境、园林、道路桥梁与渡河工程、地下空间工程等专业的教学用书，也可作为注册工程师考试和各类培训班的学习用书，还可供有关工程技术人员参考。

图书在版编目（CIP）数据

土木工程测量 / 索俊锋主编. —北京：科学出版社，2023.8

ISBN 978-7-03-076199-6

Ⅰ. ①土…　Ⅱ. ①索…　Ⅲ. ①土木工程-工程测量　Ⅳ. ①TU198

中国国家版本馆 CIP 数据核字(2023)第 153878 号

责任编辑：文　杨　郑欣虹 / 责任校对：王萌萌

责任印制：张　伟 / 封面设计：陈　敬

科 学 出 版 社 出版

北京东黄城根北街 16 号

邮政编码：100717

http://www.sciencep.com

北京中石油彩色印刷有限责任公司 印刷

科学出版社发行　各地新华书店经销

*

2023 年 8 月第　一　版　开本：787×1092　1/16

2024 年 2 月第二次印刷　印张：20 3/4

字数：530 000

定价：79.00 元

（如有印装质量问题，我社负责调换）

前　言

目前，测绘科学与技术正在向能源、生态、地球空间信息、自然灾害、土木工程、建筑信息化等领域多学科交叉融合、智能化方向发展，这对高等学校工程教育模式提出了新的要求，需要与时俱进，建立与之相适应的以复合型应用人才培养为主的教学体系。本书立足于测量基本知识、基本理论和基本技能，结合土木工程建设领域对测绘技术与方法的应用需求，融入一些测绘新技术、新方法和教学改革的最新成果，对传统教材的章节内容和编排进行了优化和拓展，更加注重培养学生测量技术的应用技能和创新能力，有效激发学生的学习热情，力求做到内容和技术方法精炼、理论联系实际，注重实践教学、概念清晰、通俗易懂、适用面广、应用性强。

“土木工程测量”是土木类、建筑类非测绘工程专业的一门专业基础课，具有广泛的适用性。通过学习测绘理论、技术、仪器与方法，为土木工程建设等领域提供测绘技术支撑，并有助于读者在土木工程与城市建设等领域运用测绘科学与技术知识，去解决实际工作中遇到的决策、规划、管理、工程、研发等问题。按照国家培养应用型创新人才的要求，结合测绘地理信息新技术发展迅猛的特点，以及教学课时趋于减少和强化实践的现状，本书在注重基本原理的基础上，试图妥善处理传统测量学内容与新知识、新仪器和新技术的衔接，凝练和精简传统的测绘理论知识，淡化测量数据与误差处理理论，逐渐调整以地形测图为主线的教学思路，强化测绘技术在土木类、建筑类专业上的应用，有意识地融入一些新的理念和新的土木工程测量方法，如强化地图信息与数据的获取与应用、地图编制、土木工程施工放样新方法、地下空间工程测量、三维激光扫描、无人机倾斜摄影测量等，使读者付出更少的时间和精力，掌握现代土木工程测量的精髓。

本书由索俊锋主编，参与编写工作的还有马宁、陈丹华、王铮、魏相君等。其中，第1、5、6、7、9、10、13、14 章由索俊锋编写；第 2、3、4、11 章由马宁编写；第 8、12 章由陈丹华编写；第 14 章部分实验内容由王铮编写；思考与练习题由魏相君编写。全书由索俊锋统稿。

由于编者水平有限，本书难免存在不足之处，敬请读者批评指正。

编　者

2022 年 10 月

目　　录

第1章　绪　　论

1.1　测绘学简介

1.1.1　测绘学的基本概念

测量学（surveying）是研究如何测定地面点的位置和高程，将地球表面的地形及其他信息测绘成图（含地图和地形图），以及确定地球的形状和大小的一门科学。“测量”一词泛指对各种量的量测，而测量学所量测的对象是地球的表面乃至整个地球，随着现代科技的发展和社会的进步，其研究范围进一步扩展到地球外层空间的各种自然和人造实体。由于测量学一般都包括测和绘两项内容，这门科学又称为“测绘学”。现阶段，测绘学（geomatics）被赋予了特殊的定义，它是研究与地球及近地天体有关的空间信息的采集、处理、分析、显示、管理和利用的科学与技术。针对地球而言，测绘学研究测定和推算地面及其外层空间点的几何位置，确定地球形状和地球重力场，获取地球表面自然形态和人工设施的几何分布及与其属性有关的信息，编制全球或局部地区的各种比例尺的普通地图和专题地图，建立各种地理信息系统，为国民经济发展和国防建设及地学研究服务。它是地球科学的一个分支学科。

测绘学将地表物体分为地物和地貌。地物是指地面上天然或人工形成的物体，包括湖泊、桥梁、道路、建筑物、河流等；地貌是指地表高低起伏的形态，包括山地、丘陵、平原等。地物和地貌总称为地形。

测绘学的主要任务是测定和测设。测定（location）是利用测量仪器和工具，通过测量与计算将地物和地貌的位置按一定比例尺、规定的符号缩小绘制成地形图，供科学研究和工程建设规划设计使用；测设（setting-out）是将在地形图上设计出的建筑物和构筑物的位置在实地标定出来，作为施工的依据，测设又称为施工放样。

测绘学的应用范围很广，在城乡建设规划、国土资源的合理利用、农林牧渔业的发展、环境保护及地籍管理等工作中，必须进行土地测量，并测绘各种类型、各种比例尺的地图，以供规划和管理使用；在地质勘探、矿产开发、水利、交通等国民经济建设方面，则必须进行控制测量、矿山测量和线路测量，并测绘大比例尺地形图，以供地质普查和各种建筑物设计施工使用；在国防建设方面，除了为军事行动提供军用地图外，还要保证火炮射击的迅速定位和导弹等武器发射的准确性，提供精确的地心坐标和精确的地球重力场数据；在研究地球运动状态方面，测绘学提供的大地构造运动和地球动力学的几何信息，结合地球物理的研究成果，有助于解决地球内部运动机制问题。

由此可见，测绘学对国民经济的发展和国防建设具有重要的意义。测绘工作常被人们称为“建设的尖兵”“工程的眼睛”。通过测量获得的地形图是基本的空间地理信息，广泛服务于科学研究、国防建设、经济建设及社会发展规划等各个方面，是一个国家重要的基础数据之一。

1.1.2　测绘学的学科分类

按照研究对象及采用的技术不同，测绘学通常可分为以下几种专业分支学科：

1）大地测量学

大地测量学是研究和确定地球的形状、大小、重力场、整体与局部运动、地表面和近地空间点的几何位置及其变化的科学与技术。凡研究对象为地表上较大区域甚至整个地球时，就必须考虑地球曲率的影响，这种以研究广大地区为对象的测量学科属于大地测量学的范畴。由于现代科学技术的迅速发展，大地测量学已由研究区域性大地测量发展为全球性大地测量；由研究地球表面发展为涉及地球内部；由研究静态大地测量发展为动态大地测量；由测地球发展为可以测月球和太阳系各行星，并有能力对整个地学领域及航天等有关空间的技术做出重要贡献。大地测量的主要任务是建立国家或大范围的精密控制测量网，内容有三角测量、导线测量、水准测量、天文测量、重力测量、惯性测量、卫星大地测量及各种大地测量数据处理等。大地测量的作用包括为大规模地形图测制及各种工程测量提供高精度的平面控制和高程控制；为空间科学技术（人造地球卫星、导弹和各种航天器的发射）和军事用途等提供精确的点位坐标、距离、方位及地球重力场资料；为研究地球形状和大小、地壳形变及地震预报等科学问题提供资料。

2）摄影测量与遥感学

摄影测量与遥感学是研究利用非接触传感器获取目标物的影像及相关数据，从中提取几何、物理、语义信息及其变化，用以测定目标物的形状、大小、空间位置，判释其性质及相互关系，并用图形、图像和数字形式表达的科学和技术。根据获得影像信息方式的不同，摄影测量又分为航空摄影测量、水下摄影测量、数字摄影测量、地面摄影测量和航空航天遥感等。利用遥感技术可快速获得地表的卫星影像，在现代通信技术、计算机技术的支持下，快速获得各种模拟和数字地图，广泛应用于测绘、农业、林业、地质、海洋、气象、水文、军事、环保等领域。

3）地图制图学与地理信息工程

地图制图学与地理信息工程是研究地图的信息传输、空间认知、投影原理、制图综合和地图的设计、编制、复制及建立地图数据库等的理论和技术的学科。它是用地图图形反映自然界和人类社会各种现象的空间分布、相互关系及其动态变化，其主要内容包括地图的编制、投影、整饰和印刷等。现代地图制图学正向着制图自动化、电子地图制作及地理信息系统方向发展。

4）工程测量学

工程测量学是研究工程建设和自然资源开发利用各阶段所进行的控制测量、地形测绘、施工放样、变形监测，建立专题信息系统等的科学与技术。其主要内容包括控制测量、地形测量、施工测量、设备安装测量、竣工测量、变形观测和跟踪监测等。主要任务是为各种工程建设提供测绘保障，满足工程所提出的要求。按照测量精度，工程测量可分为普通工程测量和精密工程测量；按照工程对象，工程测量可分为建筑、水利、线路、桥隧、地下、海洋、军事、工业、矿山及城市等工程测量。

5）海洋测绘学

海洋测绘学是研究与海洋和陆地水域有关的地理空间信息的采集、处理、表示、管理和应用的科学与技术，主要包括海道测量、海洋大地测量、海洋重力测量、海岸地形测量、海底地形测量、海洋磁力测量、海洋工程测量、海洋专题测量，以及航海图、海底地形图、各种海洋专题图和海洋图集的编制等。海洋测绘一般可按区域划分为沿岸测绘、近海测绘和远海测绘。

6）普通测量学

普通测量学是研究地球表面局部区域内测绘工作的基本理论、技术、方法和应用的学科。由于区域范围较小，在该区域内进行测量、计算和制图时，可以不考虑地球曲率的影响，把该区域的地面简单地当作平面处理，而不影响测图的精度。普通测量学是测绘学的基础，主要研究内容包括图根控制网的建立、地形图的测绘及一般工程的施工测量。基本工作包括距离测量、角度测量、高程测量、定向测量、观测数据的处理及绘图等。

本书在介绍普通测量学的基础上，根据土木工程及相关专业的实际，相应增加了部分工程测量学的内容。

1.1.3　土木工程测量的任务

土木工程建设一般分为勘测设计、施工建设和运营管理三个阶段，测量工作作为基础部分，贯穿于工程建设的全过程。土木工程测量就是研究土木工程在勘察、设计、施工和管理阶段所进行的各种测量工作的理论和技术的学科。

公路、铁路建设中的测量工作是：为了确定一条经济合理的路线，应预先测绘路线附近的地形图，在地形图上进行路线设计，然后将设计路线的位置标定在地面上以指导施工。当路线跨越河流时，应建造桥梁。建桥前，应测绘河流两岸的地形图，测定河流的水位、流速、流量、河床地形图和桥梁轴线长度等，为桥梁设计提供必要的资料，在施工阶段，需要将设计桥台、桥墩的位置标定到实地。当路线穿过山岭需要开挖隧道时，开挖前，应在地形图上确定隧道的位置，根据测量数据计算隧道的长度和方向，隧道施工通常是从隧道两端相向开挖，这就需要根据测量成果指示开挖方向及其断面形状，保证隧道准确贯通。

土木工程测量的主要任务包括以下几点。

（1）大比例尺地形图的测绘。运用测量学的理论、方法和工具，将小范围内地面上的地物和地貌按一定比例尺测绘成地形图。

（2）地形图应用。为工程建设的规划设计，从地形图中获取所需要的资料，例如，量取点的坐标和高程、两点间的距离、地块的面积、图上设计线路、绘制纵断面图和进行地形分析等。

（3）施工测量。各种工程在施工阶段所进行的测量工作称为施工测量。施工测量最基本的工作是放样，放样是把图上设计的工程建（构）筑物标定在实地上，作为施工的依据，也称为测设。

（4）变形观测。监测建（构）筑物的水平位移和垂直沉降，以便采取措施，保证建（构）筑物的安全。

（5）竣工测量。测绘竣工图。

总之，在工程建设的各个阶段都要进行测量工作，土木工程测量贯穿于工程建设的始末，因此，从事工程建设的工程技术人员，必须掌握工程测量的基本知识和技能。

1.2　地球的形状和大小

测绘学主要研究对象是地球，人类对地球形状的认识经历了圆球→椭球→大地水准面→真实地球的自然表面的过程。地球是一个南北极稍扁、赤道稍长、平均半径约为6371km 的椭球体。

测量工作是在地球表面上进行的，而地球的自然表面是很不规则的，有高山、丘陵、平原和海洋等高低起伏的形态，其中，海洋面积约占 71%，陆地面积约占 29%。根据 2020 年中国和尼泊尔共同发布的数据，地球上最高的珠穆朗玛峰高出海平面达 8848.86m，最低的马里亚纳海沟低于海平面达 11034m。地球表面虽有高山和深海，但这些高低起伏与地球半径相比是很微小的，可以忽略不计。

如图 1-1（a）所示，由于地球的自转，其表面的质心 P 除受万有引力的作用外，还受到离心力的影响。P 点所受的外有引力与离心力的合力称为重力，重力的方向线称为铅垂线。

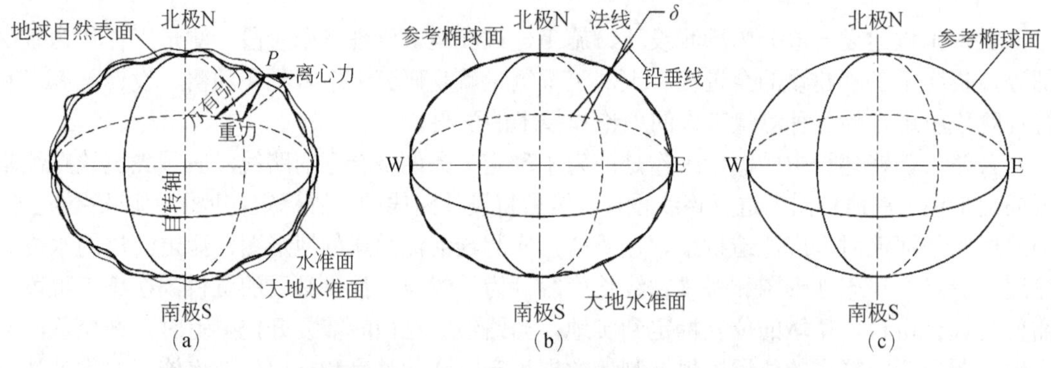

图 1-1　地球的自然表面、水准面、大地水准面、参考椭球面的关系

由于地球表面绝大部分是海洋，人们很自然地会把整个地球总体形状看作被海水包围的球体。假想静止不动的水面延伸穿过陆地，包围整个地球，形成的封闭曲面，这个封闭曲面称为水准面。水准面是受地球重力影响形成的重力等位面，物体沿该面运动时，重力不做功(如水在这个面上不会流动)，其特点是曲面上任意一点的铅垂线垂直于该点的曲面。根据这个特点，水准面也可以定义为：处处与铅垂线垂直的封闭曲面。由于水准面的高度可变，符合该定义的水准面有无数个，其中，与平均海水面相吻合的水准面称为大地水准面。大地水准面是唯一的。被大地水准面包围的地球形体称为大地体。

由于地球内部物质的密度分布不均匀，地球各处的万有引力的大小不同，重力方向发生变化，大地水准面是有微小起伏、不规则、很难用数学方程表示的复杂曲面。如果将地球表面的物体投影到这个复杂曲面上，计算起来将非常困难。为了解决投影计算问题，通常选择一个与大地水准面非常接近的、能用数学方程表示的椭球面作为投影的基准面，这个椭球面是由长半轴 a、短半轴 b 的椭圆绕其短轴旋转而成的旋转椭球面［图 1-1（b）］。旋转椭球又称参考椭球，其表面称为参考椭球面［图 1-1（c）］，是测量计算工作的基准面。由地表任一点向参考椭球面所做的垂线称为法线，地表点的铅垂线与法线一般不重合，其夹角δ称为垂线偏差。

决定参考椭球面形状和大小的元素是椭球的长半轴 a、短半轴 b。此外，还根据 a 和 b

定义了扁率f，其计算式为

$$f=\frac{a-b}{a} \tag{1-1}$$

表1-1是我国采用的三个参考椭球及全球定位系统（global positioning system，GPS）测量使用的参考椭球元素值。2018年7月1日起，我国全面使用2000国家大地坐标系。

表1-1 我国采用的三个参考椭球及GPS测量使用的参考椭球元素值

序号	坐标系统	类型	参考椭球名	长半轴a/m	扁率f
1	1954北京坐标系	参心坐标系	克拉索夫斯基椭球	6378245	1∶298.3
2	1980西安坐标系	参心坐标系	IUGG*1975椭球	6378140	1∶298.257
3	2000国家大地坐标系	地心坐标系	CGCS2000**椭球	6378137	1∶298.257222101
4	1984世界大地测量系统	地心坐标系	IUGG1979椭球	6378137	1∶298.257223563

自2019年1月1日起，全面停止向社会提供1954年北京坐标系和1980西安坐标系基础测绘成果。

* 国际大地测量与地球物理联合会（International Union of Geodesy and Geophysics，IUGG）

** 2000国家大地坐标系（China Geodetic Coordinate System 2000，CGCS2000）

由于参考椭球体的扁率很小，在测量精度要求不高的情况下，可以把地球看作球体，其半径取6371km。

1.3 测量坐标系与地面点位的确定

几何学里描述实体的要素可分为点、线、面三种，而点是最基本的元素，点可构成线、线可构成面、面可构成体。代数中描述点，通常采用三维直角坐标中点的（X，Y，Z）坐标来表示。也就是说，在现实三维世界中，只要给定一个参照坐标系，就可以确定点的三维坐标，其位置也就可以在空间中表示出来。那么，点的坐标具体是如何确定的呢？

为了确定点在空间中的位置，需要建立测量坐标系。测量坐标系分为参心坐标系和地心坐标系。“参心”意指参考椭球的中心，由于参考椭球中心一般不与地球质心重合，它属于非地心坐标系，表1-1中的前两个坐标系是参心坐标系。“地心”意指地球的质心，表1-1中的后两个坐标系属于地心坐标系。一个点的空间位置，可以用三维的空间直角坐标表示，也可以用一个二维坐标（椭球面坐标或平面直角坐标）和高程的组合来表示。由于地表高低起伏不平，一般是用地面某点投影到参考曲面上的位置和该点到大地水准面的铅垂距离来表示该点在地球上的位置。为此，测量上将空间坐标系分解为确定点的球面位置的坐标系（二维）和高程系（一维），确定点的球面位置的坐标系有地理坐标系和平面直角坐标系两类。

1.3.1 确定点的球面位置的坐标系

1. 地理坐标系

地理坐标系用经纬度表示点在地球表面的位置。按坐标系所依据的基本线和基本面的不同及求坐标方法的不同，地理坐标系又分为天文地理坐标系和大地地理坐标系两种。

（1）天文地理坐标系。天文地理坐标又称为天文坐标，表示地面点在大地水准面上的位置，其基准是铅垂线和大地水准面，它用天文经度λ和天文纬度φ来表示点在球面的位置。

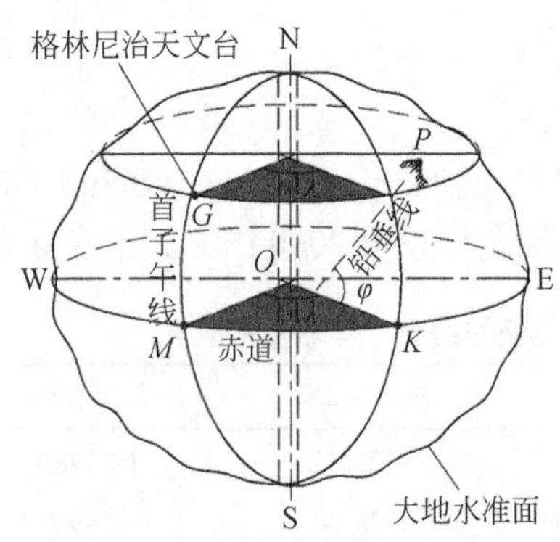

图 1-2 地面点的天文地理坐标

如图 1-2 所示，N、S 分别是地球的北极和南极，NS 称为地轴。过地面上任一点 *P* 的铅垂线与地球旋转轴 NS 平行的平面称为该点的天文子午面。天文子午面与大地水准面的交线称为天文子午线，也称为经线。通过英国格林尼治天文台 *G* 的天文子午面称为首子午面。过地面上任意一点 *P* 的天文子午面与首子午面的夹角 λ 称为 *P* 点的天文经度，从首子午面向东或向西计算，取值范围为 0°～180°，在首子午面以东为东经，以西为西经，同一子午线上各点的精度相同。

过 *P* 点垂直于地球旋转轴 NS 的平面与大地水准面的交线称为纬线。过地球质心 *O* 的纬线称为赤道。过 *P* 点的铅垂线与赤道平面的夹角 φ 称为 *P* 点的纬度，自赤道起向南或向北计算，取值范围为 0°～90°，在赤道以北为北纬，以南为南纬。

由于我国位于东半球和北半球，各地的地理坐标都是东经和北纬，经纬度后冠以 E 和 N 字母加以区分，例如，北京的地理坐标为 116°28′E，39°54′N。

（2）大地地理坐标系。大地地理坐标系又称为大地坐标，是表示地面点在参考椭球面上的位置，它的基准是法线和参考椭球面，用大地经度 *L* 和大地纬度 *B* 表示。由于参考椭球面上任意点 *P* 的法线与参考椭球面的旋转轴共平面，过 *P* 点与参考椭球面旋转轴的平面称为该点的大地子午面。

P 点的大地经度 *L* 是过 *P* 点的大地子午面和首子午面所夹的二面角，*P* 点的大地纬度 *B* 是过 *P* 点的法线与赤道面的夹角。大地经纬度是根据起始大地点（又称为大地原点，该点的大地经纬度与天文经纬度一致、参考椭球面和大地水准面相切、法线和铅垂线重合）的大地坐标，按大地测量所测得的数据推算而得到的。我国以位于陕西省泾阳县永乐镇石际寺村的大地原点为起算点，由此建立的大地坐标系，称为“1980 西安坐标系”，简称 80 西安系；通过与苏联 1942 年普尔科沃坐标系联测，经我国东北传算过来的坐标系称“1954 北京坐标系”，简称 54 北京系，其大地原点位于俄罗斯圣彼得堡市普尔科沃天文台圆形大厅中心。

为求得 *P* 点位置，可在该点上安置仪器，用天文测量的方法来测定。这时，仪器的竖轴必然与铅垂线重合，即仪器的竖轴与该处的大地水准面相垂直。由于铅垂线与法线不垂直［图 1-1（b）］，$\lambda \neq L$，$\varphi \neq B$。根据垂线偏差 δ，可以将 λ、φ 改算为 *L*、*B*。

2. 平面直角坐标系

1）高斯平面直角坐标

地理坐标是球面坐标，若直接用于工程建设规划、设计、施工，会带来很多计算和测量的不便，例如，在赤道上，1″的经度差或纬度差对应的地面距离约为 30m。测量计算最好在平面上进行，但地球是一个不可展的曲面，须将球面坐标按一定的数学法则归算到平面上，即测量工作中所称的投影。

高斯投影是由德国数学家高斯于 1825～1830 年首先提出的，用于解决德国汉诺威地区大地测量投影问题，1912 年德国学者克吕格将高斯投影公式加以整理和扩充并推导了实用的计算公式，所以又称为高斯-克吕格投影。之后，保加利亚学者赫里斯托夫等对高斯投影作了进一步更新和扩充。使用高斯投影的国家主要有德国、中国和俄罗斯。

高斯投影是一种横椭圆柱正形投影。设想将一个横椭圆柱套在参考椭球外面，如图 1-3（a）所示，并与椭球面上某投影带的中央子午线相切，该子午线称为中央子午线，使横圆柱的轴心 CC'通过参考椭球的中心 O 并与地轴 NS 垂直，然后将中央子午线东西各一定经差范围内的点线投影到横圆柱面上。再沿着该横椭圆柱面过南北极的母线将圆柱面剪开，并展开为平面，这个平面称为高斯投影平面。在高斯投影平面上，中央子午线和赤道的投影是两条相互垂直的直线，见图 1-3（b），其他子午线和纬线成为曲线。为便于直线定向，定义中央子午线为坐标纵轴，即 x 轴，赤道为坐标横轴，即 y 轴，两轴的交点为坐标原点 O，组成高斯平面直角坐标系，规定 x 轴向北为正，y 轴向东为正，坐标象限按顺时针编号。这与数学的笛卡儿坐标系相比，只是 x 轴和 y 轴互换了位置及象限编号顺序不同，数学上定义的三角函数在高斯平面直角坐标系下可直接使用。

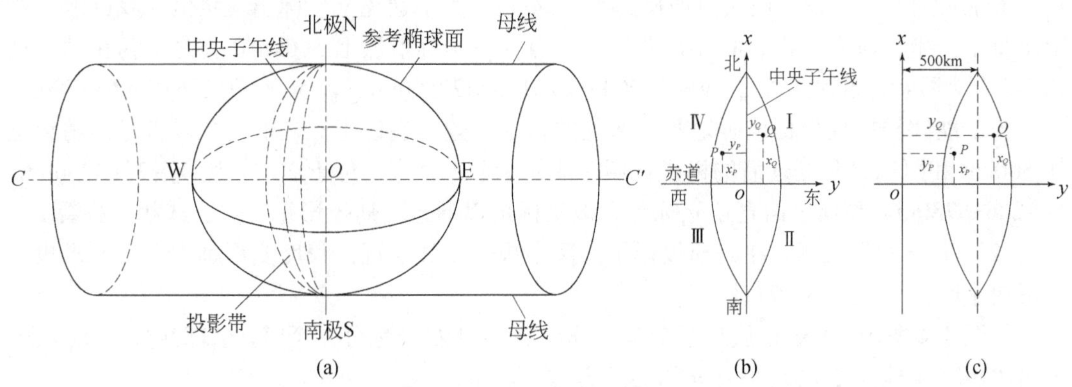

图 1-3　高斯平面坐标系投影图

高斯投影是正形投影的一种，投影前后的角度保持不变，除中央子午线投影后为直线且长度不变外，任意两点间的长度都产生了变形，距中央子午线越远，长度变形越大。长度变形太大对测图、用图和测量计算都不利，必须限制长度变形。限制长度变形的方法是采用分带投影。高斯投影是将地球按经线划分为若干带，带宽用投影带两边缘子午线的经度差表示，常用带宽为 6°、3°和 1.5°，分别简称 6°带、3°带和 1.5°带投影。国际上对 6°和 3°带投影的中央子午线经度有统一规定，满足这一规定的投影称为统一 6°带投影和统一 3°带投影。

（1）统一 6°带投影。从首子午线开始，每隔按 6°的经度差划分为一带，自西向东将整个地球分为 60 个投影带。带号从首子午线开始，用阿拉伯数字表示，东经 0°～6°为第 1 带，6°～12°为第 2 带，以此类推，如图 1-4 所示。

位于每一带中央的子午线称为中央子午线，第 1 带中央子午线的经度为 3°，任意带中央子午线的经度 L_0 与带号 N 的关系为

$$L_0 = 6N - 3 \tag{1-2}$$

反之，已知地面任一点的经度 L，要计算该点所在的统一 6°带编号的公式为

$$N = \mathrm{Int}\left(\frac{L+3}{6} + 0.5\right) \tag{1-3}$$

式中，Int 为取整函数。

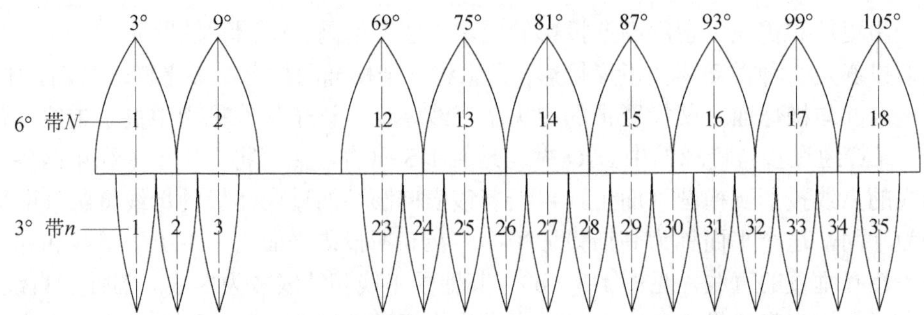

图 1-4　统一 6°带投影与统一 3°带投影高斯平面坐标系的关系

我国位于北半球，x 坐标恒为正值，y 坐标则有正有负。如图 1-3（b）中，P 点位于中央子午线以西，其 y 坐标为负值 y_P=−272440m，Q 点位于中央子午线以东，y_Q=+136780m。对于 6°带投影，y 坐标的最大负值量约为−334km。为了避免 y 坐标出现负值，我国统一规定将每带的坐标原点西移 500km，即给每个点的 y 坐标值加上 500km，使之恒为正值。如图 1-3（c）所示，纵轴西移后，y'_P=500000−272440=227560m，y'_Q=500000+136780=636780m。

为了能够根据横坐标值确定某点所处的带号，规定在横坐标之前均冠以带号。将经过加 500km 和冠以带号处理后的横坐标用 Y 表示，设 P、Q 点均位于 20 带，则 Y_P=20227560m，Y_Q=20636780m。高斯平面直角坐标与大地坐标可以通过高斯投影正反算公式相互换算。

（2）统一 3°带投影。在高斯投影中，离中央子午线越远，长度变形越大，当要求投影变形更小时，可采用 3°带投影。

如图 1-4 所示，3°带是从东经 1°30′开始，按经度差 3°划分一个带，全球共分为 120 带。每带中央子午线经度 L'_0 与带号 n 的关系为

$$L'_0 = 3n \tag{1-4}$$

反之，已知地面任一点的经度 L，要计算该点所在的统一 3°带编号的公式为

$$n = \mathrm{Int}\left(\frac{L}{3} + 0.5\right) \tag{1-5}$$

为避免 y 坐标出现负值，同 6°带一样，将 3°带没带的坐标原点西移 500km，但加在 y 坐标前的带号应是 3°的带号。例如 C 点所在的中央子午线经度为 105°，y_C=538640m。该点所在 3°带的带号为 35，则该点加上带号后的 Y 坐标值为 Y_C=35538640m。

根据式（1-3）和式（1-5）以及我国所处的经度范围，求得的统一 6°带投影和统一 3°带投影的带号范围为 13～23 和 24～45。可见，在我国领土范围内，统一 6°带和统一 3°带投影带号不重叠，如图 1-4 所示。

（3）1.5°带投影。1.5°带投影的中央子午线经度与带号的关系，国际上没有统一规定，通常是使 1.5°带投影的中央子午线与统一 3°带投影的中央子午线或边缘子午线重合。

（4）任意带投影。任意带投影常用于建立城市独立坐标系。例如，可以选择过城市中心某点的子午线为中央子午线进行投影，这样可以使整个城市范围内的距离投影变形均满足投影长度变形不大于 25mm/km 的规定。

2）独立平面直角坐标

按《城市测量规范》（CJJ/T 8—2011）规定，测区面积小于 25km^2 的城镇可以不经投影采用假定平面直角坐标系在平面上直接进行计算，将大地水准面当作平面看待，地面点在大地水准面上的投影位置就可以用平面直角坐标来确定。

如图 1-5 所示，一般将独立平面直角坐标系的原点选在测区西南角，以使测区内任意点的坐标均为正值。坐标系原点可以是假定坐标值，也可采用高斯平面直角坐标值。规定 x 轴向北为正，y 轴向东为正，坐标象限按顺时针编号。

1.3.2 高程系统

地面点到大地水准面的铅垂距离称为该点的绝对高程或海拔，简称高程，用 H 加点名作下标表示。地面点的高程如图 1-6 所示，H_A、H_B 分别表示 A 点和 B 点的高程。

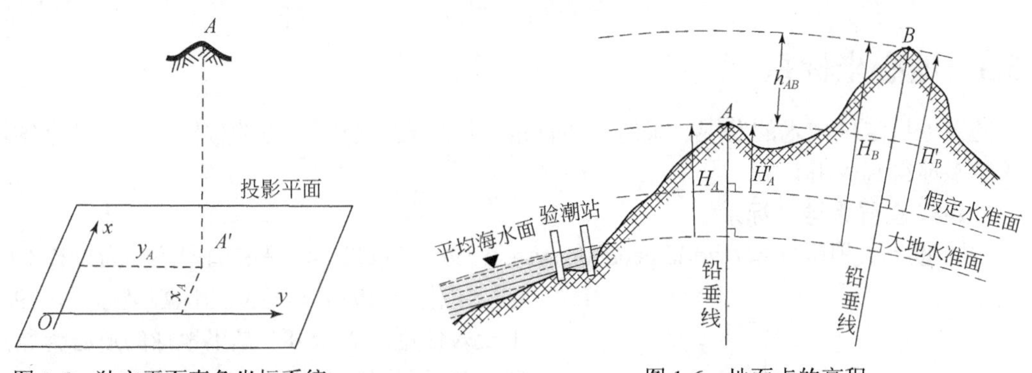

图 1-5 独立平面直角坐标系统

图 1-6 地面点的高程

高程系是一维坐标系，其基准是大地水准面。由于海水受潮汐、风浪等影响，海水面是动态变化的。通过对海边设立的验潮站多年观测的验潮资料进行计算，求得海水面的平均高度并将其作为高程零点，以通过该点的大地水准面作为高程基准面（height datum）。我国确定平均海水面的验潮站设在青岛，我国的高程基准面以黄海平均海水面为基准。为了将基准面可靠地标定在地面上以便于联测，在青岛黄海附近的观象山设立了永久的“水准点”，用精密水准测量方法联测得到该点到平均海水面的高程，作为推算全国统一高程的起算点，故该点又称为“水准原点”。

一般地，一个国家只采用一个平均海水面作为统一的高程基准面，由此高程基准面建立的高程系统称为国家高程系，否则称为地方高程系。1956 年，我国以青岛大纲一号码头验潮站 1950～1956 年验潮资料计算确定的大地水准面为基准，引测出青岛水准原点的高程为高出“1956 黄海平均海水面”72.289m，以该大地水准面为高程基准建立的高程系称为“1956 黄海高程系统”。随着我国验潮资料的积累，为提高大地水准面的精度，我国在 20 世纪 80 年代中期又以 1952～1979 年青岛验潮资料站确定的大地水准面为基准，引测出青岛水准原点的高程为高出“1985 国家高程基准”72.260m，以该大地水准面为高程基准建立的高程系称为“1985 国家高程基准”。我国自 1987 年开始采用“1985 国家高程基准”。

当局部地区采用国家高程基准有困难时，也可以假定一个水准面作为高程起算面，地面点到假定水准面的铅垂距离称为该点的相对高程，通常用 H' 加下标表示。如图 1-6 所示，H_A'，H_B' 分别表示 A、B 两点的相对高程。

地面两点之间的绝对高程或相对高程之差称为高差，用 h 加两点点名作下标表示。A、B 两点之间的高差为

$$h_{AB} = H_B - H_A \tag{1-6}$$

或

$$h_{AB} = H'_B - H'_A \tag{1-7}$$

B、*A* 两点之间的高差为

$$h_{BA} = H_A - H_B \tag{1-8}$$

或

$$h_{BA} = H'_A - H'_B \tag{1-9}$$

所以，两点之间的高差与高程起算面无关，起终点互换所得高差，绝对值相等，符号相反，即

$$h_{AB} = -h_{BA} \tag{1-10}$$

1.3.3　地心坐标系

随着卫星定位技术的发展，采用空间直角坐标来表示空间一点的位置，已在各个领域越来越多地得到应用。

1. 1984 世界大地坐标系

1984 世界大地坐标系（world geodetic system 1984，WGS-84）是美国国防部为进行 GPS 导航定位于 1984 年建立的地心坐标系，1985 年投入使用。WGS-84 是以地球的质心为原点 *O*，*z* 轴指向国际时间局（Bureau International de l'Heure，BIH）1984.0 定义的协议地球极（conventional terrestrial pole，CTP）方向，*x* 轴指向 BIH1984.0 的零度子午面和 CTP 赤道的交点，*y* 轴根据 *x*、*y*、*z* 通过右手规则确定，如图 1-7 所示。

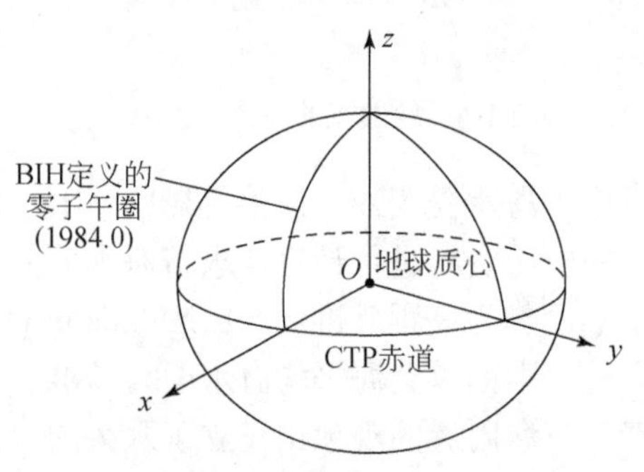

图 1-7　空间直角坐标系

2. 2000 国家大地坐标系

2000 国家大地坐标系是以包括海洋和大气的整个地球的质量中心（即地球质心）作为坐标系的原点，*z* 轴由原点指向历元 2000.0 的地球参考极的方向，该历元指向由国际时间局给定的历元 1984.0 的初始指向推算，定向的时间演化保证相对于地壳不产生残余的全球旋转；*x* 轴由原点指向格林尼治参考子午线与地球赤道面（历元 2000.0）的交点；*y* 轴与 *z* 轴、*x* 轴构成右手正交坐标系。2000 国家大地坐标系于 2008 年 7 月 1 日启用，我国的北斗卫星导航系统即使用该坐标系。

地心坐标可以与“1954 北京坐标系”和“1980 西安坐标系”等参心坐标相互换算，方法之一是：在测区内，利用至少 3 个以上公共点的两套坐标列出坐标变换方程，采用最小二乘原理解算出 7 个转换参数（3 个平移参数、3 个旋转参数和 1 个尺度参数），进而推算其他点的转换坐标。

1.4　地球曲率对测量工作的影响

当测区范围较小时，用水平面代替水准面所产生的误差不超过测量误差的容许范围时，可以用水平面代替水准面。但是在多大面积范围才容许这种代替，有必要加以讨论。为讨论方便，假定大地水准面为圆球面。

1.4.1 对距离的影响

如图1-8所示，设地面上A、B、C三个点在大地水准面上的投影点是a、b、c，用过a点的切平面代替大地水准面，则地面点在水平面上的投影点分别是a、b'、c'。设ab的弧长为D，ab'的长度为D'，球面半径为R，D所对的圆心角为θ，则用水平长度D'代替弧长D所产生的误差为

$$\Delta D = D' - D \tag{1-11}$$

将$D = R\theta$，$D' = R\tan\theta$代入上式，整理后得

$$\Delta D = R(\tan\theta - \theta) \tag{1-12}$$

将$\tan\theta$展开为级数，得

$$\tan\theta = \theta + \frac{1}{3}\theta^3 + \frac{2}{15}\theta^5 + \cdots$$

因D比R小得多，θ角很小，只取级数式前两项代入式（1-12），得

$$\Delta D = R\left(\theta + \frac{1}{3}\theta^3 - \theta\right) \tag{1-13}$$

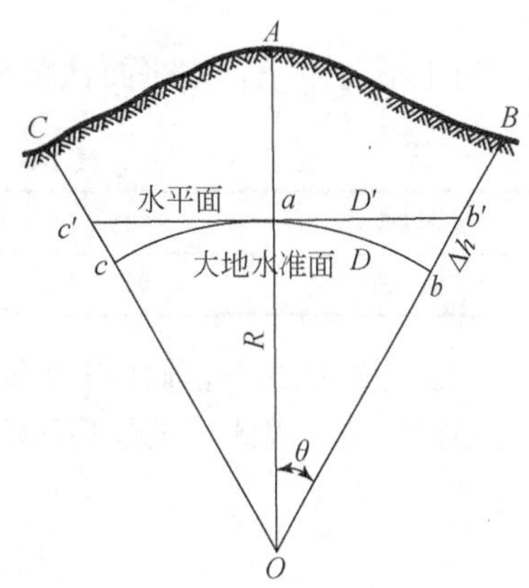

图1-8 水平面代替水准面的限度

将$\theta = \dfrac{D}{R}$代入式（1-13），得

$$\frac{\Delta D}{D} = \frac{D^2}{3R^2} \tag{1-14}$$

取R=6371km，将用不同的D值代入式（1-13）得到结果列于表1-2，得到水平面代替水准面对距离的影响。从表1-2中可知，当两点相距10km时，用水平面代替大地水准面产生的长度误差为0.8cm，相对误差为1/1220000，相当于精密测距精度的1/1000000。所以在半径为10km范围的测区进行距离测量时，可以用水平面代替大地水准面。

表1-2 水平面代替水准面对距离的影响

距离D/km	距离误差ΔD/cm	距离相对误差$\Delta D/D$
5	0.1	1/4870000
10	0.8	1/1220000
20	6.6	1/304000
50	102.7	1/48700

1.4.2 对高程的影响

在图1-8中，以大地水准面为基准的B点绝对高程$H_B = Bb$，用水平面代替大地水准面时，B点的高程$H'_B = Bb'$，两者之差Δh就是对高程的影响，也称为地球曲率的影响。由图1-8可知

$$\Delta h = Bb - Bb' = Ob' - Ob = R\sec\theta - R = (\sec\theta - 1)R \tag{1-15}$$

将$\sec\theta$展开为级数，$\sec\theta = 1 + \dfrac{1}{2}\theta^2 + \dfrac{5}{24}\theta^4 + \cdots$，因$\theta$值很小，只取级数式的前两项

代入式（1-14），且 $\theta=\dfrac{D}{R}$，则

$$\Delta h=R\left(1+\frac{\theta^2}{2}-1\right)=\frac{D^2}{2R} \tag{1-16}$$

对于不同 D 值，水平面代替水准面对高程的影响见表 1-3。

表 1-3　水平面代替水准面对高程的影响

距离 D/km	0.05	0.1	0.2	1	10
Δh/mm	0.2	0.8	3.1	78.5	7850

由表 1-3 可知，地球曲率对高程的影响较大，距离为 200m 时就有 3.1mm 的高差误差，这是不允许的。因此，进行高程测量时，应考虑地球曲率对高程的影响。

1.5　测量工作概述

1.5.1　测量工作的基本内容

测量工作的主要目的是确定点的坐标和高程。在实际工作中，常常不是直接测量点的坐标和高程，而是观测坐标和高程已知的点与坐标、高程未知的待定点之间的几何位置关系，然后推算出待定点的坐标和高程。一般通过观测高差、角度和距离来计算待定点的坐标，因此，高差测量、角度测量、距离测量是测量工作的基本内容。

测量工作一般要经过野外观测和室内计算、绘图等程序。野外的观测工作称为“外业”，室内的计算和绘图工程称为“内业”。外业工作是取得原始数据的过程，内业工作是对原始数据进行加工、整理、分析的过程。由于测量的成果可以应用到国民经济和国防建设的各个方面，工作中的任何差错都能造成不良的后果，有的甚至会对工程建设造成无法挽回的损失，外业观测必须按规范或规程的要求来完成，不合格的必须重测，记录手簿、图纸等原始资料，应保证正确、清楚和完整；内业必须认真细致，交付的成果必须经复核检验，确保成果质量。

1.5.2　测量工作的组织原则

进行工程测量时，需要测定（或测设）许多特征点（也称碎部点）的坐标和高程。如果从一个特征点到下一个特征点逐点进行施测，虽可得到各点的位置，但由于测量中不可避免地存在误差，前一点的测量误差会传递到下一点，这样累计起来可能会使点位误差达到不可容许的程度。另外，逐点传递的测量效率也很低，因此测量工作必须按照一定的原则进行。

如图 1-9 所示，测区内有山丘、房屋、河流、小桥、公路等，测绘地形图的过程是先测量出这些地物、地貌特征点的坐标，然后按一定的比例尺、规定的符号缩小展绘在图纸上。例如，要在图纸上绘出一幢房屋，就需要在这幢房屋附近、与房屋通视且坐标已知的点（如图中的 A 点）上安置测量仪器，选择另一个坐标已知的点（如图中的 F 点或 B 点）作为定向方向，才能测量出这幢房屋角点的坐标。在 A 点安置测量仪器还可以测绘出西面

的河流、小桥，北面的山丘，但山北面的工厂区就看不见了。还需要在山丘北面布置一些点，如图中的 C、D、E 点，这些点的坐标应已知。可见，要测绘地形图，首先要在测区内均匀布置一些点，并测量计算出它们的 x、y、H 三维坐标。测量上将这些点称为控制点，测量与计算控制点坐标的方法与过程称为控制测量。

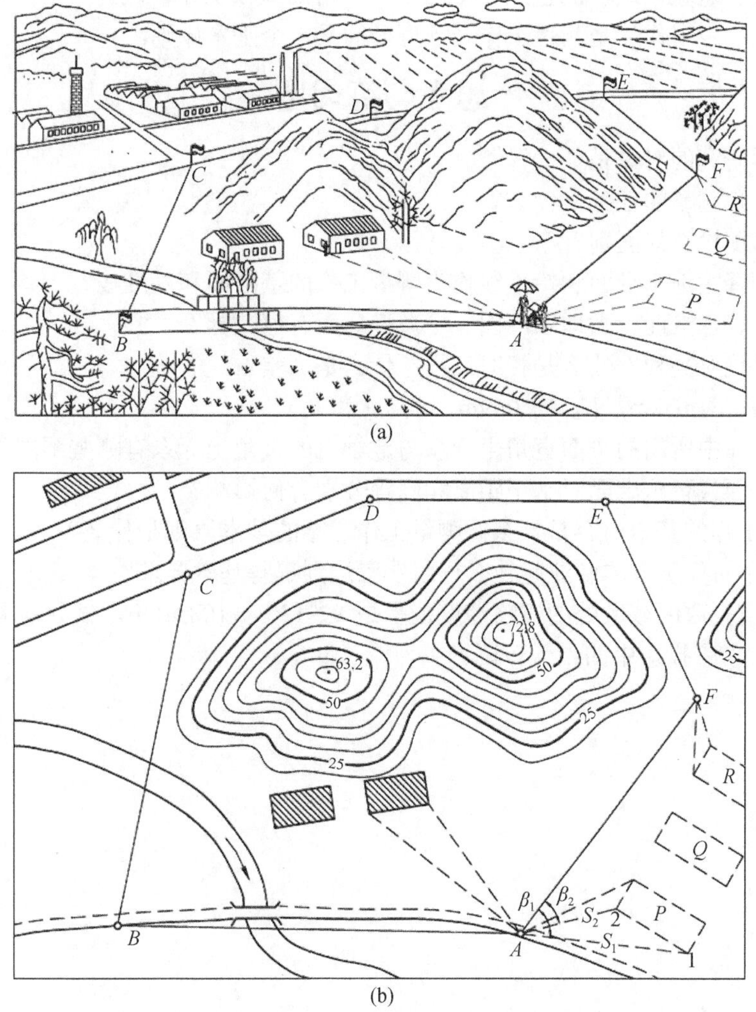

图 1-9 某测区地物地貌透视图与地形图

设图 1-9（b）是图 1-9（a）已经测绘出来的地形图。根据需要，设计人员已经在图纸上设计出了 P、Q、R 三幢建筑物，用极坐标法将它们的位置标定到实地的方法是：在控制点 A 上安置测量仪器，使用 F 点（或 B 点）定向，由 A 点，F 点（或 B 点）及 P，Q，R 三幢建筑物轴线点的设计坐标计算出水平夹角 $\beta_1,\beta_2,\cdots$ 和水平距离 $S_1,S_2,\cdots$，然后用仪器分别定出水平夹角 $\beta_1,\beta_2,\cdots$ 所指的方向，并沿这些方向量出水平距离 $S_1,S_2,\cdots$，即可在实地上定出 1,2,…点，它们就是设计建筑物的实地平面位置。

由上面的介绍可知，测定和测设都是在控制点上进行的，因此，“从整体到局部、先控制后碎部”是测量工作应遵循的基本原则之一。也就是先在测区选择一些有控制作用的点（称为控制点），把它们的坐标和高程精确测定出来，然后分别以这些控制点为基础，测定出附近碎部点的位置。这种方法不但可以减少碎部点测量误差积累，而且可以同时在各个控制点上进行碎部测量，提高工作效率。

此外，在控制测量或碎部测量工作中都有可能发生错误，如果测量工作中发生错误，又没有及时发现，则所测绘的成果资料就是错误的，势必造成返工浪费，甚至造成不可挽回的损失。为了避免出错，测量工作必须进行严格的检核工作，因此“前一步工作未做检核，不进行下一步工作”是测量工作必须遵循的又一个基本原则。

思考与练习题

1. 测量学研究的对象是什么？
2. 土木工程测量的任务是什么？
3. 测定与测设有何区别？
4. 为何选择大地水准面和铅垂线作为测量工作的基准面和基准线？
5. 水平面、水准面、大地水准面、参考椭球面有何差异？
6. 什么是绝对高程？什么是相对高程？什么是高差？
7. 已知 H_A=64.632m，H_B=73.039m，求 h_{AB} 和 h_{BA}。
8. 测量工作中所用的平面直角坐标系与数学上的直角坐标系有哪些不同之处？
9. 用水平面代替水准面对水平距离和高程分别有何影响？
10. 测量工作的基本内容是什么？测量工作遵循的基本原则是什么？
11. 测量学对你所学的专业起什么作用？应达到哪些基本要求？
12. 甘肃省行政区域所处的概略经度范围是 92°13′E～108°46′E，试分别求其在统一 6°带投影与统一 3°带投影中的带号范围。

第 2 章　水 准 测 量

在第 1 章中讲到，高程测量是测量学的基本工作内容之一。高程测量是测量地面上各点高程的工作。根据使用的仪器和施测方法的不同，高程测量可分为水准测量、三角高程测量、全球导航卫星系统（global navigation satellite system，GNSS）拟合高程测量和气压高程测量。水准测量是高程测量中最基本、精度最高的一种测量方法，在国家高程控制测量和工程测量中得到广泛的应用。因此，本章将介绍水准测量，着重介绍水准测量的原理、水准测量的仪器及使用、水准测量的方法与成果整理等内容。

2.1　水准测量的原理

水准测量是利用水准仪提供的水平视线，读取竖立在两点上水准尺的读数来测定两点之间的高差，再由已知点的高程推算出待求点的高程。

如图 2-1 所示，已知 A 点的高程为 H_A，欲测定 B 点的高程，需先测定 A、B 两点之间的高差 h_{AB}，为此，可在 A、B 两点上竖立带有刻度的专用尺子——水准尺，并在 A、B 两点之间安置一台能够提供水平视线的仪器——水准仪，利用水准仪提供的水平视线，分别在 A、B 两点的水准尺上读取读数 a 和 b，则 A、B 两点之间的高差为

$$h_{AB} = a - b \tag{2-1}$$

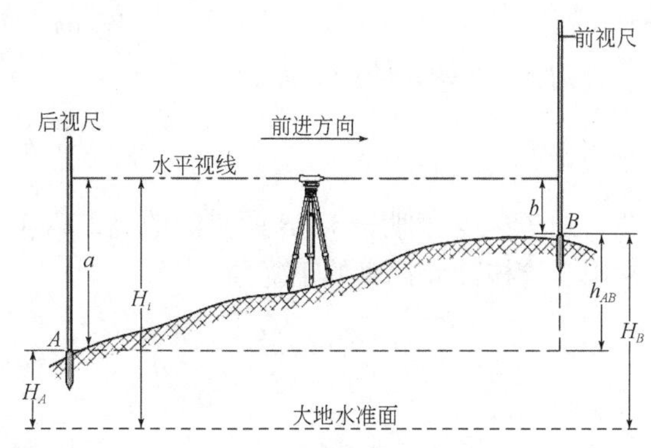

图 2-1　水准测量原理

如果水准测量是由已知点 A 向未知点 B 进行的，如图 2-1 所示的前进方向，则将 A 点称为后视点，A 点上所立的水准尺称为后视尺，A 尺上的读数 a 称为后视读数；B 点称为前视点，B 点上所立的水准尺称为前视尺，B 尺上的读数 b 称为前视读数。因此，式（2-1）可描述为两点之间的高差等于后视读数减去前视读数。当 $a>b$ 时，高差为正值，说明 B 点比 A 点高；反之，如果 $a<b$，高差为负值，说明 B 点比 A 点低。

根据上述水准测量原理，测出 A、B 两点之间的高差 h_{AB} 后，可以由 A 点的已知高程推算出 B 点的高程：

$$H_B = H_A + h_{AB} = H_A + (a - b) \tag{2-2}$$

上述推算高程的方法称为高差法。

将式（2-2）做适当变换，B 点的高程也可以用式（2-3）来求：

$$\left.\begin{aligned} H_i &= H_A + a \\ H_B &= H_i - b \end{aligned}\right\} \tag{2-3}$$

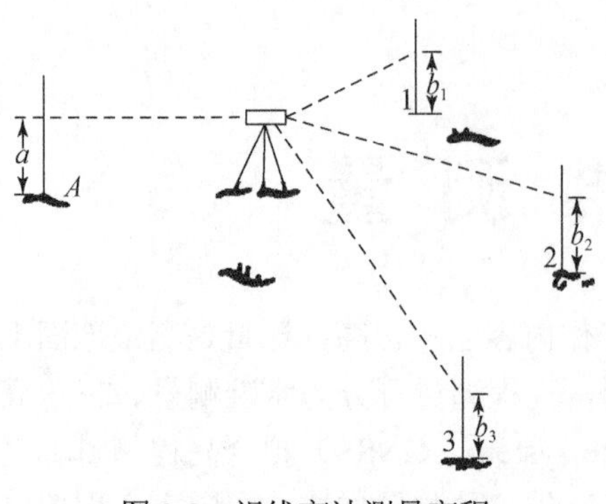

图 2-2　视线高法测量高程

式中，H_i 为仪器视线的高度。这种计算高程的方法称为仪高法或视线高程法。当安置一次仪器需要求出多个前视点的高程时，仪高法比高差法方便。如图 2-2 所示，如果已知 A 点的高程为 H_A，欲求 1、2、3、…、n 各点的高程，为此，可在适当的位置安置水准仪。在 A 点的后视尺上读取后视读数 a，则视线高度为 H_i=H_A+a，前视点 1、2、3、…、n 等各点上水准尺的读数分别为 b_1、b_2、b_3、…、b_n，则各点的高程为

$$H_j = H_i - b_j \quad (j=1, 2, 3, \cdots, n) \tag{2-4}$$

当 A、B 两点相距较远或高差起伏较大，安置一次仪器无法测得其高差时，需要在两点间增设若干个用于传递高程的临时立尺点，称为转点（turning point，TP），如图 2-3 中的 TP_1、TP_2、…、TP_{n-1} 点，并依次连续设站观测，设测出的各站高差为

$$\left.\begin{aligned} h_{A1} &= h_1 = a_1 - b_1 \\ h_{12} &= h_2 = a_2 - b_2 \\ &\vdots \\ h_{(n-1)B} &= h_n = a_n - b_n \end{aligned}\right\} \tag{2-5}$$

则 A、B 两点间的高差为

$$h_{AB} = \sum_{i=1}^{n} h_i = \sum_{i=1}^{n} a_i - \sum_{i=1}^{n} b_i \tag{2-6}$$

式（2-6）表明，A、B 两点间的高差等于各测站后视读数之和与前视读数之和的差值，常用于检核高差计算的正确性。

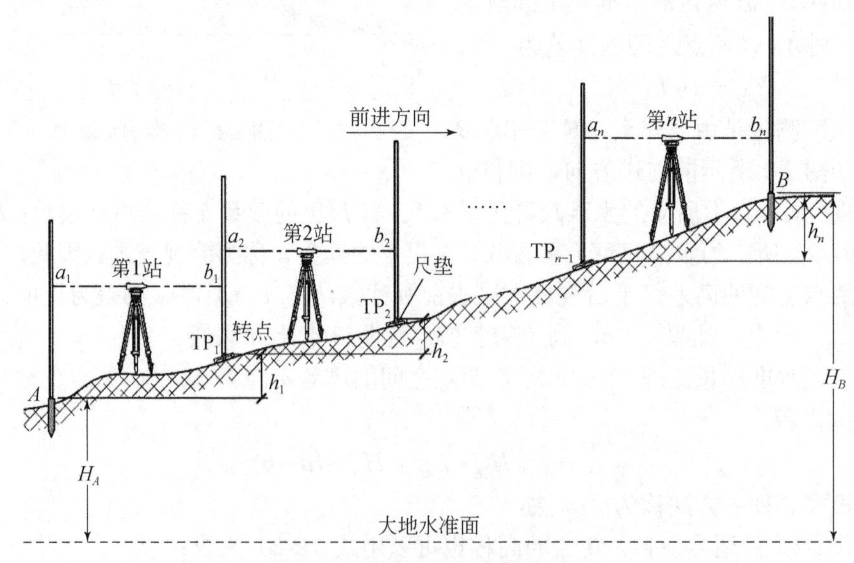

图 2-3　连续设站水准测量原理

例 2-1　如图 2-1 所示的高差法高程测量中，已知 A 点高程 H_A=52.623m，后视读数

$a=1.571\,\mathrm{m}$，前视读数 $b=0.685\mathrm{m}$，求 B 点的高程。

解：A、B 两点之间的高差为

$$h_{AB}=a-b=1.571\,\mathrm{m}-0.685\,\mathrm{m}=+0.886\,\mathrm{m}$$

B 点的高程为

$$H_B=H_A+h_{AB}=52.623\,\mathrm{m}+0.886\,\mathrm{m}=53.509\,\mathrm{m}$$

例 2-2　如图 2-2 中所示，已知 A 点高程 $H_A=23.518\,\mathrm{m}$，测得后视读数为 $a=1.563\,\mathrm{m}$，1、2、3 三点的前视读数分别为 $b_1=0.953\,\mathrm{m}$，$b_2=1.152\,\mathrm{m}$，$b_3=1.328\,\mathrm{m}$，试求 1、2、3 三点的高程。

解：先计算视线高度 H_i

$$H_i=H_A+a=23.518\,\mathrm{m}+1.563\,\mathrm{m}=25.081\,\mathrm{m}$$

则各待定点的高程分别为

$$H_1=H_i-b_1=25.081\,\mathrm{m}-0.953\,\mathrm{m}=24.128\,\mathrm{m}$$
$$H_2=H_i-b_2=25.081\,\mathrm{m}-1.152\,\mathrm{m}=23.929\,\mathrm{m}$$
$$H_3=H_i-b_3=25.081\,\mathrm{m}-1.328\,\mathrm{m}=23.753\,\mathrm{m}$$

2.2　水准测量的仪器及使用

2.2.1　水准测量的仪器及工具

水准测量所使用的仪器是水准仪，工具有水准尺和尺垫。国产微倾式水准仪按精度可分为 DS_{05}、DS_1、DS_3、DS_{10} 四个等级，其中“D”和“S”分别是“大地测量”和“水准仪”汉语拼音的首字母大写，下标的数字 05、1、3、10 则指仪器所能达到的精度，即每千米往返测高差中数的中误差，以“mm”为单位。数字越小，仪器的精度越高，例如，DS_3 指每千米往返测高差中数的中误差为 3mm。通常称 DS_{05}、DS_1 为精密水准仪，主要用于国家一、二等水准测量；DS_3、DS_{10} 为普通水准仪，主要用于国家三、四等水准测量和常规工程测量。

1. 微倾式水准仪

根据水准测量的原理，水准仪的主要作用是提供一条水平视线，并能照准水准尺读数。因此，水准仪主要由望远镜、水准器和基座三部分组成，国产 DS_3 型微倾式水准仪如图 2-4 所示。

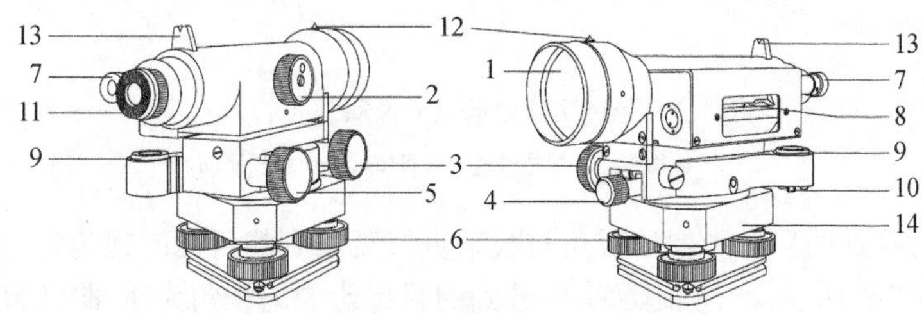

图 2-4　国产 DS_3 型微倾式水准仪

1-物镜；2-物镜调焦螺旋；3-水平微动螺旋；4-水平制动螺旋；5-微倾螺旋；6-脚螺旋；7-管水准器气泡观察窗；8-管水准器；9-圆水准器；10-圆水准器校正螺丝；11-目镜；12-准星；13-照门；14-轴座

1）望远镜

望远镜是水准仪上的重要部件，用来瞄准水准尺并读数，如图 2-5（a）所示，它主要由物镜、目镜、调焦镜、十字丝分划板等组成。物镜和目镜多采用复合透镜组，调焦镜为一凹透镜，物镜一般是固定的，通过旋转调焦螺旋使远处的目标在十字丝分划板平面上清晰地成像，称物镜对光或调焦。因此，物镜的作用是将目标形成缩小的实像。而目镜的作用是将物镜所形成的实像连同十字丝一起放大成为虚像，转动目镜螺旋可使十字丝影像清晰，称为目镜对光。如图 2-5（b）所示，十字丝分划板是由平板玻璃片制成，板上刻有两条互相垂直的长丝，竖直的一条称为竖丝或纵丝，水平的一条称为横丝或中丝；与横丝相平行的还有上、下两条短丝，称为视距丝，用来测定距离。十字丝分划板通过分划板座固定在望远镜筒上。

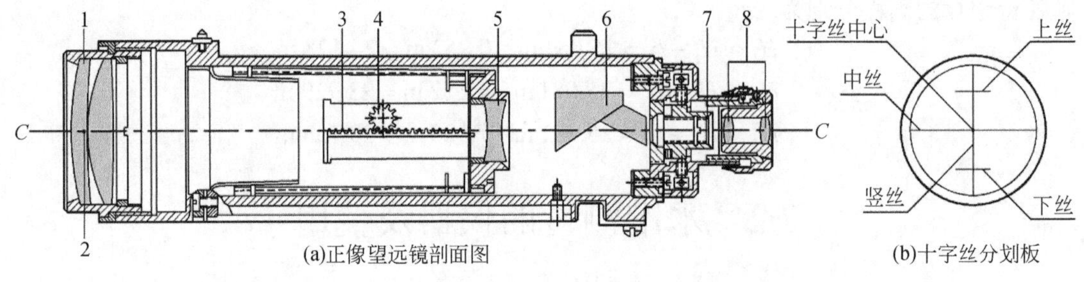

图 2-5　望远镜结构

1-物镜；2-物镜光心；3-齿条；4-调焦齿轮；5-调焦镜；6-倒像棱镜；7-十字丝分划板；8-目镜

物镜光心与十字丝交点的连线称为视准轴［图 2-5（a）中的 *C C*］，水准测量利用在视准轴水平时十字丝横丝在水准尺上所在位置的读数进行计算。

望远镜成像原理如图 2-6 所示，目标 *AB* 经过物镜后形成一个倒立而缩小的实像 *ab*，移动调焦透镜可使不同距离的目标均能成像在十字丝平面上。再通过调节目镜，就可以看清同时放大了的十字丝和目标影像 a_1b_1（虚像）。

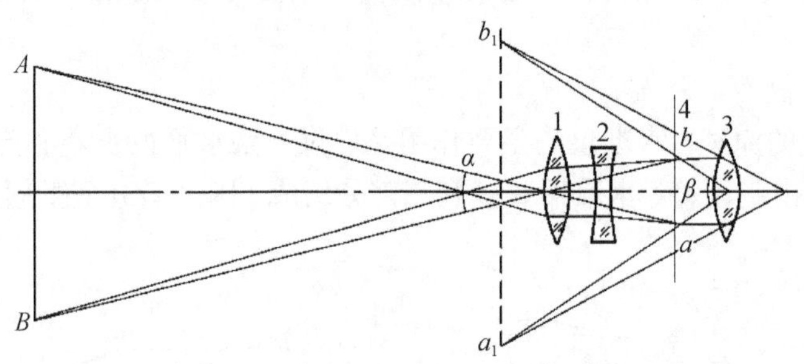

图 2-6　望远镜成像原理

1-物镜；2-对光透镜；3-目镜；4-十字丝平面

从望远镜内看到的目标影像的视角与眼睛直接观察到的目标的视角之比，称为望远镜的放大率。如图 2-6 所示，若从望远镜内看到的目标影像的视角为β，眼睛直接观察到的目标的视角近似为α，则望远镜的放大率为

$$v = \frac{\beta}{\alpha} \tag{2-7}$$

DS_3 型微倾式水准仪望远镜的放大率一般为 25～30 倍。

2）水准器

水准器是观测者用来判断仪器视准轴是否水平和仪器竖轴是否竖直的重要部件。水准仪上通常有圆水准器和管水准器，一般来说，圆水准器用来判断仪器竖轴是否竖直，管水准器用来判断视准轴是否水平。

（1）圆水准器。如图 2-7 所示，圆水准器顶面的内表面是球面，球面中心刻有圆圈，圆圈的圆心为水准器的零点。圆水准器内装有乙醚溶液，密封后留有小气泡。通过零点的球面法线称为圆水准器轴，当气泡居中时，圆水准器轴处于垂直位置；当气泡不居中时，圆水准器轴呈倾斜状态。气泡中心偏离零点 2mm 时圆水准器轴所倾斜的角值称为圆水准器的分划值，反映了圆水准器整平仪器的精度。国产 DS_3 型微倾式水准仪圆水准器分划值一般为 8′～10′，精度较低，故只用于仪器的概略整平。

（2）管水准器。管水准器又称水准管，是一个纵向内壁磨成圆弧形（圆弧半径一般为 7～20m）的玻璃管，管内装有酒精和乙醚的混合溶液，加热融封冷却后留有一个长气泡，如图 2-8 所示。由于气泡较轻，它始终处于管内最高位置。水准管内壁圆弧的中心点称为水准管的零点，过零点与圆弧相切的直线称为水准管轴（图 2-8 中的 L L）。当水准管气泡中点与水准管零点相重合时，称气泡居中，此时水准管轴 LL 处于水平位置。

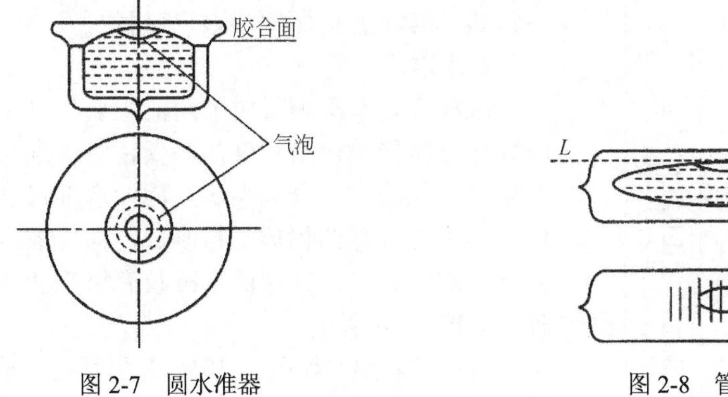

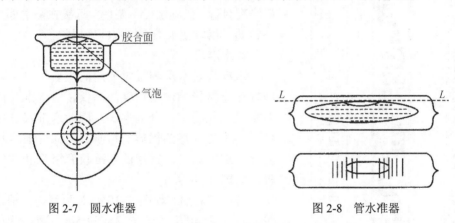

图 2-7　圆水准器　　图 2-8　管水准器

在水准管的表面中间部分，一般刻有 2mm 间隔的分划线，2mm 圆弧所对的圆心角称为水准管的分划值，用 τ 表示：

$$\tau = \frac{2}{R}\rho \tag{2-8}$$

式中，ρ=206265″；R 为水准管圆弧的半径（mm）。

式（2-8）说明圆弧半径越大，水准管分划值越小，仪器的灵敏度越高。国产 DS_3 型微倾式水准仪水准管分划值一般不大于 20″，常记作 20″/2mm，精度较高，因而用于仪器的精确整平。

为了提高水准器气泡居中的精度，在管水准器的上方安装一组符合棱镜，如图 2-9 所示。通过这组棱镜，气泡两端的影像将反射到望远镜侧面的管水准器气泡观察窗内，旋转微倾螺旋，当窗内气泡两端的影像吻合时，气泡居中。

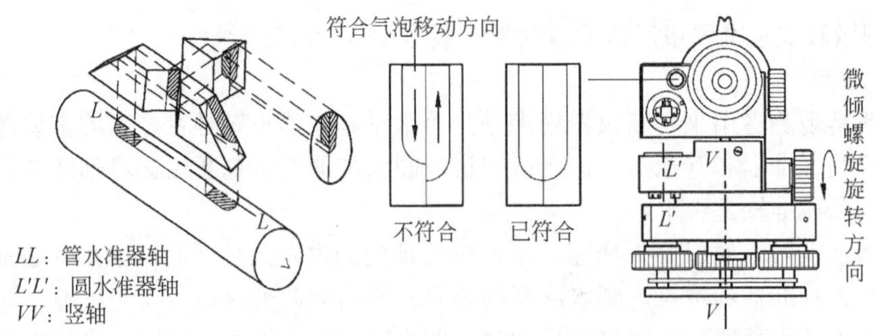

图 2-9　管水准器气泡与符合棱镜

3）基座

基座位于仪器下部，主要由轴座、脚螺旋、底板和三角压板等组成，基座的作用是支撑仪器的上部并与三脚架相连接。

水准仪除了上述三部分以外，还有仪器制动螺旋、微动螺旋及微倾螺旋。制动螺旋与微动螺旋应配合使用，拧紧制动螺旋，仪器固定不动，此时转动微动螺旋，可使望远镜在水平方向作微小转动，用以精确瞄准目标。微倾螺旋主要使望远镜在竖直面内作微小转动，用以使水准管气泡精确居中。

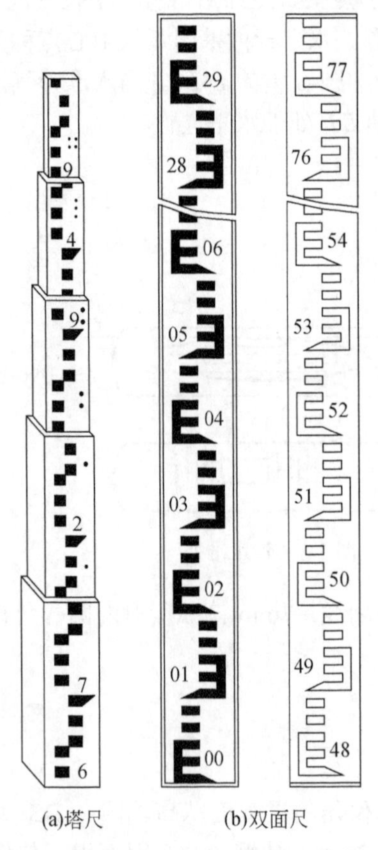

(a)塔尺　(b)双面尺

图 2-10　水准尺

2. 水准尺

水准尺是水准测量时使用的主要工具，其质量的好坏直接影响测量精度的高低，对水准尺的基本要求是尺长稳定、分划准确，因此水准尺要用伸缩性小、不易变形的优质材料制成，如优质木材、铝合金、玻璃钢等。常用的水准尺有塔尺和双面尺两种，如图 2-10 所示。

塔尺（局部）如图 2-10（a）所示，一般由多节组成，可以伸缩，全长有 3m 和 5m 两种，尺的底部起点为 0，以厘米进行分划，黑白相间，分米注记数字，其中的小圆点表示米，配合水准仪的正、倒像，注记的数字也有正字和倒字两种。塔尺仅用于等外水准测量。

双面尺如图 2-10（b）所示，长度一般为 3m，两根尺为一对。尺的两面均有刻划，一面刻划为黑白相间，称黑面尺；另一面刻划为红白相间，称红面尺。刻划的间距均为 1cm，并在分米处注记数字，两根尺的黑面底部起点均为 0，红面的底部为一常数，其中，一根尺从 4.687m 开始，另一根尺从 4.787m 开始，目的是避免观测时的读数错误，以便校核读数；同时用红、黑面读数计算的高差进行测站检核计算。双面水准尺一般用于三、四等水准测量。

3. 尺垫

尺垫如图 2-11 所示，一般用生铁铸成，上表面形状为六边形，中间有一个突起的半球状形体，带有三个支脚。尺垫是在水准测量时，在转点处放置水准尺用的，已知点和待求点上不放尺垫。先将尺垫放在准备转点的位置处，用脚踩实，以免尺垫下沉，再将水准尺的零点一端放置于尺垫凸起的半球状形体的顶点，并立直水准尺。

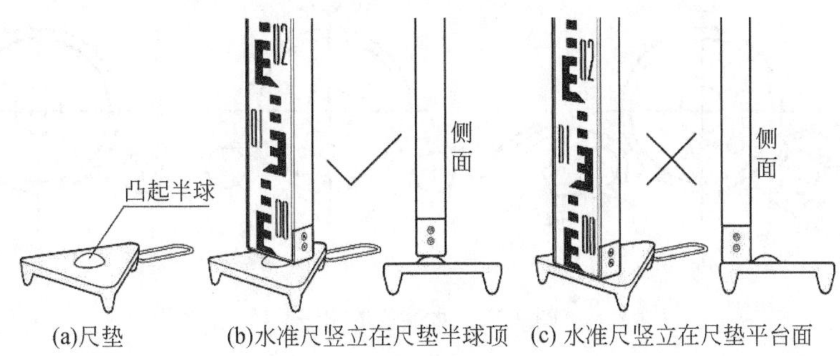

图 2-11 尺垫及其正确使用

4. 三脚架

三脚架由架头、架腿、脚尖、固紧螺旋和连接螺旋等组成。架头主要用于安放仪器，架腿可以伸缩，可调节三脚架的高度以适合观测者，拧紧固紧螺旋，脚尖在地面上踩实，连接螺旋用以连接仪器与架头。根据架腿的材质不同，三脚架主要分为木质和铝合金两种。

2.2.2 水准仪的使用

用普通水准仪进行水准测量的操作步骤可概括为安置仪器→粗平→瞄准→精平→读数。下面分别进行介绍。

1. 安置仪器

安置水准仪的基本操作方法是：打开三脚架，观测者根据自己的身高，调节好三脚架的高度，目估调节三脚架，使架头面大致水平，检查架腿固紧螺旋是否拧紧，踩实三脚架的三个脚尖，然后开箱取出仪器，放在三脚架的架头上，并用中心螺旋将仪器与三脚架架头连接在一起。

2. 粗平

粗平是指通过调节仪器的脚螺旋，使圆水准器的气泡居中，从而使仪器竖轴大致垂直、视准轴大致水平。基本操作方法如下：如图 2-12（a）所示，将圆水准器置于任意两个脚螺旋之间的大致中间位置（如①，②），气泡未居中偏离到 a 处，此时，用双手的大拇指和食指以相对方向同时向里或同时向外转动脚螺旋①和②，使气泡移动到两脚螺旋连线的中间位置 b 处，如图 2-12（b）所示，然后再转动另一个脚螺旋③，使气泡居中，如图 2-12（c）所示，此项工作一般需经过几次调整，直至仪器转动到任意位置，气泡始终居中为止。在粗平过程中，需要注意气泡的移动方向与左手大拇指转动脚螺旋的方向一致，掌握气泡的移动规律，便能比较快地进行粗平工作。

3. 瞄准

在瞄准水准尺之前，先旋转目镜进行对光，使十字丝清晰。然后进行以下操作。

（1）初步瞄准。松开制动螺旋，转动望远镜，当水准尺、镜筒上的准星、照门、眼睛四点成一线时，拧紧制动螺旋，此时水准尺进入望远镜视场。

（2）物镜调焦。旋转物镜调焦螺旋，使水准尺成像清晰。

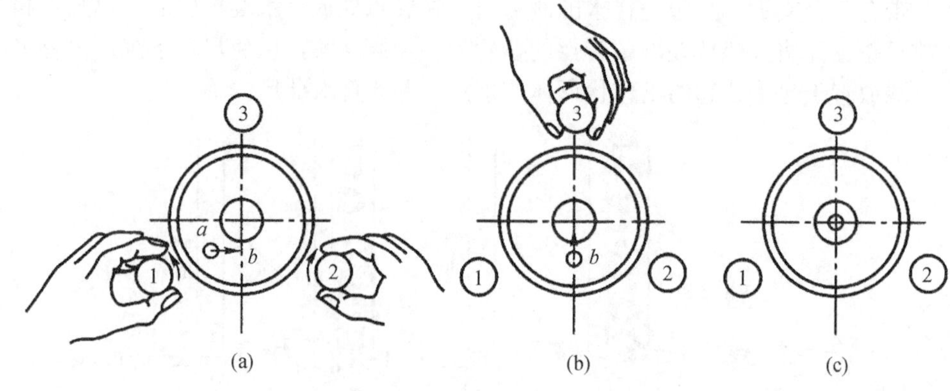

图 2-12　水准仪的粗平

（3）精确瞄准。转动微动螺旋，使十字丝竖丝对准水准尺，水准尺的瞄准及读数如图 2-13 所示。

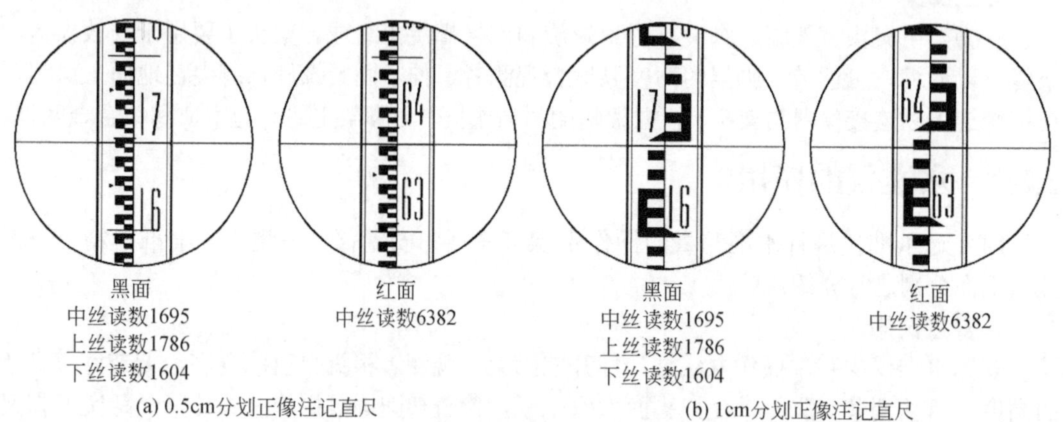

图 2-13　水准尺的瞄准及读数

值得注意的是，由于物镜与十字丝分划板之间的距离是固定不变的，而望远镜所瞄准的目标有远有近，观测时应旋转物镜调焦螺旋使目标像与十字丝分划板平面重合才可以读数。如果二者不重合，观测者的眼睛在目镜端上下微微移动时，目标像与十字丝之间就会产生相对移动，这种现象称为视差。产生视差的原因是目镜、物镜对光不够仔细。消除视差的方法是：先将望远镜对准明亮的背景，旋转目镜调焦螺旋，使十字丝清晰，再将望远镜对准标尺，旋转物镜调焦螺旋，使标尺成像清晰。

4. 精平

精平指转动微倾螺旋使水准管气泡居中，从而使视准轴精确水平。精平的方法是：先从望远镜侧面观察管水准器气泡偏离零点的方向，旋转微倾螺旋，使气泡大致居中，再从目镜左边的管水准气泡观察窗中查看两个气泡影像是否重合，如图 2-9 所示，如不重合，再要用右手慢慢转动微倾螺旋，直至气泡完全成为“U”形为止。

5. 读数

当确认水准管气泡居中后，立即在水准尺上读取十字丝横丝所指示的读数。读数前弄清水准尺的注记特征，读数时从水准尺上读取米、分米、厘米、毫米 4 位数字，其中，前两位为米和分米，从水准尺注记数字直接读取，后面的厘米位则要数分划数，一个“ヨ”表示 0～5cm，其下面的分划位为 6～9cm，毫米位需要估读。例如，图 2-13（a）为 0.5cm 分划直尺读数，图 2-13（b）为 1cm 分划直尺读数，其中直尺黑面十字丝中丝读数为 1.695m，一般小数点可以不读，而直接读 1695。上下丝读数可用于计算视距，其原理将在第 4 章讲述，计算方法是：先将上、下丝读数化为以米为单位的数值，再计算上下丝视距间隔 l，然后乘以 100，即为视距。

需要说明的是，精平和读数虽然是两项不同的操作步骤，但在水准测量过程中，应把它们视为一个整体。即读数前必须精平，精平后立即读数，读数后还要检查水准管气泡是否仍然符合。只有这样，才能保证水准测量的读数准确。

2.2.3 水准仪的使用注意事项

水准仪是水准测量中提供水平视线的重要仪器，测量人员在使用时，要注意以下几点。

（1）仪器要轻拿轻放。从仪器箱中取出仪器时，应看好如何放置，以免观测完毕后装箱困难。仪器箱上严禁坐人。

（2）如果物镜和目镜的镜头上有灰尘或水珠，不能用手直接擦拭，应用专用的擦镜纸轻轻擦拭。

（3）水准测量时，观测者不得离开仪器，以防仪器滑落或意外情况发生。勿将仪器直接放在地上，以防沙土进入螺孔。勿将水准尺靠在墙上或树上，以防跌损。

（4）仪器搬站时，对于长距离或难行地段，应将仪器从脚架上拆下来，装箱再搬。在短距离和平坦地段，先检查连接螺旋，再收拢脚架，一手握基座或支架，一手握脚架，竖直地搬移仪器。严禁横扛仪器进行搬移。

（5）仪器装箱时，要放松各制动螺旋，装箱后先试关一次，在确认安放稳妥后，再拧紧各制动螺旋，以免仪器在箱内晃动、受损，最后再关箱上锁。如果放不进去，不要硬放，应检查原因。

2.3 水准测量的方法与成果整理

2.3.1 水准点

为了统一全国的高程系统和满足各种测量的需要，国家各级测绘部门在全国各地埋设并测定了很多达到一定精度的高程点，这些点称为水准点（bench mark，BM）。水准测量通常从水准点引测其他点的高程。

水准点应选择土质坚实、地下水位低、易于观测的位置。凡易受淹没、潮湿、震动和沉陷的地方，均不宜作为水准点位置。

水准点分永久性和临时性两种。国家等级水准点如图 2-14 所示，一般用石料或钢筋混凝土制成，深埋到地面冻土线以下。在标石的顶面设有用不锈钢或其他不易锈蚀的材料制成的半球状标识。有些水准点设置在稳固的墙脚上，称为墙上水准点，如图 2-15 所示。

建筑工地上的永久水准点一般用混凝土或钢筋混凝土制成，其式样如图 2-16（a）所示。临时性的水准点可设在地面上突出的坚硬岩石或房屋的勒脚等处，用红漆做标记，也可以用大木桩打入地下，桩顶钉上半球形铁钉，如图 2-16（b）所示。

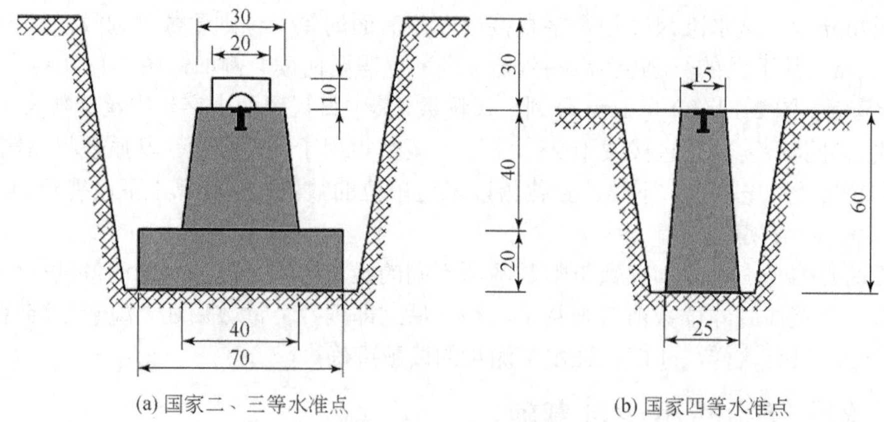

(a) 国家二、三等水准点　　(b) 国家四等水准点

图 2-14　国家等级水准点（单位：cm）

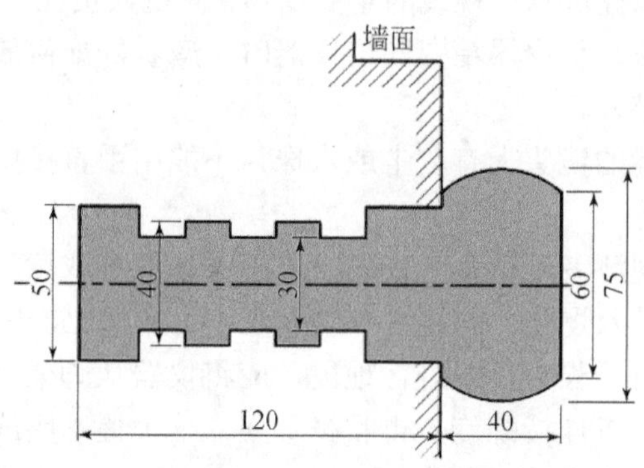

图 2-15　墙上水准点（单位：mm）

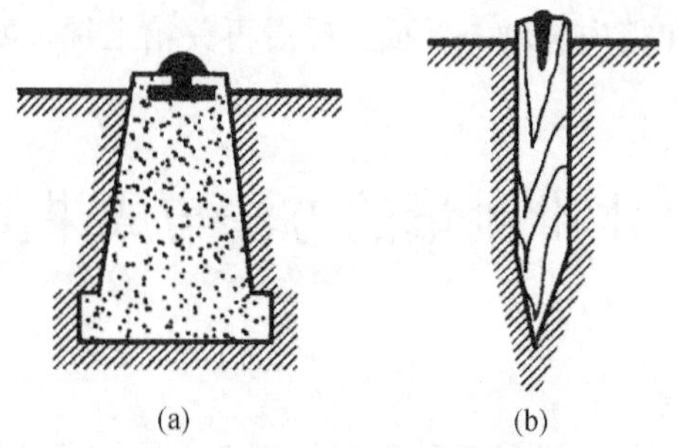

(a)　　(b)

图 2-16　建筑水准点

为了方便寻找和使用，水准点埋设好后，应绘出水准点与附近固定建筑物或其他明显的地物点之间的关系图，在图上注明水准点的编号和高程，称为点之记。

2.3.2　水准测量路线

在水准测量前，先要根据测区已知水准点的情况拟定水准测量的路线。水准路线一般尽可能地沿铁路、公路及其他坡度较小、施测方便的路线布设。避免穿越湖泊、沼泽和江河地段。常用的水准测量路线有如下几种。

1. 附合水准路线

如图 2-17（a）所示，从一个已知水准点 BM_1 出发，沿各个待测定的高程点 1、2、3

进行水准测量，最后附合到另一个已知的水准点 BM_2 上，这种水准路线称为附合水准路线。

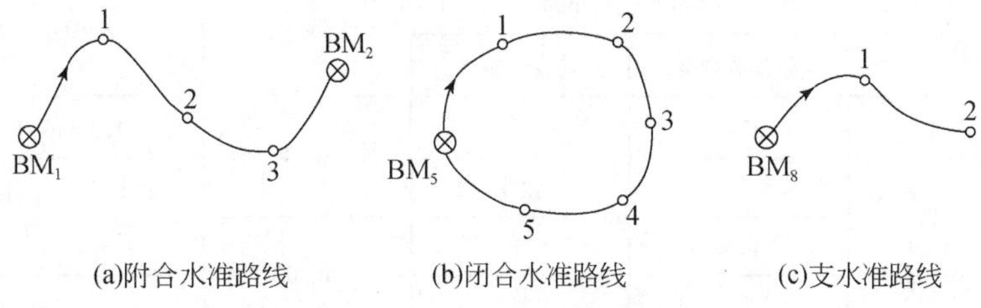

图 2-17　常用的水准测量路线

2. 闭合水准路线

如图 2-17（b）所示，当测区附近只有一个已知水准点 BM_5 时，可以从已知水准点出发，经过各个待测高程点 1、2、3、4、5，最后仍然回到原来的水准点 BM_5 上，这种水准路线称为闭合水准路线。

3. 支水准路线

如图 2-17（c）所示，从一个已知高程的水准点 BM_8 出发，经过待测定的高程点 1、2，既不附合到其他已知高程的水准点上，也不自行闭合，这种水准路线称为支水准路线。支水准路线通常需要往返观测。

2.3.3　外业观测

拟定好水准路线后，就可以进行水准测量的外业工作。水准测量外业观测如图 2-18 所示，设水准点 A 的高程 $H_A = 123.446\ \text{m}$，欲测量 B 点的高程，外业观测步骤如下。

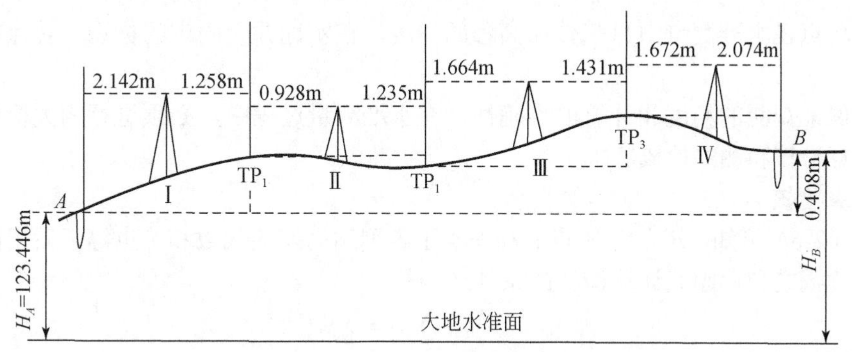

图 2-18　水准测量外业观测

在距已知点 A 适当距离的地方安置水准仪（根据水准测量的等级而定，一般不超过 100m），在路线前进方向与后视距离大致相等的地方，选择转点 TP_1 并放置尺垫，在该点尺垫和后视点 A 上竖立水准标尺。按照水准仪的使用方法依次安置仪器→粗平→瞄准→精平→读数，分别读取后视水准尺的读数 2142mm，前视水准尺的读数 1258mm，将其记入水准测量记录手簿（表 2-1）的后视读数栏和前视读数栏中，此为一测站的工作。后视读数减去前视读数即为 A 点到 TP_1 的高差+0.884m，记入高差栏中。

表 2-1　水准测量记录手簿

测站	点号	水准尺读数/mm		高差/m	高程/m	备注
		后视读数 a	前视读数 b			
I	A	2142		+0.884	123.446	已知点
	TP_1		1258			
II	TP_1	928		–0.307		
	TP_2		1235			
III	TP_2	1664		+0.233		
	TP_3		1431			
IV	TP_3	1672		–0.402		
	B		2074		123.854	待求点
$\sum$		6406	5998	+0.408		
计算校核	$\sum a-\sum b$ =6.406–5.998=+0.408，$\sum h$ =+0.408					

第一测站工作完成后，保持转点 TP_1 上的水准尺不动，把 A 点上的水准尺移到 TP_2 上，仪器搬到 TP_1 与 TP_2 之间大约相等距离处，使用与第一站相同的方法进行观测与计算，依次测到 B 点为止。

显然，每安置一次仪器便可测得一个高差，根据式（2-2）和式（2-6）可计算得 B 点的高程为

$$H_B = H_A + \sum h = 123.446\text{m} + 0.408\text{m} = 123.854\text{m} \tag{2-9}$$

由于转点在水准测量中只起传递高程的作用，在实地并无固定的标识，转点的高程不需计算。

为了保证观测的精度和计算的准确性，在水准测量过程中，必须进行相关检核工作，主要有计算检核和测站检核。

1. 计算检核

由式（2-6）可知，B 点对 A 点的高差等于各测站高差的代数和，也等于后视读数之和减去前视读数之和，因此计算检核的条件之一是

$$\sum a - \sum b = \sum h \tag{2-10}$$

否则，说明计算有误。如表 2-1 中

$$\sum a - \sum b = 6.406\text{m} - 5.998\text{m} = +0.408\text{m} \tag{2-11}$$

$$\sum h = +0.408\text{m} \tag{2-12}$$

说明高差计算是正确的。

计算检核的另一个条件是，计算得到的 B 点高程减去 A 点的高程应等于 $\sum h$，即

$$H_B - H_A = \sum h \tag{2-13}$$

如表 2-1 中 $H_B–H_A$=123.854m–123.446m=0.408m，说明高差计算是正确的。

计算检核只能检查计算是否正确，并不能检核观测和记录过程中是否产生错误。因此，

还必须进行测站检核。

2. 测站检核

如上所述，*B* 点的高程是根据 *A* 点的已知高程和各测站的高差计算出来的，如果某一测站的高差测量错误，则 *B* 点的高程不正确。因此，对每一测站的高差，都必须采取有效的措施进行检核，这种检核称为测站检核。测站检核通常采用变仪器高法和双面尺法。

（1）变仪器高法，指在同一个测站上用两次不同的仪器高度，测得两次高差进行比较检核。即测得第一次高差后，改变仪器的高度（应大于 10cm）重新安置仪器，再测一次高差。如果两次所测高差之差不超过容许值（如等外水准容许值为 6mm），则认为符合要求，取平均值作为最后结果记入表 2-1 中，否则必须重测。

（2）双面尺法，指仪器的高度不变，利用水准尺的黑、红面分划读数，分别测得黑面高差和红面高差，如果黑面与红面高差之差不超过容许值，则认为符合要求，取平均值作为最后结果（表 2-2），否则应检查原因，重新观测。

表 2-2 水准测量记录（双面尺法）

测站	点号	水准尺读数/mm		高差/m	平均高差/m	高程/m	备注
		后视	前视				
1	BM-C	1211				3.688	
		5998					
	TP_1		586	+0.625	（0.000）		
			5273	+0.725	+0.625		
2	TP_1	1554					
		6241					
	TP_2		311	+1.243	（−0.001）		
			5097	+1.144	+1.243 5		
3	TP_2	398					
		5186					
	TP_3		1523	−1.125	（−0.001）		
			6210	−1.024	−1.124 5		
4	TP_3	1708					
		6395					
	D		574	+1.134	（0.000）		
			5361	+1.034	+1.134	5.566	
检核计算	$\sum$	28691	24935	+3.756	+1.878		

双面尺法观测顺序简称为“后后前前”，对于尺面分划来说，顺序为“黑红黑红”。即在仪器粗平后，首先瞄准后尺的黑面→精平→读数；后尺转向，再瞄准后尺的红面→读数；然后瞄准前尺的黑面→精平→读数；前尺转向，再瞄准前尺的红面→读数，完成一个测站的操作。

由于在一对双面水准尺中，两把尺子的红面零点注记分别为 4687 和 4787，零点差为 100mm，在表 2-2 每站观测高差的计算中，采用红面尺读数计算出的高差和黑面尺读数计算出的高差相差 100mm。因此，在每站的高差计算中，应先将红面尺读数计算出的高差减或加 100mm 后才能与黑面尺读数计算出的高差取平均值。

2.3.4 水准测量成果整理

水准测量外业工作中，测站检核只能检核一个测站上是否存在错误，计算检核只能检查一个测段上的计算是否存在错误。对于一条水准路线来说，还不能说明整条水准路线上所求的各水准点的高程精度是否符合要求。由于温度、风力、大气折光、仪器下沉和尺垫下沉等外界条件的影响，会产生水准尺倾斜和估读误差，以及水准仪本身的误差和观测误差等，这些误差虽然很小，在一个测站上反映不明显，但随着测站数的增多使误差累积，有时也会超过规定的限差。在水准测量成果计算之前，必须对整条水准路线进行检核。检核的方法是计算水准路线的高差闭合差符合规定的精度要求。

1. 高差闭合差计算

（1）附合水准路线。从理论上说，附合水准路线中各相邻水准点之间的高差代数和应等于两个已知水准点的高程之差，即

$$\sum h_{理} = H_{终} - H_{始} \tag{2-14}$$

如果不相等，则两者之差称为高差闭合差。用 f_h 表示，即

$$f_h = \sum h_{测} - \sum h_{理} = \sum h_{测} - (H_{终} - H_{始}) \tag{2-15}$$

（2）闭合水准路线。闭合水准路线由于只有一个已知水准点，终点和始点是同一个点，很显然，从理论上说，闭合水准路线上各段高差的代数和应为零，即

$$\sum h_{理} = 0 \tag{2-16}$$

但实际上总会有一定的误差，致使 $\sum h_{理} \neq 0$，则闭合水准路线的高差闭合差为

$$f_h = \sum h_{测} \tag{2-17}$$

（3）支水准路线。支水准路线往测高差与返测高差的代数和理论上应为零，即

$$\sum h_{往} + \sum h_{返} = 0 \tag{2-18}$$

如果不等于零，则高差闭合差为往返测高差的代数和，即

$$f_h = \sum h_{往} + \sum h_{返} \tag{2-19}$$

各种形式水准路线的高差闭合差均不应超过规定的容许值，否则认为水准测量结果不符合要求。若高差闭合差在规定的容许值以内，说明观测精度符合要求，可进行高差闭合差的调整。高差闭合差容许值的大小与测量等级有关。在不同等级的水准测量中，测量规范均对高差闭合差容许值做了规定，如等外水准测量的高差闭合差容许值规定为

$$\left.\begin{aligned} &\text{平地：} \quad f_{h容} = \pm 40\sqrt{L}(\text{mm}) \\ &\text{山地：} \quad f_{h容} = \pm 12\sqrt{n}(\text{mm}) \end{aligned}\right\} \tag{2-20}$$

式中，L 为水准路线长度，以千米计；n 为测站数。

2. 高差闭合差的配赋和待定点高程的计算

当 f_h 的绝对值小于 $f_{h容}$ 时，说明观测成果合格，可以进行高差闭合差的分配、高差改正及待定点高程的计算。

对同一条水准路线，假设观测条件相同，每个测站产生误差的概率相等。因此，高差闭合差调整的原则和方法是，按与测段距离（或测站数）成正比分配高差闭合差，并反其符号改正到各相应的高差上，得改正后高差，即

$$\left.\begin{aligned}&\text{按距离：}v_i=-\frac{f_h}{\sum l}\times l_i\\&\text{按测站数：}v_i=-\frac{f_h}{\sum n}\times n_i\end{aligned}\right\}\qquad(2\text{-}21)$$

改正后高差为

$$h_{i改}=h_{i测}+v_i\qquad(2\text{-}22)$$

式中，v_i、$h_{i改}$ 为第 i 测段的高差改正数与改正后高差；$\sum n$、$\sum l$ 为路线总测站数与总长度；n_i、l_i 为第 i 测段的测站数与距离。

对于支水准路线，用往测高差减去返测高差后取平均值，作为改正后往测方向的高差，即

$$\bar{h}_i=\frac{h_{往}-h_{返}}{2}\qquad(2\text{-}23)$$

例 2-3　图 2-19 为一附合水准路线，A、B 为已知水准点，A 点高程为 60.376m，B 点高程为 63.623m，点 1、2、3 为待测水准点，各测段高差、测站数、距离如图 2-19 所示。现以此为例，介绍附合水准测量路线的内业计算步骤（表 2-3）。

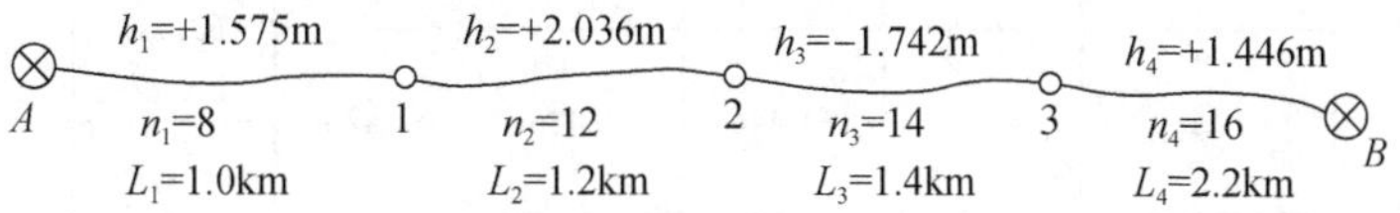

图 2-19　附合水准路线成果计算

解：（1）高差闭合差的计算。

$$f_h=\sum h-(H_B-H_A)=3.315\text{m}-(63.623-60.376)\,\text{m}=+0.068\text{m}$$

$$f_{h容}=\pm 40\sqrt{L}\ \text{mm}=\pm 40\sqrt{5.8}\ \text{mm}=\pm 96\ \text{mm}$$

$\left|f_h\right|<\left|f_{h容}\right|$，所以精度符合要求。

（2）高差闭合差的调整。以第 1 和第 2 测段为例，测段改正数为

$$v_1=-\frac{f_h}{\sum l}\times l_1=-\frac{0.068\ \text{m}}{5.8\ \text{km}}\times 1.0\ \text{km}=-0.012\ \text{m}$$

$$v_2=-\frac{f_h}{\sum l}\times l_2=-\frac{0.068\ \text{m}}{5.8\ \text{km}}\times 1.2\ \text{km}=-0.014\ \text{m}$$

检核 $\sum v=-f_h=-0.068\ \text{m}$。

第 1 和第 2 测段改正后的高差为

$$h_{1改}=h_{1测}+v_1=+1.575\text{m}-0.012\text{m}=+1.563\text{m}$$

$$h_{2改}=h_{2测}+v_2=+2.036\text{m}-0.014\text{m}=+2.022\text{m}$$

检核 $\sum h_{i改}=H_B-H_A=+3.247\text{m}$。

各测段改正后高差列入表 2-3 第 7 栏中。

（3）高程的计算。根据检核过的改正后高差，由起点 A 开始，逐点推算出各点的高程，如：

$$H_1=H_A+h_{1改}=60.376\text{m}+1.563\text{m}=61.939\text{m}$$

$$H_2=H_1+h_{2改}=61.939\text{m}+2.022\text{m}=63.961\text{m}$$

各点高程列入表 2-3 第 8 栏中。

逐点计算最后算得的 B 点高程应与已知高程 H_B 相等，即

$$H_{B（算）}=H_{B（已知）}=63.623\text{m}$$

否则说明高程计算有误。

表 2-3　附合水准测量成果计算表

测段	点名或点号	测段距离/km	测站数	实测高差/m	高差改正数/m	改正后高差/m	高程/m	点名或点号	备注
1	2	3	4	5	6	7	8	9	10
	A						60.376	A	已知点
1		1.0	8	+1.575	−0.012	+1.563			
	1						61.939	1	
2		1.2	12	+2.036	−0.014	+2.022			
	2						63.961	2	
3		1.4	14	−1.742	−0.016	−1.758			
	3						62.203	3	
4		2.2	16	+1.446	−0.026	+1.420			
	B						63.623	B	已知点
$\sum$		5.8	50	+3.315	+0.068	+3.247			
辅助计算	$f_h=+68\text{mm}$			$L=5.8\text{km}$					
	$f_{h容}=\pm 40\sqrt{5.8}=\pm 96\ \text{mm}$			$f_h/L=+12\text{mm}$					

2.4　三、四等水准测量

三、四等水准网作为测区的首级控制网，一般布设成闭合环线，然后用附合水准路线和结点网进行加密。只有在山区等特殊情况下，才允许布设支水准路线。

2.4.1　三、四等水准测量的技术要求

《国家三、四等水准测量规范》（GB/T 12898—2009）规定，三、四等水准测量的主要技术要求如表 2-4 所示。三、四等水准测量往返高差不符值、环线闭合差和检测高差之差的限差如表 2-5 所示。

表 2-4　三、四等水准测量的主要技术要求

等级	水准仪型号	视线长度/m	前后视距差/m	前后视距累积差/m	视线离地面最低高度/m	黑红面读数较差/mm	黑红面所测高差之差/mm
三等	DS_1	≤100	2.0	5	三丝能读数	1.0	1.5
	DS_3	≤75				2.0	3.0
四等	DS_3	≤100	3.0	10.0	三丝能读数	3.0	5.0

表 2-5　三、四等水准测量往返高差不符值、环线闭合差和检测高差之差的限差

等级	测段、路线往返测高差不符值	测段、路线高差不符值	附合路线或环线闭合差		检测已测测段高差的差
			平原	山区	
三等	$\pm12\sqrt{K}$	$\pm8\sqrt{K}$	$\pm12\sqrt{L}$	$\pm15\sqrt{L}$	$\pm20\sqrt{R}$
四等	$\pm20\sqrt{K}$	$\pm14\sqrt{K}$	$\pm20\sqrt{L}$	$\pm25\sqrt{L}$	$\pm30\sqrt{R}$
图根	—	—	$\pm40\sqrt{L}$	$\pm12\sqrt{n}$	—

注：K 为路线或测段长度（km）；L 为附合路线（环线）长度（km）；R 为检测测段长度（km）；n 为水准测段测站数，要求 $n>16$。山区指高程超过 1000m 或路线中最大高程超过 400m 的地区

2.4.2　三、四等水准测量观测的方法

三、四等水准测量观测应在通视良好、望远镜成像清晰及稳定的情况下进行。三等水准测量采用中丝读数法进行往返观测，四等水准测量采用中丝读数法单程观测，支水准路线应往返观测。各水准测段的测站数均应为偶数。由往测转向返测时，两把水准标尺应互换位置，并重新安置仪器。

1. 三、四等水准的观测顺序

在测站上安置水准仪，保持前后视距大致相等，使圆水准器气泡居中，观测顺序如下。

（1）后视水准尺黑面，旋转微倾螺旋，使管水准器气泡居中，用上、下视距丝读数，记入表 2-6 中（1）、（2）位置；用中丝读数，记入表 2-6 中（3）位置。

（2）前视水准尺黑面，旋转微倾螺旋，使管水准器气泡居中，用上、下视距丝读数，记入表 2-6 中（4）、（5）位置；用中丝读数，记入表 2-6 中（6）位置。

（3）前视水准尺红面，旋转微倾螺旋，使管水准器气泡居中，用中丝读数，记入表 2-6 中（7）位置。

（4）后视水准尺红面，旋转微倾螺旋，使管水准器气泡居中，用中丝读数，记入表 2-6 中（8）位置。

以上为三等水准的观测顺序，简称为“后前前后”或“黑黑红红”，英文表示为“BFFB”。

四等水准的观测顺序为“后后前前”或“黑红黑红”，英文表示为“BBFF”，即先瞄准后尺的黑面，读取上、中、下丝读数，再将后尺转向红面，读取中丝读数，完成后尺的读数；再瞄准前尺黑面读取上、中、下丝读数，再将前尺转向红面，读取红面中丝读数，完成一个测站的读数。

表 2-6　三、四等水准观测记录

时　间：2020 年 10 月 20 日　　　　天气：　　　　阴测段：自 BM_1 至 BM_2

观测者：胡锦坤　　　　记录者：周翔　　　　仪器型号：DS_3

测站编号	点号	后尺 上丝 / 下丝	前尺 上丝 / 下丝	方向及尺号	标尺读数/m		K+黑−红/mm	高差中数/m	备注
		后视距/m	前视距/m		黑面	红面			
		视距差 d（m）	$\sum d$（m）						
		（1）	（4）	后	（3）	（8）	（14）		
		（2）	（5）	前	（6）	（7）	（13）		
		（9）	（10）	后－前	（15）	（16）	（17）	（18）	
		（11）	（12）						
1	BM_1-TP_1	1426	0801	后 A	1211	5998	0		
		0995	0371	前 B	0586	5273	0		
		43.1	43.0	后－前	+0.625	+0.725	0	+0.6250	
		+0.1	+0.1						
2	TP_1-TP_2	1812	0570	后 B	1554	6241	0		
		1296	0052	前 A	0311	5097	+1		
		51.6	51.8	后－前	+1.243	+1.144	−1	+1.2435	
		−0.2	−0.1						
3	TP_2-TP_3	0889	1713	后 A	0698	5486	−1		
		0507	1333	前 B	1523	6210	0		
		38.2	38.0	后－前	−0.825	−0.724	−1	−0.8245	
		+0.2	+0.1						
4	TP_3-BM_2	1891	0758	后 B	1708	6395	0		
		1525	0390	前 A	0574	5361	0		
		36.6	36.8	后－前	+1.134	+1.034	0	+1.1340	
		−0.2	−0.1						
检核计算		∑（9）=169.5		∑（3）=5.171			∑（8）=24.120		
		∑（10）=169.6		∑（6）=2.994			∑（7）=21.941		
		∑（9）−∑（10）=−0.1		∑（15）=+2.177			∑（16）=+2.179		
		∑（9）+∑（10）= 339.1		∑（15）+∑（16）= +4.356			2∑（18）=+4.356		

2. 三、四等水准观测的计算与检核

（1）视距计算与检核。根据前、后视的上、下丝读数计算前、后视的视距（9）和（10），计算公式为

$$后视距离：(9) = [(1) - (2)] \div 10$$

$$前视距离：(10) = [(4) - (5)] \div 10$$

对于三等水准，（9）、（10）应不大于 75m；对于四等水准，（9）、（10）应不大于 100m。

计算前、后视距差（11），计算公式为

（11）=（9）－（10）

对于三等水准，（11）应不大于 3m；对于四等水准，（11）应不大于 5m。

计算前、后视视距累积差（12），计算公式为

（12）=上站（12）+本站（11）

对于三等水准，（12）应不大于 6m；对于四等水准，（12）应不大于 10m。

（2）水准尺读数检核。同一水准尺黑面与红面读数差的检核为

（13）=（6）+*K*-（7）

（14）=（3）+*K*-（8）

式中，*K* 为双面水准尺的红面分划与黑面分划的零点差（本例，106 尺的 *K*=4787mm，107 尺的 *K*=4687mm）。对于三等水准，（13）、（14）应不大于 2mm；对于四等水准，（13）、（14）应不大于 3mm。

（3）高差计算与检核。按前、后视水准尺红、黑面中丝读数分别计算一站高差

黑面高差：（15）=［（3）－（6）］÷1000

红面高差：（16）=［（8）－（7）］÷1000

红黑面高差之差：（17）=（15）－［（16）±0.1］=（14）－（13）

对于三等水准，（17）应不大于 3mm；对于四等水准，（17）应不大于 5mm。

红、黑面高差之差在容许范围以内时，取其平均值作为该站的观测高差

（18）=［（15）+（16）±0.1］/2

（4）每页水准测量记录计算检核。

高差检核：$\sum(3)-\sum(6)=\sum(15)$

$$\sum(8)-\sum(7)=\sum(16)$$

$$\sum(15)+\sum(16)\pm 0.1=2\sum(18)$$

视距差检核：$\sum(9)-\sum(10)$=本页末站（12）-前页末站（12）

本页总视距：$\sum(9)+\sum(10)$

2.4.3　三、四等水准测量的成果处理

三、四等水准测量的闭合或附合路线的成果整理首先应按表 2-5 的规定，检验测段（两水准点之间的线路）往返测高差之差及高差闭合差。如果在容许值范围之内，则测段高差取往返测的平均值，线路的高差闭合差则反其符号，按测段的长度成比例进行分配。使用按闭合差改正后的高差计算各水准点的高程。

2.5　微倾式水准仪的检验与校正

由仪器结构可知，微倾式水准仪有四条主要轴线，即视准轴 *CC*、水准管轴 *LL*、仪器竖轴 *VV* 及圆水准器轴 *L'L'*，如图 2-20 所示。水准仪之所以能提供一条水平实线，取决于仪器本身的构造特点，各轴线之间应满足的几何条件如下。

（1）圆水准器轴应平行于仪器竖轴，即 *L'L'*//*VV*。当条件满足时，圆水准器气泡居中，仪器竖轴处于垂直位置，仪器转动到任何位置，圆水准器气泡都居中。

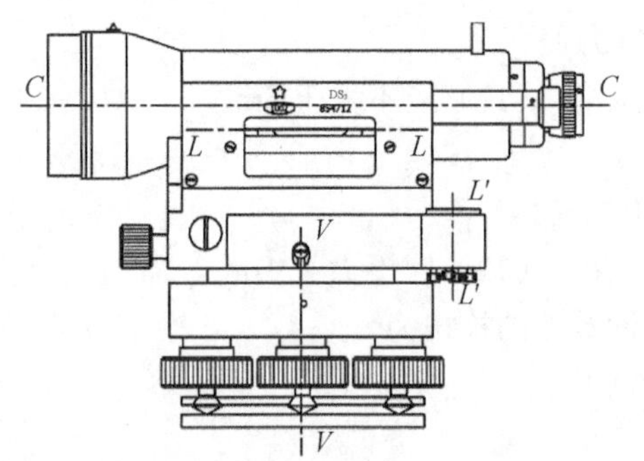

图 2-20　水准仪的主要轴线

（2）十字丝横丝应垂直于仪器竖轴，即十字丝横丝水平。在水准尺上进行读数时，可以用横丝的任何部位读数。

（3）水准管轴应平行于视准轴，即 *LL*//*CC*。当此条件满足时，水准管气泡居中，水准管轴水平，视准轴也处于水平位置。

以上这些条件，在仪器出厂前经过严格检校都是满足的，但是由于仪器长期使用及在搬运过程中可能出现震动或碰撞等，某些部件松动，上述各轴线之间的关系可能会发生变化。若不及时检验校正，将会影响测量成果的质量。因此，在水准测量之前，必须对水准仪进行认真仔细的检验与校正。主要有以下三项检校内容。

2.5.1　圆水准器的检验和校正

目的：使圆水准器轴平行于仪器竖轴，即 *L'L'*//*VV*。

检验：转动脚螺旋使圆水准器气泡居中，如图 2-21（a）所示，然后将仪器转动 180°，这时，如果气泡不居中，如图 2-21（b）所示，说明 *L'L'* 不平行于 *VV*，需要校正。

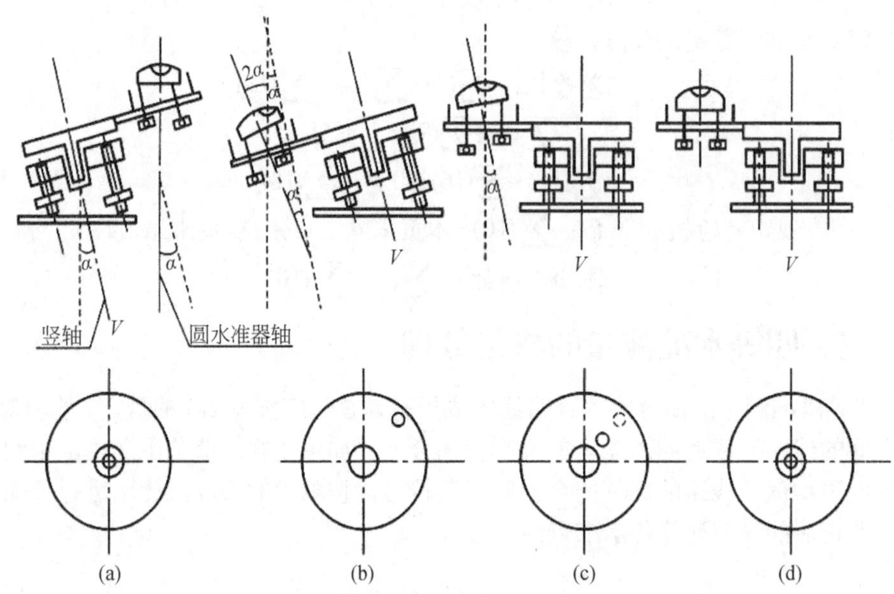

图 2-21　圆水准器的检验和校正原理图

校正：旋转脚螺旋使气泡向中心移动偏距的一半，然后用校正针拨圆水准器底下的三个校正螺丝使气泡居中（图 2-22）。

校正工作一般难以一次完成，需反复检校数次，直到仪器旋转到任何位置气泡都居中为止。最后，拧紧固定螺丝。

该项检验与校正的原理如图 2-21 所示，假设圆水准器轴 *L'L'* 不平行于竖轴 *VV*，二者相交一个 α 角，转动脚螺旋，使圆水准器气泡居中，此时圆水准器轴处于铅垂位置，但仪器竖轴则是倾斜的［图 2-21（a)]；将仪器绕竖轴旋转 180°，圆水准器轴转到竖轴的另一侧，此时圆水准器气泡不再居中，旋转时圆水准器轴与仪器竖轴保持 α 角，所以旋转后圆水准器轴与铅垂线之间的夹角为 2α［图 2-21（b)]，这样气泡也同样偏离与 2α 相对应的一段弧长。校正时，旋转螺旋使气泡向中心移动偏离值的一半，从而消除竖轴本身偏斜的一个 α 角［图 2-21（c)]，使竖轴处于铅垂位置。然后再拨圆水准器下的校正螺旋，使气泡退回另一半居中，消除圆水准器轴与仪器竖轴之间的 α 角［图 2-21（d)]，使得圆水准器轴平行于仪器竖轴，即 $L'L'//VV$。

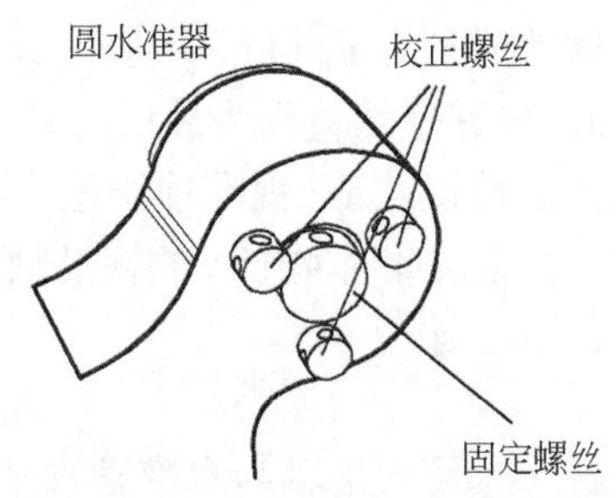

图 2-22　圆水准器的校正

2.5.2　十字丝横丝的检验和校正

目的：当仪器整平后，十字丝横丝应水平，即十字丝横丝应垂直于仪器竖轴。

检验：整平仪器，在望远镜中用十字丝横丝的中心对准某一明显的标识 P，拧紧制动螺旋，转动微动螺旋。微动时，如果标识 P 始终在横丝上移动，表明横丝水平。如果标识不在横丝上移动（图 2-23)，表明横丝不水平，需要校正。

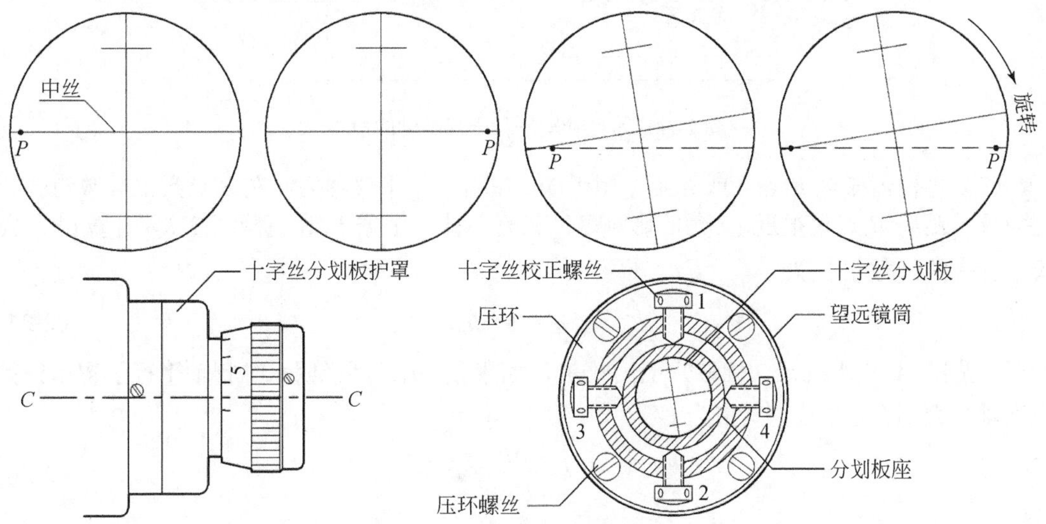

图 2-23　十字丝横丝的检验与校正

校正：打开十字丝分划板护罩，松开四个固定螺丝（图 2-23)，按十字丝倾斜方向的反方向微微转动十字丝环座，直至 P 点的移动轨迹始终与横丝重合，表明横丝水平。校正后应将固定螺丝拧紧。此项检验与校正需要细心、反复进行。

2.5.3　水准管轴的检验和校正

目的：使水准管轴平行于望远镜的视准轴，即 $LL//CC$。

检验：如图 2-24 所示，在平坦的地面上将水准仪安置在 C 点，从 C 点向两侧各量约 40m，定出 A、B 两点，各打入一大木桩或放置尺垫，并在上面立上水准尺。

（1）在 C 点用变仪器高法或双面尺法测定 A、B 两点间的高差 h_{AB}。设 A、B 两点水准尺上的读数分别为 a_1 和 b_1，则 A、B 两点间的高差 $h_{AB}=a_1-b_1$，若两次测得的高差之差不超过 3mm，取其平均值作为最后结果。由于仪器到两点水准尺的距离相等，i 角引起的前、后视尺的读数误差 x（视准轴误差）相等，可以在高差计算中抵消，高差 h_{AB} 不受视准轴误差的影响。假设此时水准仪的视准轴倾斜了 i 角，分别引起读数误差Δa 和Δb，但 $D_{BC}=D_{AC}$，则$\Delta a=\Delta b=x$，则

$$h_{AB}=(a_1-x)-(b_1-x)=a_1-b_1 \tag{2-24}$$

这说明无论视准轴与水准管轴平行与否，由于水准仪安置在两水准尺等距离处，测出的高差都是正确的。

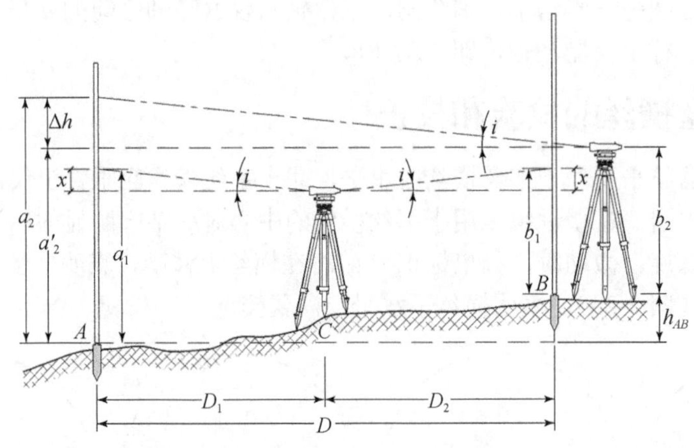

图 2-24　水准管轴平行于视准轴的检验

（2）将仪器搬至 B 点（或 A 点）附近 3m 左右，精平仪器后，在 B 点尺上读数为 b_2。因为仪器距离 B 点尺很近，i 角的影响可以忽略不计。根据 b_2 和正确高差 h_{AB} 计算出 A 点尺上应有的读数 a_2'，为

$$a_2'=b_2+h_{AB} \tag{2-25}$$

然后，瞄准 A 点水准尺，读取尺上读数 a_2'，如果 $a_2'=a_2$，则说明水准管轴平行于望远镜的视准轴，否则存在 i 角，其值为

$$i=\frac{\Delta h}{D_{AB}}\times\rho \tag{2-26}$$

式中，$\Delta h=a_2-a_2'$；D_{AB} 为 A、B 两点之间的距离；ρ=206265″。

对于 DS_3 型微倾式水准仪，i 角值不得大于 20″，当 i 角值大于 20″时，需要校正。

校正：仪器在原位置不动，转动微倾螺旋，使十字丝中丝对准 A 点水准尺上正确读数 a_2'，此时视准轴处于水平位置，而水准管气泡必然偏离中心位置，即水准管轴不水平，为了使水准管轴也处于水平位置，达到视准轴与水准管轴平行的目的，可用校正针拨动水准管一端的上、下两个校正螺丝（图 2-25）使水准管气泡居中。在调整上、下两个校正螺丝前，应先旋松左、右两个螺丝，校正完毕再旋紧。这项校正需要反复进行，直到 i 角值小于 20″为止。

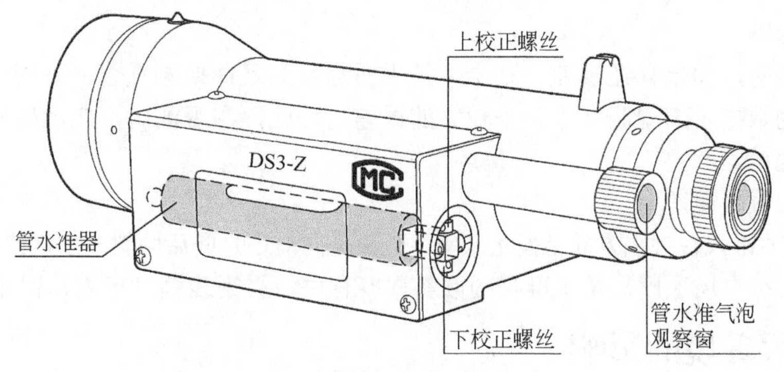

图 2-25　水准管轴的校正

2.6　水准测量的误差及其削减方法

水准测量的误差主要来源于三个方面：仪器结构和工具的不完善（仪器误差）、观测者感觉器官的分辨力有限（观测误差）及外界环境的影响。测量工作者应根据误差产生的原因，采取相应的措施，尽可能地减小或消除各种误差的影响。

2.6.1　仪器误差

1. 仪器校正后的残余误差

在水准测量之前，虽然对仪器经过严格的检验和校正，但仍然残存少量误差，这些误差多数是系统性的，如水准管轴与视准轴不平行产生的误差，与距离成正比，但只要在观测时使前、后视距离相等，便可消除或减弱此项误差的影响。

2. 水准尺误差

水准尺误差包括刻划不准确、尺长变化、尺身弯曲等，这些都会影响水准测量成果的精度。因此水准尺必须经过检验才能使用，不合格的水准尺不能用于测量作业。此外，由于水准尺长期使用而使底端磨损，或由于使用过程中底端粘上泥土，这就相当于改变了水准尺的零点位置，这种误差称为水准尺零点误差，在测量过程中，可以将两根水准尺交替作为前视尺和后视尺，并使每一测段的测站数为偶数，即可消除此项误差。

2.6.2　观测误差

1. 读数误差

在水准尺上估读毫米数的误差，与人眼的分辨能力、望远镜的放大倍率及仪器到水准尺的距离有关。

2. 水准管气泡居中误差

设水准管分划值为 τ（单位为 s），气泡居中误差一般为 $\pm 0.15\tau$，采用符合式管水准器时，气泡居中精度可以提高一倍，居中误差为

$$m_\tau = \pm\frac{0.15\tau}{2}\times\frac{D}{\rho} \tag{2-27}$$

式中，D 为水准仪到水准尺的距离。

3. 视差影响

水准测量时，如果存在视差，则十字丝平面与水准尺影像不重合，不同的眼睛位置，将读出不同的数据，给观测结果带来较大的误差。因此，在观测时，应严格仔细地进行调焦，以消除视差。

4. 水准尺倾斜误差

主要是指水准尺在视线方向上发生倾斜，无论是向前还是向后倾斜，都将使尺上的读数增大，误差的大小与尺上读数及水准尺的倾斜程度有关。且视线高度越大，误差越大。

2.6.3　外界环境的影响

1. 仪器和尺垫下沉

当水准仪或水准尺安置在较为松软的地方时，在观测过程中，容易发生下沉现象。为减少或消除此项误差产生的影响，应将仪器或尺垫安置在坚实的地方，并踩实；每站采用“后前前后”的观测顺序；采用往返观测取高差中数的方法。

2. 大气折光的影响

晴天在日光的照射下，地面温度较高，靠近地面的空气温度也较高，其密度比上层低，水准仪的水平视线离地面越近，光线的折射越大。规范规定，三、四等水准测量时应保证上中下三丝能读数，二等水准测量则要求下丝读数大于等于 0.3m。

3. 温度和风力影响

温度变化不仅会引起大气折光的变化，而且会使水准管气泡不稳定，尤其是当强光直射仪器时，仪器各部件因温度的急剧变化而发生变形，水准管本身及管内液体温度升高，给仪器整平带来影响，产生气泡居中误差。另外，大风使得仪器难以安置，水准尺难以扶直，都对水准测量成果带来一定的影响。因此，水准测量时，应选择有利季节和一天中的有利时段，避免在大风天气或高温季节测量，应随时注意带测伞，以遮挡强烈阳光的照射。

2.7　自动安平水准仪

自动安平水准仪的结构特点是没有管水准器和微倾螺旋，因此操作时，只需粗平无须精平。自动安平原理如图 2-26 所示。当视准轴水平时，水准尺上的 a_0 点通过物镜光心形成的水平线，落在十字丝交点 A 处，得到正确读数。而当望远镜视准轴倾斜了一个小角度 α 时，水准尺上的 a_0 点通过物镜光心形成的水平线，就不会落在十字丝交点 A 处，假设落在了 A'处，也就是说十字丝交点移到了 A'处，从而产生偏距 AA'，很显然

$$AA' = f \cdot \alpha \tag{2-28}$$

式中，f 为望远镜物镜的等效焦距；α为望远镜视准轴倾斜的小角度。

假如在十字丝分划板前距离为 s 处安装一个补偿器，使水平光线经过补偿器后偏转一个角度β，并且恰好通过 A'，这样

$$AA' = s \cdot \beta \tag{2-29}$$

所以补偿器应满足的条件是

$$f \cdot \alpha = s \cdot \beta \tag{2-30}$$

因此，如果式（2-30）能够得到保证，即使视准轴有微小的倾斜，仍能够读出正确的

读数，从而达到自动补偿的目的。

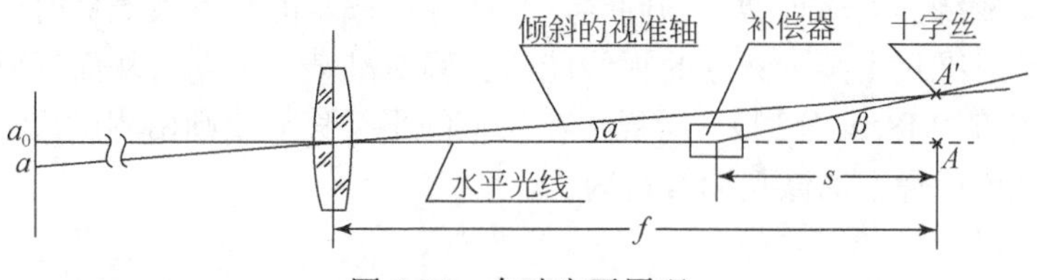

图 2-26 自动安平原理

自动安平补偿器的种类很多，但一般都采用悬吊光学零件的方式。图 2-27 为 ZAL632 自动安平水准仪补偿器工作的光路图。仪器采用精密微型轴承悬吊补偿器棱镜组，利用重力原理安平视线。补偿器的工作范围为±15′，视准线自动安平精度为±0.3″，每千米往返高差中数的中误差为±1.5mm。

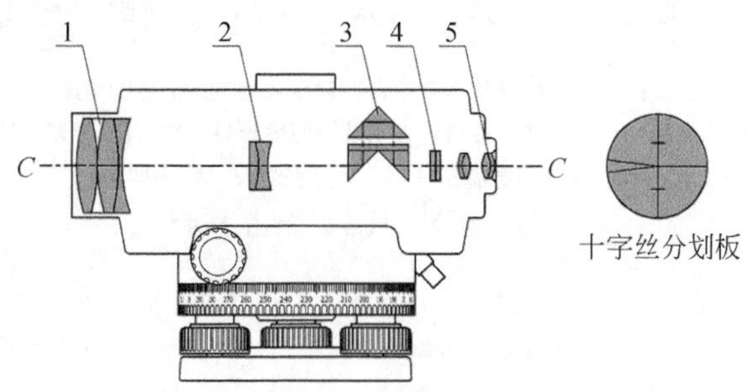

图 2-27 ZAL632 自动安平水准仪补偿器工作的光路图

1–物镜；2–物镜调焦透镜；3–补偿器棱镜组；4–十字丝分划板；5–目镜

2.8 精密水准仪和精密水准尺

2.8.1 精密水准仪

精密水准仪主要用于一、二等水准测量和精密工程测量，如大型建筑物施工、沉降观测和大型精密设备的安装等测量控制工作。

精密水准仪的结构精密，性能稳定，测量精度很高，基本构造也主要是由望远镜、水准器和基座三部分组成。但与普通的 DS_3 型微倾式水准仪相比，它具有以下主要特征：

（1）望远镜的光学性能好，放大倍数大，分辨率高。

（2）水准管的灵敏度高，其分划值为 10″/2mm，比 DS_3 型微倾式水准仪的水准管分划值提高了一倍。

（3）仪器结构精密，水准管轴和视准轴关系稳定，受温度影响较小。

（4）精密水准仪采用光学测微器读数装置，从而提高了读数精度。

（5）精密水准仪配有专用的精密水准尺。

图 2-28 是新 N3 微倾式精密水准仪，每千米往返测高差中数的中误差为±0.3mm。为了提高读数精度，精密水准仪上设有平行玻璃板测微器，新 N3 微倾式精密水准仪的平行玻璃板测微器结构见图 2-29，由平行玻璃板、测微尺、传动杆和测微螺旋等构件组成。平行

玻璃板安装在物镜前，与测微尺之间用带有齿条的传动杆连接，当旋转测微螺旋时，传动杆带动平行玻璃板绕其旋转轴做俯仰倾斜。视线经过倾斜的平行玻璃板时产生上下平行移动，使原来并不对准尺上某一分划的视线能够精确对准某一分划，从而读到一个整分划读数（见图 2-30 中的 148cm 分划），而视线在尺上的平行移动量则由测微尺记录下来，测微尺的读数通过光路成像在测微尺读数窗内。

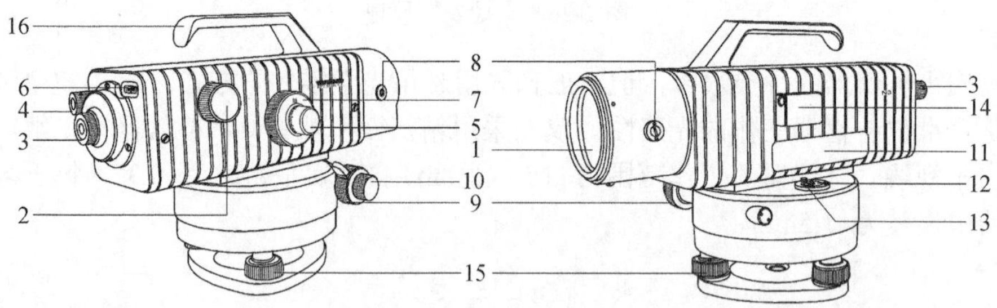

1-物镜；2-物镜调焦螺旋；3-目镜；4-管水准器气泡观察窗；5-微倾螺旋；6-微倾螺旋指示；7-平板玻璃测微螺旋；8-平板玻璃旋转轴；9-制动螺旋；10-微动螺旋；11-管水准器照明窗口；12-圆水准器；13-圆水准器校正螺丝；14-圆水准器观察装置；15-脚螺旋；16-手柄

图 2-28　新 N3 微倾式精密水准仪

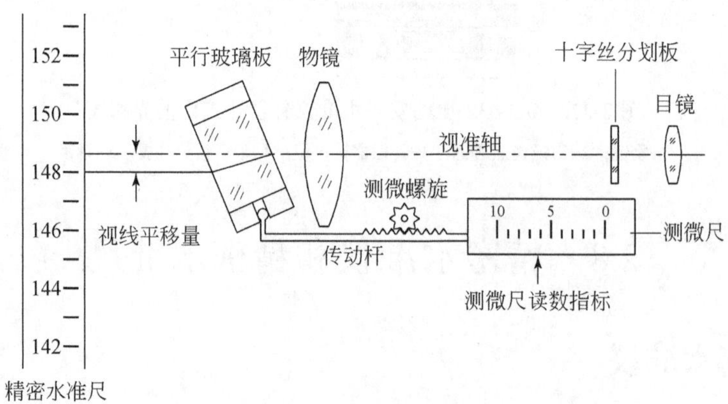

图 2-29　新 N3 微倾式精密水准仪的平行玻璃板测微器结构

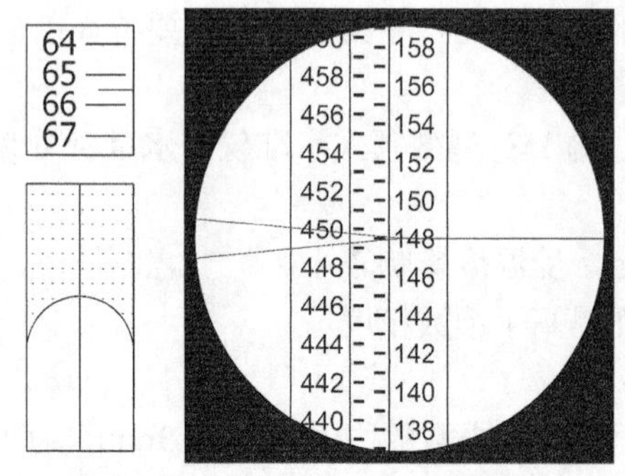

图 2-30　新 N3 微倾式精密水准仪读数窗

旋转新 N3 微倾式精密水准仪的平行玻璃板可以产生的最大视线平移量为 10mm，对应测微尺上的 100 个分格。因此，测微尺上 1 个分格等于 0.1mm，如在测微尺上估读到 0.1 分格，则可以估读到 0.01mm。将标尺上的读数加上测微尺上的读数就等于标尺的实际读数。

精密水准仪的操作方法与普通水准仪基本相同，主要不同之处是读数方法有所差异。先将仪器精确整平，使仪器视线水平，再转动测微螺旋使十字丝楔形丝正好夹住整分划线，读数分为两部分，在尺上直接读出米、分米和厘米，毫米及以下的数从测微尺上读出，估读到 0.01mm。新 N3 微倾式精密水准仪读数窗如图 2-30 所示，在标尺上的读数为 1.48m，在测微尺上的读数为 6.55mm，所以，水准尺读数应为 1.48m+0.00655m= 1.48655m，这就是实际读数。

2.8.2　精密水准尺

精密水准仪必须配备专用的精密水准尺，精密水准尺是在木质尺身的凹槽内，引张一根因瓦合金钢带，其零点端固定在尺身上，另一端用弹簧以一定的拉力将其引张在尺身上，以使因瓦合金钢带不受尺身伸缩变形的影响。精密水准尺长度分划在因瓦合金钢带上，数字注记在木质尺身上，精密水准尺的分划值有 10mm 和 5mm 两种。

图 2-31（a）为新 N3 微倾式精密水准仪相配套的精密水准尺，因为新 N3 的望远镜为正向望远镜，所以水准尺上的注记是正立的。水准尺全长 3.2m。在因瓦合金钢带上刻有两排分划，右边一排分划注记为 0～300cm，称为基本分划；左边一排分划注记为 300～600cm，称为辅助分划。基本分划与辅助分划之间有一差值 K，K=3.01550m，称为基辅差或尺常数。水准测量作业时，用以检查读数是否存在粗差。图 2-31（b）为 Ni004 精密水准仪配套的精密水准尺，国产 DS_1 型精密水准仪也使用这种精密水准尺，由于 Ni004 的望远镜成倒像，其水准尺上的注记是倒立的。水准尺的分划值为 0.5cm，只有基本分划，无辅助分划，左边一排分划为奇数值，右边一排分划为偶数值；右边注记的是米数，左边注记的是分米数；小三角形▸表示半分米数，长三角形◁表示分米起始线。由于将 0.5cm 分划间隔注记为 1cm，尺面注记值是实际长度的两倍，在水准测量时，必须将观测得到的高差除以 2 才是实际高差值。

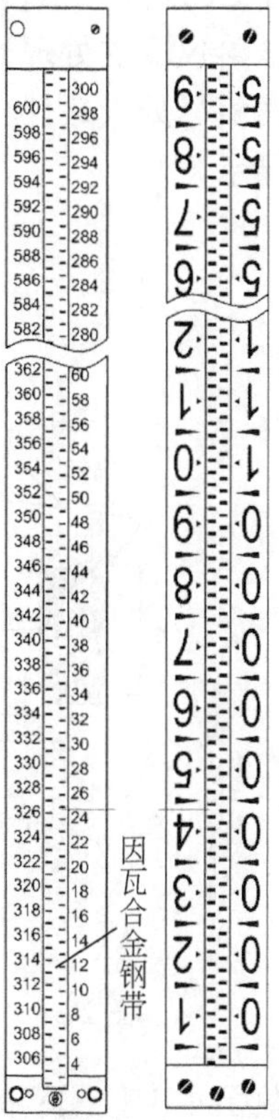

因瓦合金钢带

(a)新N3微倾式精密水准仪相配套的精密水准尺　(b)Ni004精密水准仪配套的精密水准尺

图 2-31　精密水准尺

2.9　数字水准仪

数字水准仪是在仪器望远镜光路中增加分光棱镜与电荷耦合器件（charge coupled device，CCD）阵列传感器等部件，采用条码水准尺和图像处理系统构成光、机、电及信息存储与处理一体化水准测量系统，也称为电子水准仪。与光学水准器相比，数字水准仪的特点是：①自动测量视距及读取中丝读数；②快速进行多次测量并自动计算平均值；③自动存储测量数据，使用后处理软件可实现水准测量从外业数据采集到成果计算的一体化。

2.9.1　数字水准仪测量原理

图 2-32 为 DNA03 精密数字水准仪的光路图及配套的因瓦条码水准尺。

用望远镜瞄准水准尺并调焦后，水准尺正面的条码影像入射到分光镜时，分光镜将其分为可见光和红外光两部分，可见光影像成像在十字丝分划板上，供目视观测；红外光影像成像在 CCD 阵列传感器上，传感器将接收到的光图像先转换为模拟信号，再转换为数字信号传送给仪器的处理器，通过与机内事先存储好的水准尺条码本源数字信息进行相关比较，当两信号处于最佳相关位置时，即获得水准尺上的水平视线读数和视距读数，并输出到屏幕显示。

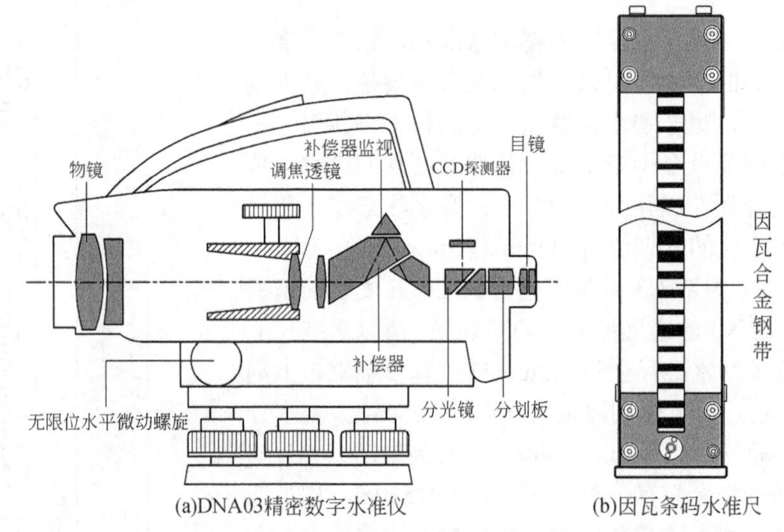

图 2-32　DNA03 精密数字水准仪的光路图及配套的因瓦条码水准尺

与数字水准仪配套的条码水准尺一般为因瓦合金、玻璃钢或铝合金制成的单面或双面尺，形式有直尺和折叠尺两种，规格有 1m、2m、3m、4m、5m 几种，尺子的分划一面为二进制伪随机码分划线，其外形类似于一般商品外包装上印制的条形码，图 2-32（b）为与 DNA03 精密数字水准仪配套的因瓦条码水准尺。

2.9.2　DNA03 精密数字水准仪

1990 年，世界上首次出现了第一代精密数字水准仪 NA3003，而后在此基础上推出了第二代精密数字水准仪 DNA03，如图 2-33 所示。国内市场的 DNA03 的显示界面全部为中文，同时内置了适合我国测量规范的观测程序。

DNA03 的主要技术参数如下：①往返测均值高差中数的中误差为 0.3mm/km（采用因瓦条码水准尺），1mm/km（采用标准水准尺）；②中丝最小读数为 0.01mm；③测距精度为 1cm/20m；④内存可以存储 1650 组测站数据或 6000 个测量数据；⑤补偿器为磁性阻尼补偿器；补偿范围为±8′；补偿精度为±0.3″；⑥单次测量时间为 3s；⑦GEB 电池可连续测量 12h。

为确保外业观测数据的安全，DNA03 上还插有一个 PCMCIA[①] 内存卡，全部测量数据同时保存在仪器内存和 PCMCIA 内存卡中。

① 个人电脑存储卡国际协会（Personal Computer Memory Card International Association，PCMCIA），这个组织负责为“PCMCIA 设备”制定标准。PCMCIA 内存卡即符合该标准的内存卡。

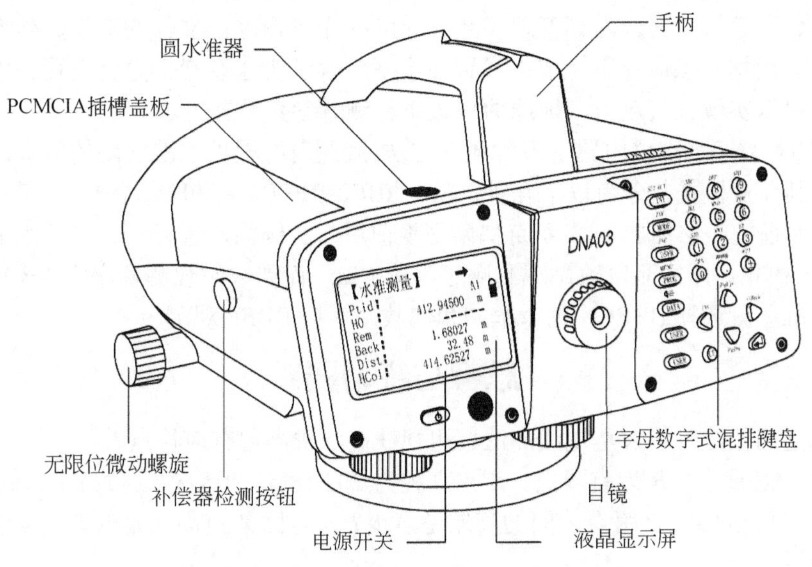

图 2-33　第二代精密数字水准仪 DNA03

液晶显示屏（liquid crystal display，LCD）

2.9.3　DL-2003A 数字水准仪

DL-2003A 数字水准仪各构件和仪器面板按键功能如图 2-34 所示。DL-2003A 数字水准仪的技术参数和 DNA03 比较接近，主要的区别是 DL-2003A 的显示屏采用的是 3.0 英寸（1 英寸≈0.0254m）的薄膜晶体管液晶显示器（thin film transistor liquid crystal display，TFT-LCD），分辨率为 400×240 像素，数据接口更丰富，菜单和按键更贴合国人的操作习惯。

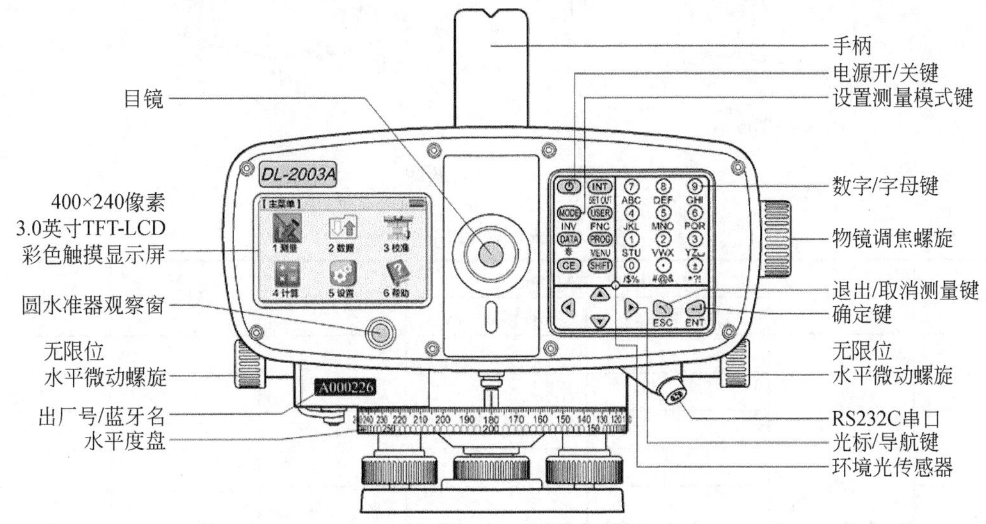

图 2-34　DL-2003A 数字水准仪

DL-2003A 数字水准仪主菜单有 6 个命令，常用的主要是测量、数据、设置 3 个命令。测量命令下包含高程测量、放样测量、线路测量、串口/蓝牙测量 4 个子命令，测量工作一般在该命令下实施，其中线路测量子菜单下包含一、二、三、四等和自定义线路测量；数据命令下包含了编辑数据、内存管理、数据导出 3 个子命令，文件的新建、数据的查看和编辑、数据导出均在该命令下完成；设置命令下包含了快速设置、完全设置、电子气泡 3 个子命令，可以实现大气改正、地球曲率改正、测量参数设置等。

DL-2003A 数字水准仪内置了多种测量方法，观测时要根据水准线路的等级选择不同的观测顺序，其作业模式共分为以下几种：BF、aBF、BFFB、aBFFB、BBFF。其中，B 表示后视，F 表示前视，前面加 a 表示奇偶站交换前后尺。例如，进行一、二等水准测量时，选择 aBFFB 模式，即往测奇数站观测顺序为 BFFB，而偶数站观测顺序为 FBBF，返测相反。四等水准测量选择 BBFF，则奇数站和偶数站均按 BBFF 观测。

思考与练习题

1. 什么是高差法？什么是视线高法？用视线高法求高程有何特点？

2. 设 A 为后视点，B 为前视点，A 点高程为 20.016m。当后视读数为 1.116m，前视读数为 1.418m 时，问 A、B 两点之间的高差是多少？B 点比 A 点高还是低？B 点的高程是多少？并绘图说明。

3. 什么是视准轴？什么是水准管轴？水准仪上的圆水准器和管水准器各有什么作用？

4. 什么是视差？产生视差的原因是什么？怎样消除视差？

5. 什么是转点？在水准测量中转点起什么作用？

6. 将图 2-35 中的数据填入表 2-7 水准测量记录手簿中，计算各测站的高差和 B 点的高程，并进行相应的计算检核。

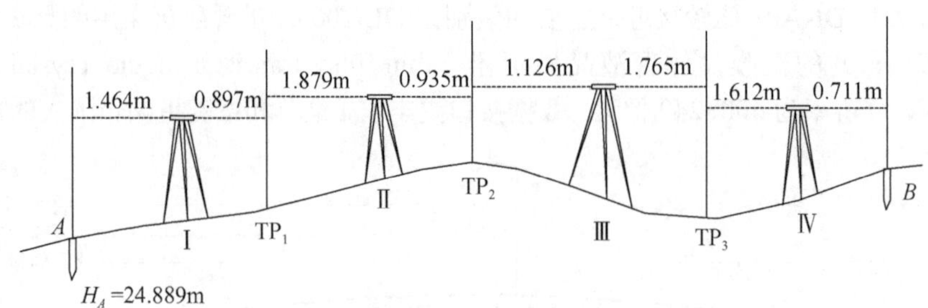

图 2-35　第 6 题图

表 2-7　水准测量记录手簿

测站	点号	水准尺读数/mm		高差/m	高程/m	备注
		后视读数（a）	前视读数（b）			
Ⅰ	A					
	TP_1					
Ⅱ						
	TP_2					
Ⅲ						
	TP_3					
Ⅳ						
	B					
Σ						
计算校核						

7. 根据表 2-8 中的数据，试调整该观测成果，并计算出各点的高程。

表 2-8 附合水准路线成果计算表

测段	点名或点号	测段距离/km	实测高差/m	高差改正数/m	改正后的高差/m	高程/m	点名或点号	备注
	BM_1					57.967	BM_1	
Ⅰ		1.8	+4.363					
	1						1	
Ⅱ		2.0	+2.413					
	2						2	
Ⅲ		1.4	−3.121					
	3						3	
Ⅳ		2.6	+1.263					
	4						4	
Ⅴ		1.2	+2.716					
	5						5	
Ⅵ		1.6	−3.715					
	BM_2					61.819	BM_2	
Σ								

8. 在水准测量中，前、后视距离相等，能够消除或减弱哪几项误差？

9. 试述水准测量中计算检核和测站检核的内容，两种检核各起到什么作用？

10. 设 A、B 两点间距为 80m，在两点之间的中点 C 安置水准仪，测得 A 点水准尺上读数为 a_1=1.311m，B 点水准尺上读数为 b_1=1.107m；然后将仪器搬至 B 点附近，测得 B 点水准尺上读数为 b_2=1.456m；A 点水准尺上读数为 a_2=1.685m。问：①仪器的视准轴与水准管轴是否平行？②如果不平行，应该如何进行校正？试绘图说明。

第3章　角 度 测 量

测定地面点连线的水平夹角及视线方向与水平面的竖直角，称为角度测量，它是测量的基本工作之一。角度测量所使用的仪器是经纬仪和全站仪。角度测量分为水平角测量和竖直角测量。水平角测量用于求算点的平面位置，竖直角测量用于测定高差或将倾斜距离化算为水平距离。

3.1　角度测量原理

3.1.1　水平角测量原理

水平角就是指地面一点到两个目标点连线在水平面上投影的夹角，它也是过两条方向线的铅垂面所夹的二面角。图 3-1（a）中，设 A、B、C 为地面上任意三点，将三点沿铅垂线方向投影到水平面上得到 A_1、B_1、C_1 三点，则直线 B_1A_1 与直线 B_1C_1 的夹角β即为地面上 BA 与 BC 两方向线间的水平角。通常水平角是从起始方向按顺时针度量的，其取值范围为 0°～360°。为了测量水平角，应在 B 点上方水平安置一个有刻度的圆盘，称为水平度盘，水平度盘中心应位于过 B 点的铅垂线上；另外，经纬仪还应有一个能瞄准远方目标的望远镜，望远镜应可以在水平面和铅垂面内旋转，通过望远镜分别瞄准高低不同的目标 A 和 C，设在水平度盘上的读数分别为 a 和 c，则水平角为

$$\beta = c - a \tag{3-1}$$

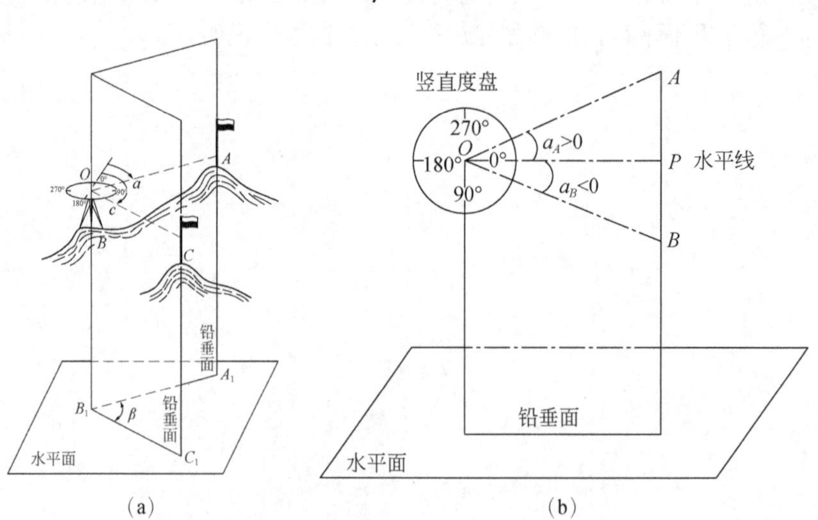

图 3-1　水平角和竖直角观测原理

3.1.2　竖直角测量原理

竖直角是指在同一铅垂面内观测目标的方向线与水平线之间的夹角，用 α 表示。垂直角有正负之分，如图 3-1（b）所示，倾斜视线 OA 位于水平线上方，与水平线的夹角 α_A 为仰角，角值为正；而倾斜视线 OB 位于水平线的下方，与水平线的夹角 α_B 为俯角，角值为负。垂直角取值范围为-90°～90°。

为了测量垂直角，经纬仪应在铅垂面内安置一个圆盘，称为竖直度盘。竖直角也是两个方向在竖直度盘上的读数之差，与水平角不同的是，其中有一个为水平方向。水平方向的读数可以通过竖盘指标管水准器或竖盘指标自动补偿装置来确定。设计经纬仪时，一般使视线水平时的竖盘读数为 0°或 90°的倍数，这样，测量竖直角时，只要瞄准目标，读出竖盘读数并减去仪器视线水平时的竖盘读数就可以计算出视线方向的竖直角。

3.2　光学经纬仪

经纬仪的主要功能是测定（或放样）水平角和竖直角，也可根据十字丝分划板上下丝读数测量距离，还被用于施工放样、直线定线等工作中。

国产的光学经纬仪按不同的测角精度分为多种等级，如 DJ_{07}、DJ_1、DJ_2、DJ_6、DJ_{30} 等。“D”“J”分别为“大地测量”“经纬仪”的汉语拼音首字母大写，07、1、2、6、30 分别表示该仪器一测回方向观测中误差的秒数。

各种 DJ_6 级光学经纬仪的构造大致相同，图 3-2 为某光学仪器厂生产的 DJ_6 级光学经纬仪。

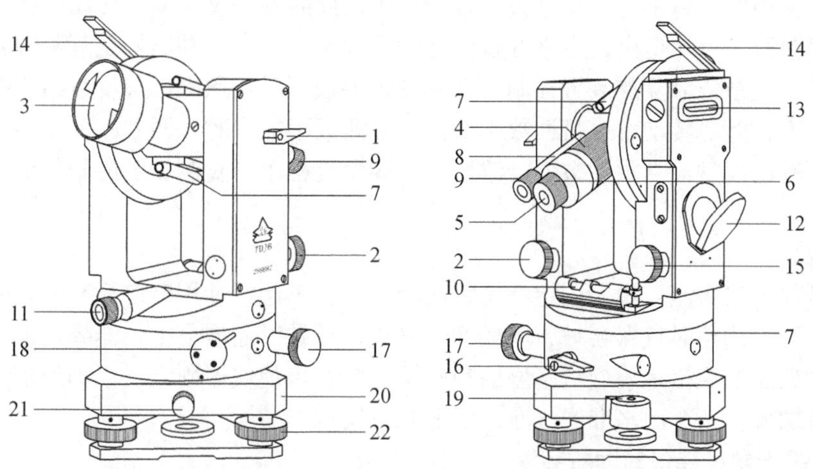

1-望远镜制动螺旋；2-望远镜微动螺旋；3-望远镜物镜；4-物镜调焦螺旋；5-望远镜目镜；6-目镜调焦螺旋；7-水平度盘；8-度盘读数显微镜；9-度盘读数显微镜调焦螺旋；10-照准部管水准器；11-光学对中器；12-度盘照明反光镜；13-竖盘指标管水准器；14-竖盘指标管水准器反射镜；15-竖盘指标管水准器微动螺旋；16-水平制动螺旋；17-水平微动螺旋；18-水平度盘变换螺旋；19-基座圆水准器；20-基座；21-轴套固定螺丝；22-脚螺旋

图 3-2　DJ_6 级光学经纬仪

1. DJ_6 级光学经纬仪的结构

经纬仪主要由照准部、水平度盘和基座三部分组成，见图 3-3。

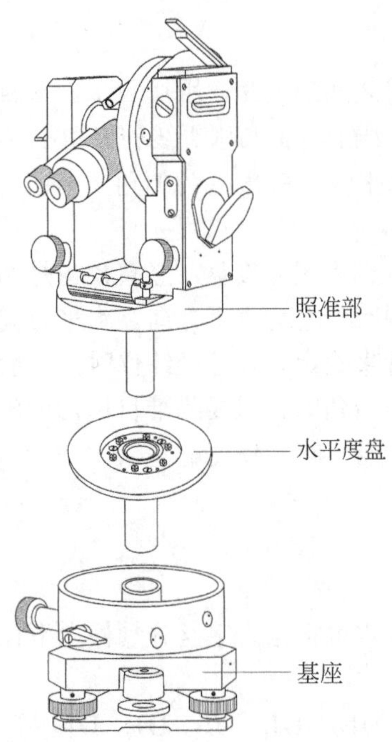

图 3-3 DJ_6 级光学经纬仪的结构

1）照准部

照准部是基座上方能够转动的部分的总称。主要由望远镜、竖直度盘、水准器及读数设备等组成。望远镜用于瞄准目标，其构造与水准仪相似。望远镜与横轴固连在一起，安置在支架上。支架上装有望远镜的制动和微动螺旋，以控制望远镜在竖直方向的转动。竖直度盘（简称竖盘）固定在横轴的一端，用于测量竖直角。竖盘随望远镜一起转动，而竖盘读数指标不动，但可通过竖盘指标水准管微动螺旋做微小移动。调整此微动螺旋使竖盘指标水准管气泡居中，指标位于正确位置。目前，许多经纬仪已不采用竖盘指标水准管，而用自动归零装置代替。照准部水准管是用来整平仪器的，圆水准器用作粗略整平。读数设备包括一个读数显微镜、测微器及光路中一系列的棱镜、透镜等。此外为了控制照准部水平方向的转动，装有水平制动和微动螺旋。

2）水平度盘

水平度盘是由光学玻璃制成的精密刻度盘，分划为0°～360°，按顺时针注记，每格 1°或 30′，用以测量水平角。

在水平角测角过程中，水平度盘固定不动，不随照准部转动。为了改变水平度盘位置，仪器设有水平度盘转动装置。这种装置有两种结构：一种是采用水平度盘变换手轮，或称转盘手轮。使用时，将手轮推压进去，转动手轮，此时水平度盘随着转动。待转到所需位置时，将手松开，手轮退出，水平度盘位置就设置好了。另一种结构是复测装置。水平度盘与照准部的关系依靠复测装置控制。当复测扳手扳下时，照准部与度盘结合在一起，照准部转动，度盘随之转动，度盘读数不变；当复测扳手扳上时，两者相互脱离，照准部转动时就不再带动度盘，度盘读数就会改变。在测角过程中，复测扳手应始终保持在向上的位置。

3）基座

基座是仪器的底座，由一固定螺旋将两者连接在一起。使用时应检查固定螺旋是否旋紧。如果松开，测角时仪器会被带动或产生晃动，迁站时还容易把仪器摔在地上，造成损坏。将三脚架上的连接螺旋旋进基座的中心螺母中，可使仪器固定在三脚架上。基座上还装有三个脚螺旋、一个圆水准器气泡，用于整平仪器。

2. DJ_6 级光学经纬仪的读数装置

光学经纬仪的读数设备包括度盘、光路系统和测微器。水平度盘和竖直度盘上的分划线通过一系列棱镜和透镜成像显示在望远镜旁的读数显微镜内。DJ_6 级光学经纬仪的读数装置可以分为测微尺读数装置和单平板玻璃读数装置两种。

1）测微尺读数装置

这类仪器将水平玻璃度盘和竖直玻璃度盘均匀刻划为 360 格，每格的角度值为 1°，按顺时针方向注记。在读数显微镜的读数窗上装有一块带分划的分微尺，度盘上 1°的分划线间隔经显微物镜放大后成像于分微尺上。图 3-4 是测微尺读数窗，显示了读数显微镜内所看到的度盘和分微尺的影像，上面注有“H”（或水平）的为水平度盘读数窗，注有“V”（或竖直）的为竖直度盘读数窗。分微尺的长度等于放大后度盘分划线间隔 1°的长度，分微尺分为 60 个小格，每小格为 1′。分微尺每 10 小格注有数字，表示 0′、10′、20′、…、60′，其注记增加方向与度盘注记相反。这种读数装置精确到 1′，秒数位需要估读，方法是将测微尺上 1 格再分成 10 份，每份即为 0.1′或 6″，占 i（$i\in$［0，10］）份就乘以 i，也就是说，秒数位为 6 的倍数。

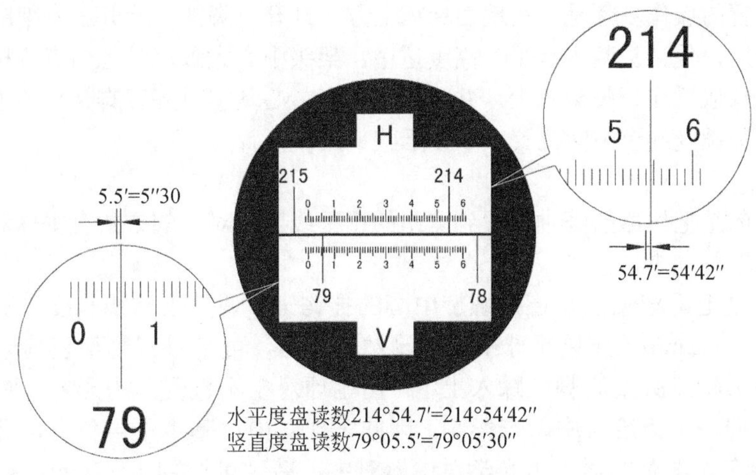

图 3-4 测微尺读数窗

读数时，分微尺上的 0 分划线为指标线，它所指的度盘上的位置就是度盘读数的位置，例如，在图 3-4 的水平度盘的读数窗中，214°分划线介于测微尺中间，所以度数应读 214°，分、秒数要由分微尺的 0 分划线至度盘上 214°分划线之间有多少小格来确定，图中测微尺上的 5 表示 50′，分划线位于 5 后第 4 和第 5 个小格之间，因此分数只能读到 54′，然后将第 4 和第 5 个小格分成 10 份，分划线占了 7 份，因此读取 0.7′或 42″，因此水平度盘的读数应是 214°54′42″。同理，在竖直度盘的读数窗中，读数应为 79°05′30″。

2）平板玻璃测微尺读数装置

平板玻璃测微尺读数原理是：将玻璃度盘刻划为 720 格，每格的角度为 30′，顺时针注记。仪器制造时，使度盘刻划影像移动 1 格，也即 0.5°或 30′时，对应于测微尺上移动 90 格，则测微尺上 1 格所代表的角度值为 30×60÷90=20″，按估读到测微尺 1 格的 1/10，即为 2″。平板玻璃测微尺读数窗如图 3-5 所示。它有 3 个读数窗口，其中下窗口为水平度盘影像窗口，中间窗口为竖直盘度影像窗口，上窗口为测微尺影像窗口。

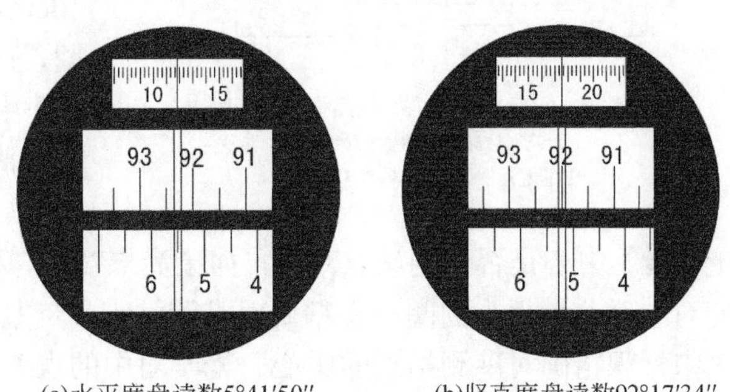

(a)水平度盘读数5°41′50″ (b)竖直度盘读数92°17′34″

图 3-5 平板玻璃测微尺读数窗

读数时，先旋转测微螺旋，使两个度盘分划线中的某一个分划线精确地位于双指标线的中央，0.5°整倍数的读数根据分划线注记读出，小于 0.5°的读数从测微尺上读出，两个读数相加即为度盘的读数。图 3-5 中水平度盘读数为 5°41′50″，竖直度盘读数为 92°17′34″。

3.3 经纬仪的操作

在用经纬仪进行测角之前，必须把仪器安置在测站上。经纬仪的操作主要包括对中、整平、瞄准、读数四项工作。对中和整平的目的是使仪器竖轴位于测站的铅垂线上。

1. 经纬仪的安置

经纬仪安置的操作步骤是：在地面标识上方，打开三脚架，旋开三脚架腿固紧螺旋，调整架腿的长度，使架头基本水平，高度适中，架头中心大致对准地面点位标识。从仪器箱中取出经纬仪放置在三脚架头上，并使仪器基座中心基本对齐三脚架头的中心，旋紧连接螺旋后，将脚螺旋旋至中间位置，以便于整平操作。

2. 对中

对中的目的是把仪器的竖轴安置到测站的铅垂线上，对中的方式有垂球对中、光学对中、激光对中三种方式。

垂球对中是把垂球悬挂在连接螺旋中心的挂钩上，调整垂球线长度，使垂球尖离地面点的高差约 1～2mm。如果垂球中心离测站点较远，可平移三脚架使垂球中心大致对准点位，并用力将三脚架的脚尖踩入土中。用垂球对中不仅受风力影响，而且当三脚架架头倾斜较大时，也会给对中带来影响。因此垂球对中已基本不再使用，目前生产的光学经纬仪均装有光学对中器。用光学对中器对中，精度可达到 1～2mm，高于垂球对中精度。

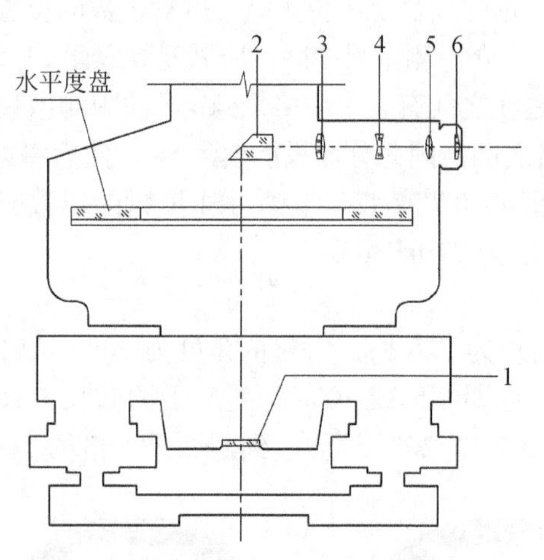

1-保护玻璃；2-反光棱镜；3-物镜；4-物镜调焦镜；5-对中标识分划板；6-目镜

图 3-6 光学对中器光路

光学对中器是装在照准部的一个小望远镜，其光路如图 3-6 所示。其中，反光棱镜可以使铅垂光线折射成水平方向，以便观察。使用光学对中器之前，应先旋转目镜调焦螺旋使对中标识分划板十分清晰，再旋转物镜调焦螺旋（有些仪器是拉伸光学对中器）看清地面的测点标识。使用光学对中器对中，应与整平仪器结合进行，其操作步骤如下。

（1）粗对中，根据地形先踩实三脚架一个架腿，双手分别持其他两个架腿，抬离地面 5～10cm，眼睛观察光学对中器，移动这两个架腿，直到光学对中器的分划板小圆圈（或十字丝）中心对准测点标识中心为止，将三脚架的三个脚尖踩实。

（2）精对中，观察对中器分划板小圆圈（或十字丝）中心是否与测站点对准，如果尚未对准，稍松仪器连接螺旋，在架头上移动仪器，使对中器分划板小圆圈中心精确对准测站点，旋紧连接螺旋。或通过旋转脚螺旋也可实现对中标识精确对准测站点的中心。光学对中的误差应小于 1mm。

3. 整平

整平的目的是使经纬仪的竖轴铅垂，从而使水平度盘和横轴处于水平位置，竖盘位于铅垂面内。整平分粗平和精平两个步骤。

粗平是通过伸缩三脚架相应架腿使圆水准器气泡居中。三个架腿中哪边高，圆水准器气泡就偏向哪边，因此就要降低该方向上的架腿，反之就要升高该方向上的架腿。

粗平后还需要再次精对中。观察光学对中器，如果尚未对中，只需将连接基座的连接螺旋稍许松开，在三脚架头上通过推移的方式完成对中，旋紧连接螺旋。

精平是通过旋转基座上的三个脚螺旋，使照准部管水准器气泡在相互垂直的两个方向上气泡都居中。一般采用“先二后一”的方法，具体操作如下。

（1）松开水平制动螺旋，转动照准部，使水准管大致平行于任意两个脚螺旋的连线，如图3-7（a），两手同时向内或向外旋转这两个脚螺旋使气泡居中。气泡的移动方向一般与左手大拇指（或右手食指）移动的方向一致。

（2）再将照准部旋转90°，水准管处于原来位置的垂直位置，如图3-7（b），用另一个脚螺旋使气泡居中。

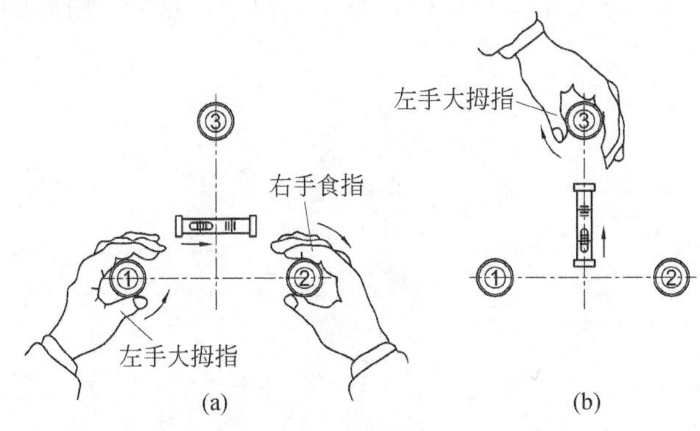

图3-7　照准部管水准器整平方法

整平和精对中需要反复进行，直至照准部转到任何位置气泡都居中为止。

4. 瞄准

将望远镜对向明亮的背景，调整目镜调焦螺旋，使十字丝成像清晰。然后转动照准部，用望远镜上的瞄准器先大致瞄准目标，旋紧照准部制动螺旋和望远镜制动螺旋。调整物镜调焦螺旋，使目标成像清晰并注意消除视差。最后用望远镜微动螺旋，精确照准目标。观测水平角时，要用十字丝纵丝中央平分或夹准目标，并尽量瞄准目标底部。观测竖直角时，要用十字丝横丝切住目标的顶部。图3-8为测角时的照准标识，一般是竖立于测点的标杆、测钎、用三根竹竿悬吊垂球的线或觇牌。

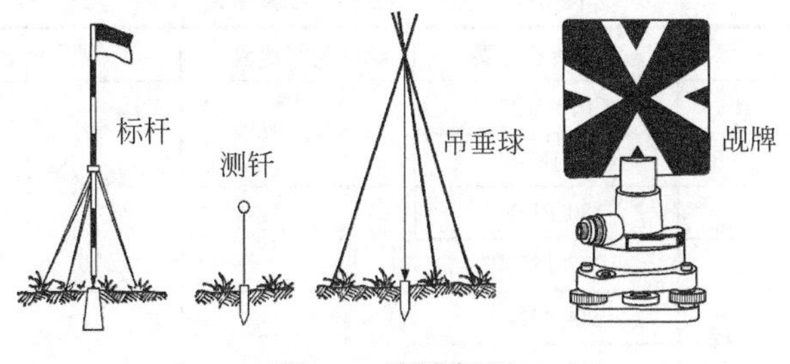

图3-8　照准标识

5. 读数

读数时，先打开度盘照明反光镜，调整反光镜的开度和方向，使读数窗亮度适中，旋转读数显微镜的目镜使刻划线清晰，然后读数。

3.4　水平角测量

水平角测量方法一般是根据测角的精度要求、所使用的仪器及观测方向的数目而定。工程上常用的方法有测回法和方向观测法。

3.4.1　测回法

测回法适用于观测只有两个方向的单角。测回法观测水平角如图 3-9 所示，要测量 *BA*、*BC* 两方向间的水平角β，将经纬仪安置在 *B* 点上，对中，整平，用测回法观测$\angle ABC$一测回的操作步骤如下。

图 3-9　测回法观测水平角

（1）盘左（竖盘在望远镜的左边，也称为正镜）瞄准目标点 *A*，调节目镜和望远镜调焦螺旋，使十字丝和目标成像清晰，消除视差。旋开水平度盘变换锁止螺旋，将水平度盘读数配置在 0°左右，检查瞄准情况后读取水平度盘读数 a_1（0°01′12″），记入记录手簿（表 3-1）。

表 3-1　测回法观测记录手簿

测站	盘位	目标	水平度盘读数	半测回角值	一测回角值	各测回平均值
一测回 *B*	左	*A*	0°01′12″	57°17′36″	57°17′42″	57°17′44″
		C	57°18′48″			
	右	*A*	180°01′06″	57°17′48″		
		C	237°18′54″			
二测回 *B*	左	*A*	90°00′24″	57°17′42″	57°17′45″	
		C	147°18′06″			
	右	*A*	270°00′12″	57°17′48″		
		C	327°18′00″			

（2）松开水平制动螺旋和望远镜制动，顺时针转动照准部，瞄准目标点 C，读取水平度盘读数 c_1（57°18′48″），记入手簿。

盘左所测水平角为$\beta_1=c_1-a_1=57°18'48''-0°01'12''=57°17'36''$，称为上半测回。

（3）松开水平制动螺旋和望远镜制动螺旋，倒转望远镜呈盘右位置（竖盘在望远镜的右边，也称倒镜），先瞄准目标点 C，读取水平度盘读数 c_2（237°18′54″），记入手簿。

（4）逆时针旋转照准部，瞄准目标点 A，读取读数 a_2（180°01′06″），记入手簿。

盘右所测角值为$\beta_2=c_2-a_2=237°18'54''-180°01'06''=57°17'48''$，称为下半测回。上、下半测回合称为一测回。

DJ_6级光学经纬仪盘左、盘右两个“半测回”角值之差不超过限差 40″时，取其平均值作为一测回角值

$$\beta=\frac{1}{2}(\beta_1+\beta_2)=57°17'42'' \tag{3-2}$$

由于水平度盘注记是顺时针方向增加的，在计算角值时，无论是盘左还是盘右，均应用右边目标的读数减去左边目标的读数，如果不够减，则应加上 360°进行计算。

当测角精度要求较高时，往往需要观测几个测回。为了减小水平度盘分划误差的影响，各测回间应根据测回数 n，按照 180°/n 变换水平度盘的位置。例如，观测 3 个测回，180°/3=60°，第一测回盘左时起始方向的读数应配置在 0°或稍大些；第二测回盘左时起始方向的读数应配置在 60°左右；第三测回盘左时起始方向的读数应配置在 120°左右。

3.4.2 方向观测法

当一个测站上需要观测的方向数≥3 时，一般采用方向观测法。

1. 观测步骤

方向观测法观测水平角如图 3-10 所示，仪器安置在 O 点上，观测 A、B、C、D 各方向之间的水平角，其观测步骤如下。

1）上半测回

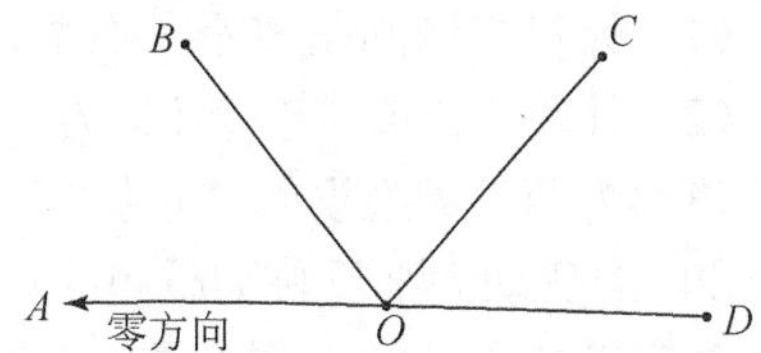

图 3-10 方向观测法观测水平角

选择方向中一明显目标（如 A）作为起始方向（或称零方向），精确瞄准 A，水平度盘配置在 0°或稍大些，读取读数记入记录手簿，然后顺时针方向依次瞄准 B、C、D，读取读数记入记录手簿中。为了检核水平度盘在观测过程中是否发生变动，应再次瞄准 A，读取水平度盘读数，此次观测称为归零，A 方向两次水平度盘读数之差称为半测回归零差。因此，上半测回的观测顺序是 $A\to B\to C\to D\to A$。对于 DJ_6 级光学经纬仪，归零差不应大于 18″。

2）下半测回

纵转望远镜，盘右瞄准 A 点的照准标识，读数并记录，松开制动螺旋，逆时针转动照准部，依次瞄准 D、C、B、A 点的照准标识进行观测，其观测顺序是 $A\to D\to C\to B\to A$，最后返回到零方向 A 的操作称为下半测回归零。

这样就完成了一个测回的观测工作。如果要观测 n 个测回，每测回仍应按 180°/n 的差值变换水平度盘的起始位置。方向观测法记录手簿见表 3-2。

表 3-2　方向观测法记录手簿

测站	测回数	目标	水平度读数		2C/（″）	平均读数	归零方向值	各测回平均归零方向值
			盘左	盘右				
1	2	3	4	5	6	7	8	9
O	1	A	0°02′42″	180°02′42″	0	(0°02′38″) 0°02′42″	0°00′00″	0°00′00″
		B	60°18′42″	240°18′30″	+12	60°18′36″	60°15′58″	60° 15′56″
		C	116°40′18″	296°40′12″	+6	116°40′15″	116°37′37″	116°37′28″
		D	185°17′30″	5°17′36″	−6	185°17′33″	185°14′55″	185°14′47″
		A	0°02′30″	180°02′36″	−6	0°02′33″		
	2	A	90°01′00″	270°01′06″	−6	(90 °01′09″) 90°01′03″	0°00′00″	
		B	150°17′06″	330°17′00″	+6	150°17′03″	60°15′54″	
		C	206°38′30″	26°38′24″	+6	206°38′27″	116°37′18″	
		D	275°15′48″	95°15′48″	0	275°15′48″	185°14′39″	
		A	90°01′12″	270°01′18″	−6	90°01′15″		

2. 方向观测法的限差

《城市测量规范》（CJJ/T 8—2011）规定，水平角方向观测法限差要求应符合表 3-3。

表 3-3　水平角方向观测法限差要求

仪器	半测回归零差/（″）	一测回内 2C 互差/（″）	同一方向值各测回较差/（″）
DJ_2	12	18	9
DJ_6	18	—	24

3. 计算步骤

（1）计算半测回归零差，不得大于表 3-3 规定的限差，否则应重测。

（2）计算 2C 值。理论上，相同方向的盘左、盘右观测值应相差 180°，如果不是，其偏差值称为两倍照准误差，简称 2C。2C 属于仪器误差，同一台仪器 2C 值应当是一个常数，因此 2C 的变动大小反映了观测的质量，其限差要求见表 3-3。由于 DJ_6 级光学经纬仪的读数受到度盘偏心差的影响，未对 2C 互差作出规定。计算公式为

$$2C=\text{盘左读数}-(\text{盘右读数}\pm 180°) \tag{3-3}$$

式中，盘右读数大于 180°时，取“−”号；盘右读数小于 180°时，取“+”号。

（3）计算方向观测的平均值，计算公式为

$$\text{平均读数}=\frac{1}{2}\ [\text{盘左读数}+(\text{盘右读数}\pm 180°)] \tag{3-4}$$

在计算平均读数后，起始方向 OA 有两个平均读数，应再取平均，写在表 3-2 中第 7 列的括号内，作为 A 的方向值。

（4）计算归零方向值。将计算出的各方向的平均读数分别减去起始方向 OA 的两次平均读数（括号内之值），即得各方向的归零方向值，见表 3-2 的第 8 列。

（5）对各测回同一方向的归零方向值进行比较，其差值应不大于表 3-3 之规定。取各测回同一方向归零方向值的平均值作为该方向的最后结果，填入表 3-2 的第 9 列。

3.5 竖直角测量

3.5.1 竖直度盘的构造

竖直度盘的构造如图 3-11 所示，包括竖盘、竖盘指标水准管和竖盘指标水准管微动螺旋。竖盘固定在望远镜横轴的一端，其中心在横轴的中心上。望远镜绕横轴旋转时，竖盘也随之转动，而竖盘指标不动。竖盘指标是分（测）微尺的零分划线，与竖盘指标水准管固连在一起，当旋转竖盘指标水准管微动螺旋使指标水准管气泡居中时，竖盘指标即处于正确位置。

竖盘的注记形式有顺时针与逆时针两种。当望远镜视线水平、竖盘指标水准管气泡居中时，盘左竖盘读数应为 90°，盘右竖盘读数则为 270°。

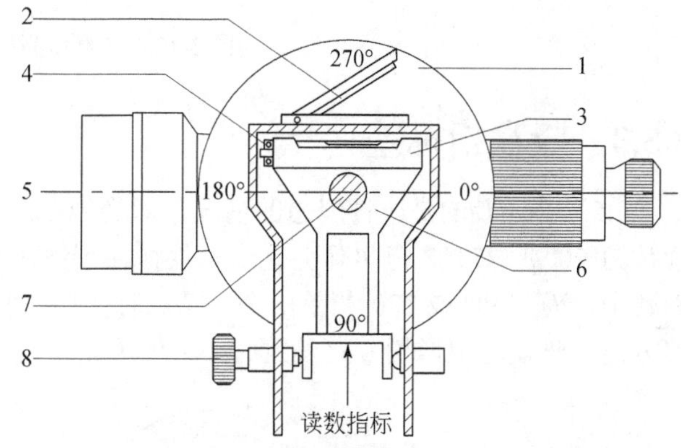

1-竖盘；2-竖盘指标管水准器观察反射镜；3-竖盘指标管水准器；4-竖盘指标管水准器校正螺丝；5-视准轴；6-支架；7-横轴；8-竖盘水准管微动螺旋

图 3-11 竖直度盘的构造

3.5.2 竖直角计算

竖直角测量原理如图 3-12 所示。图 3-12（a）望远镜位于盘左位置，当视准轴水平、竖盘指标管水准器气泡居中时，竖盘读数为 90°，当望远镜逐渐抬高（仰角），竖盘读数（设为 L ）在减少，因此盘左观测的竖直角为

$$\alpha_L = 90° - L \tag{3-5}$$

由图 3-12（b）可知，纵转望远镜于盘右位置，当视准轴水平、竖盘指标管水准器气泡居中时，竖盘读数为 270°；当望远镜抬高，从读数窗口中可以观察到竖盘读数（设为 R ）在增大，则盘右观测的竖直角为

$$\alpha_R = R - 270° \tag{3-6}$$

一测回的竖直角值为

$$\alpha = \frac{1}{2}(\alpha_L + \alpha_R) \text{ 或 } \alpha = \frac{1}{2}(R - L - 180°) \tag{3-7}$$

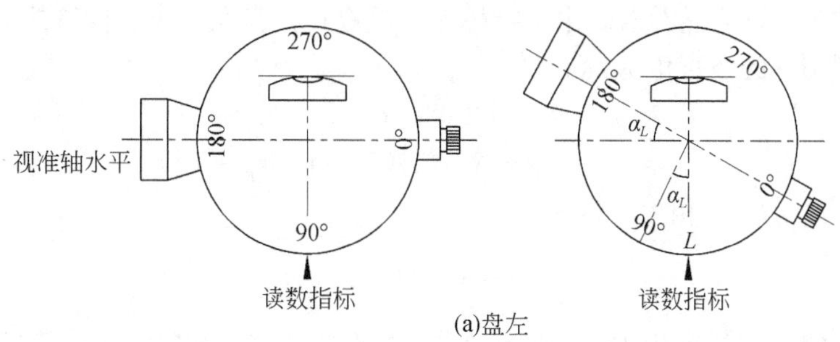

(a)盘左

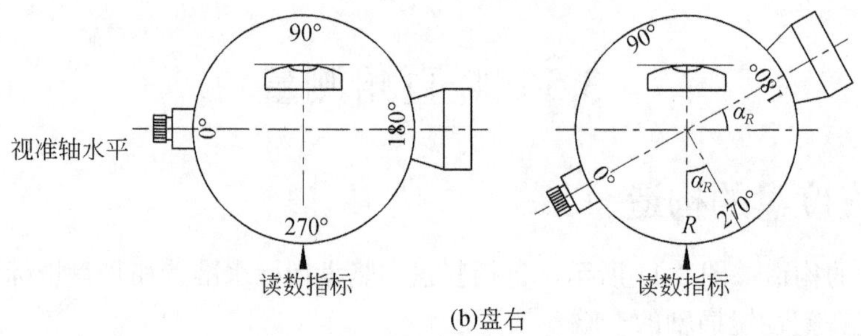

(b)盘右

图 3-12　竖直角测量原理

3.5.3　竖盘指标差

3.5.2 节述及的是一种理想的情况，即当视线水平，竖盘指标水准管气泡居中时，竖盘读数为 90°或 270°。但实际上这个条件往往无法满足，竖盘指标不是恰好指在 90°或 270°整数上，而与 90°或 270°相差一个 x 角，称为竖盘指标差。如图 3-13 所示，竖盘指标的偏移方向与竖盘注记增加方向一致时，x 值为正，反之为负。

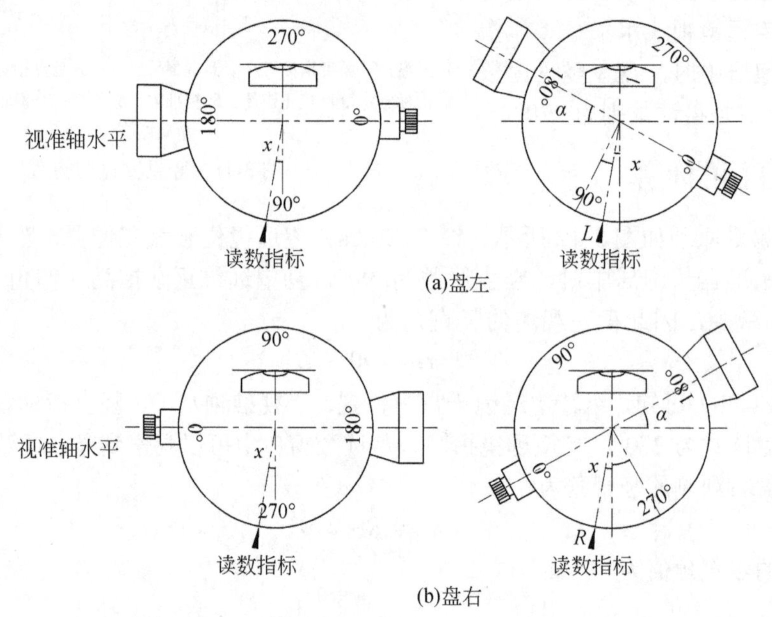

(b)盘右

图 3-13　竖盘指标差

由图 3-13 可以明显看出，由于指标差 x 的存在，盘左、盘右读得的 L、R 均大了一个 x。为了得到正确的竖直角 α，则

$$\alpha = (90° + x) - L = \alpha_L + x \tag{3-8}$$

$$\alpha = R - (270° + x) = \alpha_R - x \tag{3-9}$$

式（3-8）与式（3-9）相加，可得

$$\alpha = \frac{1}{2}(R - L - 180°) \tag{3-10}$$

这与式（3-7）完全相同，说明用盘左、盘右各观测一次竖直角，然后取其平均值作为

最后结果，可以消除竖盘指标差的影响。如将式（3-8）与式（3-9）相减，可得

$$x=\frac{1}{2}(L+R-360^{\circ})\text{或}x=\frac{1}{2}(\alpha_R-\alpha_L) \tag{3-11}$$

式（3-11）即为竖盘指标差的计算公式。

3.5.4　竖直角观测与计算

将仪器安置在测站上，按下列步骤进行观测。

（1）在盘左位置用水平中丝照准目标，调整竖盘指标水准管气泡居中后，读取竖盘读数 L，记入记录手簿（表 3-4）。

表 3-4　竖直角观测记录手簿

测站	目标	盘位	竖盘读数	半测回竖直角	指标差	一测回竖直角	备注
O	A	左	73° 44′12″	+16°15′48″	+12″	+16°16′00″	270° 180° 0° 90°
		右	286°16′12″	+16°16′12″			
	B	左	114°03′42″	−24°03′42″	+18″	−24°03′24″	
		右	245°56′54″	−24°03′06″			

（2）在盘右位置用水平中丝照准目标，调整竖盘指标水准管气泡居中后，读取竖盘读数 R，记入记录手簿，测回观测结束。

（3）根据仪器竖盘注记形式确定竖直角计算公式，计算竖直角和指标差。

（4）竖直角观测的有关规定：①竖直角测定应在目标成像清晰稳定的条件下进行；②盘左、盘右两盘位照准目标时，其目标成像应分别位于竖丝左、右附近的对称位置；③观测过程中，若发现指标差绝对值大于 30″，应对仪器予以校正；④DJ_6 级光学经纬仪竖盘指标差的变化范围不应超过 15″。

3.6　经纬仪的检验与校正

3.6.1　经纬仪轴线应满足的条件

经纬仪的轴线如图 3-14 所示，经纬仪的主要轴线有望远镜视准轴 CC、仪器旋转轴竖轴 VV、望远镜旋转轴横轴 HH、水准管轴 LL。根据角度测量原理，这些轴线之间应满足以下条件：

（1）水准管轴应垂直于仪器旋转轴竖轴（$LL\perp VV$）；

（2）十字丝竖丝应垂直于望远镜旋转轴横轴（竖丝$\perp HH$）；

（3）望远镜视准轴应垂直于望远镜旋转轴横轴（$CC\perp HH$）；

（4）望远镜旋转轴横轴应垂直于仪器旋转轴竖轴（$HH\perp VV$）；

（5）竖盘指标差 x 应为零；

（6）光学对中器的视准轴与仪器旋转轴竖轴重合。

3.6.2　经纬仪的检验与校正

1. 水准管轴（$LL \perp VV$）的检验校正

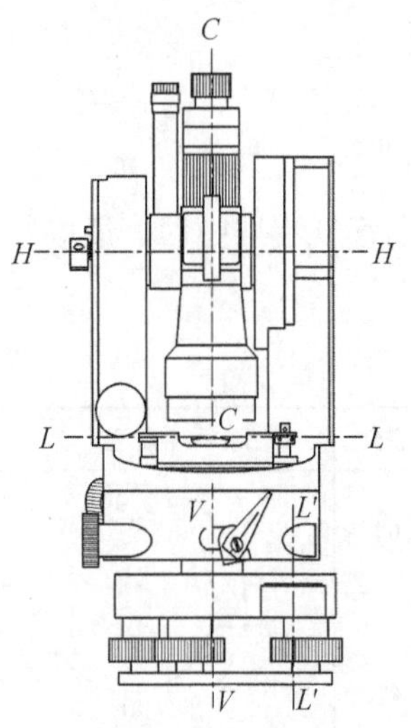

图 3-14　经纬仪的轴线

（1）检验。根据照准部水准管将仪器大致整平。转动照准部使水准管平行于任意两个脚螺旋的连线，调节两个脚螺旋使气泡居中。然后将照准部旋转 180°，如果此时气泡仍居中，则说明水准管轴垂直于竖轴，否则应进行校正，如图 3-15（a）和 3-15（b）所示。

（2）检验。用校正针拨动管水准器一端的校正螺丝，使气泡向中央移动偏距的一半［图 3-15（c）］，余下的一半通过旋转与管水准器轴平行的一对脚螺旋完成［图 3-15（d）］。此项检校必须反复进行，直至水准管位于任何位置，气泡偏离零点均不超过半格为止。

2. 十字丝竖丝（竖丝 ⊥ HH）的检验校正

检验：仪器严格整平后，用十字丝交点精确瞄准一清晰目标点，旋紧水平制动螺旋和望远镜制动螺旋，再用望远镜微动螺旋使望远镜上下移动，若目标点始终在竖丝上移动，表明条件已满足，否则应进行校正。

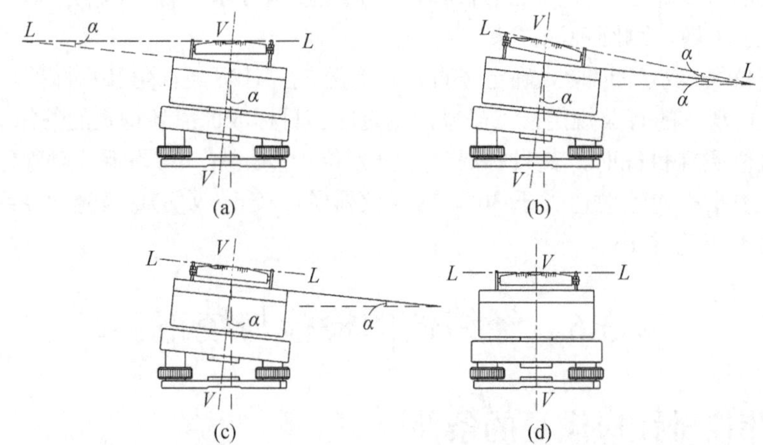

图 3-15　水准管轴的检验与校正

校正时，旋下目镜处的护盖，微微松开十字丝环的四个压环螺丝（图 3-16），转动十字丝环，直至望远镜上下移动时，目标点始终沿竖丝移动为止。最后将四个压环螺丝拧紧，旋上护盖。

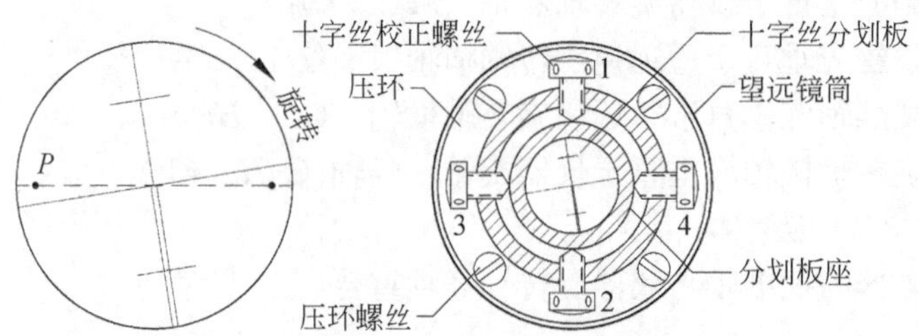

图 3-16　十字丝竖丝的检验与校正

3. 视准轴（*CC*⊥*HH*）的检验校正

视准轴不垂直于横轴时，其偏离垂直位置的角值 C 称为视准轴误差或照准差。由同一方向观测的 2 倍照准差 $2C$ 的计算公式为 $2C=L-(R\pm180°)$，则有

$$C=\frac{1}{2}[L-(R\pm180°)] \tag{3-12}$$

虽然取盘左盘右观测值的平均值可以消除同一方向观测的照准差 C，但 C 过大将不便于方向观测的计算，所以，当 $C>60''$时，必须校正。

检验：视准轴的检验与校正如图 3-17 所示，在一平坦场地上，选择一直线 AB，长约 100m。仪器安置在 AB 的中点 O 上，在 A 点竖立一标识，在 B 点横置一个刻有毫米分划的小尺，并使其垂直于 AB。以盘左瞄准 A，倒转望远镜在 B 点尺上读数 B_1。旋转照准部以盘右再瞄准 A，倒转望远镜在 B 点尺上读数 B_2。如果 B_2 与 B_1 重合，表明视准轴垂直于横轴。否则应进行校正。

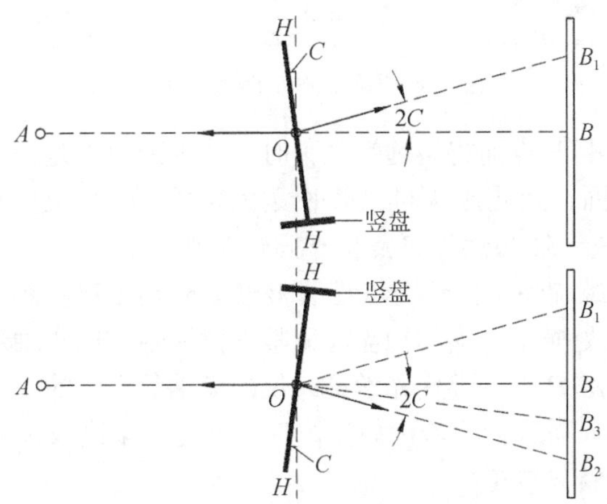

图 3-17　视准轴的检验与校正

校正：由 B_2 点向 B_1 点量取 $\frac{\overline{B_1B_2}}{4}$ 的长度定出 B_3 点，此时 OB_3 便垂直于横轴 HH，用校正针拨动十字丝左右两个校正螺丝，先松一个再紧一个，使十字丝交点与 B_3 点重合，然后固紧两个校正螺丝。此项检校也需反复进行，直至 $C<60''$为止。

4. 横轴（*HH*⊥ *VV*）的检验校正

横轴不垂直于竖轴，仪器整平后，竖轴处于铅垂位置，横轴不水平，偏离正确位置的角值 i 称为横轴误差。$i>20''$时，必须校正。

检验：$HH\perp VV$ 的检验与校正如图 3-18 所示，在距一较高墙壁 20～30m 处安置仪器，在墙上选择仰角大于 30°的一目标点 P，盘左瞄准 P 点，然后将望远镜放平，在墙上定出一点 P_1。倒转望远镜以盘右瞄准 P 点，再将望远镜放平，在墙上又定出一点 P_2。则横轴误差 i 的计算公式为

$$i=\frac{\overline{P_1P_2}}{2D}\cot\alpha\cdot\rho'' \tag{3-13}$$

式中，α为 P 点的竖直角，通过观测 P 点竖直角一测回获得；D 为测站至 P 点的水平距离。如果 P_1 和 P_2 重合，表明仪器横轴垂直于竖轴，如果计算出 $i>20''$时，必须校正。

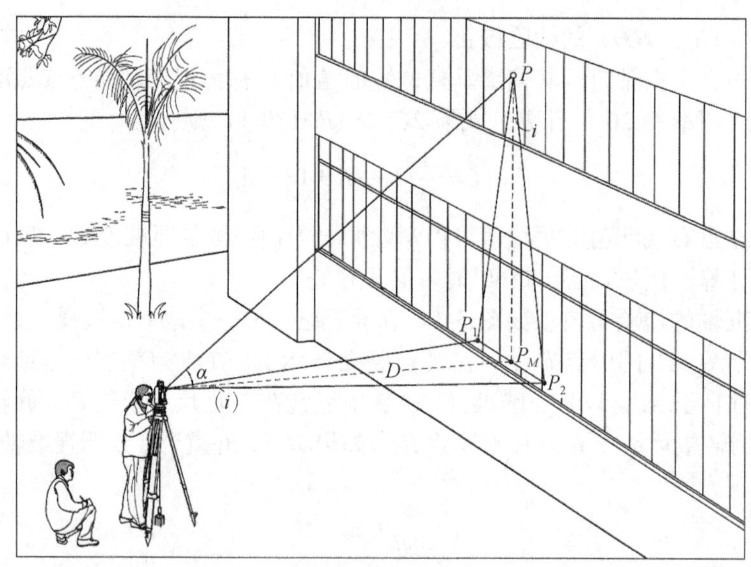

图 3-18　$HH\perp VV$ 的检验与校正

当以盘左、盘右瞄准 P 点而将望远镜放平时，其视准面不是竖直面，而是分别向两侧各倾斜一个 i 角的斜平面。因此，在同一水平线上的 P_1、P_2 偏离竖直面的距离相等而方向相反，直线 P_1、P_2 的中点 M 必然与 P 点位于同一铅垂线上。

校正：用水平微动螺旋使十字丝交点瞄准 M 点，然后抬高望远镜，此时十字丝交点必然偏离 P 点。打开支架处横轴一端的护盖，调整支撑横轴的偏心轴环，抬高或降低横轴一端，直至十字丝交点瞄准 P 点。现代光学经纬仪的横轴是密封的，一般能保证横轴与竖轴的垂直关系，故使用时只需进行检验，如需校正，可由仪器检修人员进行。

5. 竖盘指标差的检验与校正

检验：仪器整平后，以盘左、盘右先后瞄准同一明显目标，在竖盘指标水准管气泡居中的情况下读取竖盘读数 L 和 R。按式（3-10）计算指标差。

校正：先计算盘右的正确读数 $R_0=R-x$，保持望远镜在盘右位置瞄准原目标不变，旋转竖盘指标水准管微动螺旋使竖盘读数为 R_0，这时竖盘指标水准管气泡不再居中，用校正针拨动竖盘指标水准管的校正螺丝使气泡居中。此项检校需反复进行，直至指标差 x 不超过限差为止。DJ_6 级光学经纬仪限差为 30″。

6. 光学对中器的检验校正

检验：在地面上放置一张白纸，在白纸上画一十字形的标识 P，以 P 点为对中标识安置好仪器，将照准部旋转 180°，如果 P 点的像偏离了对中器分划板中心而对准了 P 点旁的另一点 P'，则说明对中器的视准轴与竖轴不重合，需要校正。

校正：用直尺在白纸上定出 PP'的中点 O，转动对中器校正螺丝，使对中器分划板的中心对准 O 点。光学对中器的校正螺丝随仪器型号而异，有些是校正视线转向棱镜组，有些是校正分划板。松开照准部支架间圆形护盖上的两颗固紧螺丝，去除护盖，调节校正螺丝，直至分划圈中心与 P 点重合。校正完毕，应将校正螺丝拧紧。

3.7　角度测量误差及注意事项

与水准测量相似，水平角测量的误差也来自仪器误差、观测误差和外界条件的影响三个方面。

3.7.1　仪器误差

1. 视准轴误差

如图 3-19 所示，当竖直角为 a 时，若视准轴垂直于横轴，视准轴即位于正确位置 OA，由于视准轴误差 c 的存在，盘左、盘右视准轴的位置为 OA_1、OA_2。它们在水平面上的投影分别为 OA'、OA'_1 和 OA'_2。x_c 为视准轴误差 c 的水平投影，也即观测方向的水平度盘读数误差。

由图 3-19 可知

$$AA_1 = OA\tan c$$

$$A'A'_1 = OA'\tan x_c$$

因为

$$AA_1 = A'A'_1$$

所以

$$OA\tan c = OA'\tan x_c$$

或者

$$\tan x_c = \tan c\frac{OA}{OA'} = \tan c \cdot \sec\alpha \tag{3-14}$$

由于 x_c 和 c 的角值都很小，式（3-14）可写成

$$x_c = c \cdot \sec\alpha \tag{3-15}$$

由图 3-19 可以看出，对同一方向进行盘左、盘右观测时，视准轴误差所引起的水平度盘读数误差 x_c 大小相等而符号相反。因此，盘左、盘右观测取其平均值，可以消除视准轴误差的影响。式（3-15）说明，竖直角α越大，视准轴误差对水平度盘读数的影响越大，故在山区使用仪器前应特别注意消除视准轴误差。视准轴水平时，x_c 具有最小值 c。

2. 横轴误差

横轴误差如图 3-20 所示，仪器整平后，竖轴位于铅垂线上。若横轴垂直于竖轴，则横轴水平，图 3-20 上 H_1H_1 为横轴正确位置；若横轴不垂直于竖轴，则横轴倾斜一个 i 角，

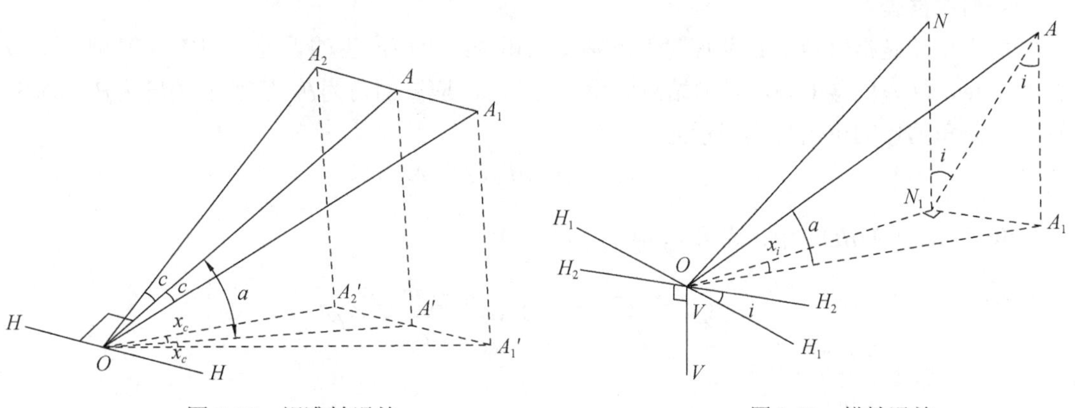

图 3-19　视准轴误差　　　　图 3-20　横轴误差

位于 H_2H_2。当视准轴水平时，两种情况均对准竖直面的 N_1 点，但抬高望远镜后，第一种情况在竖直面上的轨迹是铅垂线 N_1N，ON_1N 为竖直面；第二种情况在竖直面上的轨迹是倾斜角度为 i 的斜线 N_1A，ON_1A 为偏斜了一个 i 角的斜面。

A_1 为 A 在过 ON_1 的水平面上的投影，α为 OA 方向的竖直角，x_i 为横轴误差 i 对水平度盘读数的影响。

由图 3-20 可知

$$N_1A_1 = OA_1 \cdot \sin x_i = AA_1 \cdot \tan i$$

所以

$$\sin x_i = \tan i \frac{AA_1}{OA_1} = \tan i \cdot \tan\alpha \tag{3-16}$$

由于 x_i 和 i 的角值都很小，式（3-16）可写成

$$x_i = i \cdot \tan\alpha \tag{3-17}$$

用盘左、盘右观测同一方向，横轴误差所引起的水平度盘读数误差 x_i 大小相等而符号相反，因此采用盘左、盘右观测取平均值，可以消除横轴误差的影响。式（3-16）说明，竖直角α越大，横轴误差对水平度盘读数的影响就越大。当视线水平时，$\alpha = 0$，则 $x_i = 0$，横轴误差对水平度盘读数无影响。

3. 竖轴误差

照准部水准管轴不垂直于竖轴，或者仪器在使用时没有严格整平，都会产生竖轴误差。用盘左、盘右观测同一方向，竖轴误差所引起的水平度盘读数误差大小相等但符号相同，因此不能用盘左、盘右观测取平均值消除其影响。此外，这一影响也与竖直角的大小成正比，所以在山区或坡度较大的地区进行测量时，应对仪器进行严格的检验和校正，并在测量中仔细整平。

4. 照准部偏心差和度盘分划不均匀误差

照准部偏心差是指水平度盘的刻划中心与照准部的旋转中心不重合而产生的误差，盘左、盘右观测取平均值可以消除此项误差的影响。度盘分划不均匀误差是指度盘最小分划间隔不相等而产生的测角误差，各测回零方向根据测回数 n，以 180°/n 为增量配置水平度盘读数可以削弱此项误差的影响。

3.7.2 观测误差

1. 对中误差

对中误差是指仪器中心没有置于测站点的铅垂线上所产生的误差。如图 3-21 所示，O 为测站点，O'为仪器中心，与测站点的偏心距为 e，应测的角为β，实测的角度为β'，对中误差对测角的影响可用公式表示为

$$\Delta\beta = \beta - \beta' = \delta_1 + \delta_2$$

在三角形 AOO'和 BOO'中，δ_1 和 δ_2 很小，则

$$\delta_1 = \frac{e\sin\theta}{d_1}\rho'' \quad \delta_2 = \frac{e\sin(\beta' - \theta)}{d_2}\rho''$$

因此

$$\Delta\beta = e \cdot \rho''\left[\frac{\sin\theta}{d_1} + \frac{\sin(\beta' - \theta)}{d_2}\right] \tag{3-18}$$

由式（3-18）可知，对中误差对测角的影响与偏心距成正比，与边长成反比，此外与所测角度的大小和偏心的方向有关。

如果 $e = 3\text{mm}$，$\theta = 90°$，$\beta' = 180°$，$d_1 = d_2 = 100\text{m}$，

则
$$\Delta\beta = \frac{2 \times 0.003 \times 206265''}{100} = 12''$$

由此看来，在水平角测量时，应认真精确地进行对中，在边长较短的情况下更应如此。

2. 目标偏心差

目标偏心差是指实际瞄准的目标位置偏离地面标识点而产生的误差。目标偏心差如图 3-22 所示，O 为测站点，A 为测点标识中心，B 为瞄准的目标位置，其水平投影为 B'，x 即为目标偏心对水平度盘读数的影响。

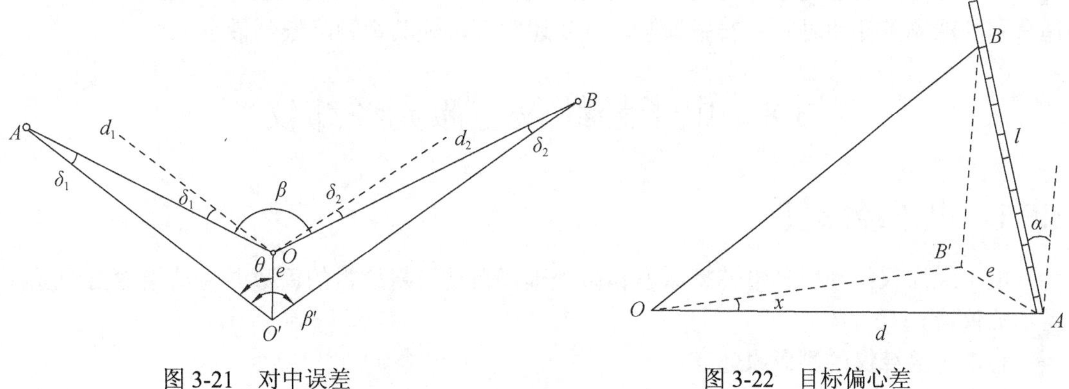

图 3-21　对中误差　　　　图 3-22　目标偏心差

由图 3-22 可知

$$x = \frac{e}{d}\rho'' = \frac{l\sin\alpha}{d}\rho'' \tag{3-19}$$

如果观测时瞄准在花杆离地面 2m 处，花杆倾斜 30′，边长为 100m，则

$$x = \frac{2 \cdot \sin 0°30'}{100} \times 206265'' = 36'' \tag{3-20}$$

由式（3-20）可知，目标偏心对测角的影响不容忽视。目标倾斜越大，瞄准部位越高，则目标偏心越大，对测角的影响就越大，因此观测时应尽量瞄准花杆底部，花杆也要尽量竖直。另外，目标偏心对测角的影响与边长成反比，在边长较短时，应特别注意目标偏心。

3. 瞄准误差

望远镜瞄准精度β主要受人眼的分辨角 p 和望远镜的放大率 v 的影响，表示为

$$d\beta = \frac{p}{v} \tag{3-21}$$

当以十字丝双丝瞄准时，p 可取$10''$，望远镜放大率v为 28 倍，则

$$d\beta = \frac{10''}{28} = 0.4''$$

实际上，瞄准精度还要受目标的形状、亮度、影像稳定性及大气条件等因素的影响，因此 $d\beta$ 还要增大某一倍数 K，即

$$d\beta = \frac{K_p}{v} \tag{3-22}$$

实验证明，在目标亮度适宜，成像稳定的情况下，K 可取 1.5～3。

4. 读数误差

读数误差主要取决于仪器的读数设备。对于 DJ_6 级光学经纬仪，读数误差不超过分划值的 1/10，即不超过 6″。如果读数显微镜目镜未调好，视场照明不佳，则读数误差还会增大。

3.7.3 外界条件的影响

外界条件影响测角的因素很多，例如，温度变化会影响仪器的正常状态；大风会影响仪器的稳定；地面辐射热会影响大气的稳定；空气透明度会影响瞄准精度；地面松软会影响仪器稳定等。要想完全避免这些因素的影响是不可能的，只能采取一些措施，例如，选择有利的观测条件和时间，安稳脚架、打伞遮阳等，使其影响降低到最小。

3.8 电子经纬仪与激光经纬仪

3.8.1 电子经纬仪

电子经纬仪是利用光电转换原理和微处理器自动测量度盘的读数并将结果输出到屏幕显示的仪器。

1. 电子经纬仪的测角原理

编码度盘（简称码盘）是一种绝对值式编码器。它以二进制代码运算为基础，用透光与不透光两种状态代表二进制代码的“1”和“0”两种状态，再配以一定的电路，即可实现角度量与数字量间的转换，即模数转换。

图 3-23 为二进制编码度盘的测角原理示意图。

码盘上从里向外的道环称为码道。由于 n 位二进制数的总数为 2^n，码盘的码道数 n 和码盘的编码容量 M 之间的关系为

$$M = 2^n$$

这就意味着，n 码道码盘可将一个圆周分成 M 等份的扇形区，其角度分辨率 γ 为

$$\gamma = \frac{360°}{M} = \frac{360°}{2^n} \tag{3-23}$$

由式（3-23）可知，编码度盘的角分辨率 γ 主要取决于码道数 n，随着码道数 n 的增加，角分辨率将变小，而使测角精度成倍提高。

2. ET/DT 系列电子经纬仪简介

电子经纬仪有 ET 和 DT 两个系列，其中，ET 为光栅度盘，DT 为编码度盘，图 3-24 为 ET-02 电子经纬仪，各部件的名称见图中注记。ET-02 一测回方向观测中误差为±2″，显示最小角度为 1″，竖盘指标自动归零补偿采用液体电子传感补偿器。

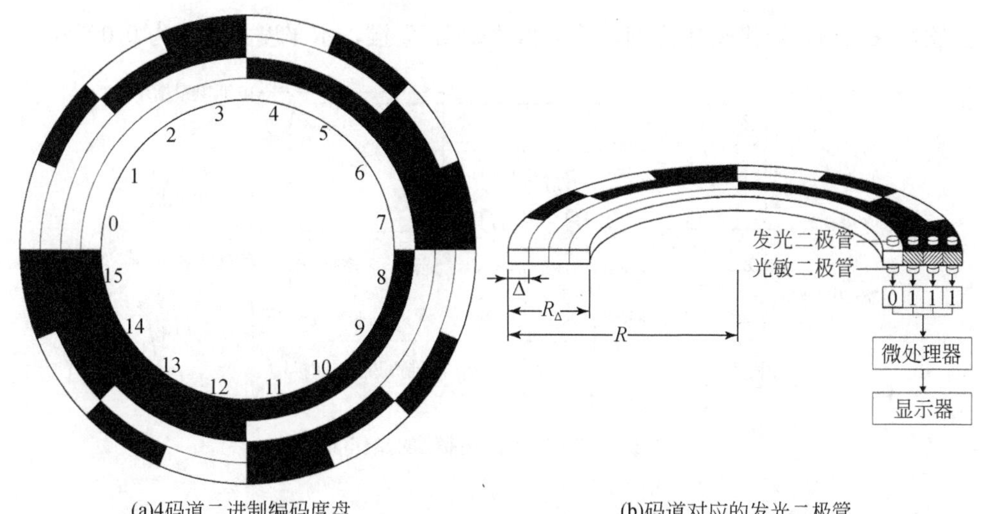

(a)4码道二进制编码度盘 (b)码道对应的发光二极管

图 3-23 二进制编码度盘的测角原理示意图

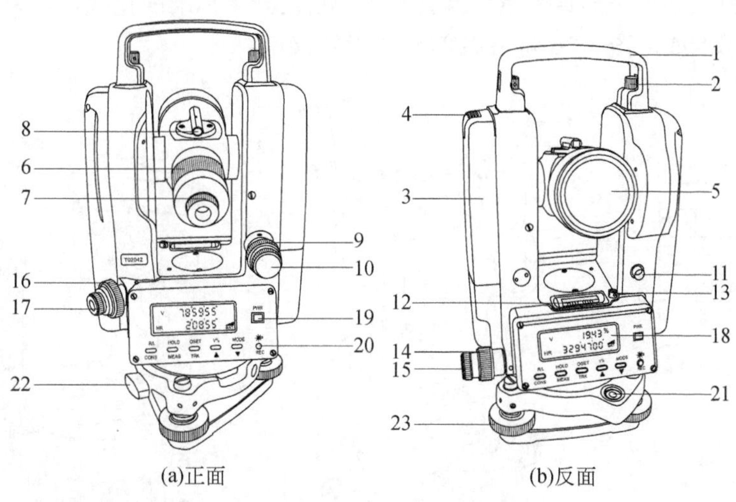

(a)正面 (b)反面

1-手柄；2-手柄固定螺丝；3-电池盒；4-电池盒按钮；5-物镜；6-物镜调焦螺旋；7-目镜调焦螺旋；8-光学粗瞄器；9-望远镜制动螺旋；10-望远镜微动螺旋；11-光电测距仪数据接口；12-管水准器；13-管水准器校正螺丝；14-水平制动螺旋；15-水平微动螺旋；16-光学对中器物镜调焦螺旋；17-光学对中器目镜调焦螺旋；18-显示窗；19-电源开关键；20-显示窗照明开关键；21-圆水准器；22-轴套锁定钮；23-脚螺旋

图 3-24 ET-02 电子经纬仪

ET-02 电子经纬仪的操作面板如图 3-25 所示，按住 PWR（Power 键）2s 为开机，再按住 PWR（Power 键）2s 为关机。显示窗上，“V”后显示竖直角；“HR”后显示水平右角。

一般情况下，仪器执行按键上方注记文字的第一功能（测角操作）。例如，先按“MODE”键，再按其余各键，为执行按键下方注记文字（测距操作）。

“HOLD”键为水平度盘读数锁定键，连续按两次，当前的水平度盘读数被锁定，再按一次，为解除锁定；该功能键可将所照准目标的水平度盘读数配置为需要的方向值，操作方法是：转动照准部，当水平度盘读数接近所需方向值时，旋紧水平制动螺旋，转动水平微动螺旋，使水平度盘读数精确地等于所需方向值；连续按“HOLD”键两次，锁定水平度盘读数；精确瞄准目标后，按“HOLD”键解除锁定即完成水平度盘配置操作。

安置好仪器后，瞄准初始方向，连续按“OSET”键，水平度盘置零为 0°00′00″。

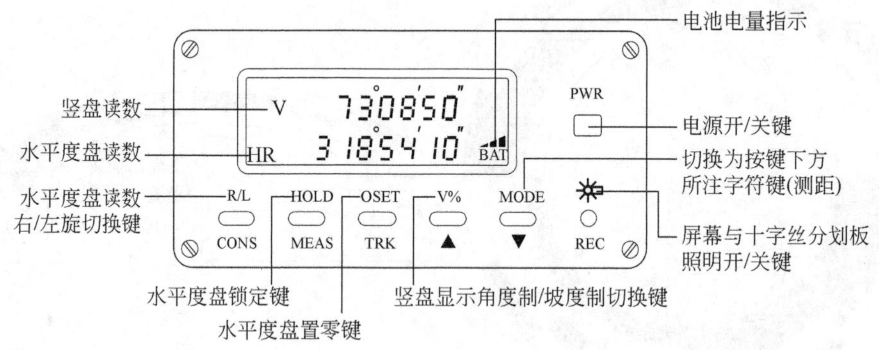

图 3-25　ET-02 电子经纬仪的操作面板

3.8.2　激光经纬仪

激光经纬仪主要用于准直测量。准直测量是定出一条标准的直线，作为土木建筑安装等施工放样的基准线。图 3-26 是 J_2-JDB 激光经纬仪。

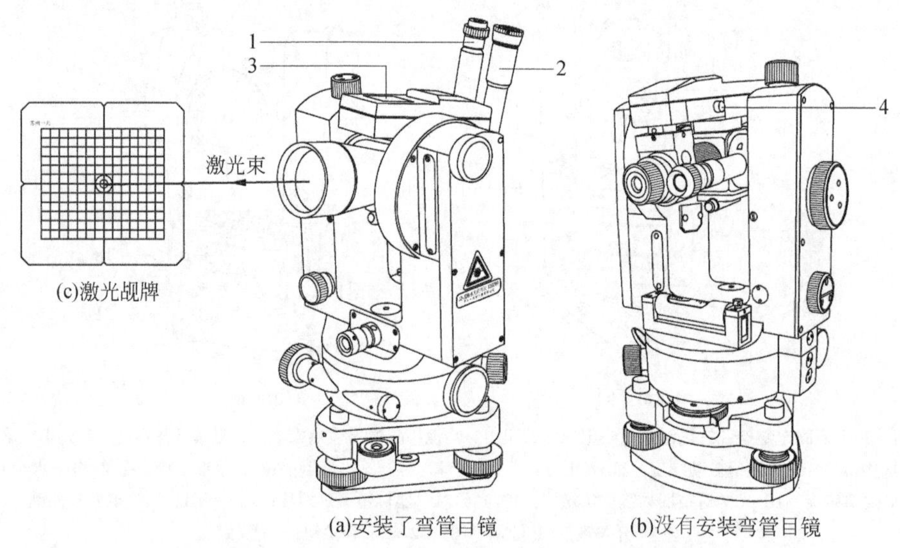

1-读数显微镜弯管目镜；2-望远镜弯管目镜；3-电池盒盖；4-激光电源开关

图 3-26　J_2-JDB 激光经纬仪

激光经纬仪除具有光学经纬仪的所有功能外，还可以提供一条可见的激光光束，可以广泛应用于高层建筑的轴线投测、隧道测量、大型管线的铺设、桥梁工程、大型船舶制造、飞机型架安装等领域。当用于倾斜角很大的测量作业时，可以安装上随机附件弯管目镜，见图 3-26（a）；为了使目标处的激光光斑更加清晰，以提高测量精度，可以使用随机附件激光觇牌，见图 3-26（c）。

J_2-JDB 激光经纬仪是在 DJ_2 光学经纬仪上设置了一个半导体激光发射装置，将发射的激光导入望远镜的视准轴方向，从望远镜物镜端发射，激光光束与望远镜视准轴保持同轴、同焦。

思考与练习题

1. 什么是水平角？经纬仪为什么能测出水平角？

2. 什么是竖直角？竖直角为何分为仰角和俯角？

3. 光学经纬仪的构造及作用如何？

4. DJ_2级光学经纬仪与DJ_6级光学经纬仪有何区别？

5. 用经纬仪测量水平角时，为什么要用盘左盘右进行观测？

6. 整理表3-5中的测回法观测水平角读数观测记录。

表3-5 测回法观测水平角读数观测记录

测站	盘位	目标	水平度盘读数	半测回角值	一测回角值
A	左	*B*	0°05′18″		
		C	46°30′24″		
	右	*B*	180°05′12″		
		C	226°30′30″		
B	左	*A*	90°36′24″		
		C	137°01′18″		
	右	*A*	270°36′24″		
		C	317°01′30″		

7. 用经纬仪测量竖直角时，为什么要用盘左盘右进行观测？如果只用盘左或盘右观测，如何计算竖直角？

8. 竖直指标管水准器的作用是什么？

9. 将某经纬仪置于盘左，当视线水平时，竖盘读数为90°；当望远镜逐渐上仰，竖盘读数在减少。试写出该仪器的竖直角计算公式。

10. 竖直角观测时，在读取竖盘读数前一定要使竖盘指标水准管的气泡居中，为什么？

11. 什么是竖盘指标差？指标差的正、负是如何定义的？

12. 经纬仪有哪些主要轴线？它们之间应满足什么条件？为什么必须满足这些条件？

13. 整理表3-6中的方向观测法观测水平角记录手簿。

14. 盘左、盘右观测可以消除水平角观测的哪些误差？是否可以消除竖轴*VV*倾斜引起的水平角测量误差？

15. 整理表3-7中的竖直角观测记录手簿。

16. 竖轴误差是怎样产生的？如何减弱其对测角的影响？

17. 在什么情况下，对中误差和目标偏心差对测角的影响大？

18. 电子经纬仪与光学经纬仪有何不同？

表 3-6　方向观测法观测水平角记录手簿

测回	测回数	目标	水平度读数		2C	平均读数	归零方向值	各测回平均归零方向值	备注
			盘左	盘右					
O	1	A	0°05′18″	180°05′24″					
		B	68°24′30″	248°24′42″					
		C	172°20′54″	352°21′00″					
		D	264°08′36″	84°08′42″					
		A	0°05′24″	180°05′36″					
	2	A	90°29′06″	270°29′18″					
		B	158°48′36″	338°48′48″					
		C	262°44′42″	82°44′54″					
		D	354°32′30″	174°32′36″					
		A	90°29′18″	270°29′12″					

表 3-7　竖直角观测记录手簿

测站	目标	盘位	竖盘读数	半测回竖直	指标差	一测回竖直角	备注
O	A	左	78°25′24″				270°　180°　0°　90°
		右	281°34′54″				
	B	左	98°45′36″				
		右	261°14′48″				

第 4 章　距离测量和直线定向

距离测量是确定地面点位的基本测量工作，其目的是测量地面两点间的水平距离。地面上两点间的距离是指这两点沿铅垂线方向在大地水准面上投影点间的弧长。在测区面积不大的情况下，可用水平面代替水准面。地面上两点垂直投影在同一水平面上的直线距离称为水平距离，简称平距。不在同一水平面上的两点间连线的长度称为两点间的倾斜距离。距离测量的方法有多种，常用的距离测量方法有：钢尺量距、视距测量、电磁波测距和 GNSS 测距（第 8 章讲解）。可根据不同的测距精度要求和作业条件（仪器、地形）选用测距方法。

4.1　钢 尺 量 距

钢尺量距是利用钢尺及辅助工具直接量测地面上两点间的水平距离，通常在短距离测量中使用。

4.1.1　量距工具

钢尺（图 4-1）是钢制的带状尺，尺宽为 10～15mm，厚为 0.2～0.4mm，长度有 20m、30m 及 50m 几种，卷放在圆形盒内或金属架上。钢尺的基本分划为厘米，在每米及每分米处有数字注记。

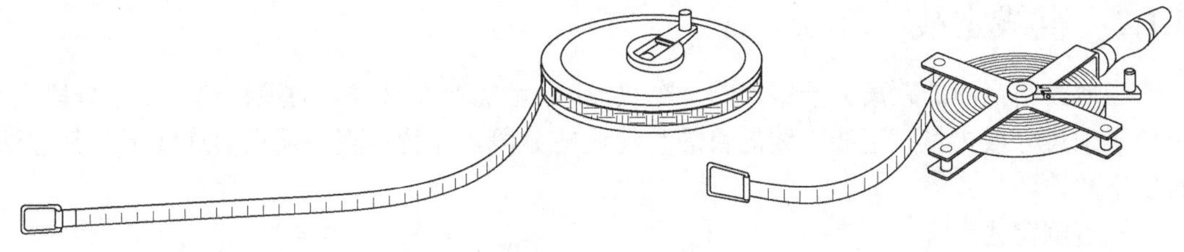

图 4-1　钢尺

由于尺的零点位置的不同，钢尺有端点尺和刻线尺的区别。端点尺是以尺的最外端作为尺的零点［图 4-2（a)］，当从建筑物墙边开始丈量时使用很方便。刻线尺是以尺前端的一刻线作为尺的零点，如图 4-2（b）所示。

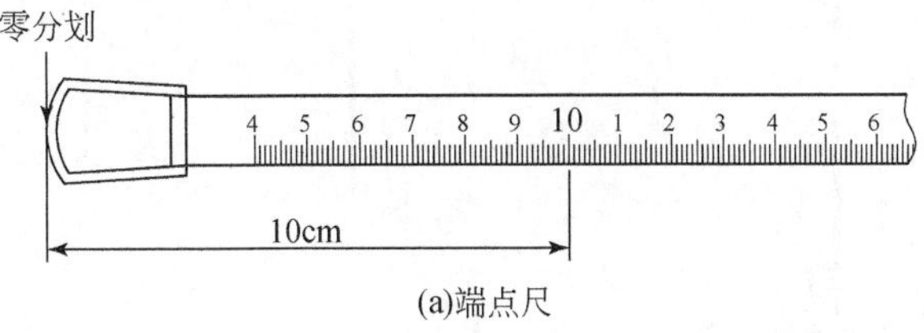

(a)端点尺

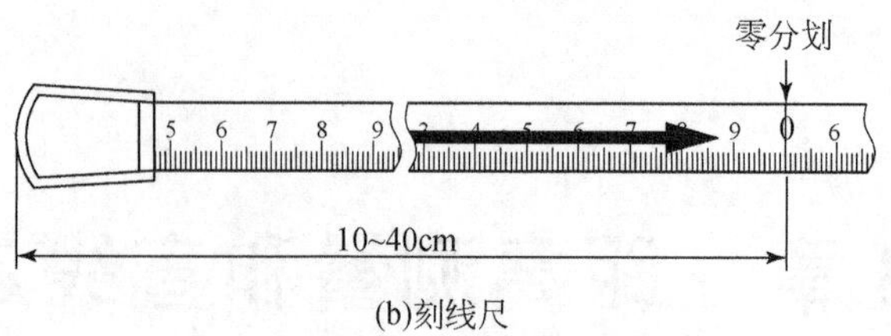

(b)刻线尺

图 4-2　刻线尺与端点尺

丈量距离的工具，除钢尺外，还有测钎［图 4-3（a）］、标杆［图 4-3（b）］和垂球等。精密量距时还需要弹簧秤［图 4-3（c）］、温度计［图 4-3（d）］和尺夹。测钎用于标定尺段；标杆用于标定直线；垂球用于在不平坦地面丈量时将钢尺的端点垂直投影到地面；弹簧秤用于对钢尺施加规定的拉力；温度计用于测定钢尺量距时的温度，以便对钢尺丈量的距离加以温度改正；尺夹安装在钢尺末端，以方便持尺员稳定钢尺。

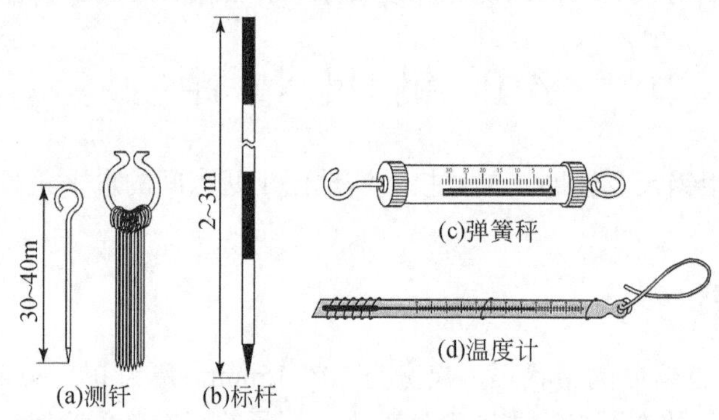

图 4-3　钢尺量距辅助工具

4.1.2　直线定线

当地面两点间的距离大于钢尺的一个尺段时，就需要在直线方向上标定若干个分段点，以便于钢尺分段丈量。直线定线的目的是使这些分段点在待量直线端点的连线上，其方法有以下两种。

1. 目测定线

直线定线如图 4-4 所示，A、B 为待测距离的两个端点，先在 A、B 点上竖立标杆，甲立在 A 点后 1～2m 处，由 A 瞄向 B，使视线与标杆边缘相切，甲指挥乙持标杆左右移动，直到 A、2、B 三标杆在一条直线上，然后将标杆竖直地插下。直线定线一般应由远到近，即先定点 1，再定点 2。

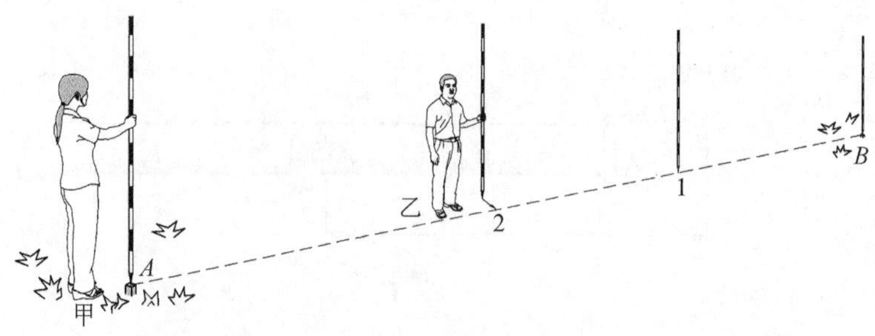

图 4-4　直线定线

2. 经纬仪定线

经纬仪定线是钢尺量距的精密方法。设 A、B 两点相互通视，将经纬仪安置在 A 点，用望远镜竖丝瞄准 B 点，制动照准部，上下转动望远镜，指挥在两点之间某一点上的助手左右移动标杆，直至标杆像为竖丝所平分。为了减小照准误差，精密定线时，也可以用直径更小的测钎或垂球线代替标杆。

4.1.3　钢尺量距

1. 平坦地面的距离丈量

丈量时后持尺员持钢尺零点端，前持尺员持钢尺末端，通常在土质地面上用测钎标示尺段端点位置。丈量时尽量用整尺段，一般仅末段用零尺段丈量。平坦地面量距方法如图 4-5 所示，地面两点 A、B 间的水平距离 D_{AB} 为

$$D_{AB} = nl + q \tag{4-1}$$

式中，n 为尺段数；l 为钢尺长度；q 为不足整尺的余长。

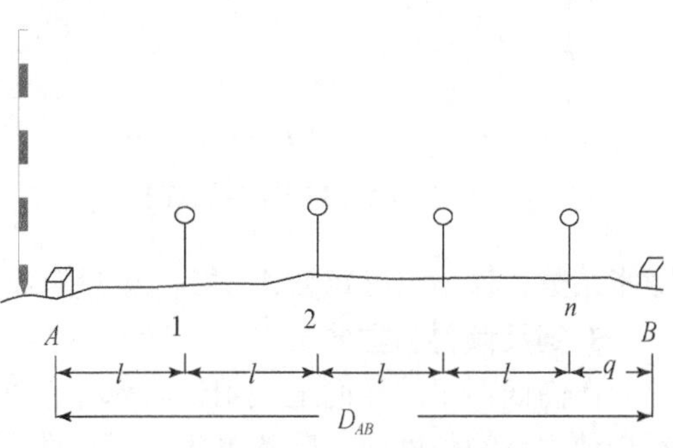

图 4-5　平坦地面量距方法

为了防止错误和提高丈量结果的精度，需进行往返丈量。一般用相对误差来表示成果的精度。计算相对误差时，分子取往返测差值的绝对值，分母取往返测的平均值，并化为分子为 1 的分数表式。例如，AB 往测长为 327.47m，返测长为 327.35m，则相对误差 K 为

$$K = \frac{\left|D_{往} - D_{返}\right|}{D_{平均}} = \frac{0.12}{327.41} = \frac{1}{2700}$$

一般要求 K 在 1/3000～1/1000，当量距相对误差没有超过规范要求时，取往返丈量结果的平均值作为两点间的水平距离。

2. 倾斜地面量距

（1）平量法。若地面起伏不大，可将钢尺一端抬高，目估使尺面水平，按平坦地面量距方法进行。若地面坡度较大，可将一整尺段距离分段丈量，其一端用垂球对点。平量法示意图见图 4-6。

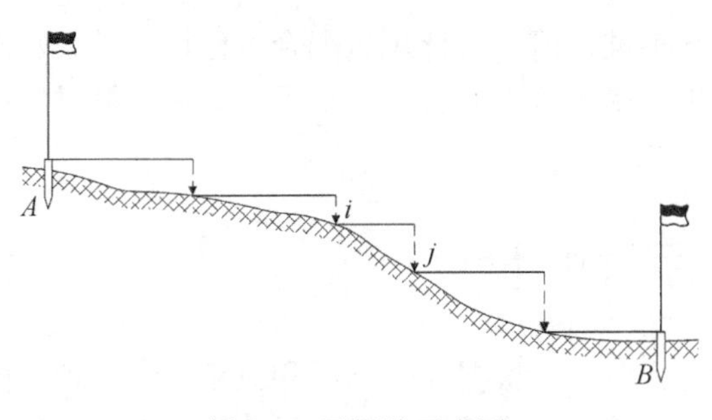

图 4-6　平量法示意图

（2）斜量法。斜量法示意图见图 4-7，当倾斜地面的坡度均匀大致成一倾斜面时，可以沿斜坡丈量 AB 的斜距 S，测得 A、B 两点间的高差 h 或竖直角α，可将斜距化为水平距离，即

$$D = S\cos\alpha = \sqrt{S^2 - h^2} \tag{4-2}$$

用一般方法量距，量距精度只能达到 1/1000～1/5000，当量距精度要求更高（如 1/10000～1/40000）时，就要求采用精密量距法进行丈量，由于精密量距法野外工作相当繁重，同时，鉴于目前测距仪和全站仪已经较普及，要达到更高的测距精度已是很容易的事，精密量距法不再介绍。

4.1.4　钢尺量距的误差分析

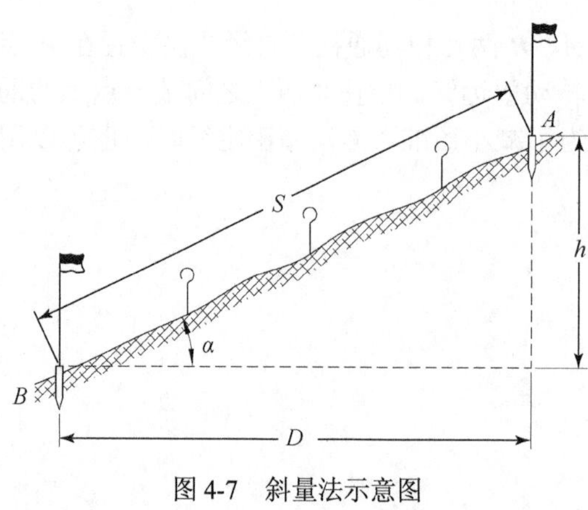

图 4-7　斜量法示意图

1. 尺长误差

如果钢尺的名义长度与实际长度不符，将产生尺长误差。尺长误差具有累积性，即丈量距离越长，误差越大。因此新购置的钢尺应经过检定，测出其尺长改正值。

2. 温度误差

钢尺的长度随温度变化而变化，当丈量时的温度与钢尺检定时的标准温度不一致时，将产生温度误差。按照钢的膨胀系数计算，温度每变化 1℃，丈量距离为 30m 时对距离的影响为 0.4mm。

3. 钢尺倾斜和垂曲误差

在高低不平的地面上采用钢尺水平法量距时，或钢尺不水平或中间下垂而呈曲线时，都会使丈量的长度比实际长度大。因此丈量时应注意使钢尺水平，整尺段悬空时，中间应有人拖住钢尺，否则将产生垂曲误差。

4. 定线误差

丈量时钢尺没有准确放置在所量距离的直线方向上，使所量距离不是直线而是一组折线，造成丈量结果偏大，这种误差称为定线误差。丈量 30m 的距离，当偏差为 0.25m 时，量距偏大 1mm。

5. 拉力误差

钢尺在丈量时所受拉力应与检定时的拉力相同，拉力变化±2.6kg 时的尺长误差为±1mm。

6. 丈量误差

丈量时在地面上标识尺端点位置处插测钎不准，前、后持尺员配合不佳，余长读数不准等都会引起丈量误差，这种误差对丈量结果的影响可正可负，大小不定。在丈量时应尽量做到对点准确，配合协调。

4.2　视 距 测 量

视距测量是利用望远镜内的视距装置配合视距尺，根据几何光学和三角测量原理，同时测定距离和高差的方法。最简单的视距测量装置是在测量仪器（如经纬仪、水准仪）的望远镜十字丝分划板上刻制上下对称的两条短线，称为视距丝，视距测量中的视距尺可用普通水准尺，也可用专用视距尺。

视距测量精度一般为 1/200～1/300，精密视距测量精度可达 1/2000。视距测量用一台经纬仪即可同时完成两点间的平距和高差的测量，操作简便。当地形起伏较大时，常用于碎部测量和图根控制网的加密。

4.2.1　视线水平时的视距公式

视准轴水平时的视距测量原理如图 4-8 所示，*AB* 为待测距离，在 *A* 点安置经纬仪，*B* 点竖立水准尺，设望远镜视线水平，瞄准 *B* 点的视距尺，此时视线与视距尺垂直。

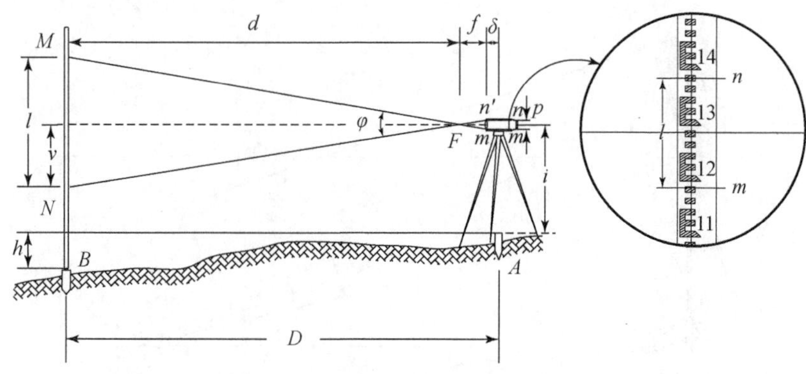

图 4-8　视准轴水平时的视距测量原理

图 4-8 中，$p=\overline{nm}$ 为望远镜上、下视距丝的间距，$l=\overline{NM}$ 为视距间隔，f 为焦距，δ 为仪器中心与物镜中心的距离。

由于望远镜上下视距丝的间距 p 固定，从这两根丝引出去的视线在竖直面内的夹角 φ 也是固定的。设由上、下两个视距丝 m 、n 引出去的视线在标尺上的交点分别为 *M*、*N*，则在望远镜视场内可以通过读取交点的读数 *M*、*N* 求出视距间隔 l。图 4-8 的视距间隔为：$l=1.385-1.188=0.197\,\text{m}$。

由于 Δ*n'm'F*≌Δ*NMF*，有 $\dfrac{d}{f}=\dfrac{l}{p}$，则

$$d=\frac{f}{p}l \tag{4-3}$$

从图 4-8 中可见，待测距离 *D* 为

$$D=d+f+\delta=\frac{f}{p}l+f+\delta \tag{4-4}$$

令 $K=\dfrac{f}{p}$，$C=f+\delta$，则有

$$D=Kl+C \tag{4-5}$$

式中，*K* 为视距乘常数，一般设计仪器时，通常使 *K*=100；*C* 为视距加常数，其值很小，可以忽略不计。因此视准轴水平时的视距公式为

$$D=Kl=100l \tag{4-6}$$

图 4-8 所示的视距为 *D*=100×0.197=19.7m。如果再在望远镜中读出中丝读数 v（或者取上下丝读数的平均值），用小钢尺量取仪器高 i，则 *A*、*B* 两点的高差为

$$h=i-v \tag{4-7}$$

4.2.2　视线倾斜时的视距公式

当地面起伏比较大，望远镜倾斜才能瞄到视距尺时（图 4-9），视线不再垂直于视距尺。

因此不能直接使用式（4-6）计算视距。设视线竖直角为 α ，如果将视距尺绕与望远镜视线的交点 O 旋转 α 角后就能与视线垂直，在视线 OQ 方向上则可以满足式（4-6）的计算。这里需要将 B 点视距尺的尺间隔 l，即 M、N 读数差，化算为垂直于视线的尺间隔 l'，即 M'、N'读数差。这样就可以先求出斜距 S，然后再求水平距离 D。

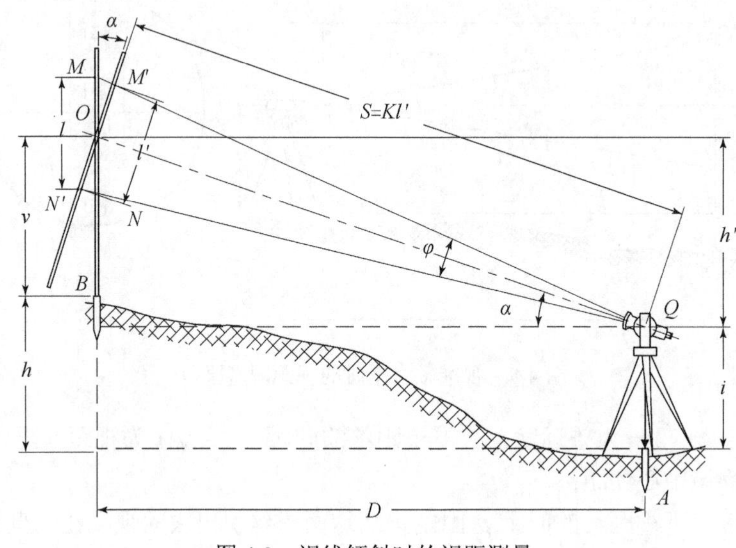

图 4-9　视线倾斜时的视距测量

由于十字丝上下丝的间距很小，视线夹角 φ 约为 34′，有 $\angle MOM'=\angle NON'=\alpha$ ，从图 4-9 中可见

$$OM'+ON'=(OM+ON)\cos\alpha$$

$$l'=l\cos\alpha \tag{4-8}$$

$$S=kl'=kl\cos\alpha \tag{4-9}$$

水平距离 D 为

$$D=S\cos\alpha=kl\cos^2\alpha \tag{4-10}$$

初算高差 h'为

$$h'=S\sin\alpha=kl\cos\alpha\sin\alpha=\frac{1}{2}kl\sin 2\alpha \tag{4-11}$$

A、B 两点高差为

$$h_{AB}=h'+i-v=\frac{1}{2}kl\sin 2\alpha+i-v \tag{4-12}$$

式（4-12）就是三角高程测量的计算公式。

例 4-1　在 A 点安置经纬仪，B 点竖立标尺，A 点高程为 H_A=1235.32m，量得仪器高为 $i=1.39$m，测得上下丝读数为 1.264m 和 2.336m，盘左观测的竖盘读数为 L= 82°26′00″，竖盘指标差 $x=1'$，求 A、B 两点间的水平距离和高差。

解：视距间隔　　l=2.336－1.264=1.072m

竖角　　$\alpha=90^\circ-L+x$=90°－82°26′00″+1′=7°35′

平距　　$D=kl\cos^2\alpha$ =105.333m

中丝　　v=(上丝+下丝)/2=(1.264+2.336)/2=1.8m

高差　　　　　　$h_{AB}=D\tan\alpha+i-v=+13.613\text{m}$

B 点高程　　　　$H_B=H_A+h_{AB}=1235.32+13.613=1248.933\text{m}$

4.2.3　视距测量的观测

视距测量主要用于地形测量、测定测站点至地形点的水平距离及高差。其观测步骤如下。

（1）在测站上安置经纬仪，量取仪器高 i（桩顶至仪器横轴中心的距离），精确到 cm；

（2）瞄准竖直于测点上的标尺，并读取中丝读数 v 值；

（3）用上下视距丝在标尺上读数，将两数相减得视距间隔 l；

（4）使竖盘水准管气泡居中，读取竖盘读数，求出竖直角α。

4.2.4　视距测量误差

影响视距测量精度的因素有以下几方面。

1. 视距尺分划误差

该误差若系统地增大或减小，视距尺分划误差对视距测量将产生系统性误差。这个误差在仪器常数检测时将会反映在乘常数 K 上。若视距尺分划误差是偶然误差，对视距测量影响也是偶然性的。视距尺分划误差一般为 ± 0.5mm，引起距离误差为

$$m_d = K(\sqrt{2}\times 0.5) = \pm 0.071\text{m}$$

2. 乘常数 K 值的误差

一般视距乘常数 K=100，但视距丝间隔有误差、视距尺有系统性误差，或仪器检定有误差，都会使 K 值不为 100。K 值误差使视距测量产生系统误差。K 值应在 100 ± 0.1 之内，否则应该改正。

3. 竖直角测量误差

竖直角观测误差在竖直角不大时对水平距离的影响较小，主要影响高差，公式为

$$dh = Kl\cos 2\alpha \frac{d\alpha}{\rho} \tag{4-13}$$

设 Kl=100m，$d\alpha$=1′，当$\alpha=5^\circ$时，dh=0.03m。

由于视距测量时通常是用竖盘的一个位置（盘左或盘右）进行观测，事先应对指标差进行检验与校正，使其尽可能小；或者每次测量之前测定指标差，在计算竖直角时加以改正。

4. 视距丝读数误差

视距丝读数误差是影响视距测量精度的重要因素。它与视距远近成正比，距离越远误差越大，所以视距测量中要根据测图对测量精度的要求限制最远视距。

5. 视距尺倾斜对视距测量的影响

视距公式是在视距尺严格与地面垂直的条件下推导出的。若视距尺倾斜，设其倾角为 $\Delta\gamma$ 。现对视距测量式（4-10）进行微分，得视距测量误差为

$$\Delta D = -2kl\cos\alpha\sin\alpha\frac{\Delta\gamma}{\rho''} \tag{4-14}$$

其相对误差为

$$\frac{\Delta D}{D}=\left|\frac{-2kl\cos\alpha\sin\alpha}{kl\cos^2\alpha}\frac{\Delta\gamma}{\rho''}\right|=2\tan\alpha\frac{\Delta\gamma}{\rho''} \tag{4-15}$$

一般视距测量精度为 1/300。要保证 $\frac{\Delta D}{D}\leqslant\frac{1}{300}$，视距测量时倾角误差应满足

$$\Delta\gamma\leqslant\frac{\rho''\text{ctan}\alpha}{600}=5.8'\text{ctan}\alpha \tag{4-16}$$

根据式（4-16）可计算出不同竖直角测量时的倾角允许值，见表 4-1。

表 4-1　不同竖直角测量时的倾角允许值

竖直角/（°）	3	5	10	20
倾角允许值/（°）	1.8	1.1	0.5	0.3

由此可见，视距尺倾斜时，对视距测量的影响不可忽视，特别在山区，倾角大时，更要注意。必要时可在视距尺上附加圆水准器。

6. 外界气象条件对视距测量的影响

视线穿过大气时会产生折射，其光程从直线变成曲线，造成误差，由于视线靠地面时折光大，规定视线应高出地面 1m 以上。空气的湍流解使视距成像不稳定，造成视距误差。当视线接近地面或水面时这种现象更为严重，所以视线要高出地面 1m 以上。除此之外，风和大气能见度对视距测量也会产生影响。风力过大，尺子会抖动，空气中灰尘和水汽会使视距尺成像不清晰，造成读数误差，所以应选择良好的天气进行测量。

4.3　电磁波测距

电磁波测距是用电磁波（光波、微波）作为载波传输测距信号，以测量两点间距离的一种方法。以电磁波为载波传输测距信号的测距仪器统称为电磁波测距仪。

1. 光电测距仪的基本原理

光电测距仪的基本原理是通过测定光波在待测距离 D 两端点间往返一次的传播时间 t_{2D} 来计算两点间的距离 D 的。测定距离的精度取决于时间 t_{2D} 的量测精度。光电测距原理如图 4-10 所示，把测距仪安置在 A 点，反射镜安置在 B 点，则其距离 D 计算公式为

$$D=\frac{1}{2}vt_{2D} \tag{4-17}$$

式中，$v=\frac{C_0}{n}$ 为光在大气中传播的速度；C_0=299792458±1.2m/s，为光在真空中的传播速度；n 为大气折射率（$n\geqslant1$），它是光波长λ、大气温度 t 和气压 p 的函数。由于 $n\geqslant1$，因此 $v\leqslant C_0$，也即光在大气中的传播速度要小于其在真空中的速度。

根据测量光波在待测距离 D 上往返一次传播时间 t_{2D} 方法的不同，光电测距仪又分为脉冲式和相位法两种。

1）*脉冲法测距*

脉冲式光电测距是将发射光波的光强调制成一定频率的尖脉冲（图 4-11），通过测量发射的尖脉冲在待测距离上往返传播的时间来计算距离。由于往返时间 t_{2D} 十分短促，用普通

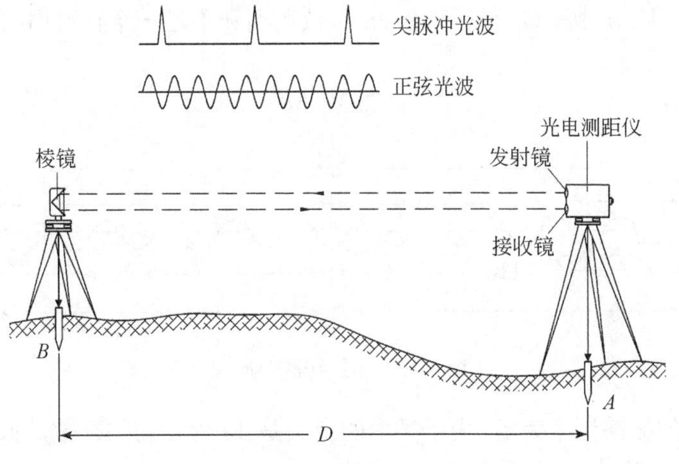

图 4-10　光电测距原理

的钟表和简单的方法无法计量，必须采用能产生标准固定频率电脉冲的晶体振荡器来完成。脉冲周期为 $T=1/f$，在 T 时间内光脉冲行进的距离 l 为

$$l=\frac{1}{2}vT=\frac{v}{2f} \tag{4-18}$$

如果在测距仪和棱镜之间光往返的时间 t_{2D} 内通过电子门的时标脉冲个数为 n，则待测距离 D 为

$$D=nl=\frac{vn}{2f} \tag{4-19}$$

式中，v、f 均为已知，测出 n，便可由式(4-19)求得 D。显然，这里把时间 t_{2D} 的测量转化为时标脉冲个数 n 的测量。

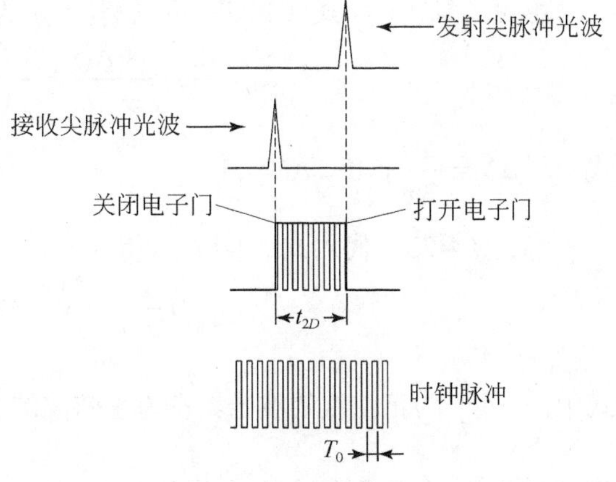

图 4-11　脉冲法测距原理

当 f=150mHz，v =3×10^{8}m/s 时，有

$$l=\frac{v}{2f}=1\text{m} \tag{4-20}$$

此时，时标脉冲的个数就是待测距离的米数。

如要达到±1cm 的测距精度，时间量测精度要达到 6.7×10^{11}s。这对电子元件的性能要求很高，难以达到。所以一般脉冲法测距常用于激光雷达、微波雷达等远距离测距上，其测距精度为 0.5～1m。20 世纪 90 年代，出现了将测线上往返的时间 t_{2D} 延迟变成电信号，对一个精密电容进行充电，同时记录充电次数，然后用电容放电来测定 t_{2D} 的方法，其测量精度可达到毫米级。

2）相位法测距

相位法光电测距仪是将发射光波的光强调制成正弦波的形式，通过测量正弦光波在待测距离上往返传播的相位来解算距离。图 4-12 是将返程的正弦波以棱镜站 B 点为中心对称展开后的图形。正弦光波振荡一个周期的相位移是 2π，设发射的正弦光波经过 $2D$ 距离后

的相位移位为 φ，则 φ 中可以分解 N 个 2π 整数周期和不足一个整数周期的相位移$\Delta\varphi$，即有

$$\varphi=2\pi N+\Delta\varphi \tag{4-21}$$

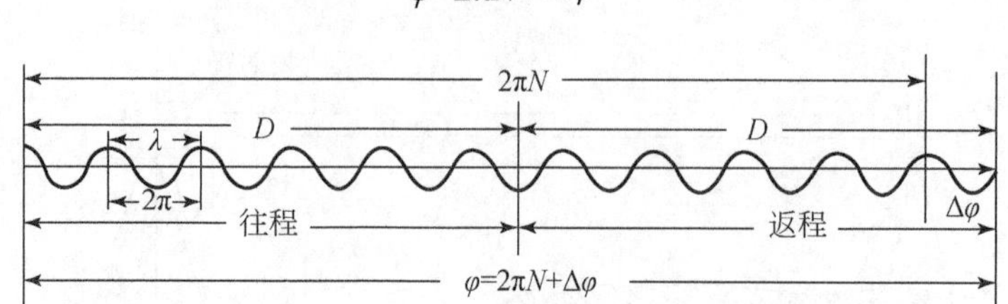

图 4-12　相位法测距原理

设正弦光波的振荡频率为 f，由于频率的定义是 1s 内振荡的次数，振荡一次的相位移为 2π，则正弦光波经过 t_{2D} 后振荡的相位移为

$$\varphi=2\pi f\cdot t_{2D} \tag{4-22}$$

由式（4-21）和式（4-22）可以解出 t_{2D} 为

$$t_{2D}=\frac{2\pi N+\Delta\varphi}{2\pi f}=\frac{1}{f}\left(N+\frac{\Delta\varphi}{2\pi}\right)=\frac{1}{f}(N+\Delta N) \tag{4-23}$$

式中，$\Delta N=\frac{\Delta\varphi}{2\pi}$，$0<\Delta N<1$。

将式（4-23）代入式（4-17），得

$$D=\frac{v}{2f}(N+\Delta N)=\frac{\lambda_s}{2}(N+\Delta N) \tag{4-24}$$

式中，$\lambda_s=\frac{v}{f}$为正弦波的波长，$\frac{\lambda_s}{2}$为正弦波的半波长，又称测距仪的测尺。若取 $v=3\times10^8$ m，将调制频率 f 与测尺长度的关系列于表 4-2 中。由表 4-2 可见，f 与 $\frac{\lambda_s}{2}$ 的关系是：调制频率越大，测尺长度越短。

表 4-2　调制频率 f 与测尺长度的关系

调制频率 f	15 MHz	7.5 MHz	1.5 MHz	150 kHz	75 kHz
测尺长 $\frac{\lambda_s}{2}$	10m	20m	100m	1km	2km

如果能够测出正弦光波在待测距离上往返传播的整周期相位移数 N 和不足一个周期的小数ΔN，就可以依据式（4-24）解算出待测距离 D。

在相位式光电测距仪中有一个电子部件，称为相位计，它能将测距仪发射镜发射的正弦波与接收镜接收到的、传播了 $2D$ 距离后的正弦波进行相位比较，测出不足一个周期的小数ΔN，其测相误差一般小于 1/1000。相位计测不出整周数 N，这就使相位式光电测距方程式（4-24）产生了多值解，只有当待测距离小于测尺长度（此时 N=0）时才能确定距离值。人们通过在相位式光电测距仪中设置多个测尺，使用各测尺分别测距，然后组合测距结果来解决距离的多值解问题。

在仪器的多个测尺中，称长度最短的测尺为精测尺。测程为 1km 的相位式光电测距仪

一般采用 10m 和 1000m 两把测尺相互配合进行测量，以 10m 测尺作为精测尺测定米位以下距离，以 1000m 测尺作为粗测尺测定百米位以下距离。假设某段距离为 377.694m，则粗测频率 f_2=150 kHz，对应测尺长 $u_2=\dfrac{v}{2f_2}$=1000m，显示测量结果为 377。精测频率 f_1=15 MHz，对应测尺长 $u_1=\dfrac{v}{2f_1}$=10m，显示测量结果为 7.694。仪器显示的测量结果为 377.694。

精测尺、粗测尺测距结果的组合过程由测距仪内部的微处理器自动完成，并输送到显示窗显示，无须用户干涉。

2. 全反射棱镜

激光测距仪、红外测距仪在进行距离测量时，一般需要与一个合作目标相配合才能工作，这种合作目标称为反射器。对激光测距仪和红外测距仪而言，大多采用全反射棱镜作为反射器，全反射棱镜也称为反光镜。

棱镜是用光学玻璃精心磨制成的四面体，如同从立体玻璃上切下的一角，如图 4-13（a）和图 4-13（b）所示。将图 4-13（b）放大并转向，即成图 4-13（c）所示的情况。其中 *ADB*、*ADC*、*BDC* 三个面互相垂直，这三个面作为反射面，面向入射光束。

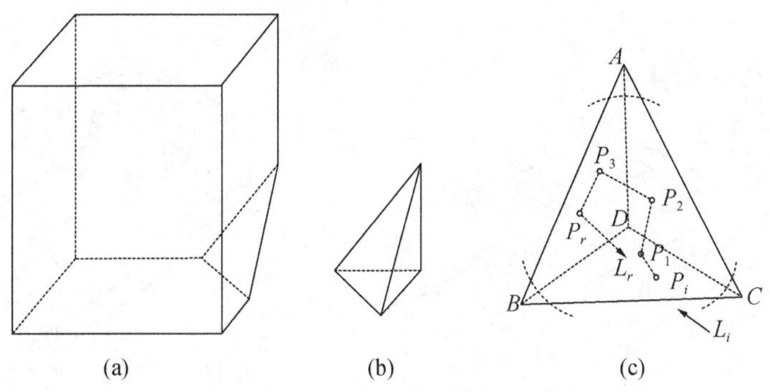

图 4-13　全反射棱镜

3. ND3000 红外相位式测距仪简介

红外测距仪按其照准目标的方式可以分为带望远镜和不带望远镜的两种。图 4-14（a）是 ND3000 红外相位式测距仪及配件，它自带望远镜，望远镜的视准轴、发射光轴和接收光轴同轴，有垂直制动螺旋和微动螺旋，可以安装在光学经纬仪上［图 4-14（b）］或电子经纬仪上。测距时，测距仪瞄准棱镜［图 4-14（c）］测距，经纬仪瞄准觇板测量竖直角，通过测距仪面板上的键盘，将经纬仪测量出的天顶距输入测距仪中，可以计算出水平距离和高差。图 4-14（d）为与测距仪配套的棱镜对中杆与支架，用于放样测量，使用方便。

仪器的主要技术参数为：①红外光源波长：0.865μm。②测尺长及对应的调制频率。精测尺长=10m，f=14.835546MHz；粗测尺长=1000m，f=148.35546kHz。③测程：2500m（单棱镜），3500m（三棱镜）。④标称精度：±(5mm+3ppm)。⑤测量时间：正常测距 3s；跟踪测距：初始测距 3s，以后每次测距 0.8s。⑥供电：6V 镍镉（NiCd）可充电电池。

4. 手持激光测距仪简介

在建筑施工与房产测量中，经常需要测量距离、面积和体积，使用手持激光测距仪可以方便、快速地实现。图 4-15 为 PD42 手持激光测距仪，展示了按键功能及屏幕显示的意义，仪器的主要参数为：①激光：2 级红色激光，波长 635nm；②测量误差：±1mm；③测程：

0.05～200m，其中，白色墙面为 100m，干燥混凝土面为 70m，干燥砖面为 50m；④激光束光斑直径：6/30/60mm；⑤电源：2×1.5V 的 5 号电池可供测量 8000～10000 次。

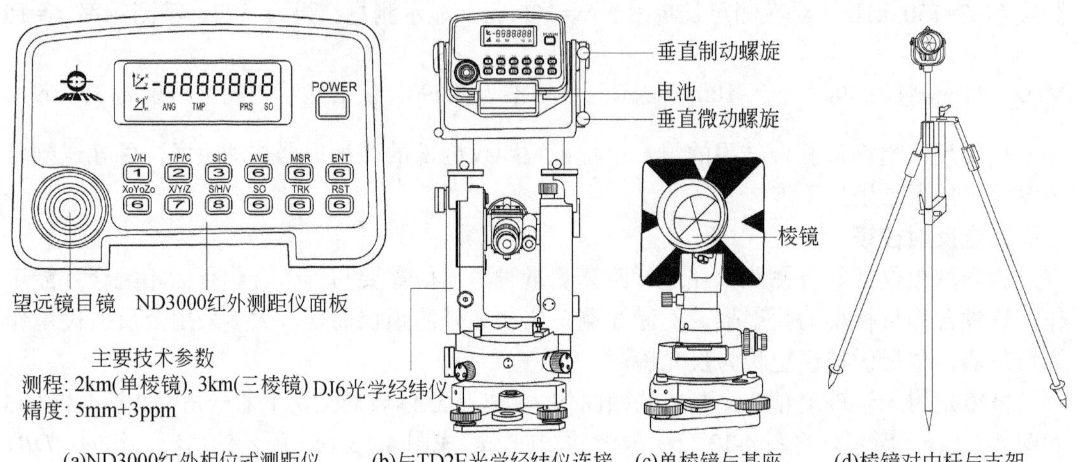

图 4-14　ND3000 红外相位式测距仪及配件

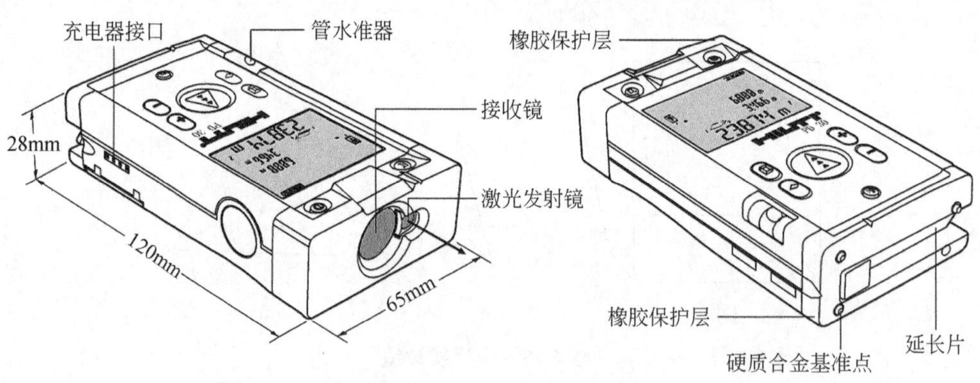

图 4-15　PD42 手持激光测距仪

5. 光电测距的主要误差来源

由相位式测距的基本公式知：

$$D = N\frac{c}{2nf} + \frac{\varphi}{2\pi} \cdot \frac{c}{2nf} + K \tag{4-25}$$

对式（4-25）取全微分后，转换成中误差表达式为

$$m_D^2 = \left[\left(\frac{m_c}{c}\right)^2 + \left(\frac{m_n}{n}\right)^2 + \left(\frac{m_f}{f}\right)^2\right] D^2 + \left(\frac{\lambda}{4\pi}\right)^2 m_\varphi^2 + m_k^2 \tag{4-26}$$

式中，λ 为调制波的波长$\left(\lambda = \dfrac{c}{f}\right)$；$m_c$ 为真空中光速测定中误差；m_n 为折射率求定中误差；m_f 为测距频率中误差；m_φ 为相位测定中误差；m_k 为仪器中加常数测定中误差。

此外，理论研究和实践均表明：由于仪器内部信号的串扰会产生周期误差，设其测定的中误差为 m_A，测距时不可避免地存在对中误差 m_g，测距误差较为完整的表达式应为

$$m_D^2=\left[\left(\frac{m_c}{c}\right)^2+\left(\frac{m_n}{n}\right)^2+\left(\frac{m_f}{f}\right)^2\right]D^2+\left(\frac{\lambda}{4\pi}\right)^2 m_\varphi^2+m_k^2+m_A^2+m_g^2 \tag{4-27}$$

由式（4-27）可见，测距误差可分为两部分：一部分是与距离 D 呈比例的误差，即光速值误差、大气折射率误差和测距频率误差；另一部分是与距离无关的误差，即测相误差、加常数误差、对中误差。周期误差有其特殊性，它与距离有关但不呈比例，仪器设计和调试时可严格控制其数值，使用中如发现其数值较大而且稳定，可以对测距成果进行改正，这里暂不涉及。故一般将测距仪的精度表达式简化为

$$m_D=\pm(A+B\cdot D) \tag{4-28}$$

式中，A 为固定误差，以 mm 为单位；B 为比例误差系数，以 mm/km 为单位；D 为被测距离，以 km 为单位。

4.4 直 线 定 向

在测量工作中，常常需要确定两点间平面位置的相对关系。除了测定两点间的距离外，还需确定两点所连直线的方向。一条直线的方向是根据某一基本方向来确定的。确定一条直线与标准北方向之间的水平角，称为直线定向。

4.4.1 标准北方向的分类——三北方向

1）真北方向

如图 4-16 所示，过地表 P 点的天文子午面与地球表面的交线称为真子午线，真子午线在 P 点的切线北方向称为 P 点的真北方向。真北方向可采用天文测量的方法测定，如观测太阳、北极星等，也可采用陀螺经纬仪测定。

2）磁北方向

磁针自由静止时其指北端所指的方向，称为磁北方向，可用罗盘仪测定。

3）坐标北方向

高斯平面直角坐标系纵轴（X 轴）正向所指示的方向，称为坐标北方向，各点的坐标北方向相互平行。

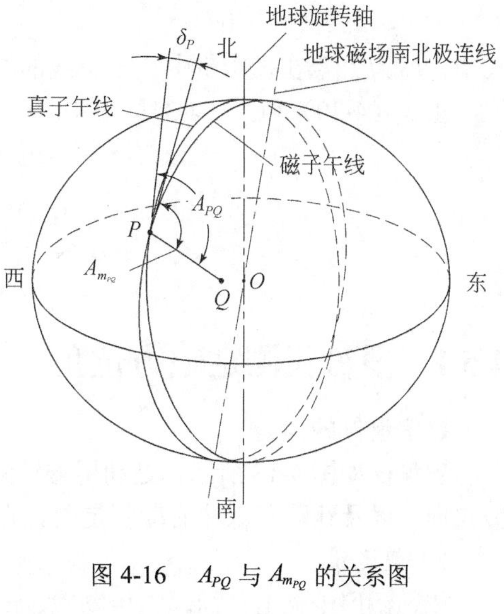

图 4-16　A_{PQ} 与 $A_{m_{PQ}}$ 的关系图

4.4.2 方位角

测量中，常用方位角表示直线的方向。由标准方向北端起，顺时针量至直线的水平角称为该直线的方位角，方位角的取值范围为 0°～360°。以地表直线 PQ 为例，与标准北方向相对应的方位角如下。

（1）真方位角，由 P 点的真北方向起，顺时针到 PQ 的水平夹角，用 A_{PQ} 表示。

（2）磁方位角，由 P 点的磁北方向起，顺时针到 PQ 的水平夹角，用 $A_{m_{PQ}}$ 表示。

（3）坐标方位角，由 P 点的坐标北方向起，顺时针到 PQ 的水平夹角，用 α_{PQ} 表示。

4.4.3　磁偏角与子午线收敛角

1）*磁偏角*δ

由于地球南北极与地磁南北极不重合，地表 P 点的真北方向与磁北方向也不重合，两者兼得水平夹角称为磁偏角，用 δ_P 表示。以真北方向为基准，磁北方向偏东，$\delta_P>0$；磁北方向偏西，$\delta_P<0$。图 4-16 中的 $\delta_P>0$，由图可得

$$A_{PQ}=A_{m_{PQ}}+\delta_P \tag{4-29}$$

2）*子午线收敛角*γ

如图 4-17 所示，在高斯平面直角坐标系中，P 点的真子午线是收敛于地球南北极的曲线。所以，只要 P 点不在赤道上，其真北方向与坐标北方向就不重合，两者间的水平夹角称为子午线收敛角，用 γ_P 表示。以真北方向为基准，坐标北方向偏东，$\gamma_P>0$；坐标北方向偏西，$\gamma_P<0$。图 4-17 中的 $\gamma_P>0$，由图可得

$$A_{PQ}=\alpha_{PQ}+\gamma_P \tag{4-30}$$

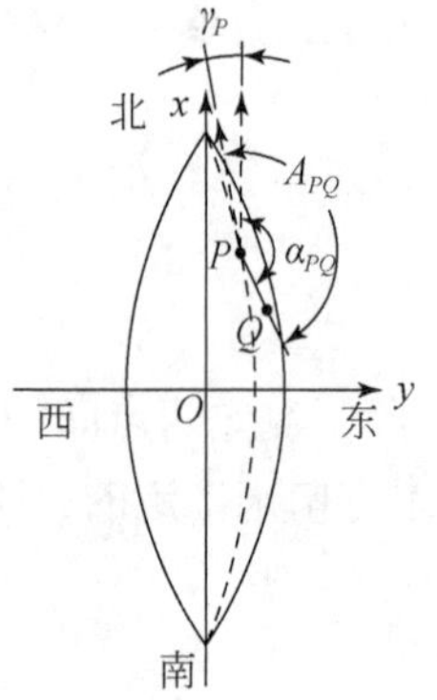

图 4-17　A_{PQ} 与 α_{PQ} 的关系图

子午线收敛角 γ_P 可以按式（4-31）所示的近似公式计算。

$$\gamma_P=(L_P-L_0)\sin B_P \tag{4-31}$$

式中，L_0 为 P 点在投影带中央子午线的经度；L_P 和 B_P 分别为 P 点的大地经度和纬度。

由式（4-30）和式（4-31）可得

$$\alpha_{PQ}=A_{m_{PQ}}+\delta_P-\gamma_P \tag{4-32}$$

4.5　方位角测量

4.5.1　罗盘仪测定磁方位角

1. 罗盘仪的构造

罗盘仪如图 4-18 所示，是利用磁针测定直线磁方位角的仪器，通常用于独立测区的近似定向，以及线路和森林的勘测定向。它主要由望远镜、罗盘盒、基座三部分组成。

1）*望远镜*

望远镜用于瞄准目标，它由物镜、十字丝、目镜组成。使用时先转动目镜进行调焦使十字丝清晰，然后用望远镜大致照准目标，再转动物镜对光螺旋使目标清晰，最后以十字丝竖丝精确对准目标。望远镜一侧为竖直度盘，可以测量竖直角。

2）*罗盘盒*

罗盘盒内有磁针和刻度盘。磁针（图 4-18 中的 11）用于确定南北方向并用作指标读数，安装在度盘中心顶针上，可自由转动，为减少顶针的磨损，不用时用磁针固定螺旋（图 4-18 中的 12）将磁针抬起，固定在玻璃盖上。磁针南端装有铜箍以克服磁倾角，使磁针转动时

保持水平。刻度盘最小刻划为 1°或 30′，每 10°一注记，按逆时针方向从 0°注记到 360°，并且 0°与 180°的连线与望远镜的视准轴一致。由于观测时随望远镜转动的不是磁针（磁针永指南北），而是刻度盘，为了直接读取磁方位角，刻度以逆时针注记。此外，罗盘盒内还装有两个水准管或一个圆水准器以使度盘水平。

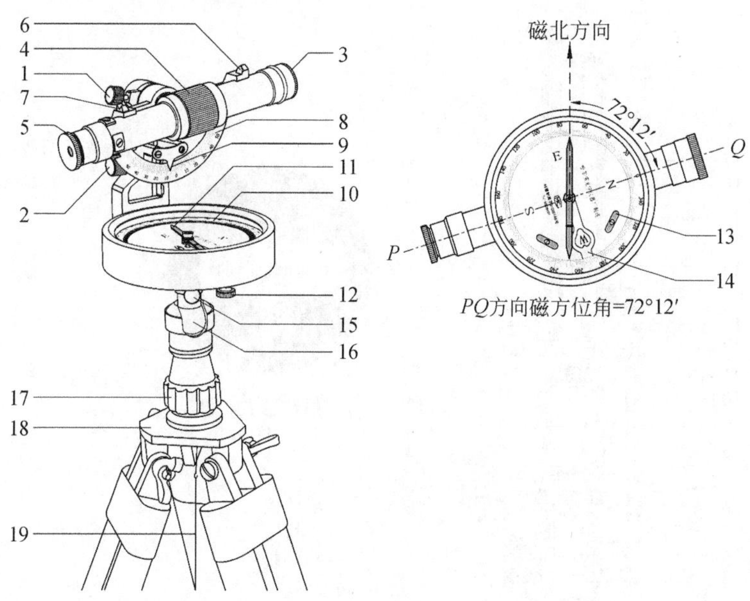

1-望远镜制动螺旋；2-望远镜微动螺旋；3-物镜；4-物镜调焦螺旋；5-目镜调焦螺旋；6-准星；7-照门；8-竖直度盘；9-竖盘读数指标；10-水平度盘；11-磁针；12-磁针固定螺旋；13-管水准器；14-磁针固定杆；15-水平制动螺旋；16-球臼接头螺旋；17-接头螺丝；18-三脚架头；19-垂球线

图 4-18　罗盘仪

3）基座

基座是球臼结构，安在三脚架上，松开球臼接头螺旋（图 4-18 中的 17），可摆动罗盘盒使水准器气泡居中，此时刻度盘已处于水平位置，旋紧球臼接头螺旋。

2. 罗盘仪的使用

测定直线磁方位角的方法如下。

（1）安置罗盘仪于直线的一个端点，进行对中和整平。

（2）用望远镜瞄准直线另一端点的标杆。

（3）松开磁针固定螺旋，将磁针放下，待磁针静止后，磁针在刻度盘上所指的读数即为该直线的磁方位角。读数时刻度盘的 0°刻划若在望远镜的物镜一端，应按磁针北端读数；若在目镜一端，则应按磁针南端读数。图 4-18 中刻度盘 0°刻划在物镜一端，应按磁北针读数，其磁方位角为 72°12′。

4.5.2　陀螺经纬仪测定真方位角

陀螺经纬仪是陀螺仪和经纬仪相结合测定真方位角的仪器。陀螺仪内悬挂有三向自由旋转的陀螺，利用陀螺的特性定出真北方向，再用经纬仪测出真北至直线的水平角，即可确定其真方位角。利用陀螺经纬仪定向，操作简单迅速，且不受时间制约，常用于公路、铁路、隧道测量。

1. 陀螺经纬仪的构造

陀螺经纬仪由经纬仪、陀螺仪、陀螺电源等组成。图 4-19 为国产 JT15 陀螺经纬仪结构示意图。使用它测定地面任一点的真子午线方向的精度可以达到±15″。陀螺仪安装在经纬仪的连接支架上。

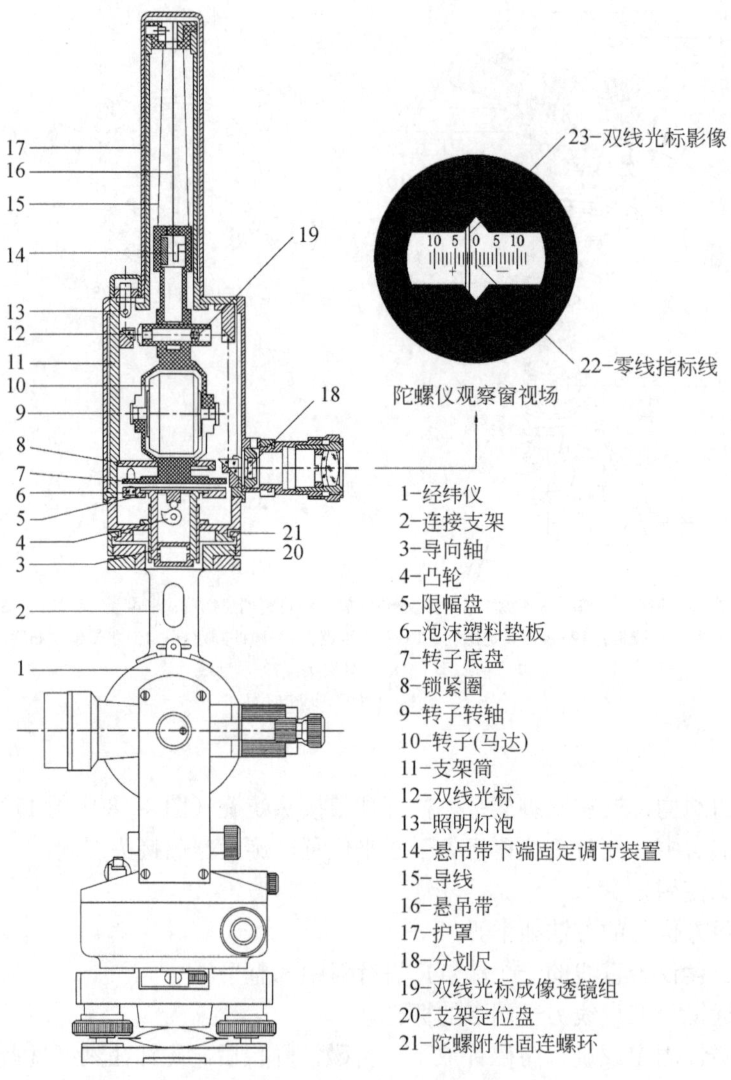

图 4-19　国产 JT15 陀螺经纬仪结构示意图

陀螺仪由摆动系统、观察系统和锁紧限幅机构组成。

1）摆动系统

摆动系统包括悬吊带 16、导线 15、转子（马达）10、转子底盘 7 等，它们是整个陀螺仪的灵敏部件。转子要求运转平稳，重心要通过悬吊带的对称轴，可以通过转子底盘上的六个螺丝进行调节。悬吊带采用特种合金材料制成，断面尺寸为 0.56mm×0.03mm，拉断力为 2.4kg，实际荷重为 0.78kg。

2）观测系统

观测系统是用来观察摆动系统的工作情况的。照明灯泡 13 将灵敏部件上的双线光标 12 照亮，通过双线光标成像透镜组 19 使双线光标成像在分划尺 18 上，以便在观察窗中观察。

3）锁紧限幅机构

锁紧限幅机构包括凸轮 4、限幅盘 5、转子底盘 7、锁紧圈 8，用凸轮 4 使限幅盘沿导向轴 3 向上滑动，使限幅盘 5 托起转子底盘 7 靠在与支架连接的锁紧圈 8 上。限幅盘上的三个泡沫塑料垫板 6 在下放转子部分时，能起到缓冲和摩擦限幅的作用。

2. 陀螺经纬仪的使用

由于悬挂陀螺房的悬带具有弹性，就是在陀螺转子不旋转时，陀螺房绕 Z 轴也做往复地扭摆运动，左、右逆转点如图 4-20 所示。若在陀螺转子取一条线 OA 作为观测准线，当 OA 在 OA_0 的位置时，悬带上完全没有扭力（此位置称为悬带零位），扭摆开始后，若不考虑空气阻尼，OA 则往复于 OA_1 和 OA_2 之间，OA_1 和 OA_2 是扭摆达到的最大振幅，扭摆到最大振幅之后，OA 就改变运动方向，因此称为 A_1 和 A_2 为左、右逆转点。

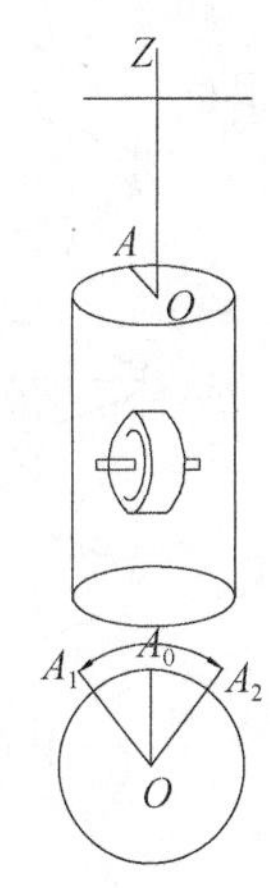

图 4-20　左、右逆转点

先将陀螺经纬仪安置在待测直线的一端，仪器处于盘左位置，并大致对准北方向，首先进行粗略定向（一般采用两逆转点法和四分之一周期法），然后精密定向（一般采用逆转点跟踪测量法和中天法）。

1）逆转点跟踪测量法

可以通过测量两个逆转点来快速获取近似真北方向，其实质就是通过旋转经纬仪水平微动螺旋，在陀螺仪观察窗中，用零分划线跟踪陀螺摆光标。当仪器初始照准方向与真北方向偏差较大时，重复进行这一过程来确定近似真北方向。当仪器初始照准方向位于真北方向±2°范围内时，逆转点跟踪测量法可以通过测量 3 个或更多逆转点来以±20″的精度确定出真北方向。

当陀螺摆光标到达逆转点时，在读数窗读取水平度盘读数 a_1，用秒表记录时间 t_1；陀螺摆到达逆转点并稍作停留后，即开始向真北方向摆动，反方向旋转经纬仪的水平微动螺旋，继续跟踪陀螺摆直至下一个逆转点，并读取水平盘读数 a_2，用秒表记录时间 t_2。重复上述操作，可以分别获得 n 个逆转点的水平盘读数，分别为 $a_1, a_2, \cdots, a_n$，如图 4-21（a）所示。最后按照式（4-33）和式（4-34）计算出（n−2）个中点的水平盘读数值。

$$\left.\begin{aligned} N_1 &= \frac{1}{2}\left(\frac{a_1+a_3}{2}+a_2\right) \\ N_2 &= \frac{1}{2}\left(\frac{a_2+a_4}{2}+a_3\right) \\ &\vdots \\ N_{n-2} &= \frac{1}{2}\left(\frac{a_{n-2}+a_n}{2}+a_{n-1}\right) \end{aligned}\right\} \tag{4-33}$$

当 n−2 个中点的水平度盘读数的互差不超限时，则取其平均值作为真北方向水平盘读数。

$$\bar{N}=\frac{[N]}{n-2} \tag{4-34}$$

2）中天法

中天法要求粗定向的误差≤±20′，经纬仪照准部固定在这个近似真北方向 N' 上不动。启动并放下陀螺摆后，在陀螺仪观察窗视场中，陀螺摆光标将围绕零分划线左右摆动。参见图 4-21（b），操作过程如下。

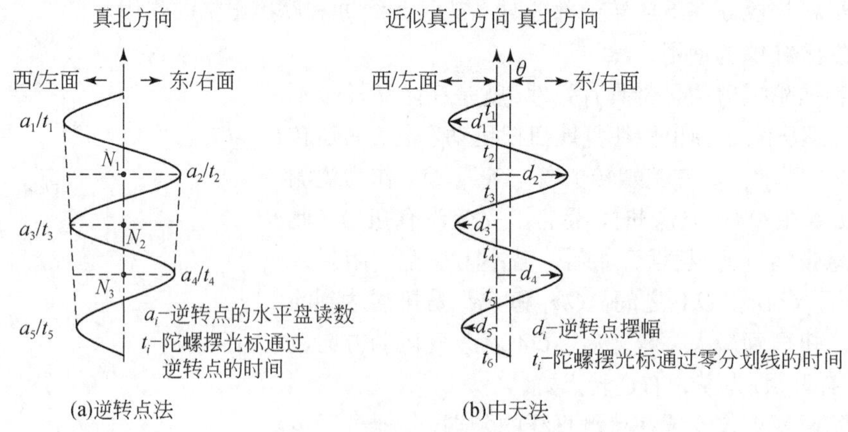

图 4-21　两种陀螺仪观测原理

（1）当陀螺摆光标经过零分划线时，启动秒表，读取时间 t_1（称中天时间）；

（2）当陀螺摆光标到达逆转点时，在分划板上读取摆幅读数 d_1；

（3）当陀螺摆光标返回零分划线时，读取中天时间 t_2；

（4）当陀螺摆光标到达另一个逆转点时，在分划板上读取摆幅读数 d_2；

（5）当陀螺摆光标返回零分划线时，读取中天时间 t_3。

多次重复上述操作可提高测量精度，最后，真北方向水平盘读数的计算公式为

$$N=N'+\theta \tag{4-35}$$

式中，N' 为近似真北方向的水平度盘读数；θ 为水平角改正值；计算公式为

$$\theta=kd\,\Delta t \tag{4-36}$$

式中，$d=\frac{|d_1|+|d_2|}{2}$；$\Delta t=(t_3-t_2)-(t_2-t_1)$；$k$ 为比例常数，其值可以通过两次定向测量获得。

第一次让近似值 N_1' 偏东 15′～20′，第二次让近似值 N_2' 偏西 15′～20′，这样可以列出式（4-37）所示方程

$$\left.\begin{aligned}N&=N_1'+kd_1\Delta t_1\\N&=N_2'+kd_2\Delta t_2\end{aligned}\right\} \tag{4-37}$$

解方程，得

$$k=\frac{N_2'-N_1'}{d_1\Delta t_1-d_2\Delta t_2} \tag{4-38}$$

k 值与纬度有关。测定了 k 值后，可以在同一纬度地区长期使用，每隔一定的时间抽测检查，不必每次都重新测定。中天法观测的特点是：不必像逆转点法那样操作经纬仪的水平微动螺旋连续跟踪陀螺摆光标。

思考与练习题

1. 在距离丈量之前，为什么要进行直线定线？如何进行直线定线？

2. 钢尺量距会产生哪些误差？

3. 用钢尺丈量 *AB* 两点间的距离，往测为 232.35m，返测为 233.43m，试计算量距的相对误差。

4. 什么是直线定向？为什么要进行直线定向？它与直线定线的区别是什么？

5. 测量工程中作为定向依据的基本方向线有哪些？什么是方位角？

6. 真方位角、磁方位角、坐标方位角三者的关系是什么？

7. 已知 *A* 点的磁偏角为西偏 21′，过 *A* 点的直子午线与中央子午线的收敛角为+3′，直线 *AB* 的坐标方位角 $\alpha = 64°20'$，求 *AB* 直线的真方位角与磁方位角。

8. 试完成表 4-3 的视距测量计算。其中，测站高程 H_0= 45.00m，仪器高 i =1.520m，竖盘指标差 $x = +2''$，竖直角的计算公式为 $\alpha_L = 90^\circ - L + x$ 。

表 4-3　视距测量计算

目标	上丝读数/m	下丝读数/m	竖盘读数	水平距离/m	高程/m
1	0.960	2.003	83°50′24″		
2	1.250	2.343	105°44′36″		
3	0.600	2.201	85°37′12″		

9. 试述红外测距仪采用的相位法测距原理。

10. 说明视距测量的方法。

11. 红外测距仪在测得斜距后，一般还需进行哪几项改正？

12. 仪器常数指的是什么？它们的具体含义是什么？

第 5 章　全站仪及其使用

5.1　全站仪概述

全站仪是全站型电子速测仪的简称，它由光电测距仪、电子经纬仪和数据处理系统组成。一台全站仪除能自动测距、测角外，还能快速完成一个测站所需完成的工作，包括平距、高差、高程、坐标及放样等方面数据的计算。

全站仪一般按照测角精度分为 0.5″，1″，2″，3″，5″等几个等级。随着计算机技术的不断发展与应用及用户的特殊要求，当前已经出现了带内存、防水型、防爆型、电脑型、马达驱动型等各种类型的全站仪。

5.1.1　全站仪的结构原理

全站仪结构原理如图 5-1 所示。右半部是四大光电测量系统，即距离测量、水平角测量、竖直角测量和自动补偿。键盘指令是测量过程的控制系统，测量人员通过按键便可调用内部指令指挥仪器的测量工作过程和进行数据处理。以上各系统通过输入输出(input/output，I/O)接口接入总线与数字计算机联系起来。

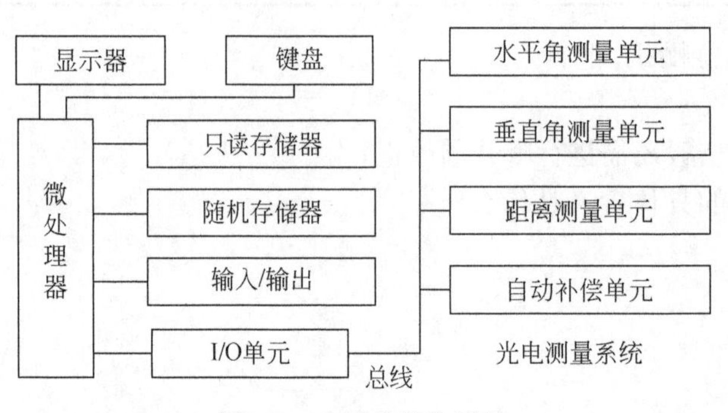

图 5-1　全站仪结构原理

微处理机是全站仪的核心部件，它如同计算机的中央处理器（central processing unit，CPU），主要由寄存器系列（缓冲寄存器、数据寄存器、指令寄存器等）、运算器和控制器组成。微处理机的主要功能是根据键盘指令启动仪器进行测量工作，执行测量过程的检核和数据的传输、处理、显示、储存等工作，保证整个光电测量工作有条不紊地完成。I/O 单元是与外部设备连接的装置（接口），数据存储器是测量的数据库。为便于测量人员设计软件系统，处理某种目的测量成果，在全站仪的数字计算机中还提供程序存储器。

5.1.2　全站仪的主要特点

1）三同轴望远镜

图 5-2 是 KTS-440 全站仪望远镜装配与光路图，仪器的望远镜视准轴、测距红外光发射光轴和接收光轴同轴，测量时使望远镜照准目标棱镜中心，就能同时测定目标点的水平角、竖直角和斜距。

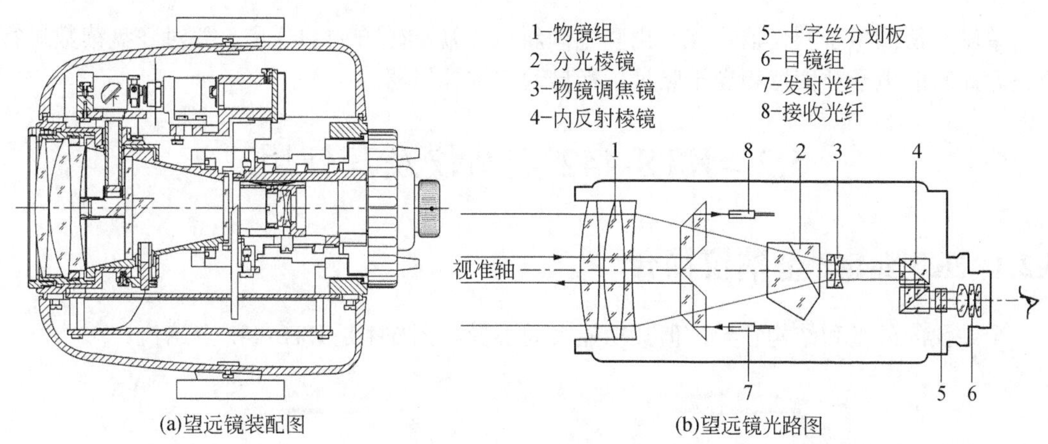

图 5-2　KTS-440 全站仪望远镜装配与光路图

2）键盘操作

全站仪测量是通过操作面板按键选择命令进行的，面板按键分为硬键和软键两种。每个硬键有一个固定功能，或兼有第二、第三功能；软键用于执行机载软件的菜单命令，软键的功能通过显示窗最下一行对应位置的字符提示，在不同的菜单模式下，软键的功能也不相同。

3）数据存储与传输

全站仪一般配有可以存储至少 3000 个点的测量数据与坐标数据的内存，有些还配有 CF 卡或 SD 卡来增加存储容量；至少有一个 RS-232C 串行通信端口，使用数据线与计算机的 COM 口连接，通过数据传输软件实现全站仪与个人计算机双向数据传输。

4）电子补偿器

仪器未精确整平致使竖轴倾斜引起的角度观测误差不能通过盘左、盘右观测取平均值抵消，为了消除竖轴倾斜误差对角度观测的影响，全站仪设有电子补偿器。打开补偿器时，仪器能将竖轴倾斜量分解成视准轴方向和横轴方向两个分量进行倾斜补偿，也即双轴补偿。

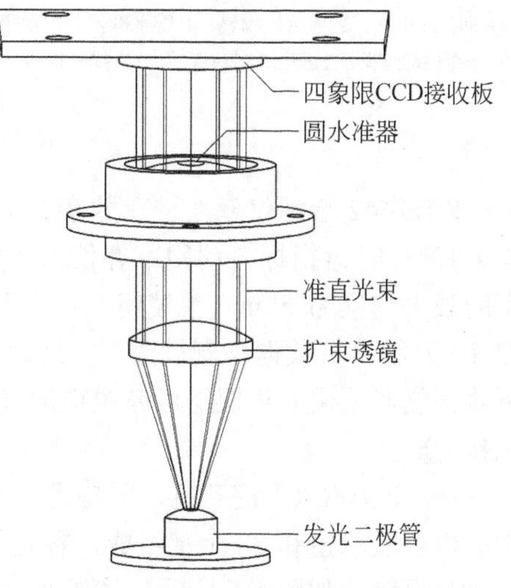

图 5-3　KTS-440 液体双轴电子补偿器

图 5-3 为 KTS-440 液体双轴电子补偿器，发光二极管发射的光线经扩束透镜后变成平行准直光线照射于圆水准器液面，将圆水准器气泡成像在四象限 CCD 接收板上，根据圆水准器气泡影像偏离 CCD 接收板中心的位置计算仪器竖轴倾斜量在视准轴和横轴方向的分量，双轴倾斜量被传输到仪器的微处理器中，用于自动修正水平度盘与垂直度盘观测值。液体补偿器的补偿范围一般为±3′～±4′。

单轴补偿的电子补偿器只能测出竖轴倾斜量在视准轴方向的分量，并对竖盘读数进行改正。此时的电子补偿器相当于竖盘指标自动归零补偿器。

5.2　KTS-442 全站仪及其使用

5.2.1　KTS-442 全站仪简介

全站仪的外观和结构各异，但其功能大同小异。图 5-4 是 KTS-442 全站仪。

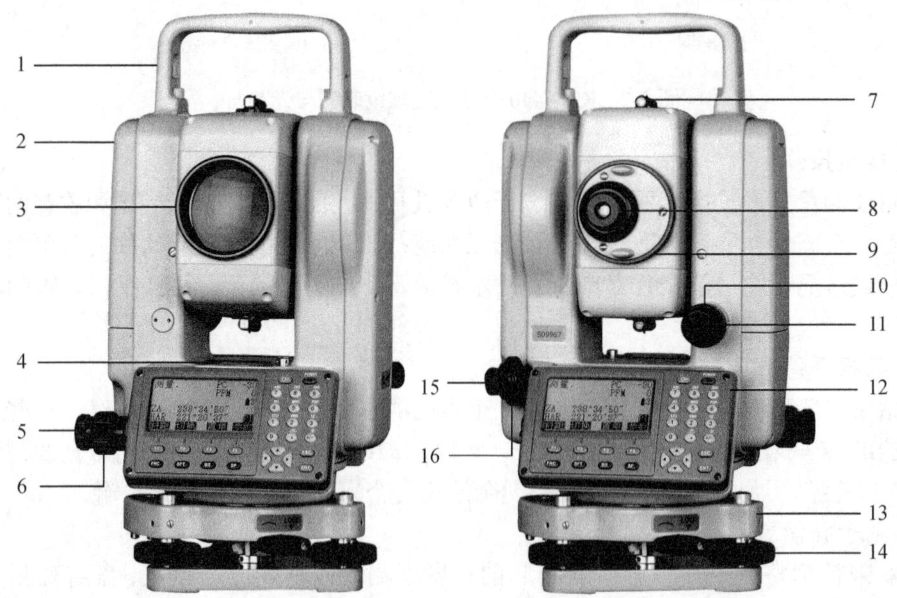

1-手柄；2-电池；3-望远镜物镜；4-管水准器；5-水平制动螺旋；6-水平微动螺旋；7-光学瞄准器；8-目镜；9-目镜调焦螺旋；10-竖直微动螺旋；11-竖直制动螺旋；12-操作面板；13-基座；14-脚螺旋；15-光学对中器目镜调焦螺旋；16-光学对中器物镜调焦螺旋

图 5-4　KTS-442 全站仪

KTS-442 全站仪双面带有数字/字母键盘，光栅度盘，双轴补偿，一测回方向观测中误差为±2″，竖盘指标自动归零补偿采用电子液体补偿器，补偿范围为±3′；在良好大气条件下的最大测程为 5km（单棱镜），测距误差为 2mm+2ppm；反射片测程为 800m；可以存储 10 万组坐标数据与测量数据，通过 RS-232C 串行通信接口与计算机进行数据的上传和下载；仪器采用 6 V 镍氢可充电电池（容量 2200mAh）供电，一块充满电的电池可供连续工作 8 h。

按“POWER”键开机，屏幕进入图 5-5 的界面，显示仪器型号与仪器软件版本号。操作面板由显示窗和 28 个键组成，各功能如图 5-5 中注释及表 5-1 所示。全站仪配套使用的棱镜与反射片如图 5-6 所示，棱镜对中杆如图 5-7 所示。

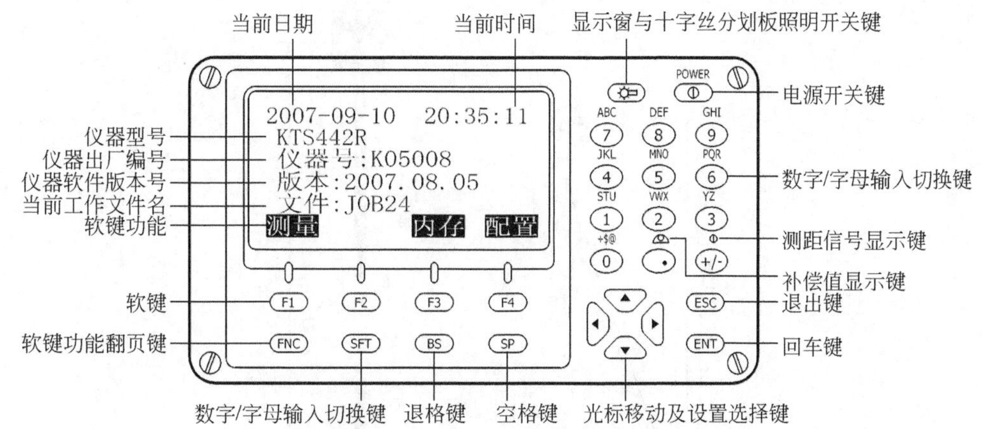

图 5-5 KTS-440 全站仪操作面板

表 5-1 KTS-442 全站仪键盘功能表

按键	键名	功能
(电源键)	电源开关键	打开或关闭仪器电源
(F1)～(F4)	软键	功能显示于屏幕最下面一行字符
(0)～(9) (•) (+/-)	数字/字母键	输入数字、小数点、加减号或其上面注记的字符
(照明键)	显示窗与十字丝分划板照明开关键	开/关显示窗与十字丝分划板照明
(FNC)	软键功能翻页键	测量模式下，翻页软键功能
(SFT)	数字/字母输入切换键	输入模式切换数字与字符输入状态
(SFT) (补偿键)	补偿值显示键	显示补偿器的补偿值
(SFT) (测距信号键)	测距信号显示键	打开测距信号指示器
(BS)	退格键	输入模式下，删除光标前的一个数字或字符
(SP)	空格键	输入模式下，输入一个空格
(ESC)	退出键	退回到前一个菜单或前一个模式
(▲) (▼) (◀) (▶)	选择键	上/下键为移动光标，左/右键为改变光标项目内容
(ENT)	回车键	选择选项或确认输入内容

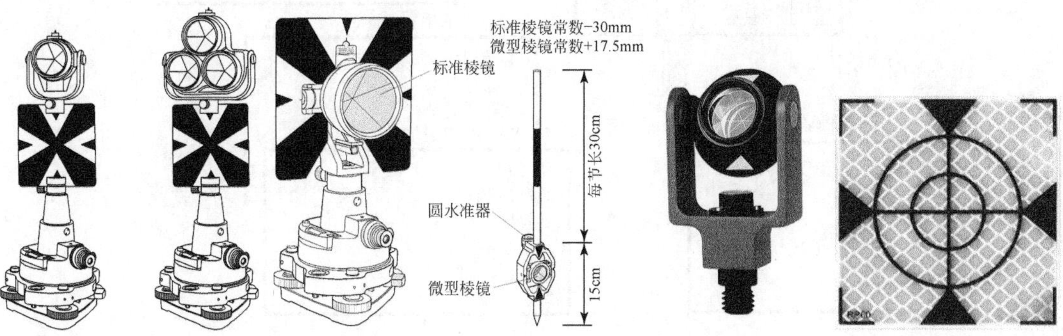

图 5-6 全站仪配套使用的棱镜与反射片

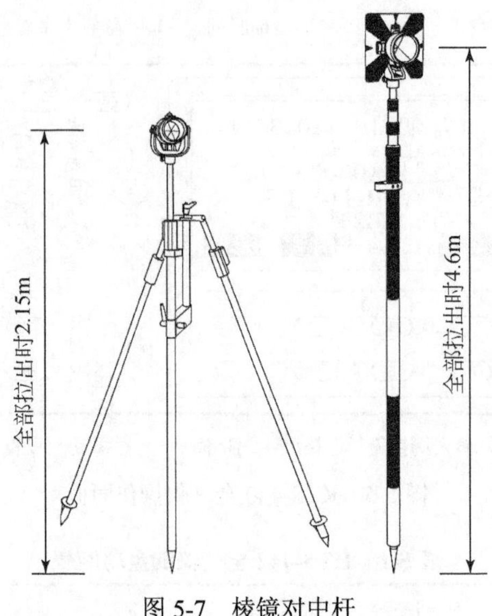

图 5-7　棱镜对中杆

5.2.2　KTS-442 全站仪的使用

KTS-442 全站仪是在一定的模式下进行的，其模式结构如图 5-8 所示。

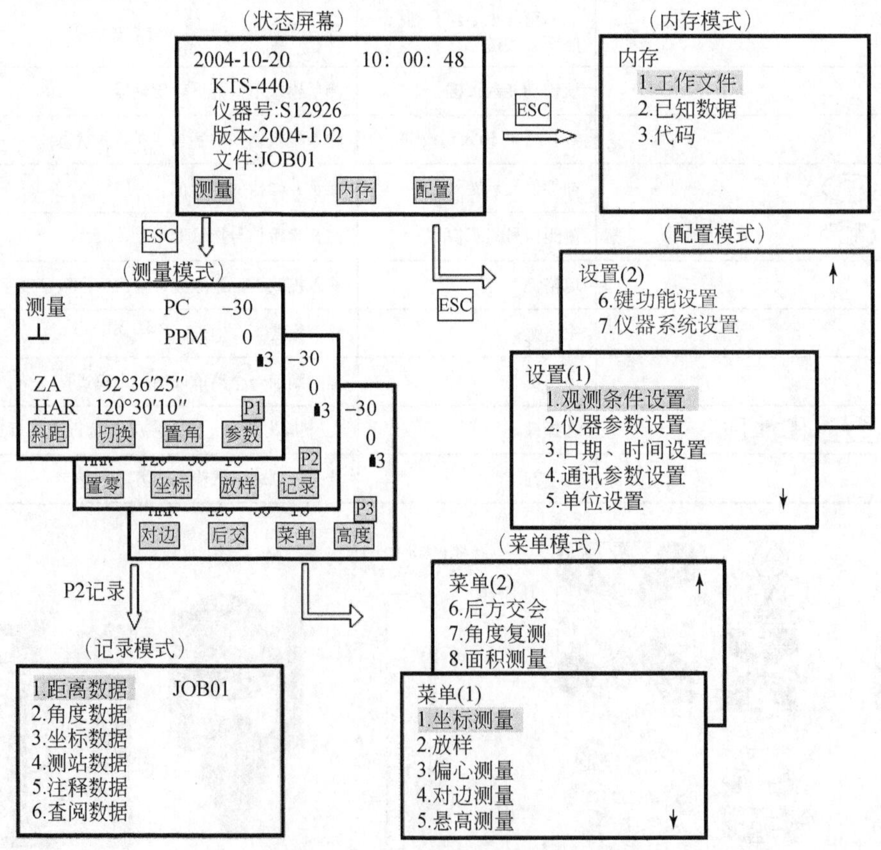

图 5-8　KTS-442 全站仪模式结构图

开机后，首先显示状态屏幕，软键“F1”、“F3”、“F4”分别对应测量、内存、配置模式菜单，如需要进入“测量”模式，按“F1”即可。测量模式下有 3 页（P1、P2、P3），可通过图 5-5 中“FNC”键进行翻页切换。这 3 页显示的是常用的一些测量功能，如坐标测量、放样测量、后方交会、对边测量等。如需进行其他测量，可翻页到测量模式的第 3 页，按“F3”（即对应菜单）键，可选择悬高测量、偏心测量、面积测量等。如需返回，按“ESC”键。

如需进入“内存”模式，在状态屏幕下按“F3”键即可。内存模式下有工作文件、已知数据和代码三种选择，可通过字母键或光标移动进行选择。选择“1. 工作文件”后按“ENT”键（或直接按数字 1），可进入工作文件管理屏幕，在子菜单中，可以进行工作文件选择、删除、输入、输出，键入文件数据等操作。如需返回，按“ESC”键。

如需进入“配置”模式，在状态屏幕下按“F4”键即可。配置模式下有“1. 观测条件设置”“2. 仪器参数设置”“3. 日期、时间设置”“4. 通讯参数设置”“5. 单位设置”等选择项，可通过字母键或光标移动进行选择。选择“1. 观测条件设置”后按“ENT”键（或直接按数字 1），可进入观测条件设置屏幕，在子菜单中，可以进行大气改正、垂角格式、倾斜改正、测距类型、自动关机等设置。如需返回，按“ESC”键。

1. 工作文件的建立

如图 5-9 所示，在状态屏幕下按 F3 键，选择“1. 工作文件”后按“ENT”键，再选择“1. 工作文件”后按“ENT”键，仪器默认有 JOB01、JOB02、…、JOB24，可通过“F4”键（编辑）修改文件名，命名时，最好按日期命名，如：21063001，表示 2021 年 6 月 30 日第一组的数据。按“确认”键，确认读取 21063001 文件，按“确定”键选择一个工作文件为当前的工作文件，并返回工作文件管理屏幕。

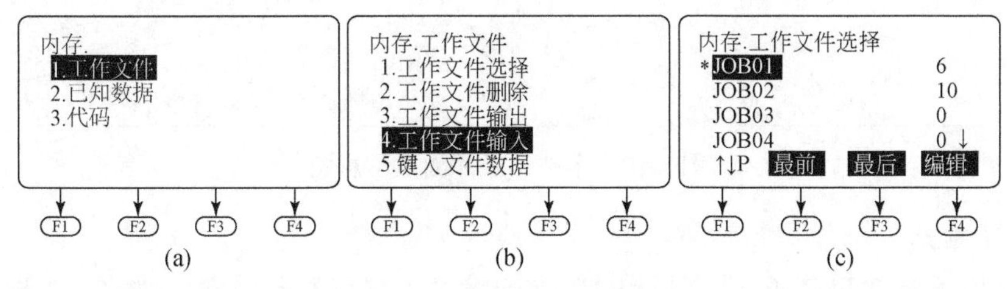

图 5-9　工作文件的建立

2. 角度测量

以测回法观测∠AOB 为例，在 O 点完成仪器的架设→对中→粗平→对中→精平，使对中和整平达到精度要求。先盘左照准后视点 A，在测量模式下，按“FNC”键进入第 2 页菜单（右下角显示 P2），按“F1”键两次进行置零，此时起始水平角方向读数 L_A 显示为 HAR：0°00′00″，顺时针旋转望远镜到前视点 B，瞄准、读数为 L_B；倒转望远镜呈盘右状态，瞄准 B 点，读数为 R_B，逆时针旋转望远镜到后视点 A，瞄准、读数为 R_A，完成一个测回的观测。如果要测两个测回，按 $\frac{180^\circ}{n}$（n 为测回数）配置起始方向，则在第二测回瞄准起始方向 A 时应将角度值设置为 90°。在测量模式下，按“F1”键进入第 1 页菜单（右下角显示 P1），按“F3”键进行角度的设置，输入 90，按“ENT”键确认，即完成了起始方向的角度设置，其他方向操作同第一测回。

3. 距离测量

1）参数设置

在测量模式第 1 页菜单下，按“F4”键，选择“参数”，进入距离参数设置屏幕，设置温度（标准为 20°）、大气压（标准为 1013hpa）、棱镜常数（专用棱镜为-30mm）、测距模式等。在测量模式第 1 页，按 SET 切换键，可选择平距、斜距、高差方式。

2）距离测量

以测回法观测∠*AOB* 为例，在 *O* 点完成仪器的架设→对中→粗平→对中→精平，使对中和整平达到精度要求。瞄准后视点 *A*，按“F4”斜距（平距、高差）键开始测量距离。瞄准前视点 *B*，按“F4”斜距（平距、高差）键开始测量距离。在测量模式第 2 页菜单下按“记录”进入记录模式。选取“1.距离数据”后按“ENT”（或直接按数字键 1），进入记录距离测量数据操作。

4. 坐标测量

全站仪坐标测量如图 5-10 所示，设 *A*、*O* 为已知点，在 *O* 点架设全站仪，量取仪器高 i 和觇标高 v。

图 5-10　全站仪坐标测量示意图

1）设置测站

在测量模式第 2 页菜单下，按“F2”坐标键进入坐标测量菜单。选择“2.设置测站”，输入（操作见表 5-2）或调入测站点三维坐标，将量取仪器高和目标高输入。按“记录”→“存储”键，将测站点坐标保存（按“确定”键），返回到坐标测量界面。

表 5-2　KTS-442 全站仪设置测站步骤

操作过程	操作键	显示
（1）在测量模式的第 2 页菜单下，按“坐标”键，显示坐标测量菜单	“坐标”	坐标测量 1.测量 2.设置测站 3.设置方位角

续表

操作过程	操作键	显示
(2) 选取“2.设置测站”后按“ENT”键（或直接按数字键 2），输入测站数据	“2.设置测站” + “ENT”	N0：0.000 E0：0.000 Z0：0.000 仪器高：0.000m 目标高：0.000m 取值　记录　确定
(3) 输入下列各数据项： N0、E0、Z0（测站点坐标），仪器高，目标高。 每输入一数据项后按“ENT”键，若按“记录”键，则记录测站数据，再按“存储”键将测站数据存入工作文件	输入 测站数据 + “ENT”	N0：100.000 E0：100.000 Z0：10.000 仪器高：1.600m 目标高：2.000m 记录　确定
(4) 按“确定”键结束测站数据输入操作，显示恢复坐标测量菜单屏幕	“确定”	坐标测量 1.测量 2.设置测站 3.设置方位角

2）设置后视方向

照准后视点 A，按“3.设置方位角”键后，按“ENT”键。可以直接输入方位角（在 BA 的方位角已知的情况下使用），也可以按后视“F1”键直接输入后视点三维坐标（表 5-3）。按“确定”键回到坐标测量界面。

表 5-3　KTS-442 全站仪方位角设置步骤

操作过程	操作键	显示
(1) 在坐标测量菜单屏幕下用▲▼选取“3.设置方位角”后按“ENT”键（或直接按数字键 3），显示如右图所示，此时可以直接输入方位角	选取“3.设置方位角” + “ENT”	设置方位角 HAR： 后视
(2) 按“后视”键显示方位角设置屏幕，其中 N0、E0、Z0 为测站点坐标，可以直接输入坐标值，也可以按“取值”键调取已存点的坐标	“后视”	后视坐标 NBS：200.000 EBS：200.000 ZBS：20.000 取值　确定

续表

操作过程	操作键	显示
（3）输入后视点坐标 NBS、EBS 和 ZBS 的值，每输入完一个数据后按“ENT”键，然后按“确定”键，（HAR 为应照准的后视方位角）	“ENT” + “确定”	设置方位角 请照准后视 HAR：45°00′00″ 否　是
（4）照准后视点后按“是”键，结束方位角设置返回坐标测量菜单屏幕	“是”	坐标测量 1.观测 2.设置测站 3.设置方位角

3）坐标测量

选择“1.测量”后，瞄准碎部点 1，进行碎部点的测量（表 5-4）。按“记录”→“存储”键，将测站点坐标保存（按“确定”键）。依次采集其他碎部点，直到一个测站所有数据采集完毕，搬站，重复 1）、2）、3）步骤，完成坐标测量。

表 5-4　KTS-442 全站仪碎部点测量步骤

操作过程	操作键	显示
（1）精确照准目标棱镜中心后，在坐标测量菜单屏幕下选取“1.测量”后按“ENT”键（或直接按数字键 1）	选取 “1.测量” + “ENT”	坐标测量 坐标　镜常数=-30 PPM= 0 单次精测 停止
（2）测量完成后，显示出目标点的坐标值，以及到目标点的距离、垂直角和水平角（若仪器设置为重复测量模式，按“停止”键来停止测量并显示测量值）	—	N:　1534.688 E:　1048.234 Z:　21.579　3 S:　82.450m HAR:　12°34′34″ 停止 N:　1534.688 E:　1048.234 Z:　21.579　3 S:　82.450m HAR:　12°34′34″ 记录　测站　观测

续表

操作过程	操作键	显示
(3) 若需将坐标数据记录于工作文件，则按“记录”键。输入下列各数据项。 ①点名：目标点点号 ②编码：特征码或备注信息等。每输入完一数据项后按“ENT”键 • 当光标位于编码行时，按［↑］或［↓］可以显示和选取预先输入内存的代码 按“存储”键记录数据	“记录”+ “存储”	N: 1534.688 E: 1048.234 Z: 21.579 点名：6 目标高： 1.600m ↓存储 编码 ↑ : 存储 ↓ ↑
(4) 照准下一目标点，按“观测”键开始下一目标点的坐标测量。按“测站”键可进入测站数据输入屏幕，重新输入测站数据 • 重新输入的测站数据将对下一观测起作用。因此当目标高发生变化时，应在测量前输入变化后的值	“观测” + “测站”	N: 1534.688 E: 1048.234 Z: 21.579 S: 82.450m HAR：12°34′34″ 测站 观测
(5) 按“ESC”键结束坐标测量并返回坐标测量菜单屏幕	“ESC”	坐标测量 1. 测量 2. 设置测站 3. 设置方位角

5. 放样测量

全站仪坐标放样如图 5-11 所示，设 I_{10} 和 I_{11} 为已知点，*ABCD* 分别为设计房屋的四个角点，两个已知点与四个设计点坐标已上传到全站仪内存文件 21063001.dat 中，在 I_{10} 上架设全站仪，量取仪器高 *i* 和觇标高 *v*。放样 *C* 点的步骤（表 5-5）如下。

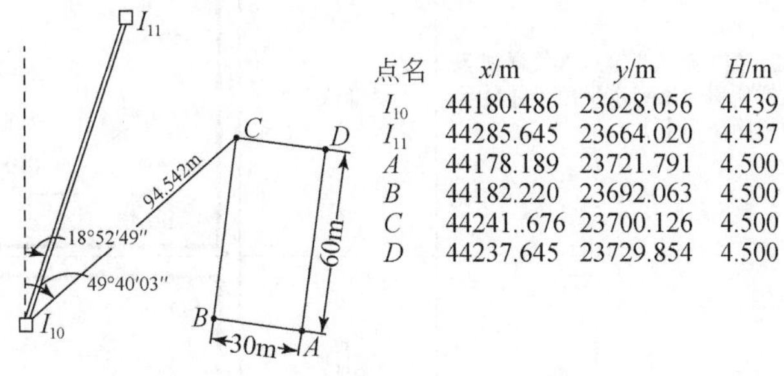

图 5-11　全站仪坐标放样

1）设置测站

在测量模式第 2 页菜单下，按“放样”键，按“3. 设置测站”键后，按“ENT”键，输入（或调入已上传的）测站点 I_{10} 的三维坐标（图 5-12）、仪器高、目标高，按“确定”键。

表 5-5　KTS-442 全站仪坐标放样步骤

操作过程	操作键	显示
(1) 在测量模式的第 2 页菜单下按“放样”键，进入放样测量菜单屏幕	“放样”	放样 1. 观测 2. 放样 3. 设置测站 4. 设置后视角 5. 测距参数
(2) 选取“3.设置测站”后按“ENT”（或直接按数字键 3） 输入测站数据和仪器高、目标高（量取由棱镜中心至测杆底部的距离）	“3.设置测站” + “ENT”	N0:　44180.486 E0:　23628.056 Z0:　4.439 仪器高:　1.650m 目标高:　2.100m 取值　记录　确认
(3) 测站数据输入完毕后按“确认”键进入放样测量菜单。选取“4.设置后视角”后按“ENT”键（或直接按数字键 4），进入角度配置屏幕 （按表 5-3 中介绍的方法设置好方位角，随之显示出放样测量菜单屏幕）	“4.设置后视角” + “ENT”	放样 1. 观测 2. 放样 3. 设置测站 4. 设置后视角 5. 测距参数
(4) 选取“2.放样”后按“ENT”键，在 Np、Ep、Zp 中分别输入待放样点的三个坐标值，每输入完一个数据项后按“ENT”键 中断输入：“ESC” 读取数据：“取值” 记录数据：“记录”	“2.放样” + “ENT”	放样值（1） Np :　44241.676 Ep :　23700.126 Zp :　4.500 目标高:　1.620m ↓ 记录　取值　确认
(5) 在上述数据输入完毕后，按“确认”键进入放样观测屏幕。（仪器自动计算出放样所需距离和水平角，并显示在“放样值（2）”屏幕放样距离项上）	“确认”	SO.H　m H-A　m ZA　89°58′34″ HAR　49°40′03″ dHA　−0°00′06″ 记录　切换　<-->　平距
(6) 为了确定出待放样点的高程，按“切换”键使之显示“坐标”。按“坐标”键开始高程放样测量	“切换” + “坐标”	SO. N　0.001m E　−0.106m Z　5.321m HAR　49°40′03″ dHR　0°00′00″ 记录　切换　<-->　坐标

续表

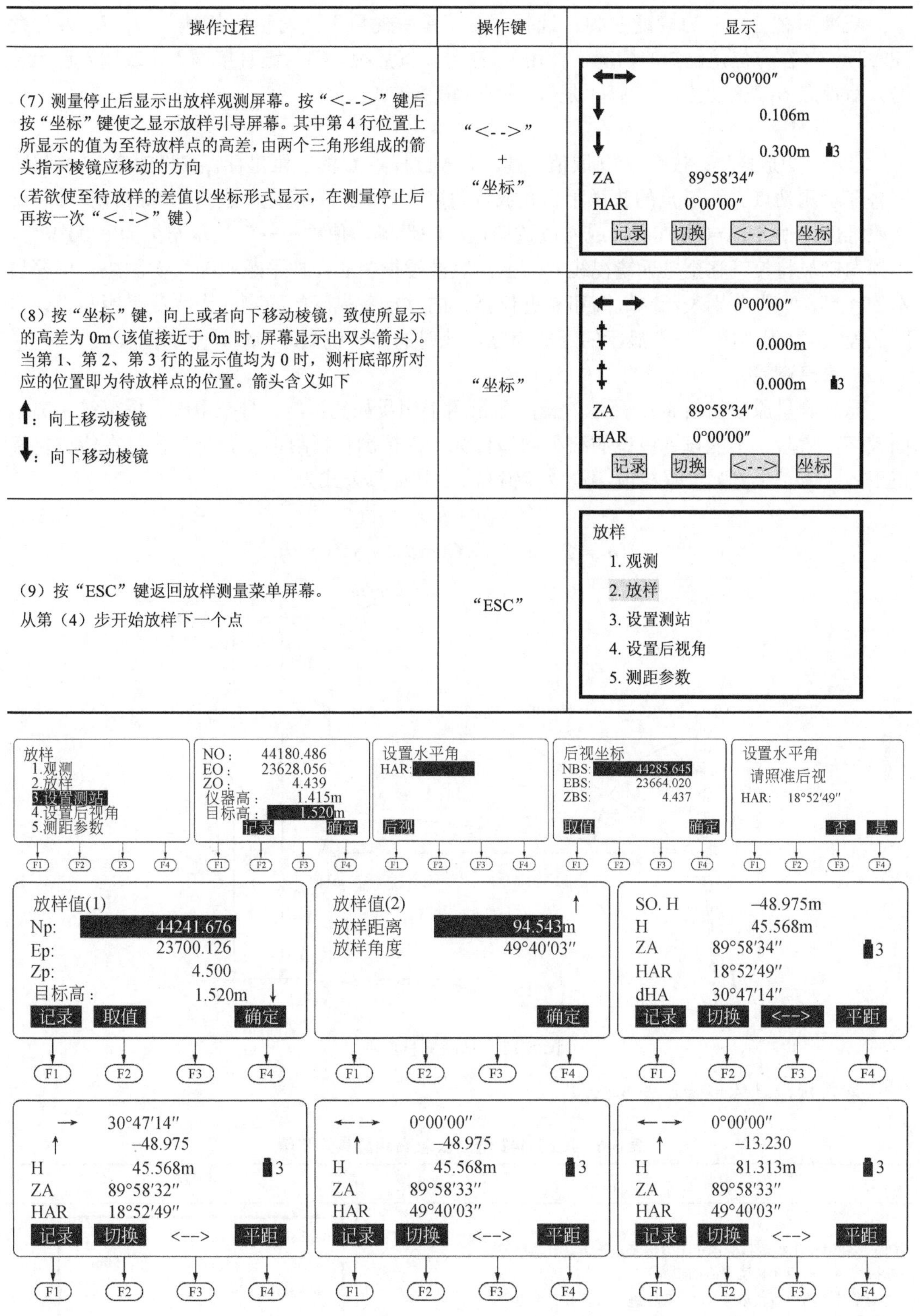

操作过程	操作键	显示
（7）测量停止后显示出放样观测屏幕。按“<-->”键后按“坐标”键使之显示放样引导屏幕。其中第 4 行位置上所显示的值为至待放样点的高差，由两个三角形组成的箭头指示棱镜应移动的方向 （若欲使至待放样的差值以坐标形式显示，在测量停止后再按一次“<-->”键）	“<-->” + “坐标”	←→ 0°00′00″ ↓ 0.106m ↓ 0.300m 3 ZA 89°58′34″ HAR 0°00′00″ 记录 切换 <--> 坐标
（8）按“坐标”键，向上或者向下移动棱镜，致使所显示的高差为 0m（该值接近于 0m 时，屏幕显示出双头箭头）。当第 1、第 2、第 3 行的显示值均为 0 时，测杆底部所对应的位置即为待放样点的位置。箭头含义如下 ↑：向上移动棱镜 ↓：向下移动棱镜	“坐标”	← → 0°00′00″ ↕ 0.000m ↕ 0.000m 3 ZA 89°58′34″ HAR 0°00′00″ 记录 切换 <--> 坐标
（9）按“ESC”键返回放样测量菜单屏幕。 从第（4）步开始放样下一个点	“ESC”	放样 1. 观测 2. 放样 3. 设置测站 4. 设置后视角 5. 测距参数

图 5-12 执行坐标放样命令放样 *C* 点操作过程

2）设置后视方向

瞄准后视点 I_{11} 的棱镜中心，选择“4.设置后视角”，可以直接输入 I_{10}-I_{11} 方位角 18°52′49″（在方位角已知的情况下使用），也可以按后视“F1”键直接输入（或调入已上传的）后视点 I_{11} 三维坐标。选择“是”，完成后视定向。

3）放样

选择“2.放样”，按“F2”（取值）键，调入放样点 C 的三维坐标，按“ENT”键确认，屏幕显示测站点 I_{10}→C 点的放样距离和放样角度，按“F4”确定，进入坐标放样界面。旋转照准部，使 dHA=0°00′00″（或通过按切换“F2”键，使“←→”显示结果为 0°00′00″），指挥司镜员将棱镜移至望远镜视线方向上，照准棱镜中心，按平距“F4”键测距，屏幕显示的“↑”“↓”分别表示向远离和靠近仪器方向移动后显示的距离（为实测平距与设计平距之差），直到“↑”“↓”显示的距离为零，此时的立棱镜点即为设计点的位置。

6. 悬高测量

悬高测量原理如图 5-13 所示，悬高测量用于测量如高压线、悬空电缆、桥梁等距离地面较高、危险、不能设置棱镜的细小物体目标。在待测目标附近安置全站仪，在待测目标正下方（或正上方）安置棱镜，量取棱镜高 v。其计算公式为

$$H_t = h_1 + h_2 = v + h_2 \tag{5-1}$$

$$h_2 = S \times \sin\theta_{Z1} \times C\tan\theta_{Z2} - S \times \cos\theta_{Z1} \tag{5-2}$$

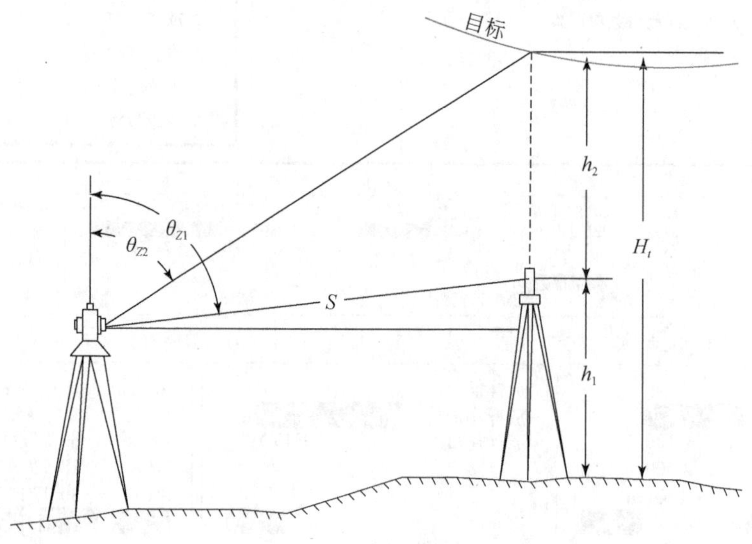

图 5-13　悬高测量原理

悬高测量具体步骤见表 5-6。

表 5-6　KTS-442 全站仪悬高测量具体步骤

操作过程	操作键	显示
（1）将棱镜设于被测目标的正上方或者正下方，用卷尺量取棱镜高（测点至棱镜中心的距离） 在测量模式第 3 页菜单下按“高度”进入仪器高、棱镜高设置屏幕	“高度”	高度设置 仪器高：　1.650m 目标高：　2.000m 确定

续表

操作过程	操作键	显示
（2）输入棱镜高后按“确定”键，照准棱镜。在测量模式第 1 页菜单下按“斜距”键开始距离测量（距离类型可以是斜距、平距或高差）	“确定” + “斜距”	距离测量 距离　镜常数 = -30 PPM= 0 单次精测 [停止]
（3）测量停止后显示出测量结果	—	测量　PC -30 ⊥　PPM　0 S　8.077m　3 ZA　97°11′28″ HAR　117°12′17″　[P1] [斜距] [切换] [悬高] [参数]
（4）照准目标，在测量模式下使之显示“悬高”功能，按“悬高”键开始悬高测量。0.7s 后在“Ht.”一栏中显示出目标至测点的高度，此后，每隔 0.5s 显示一次测量值	“悬高”	悬高测量 Ht.　1.620 S　8.077m ZA　97°11′28″ HAR　117°12′17″ [停止]
（5）按“停止”键结束悬高测量操作 ·重新观测棱镜（观测）：按“观测”键 ·开始悬高测量：按“悬高”键	“停止”	悬高测量 Ht.　2.229m S　8.077m ZA　92°52′28″ HAR　117°12′17″ [悬高]　[观测]
（6）按“ESC”键返回测量模式屏幕 最大观测角度：以水平方向为基准上下±89° 最大测量高度：±9999.999m	“ESC”	测量　PC -30 ⊥　PPM　0 S　8.077m　3 ZA　92°52′28″ HAR　117°12′17″　[P1] [斜距] [切换] [悬高] [参数]

7. 后方交会

后方交会原理如图 5-14 所示，当测站 P 点的坐标未知时，执行后方交会命令，顺序观测为已知点 P_1、P_2、…，仪器能计算出测站 P 点的坐标。已知点坐标可以输入，也可以从当前坐标文件调入。KTS-442 全站仪只有测距后方交会命令，没有测角后方交会命令，因此，执行后方交会命令时，已知点上必须立有棱镜，

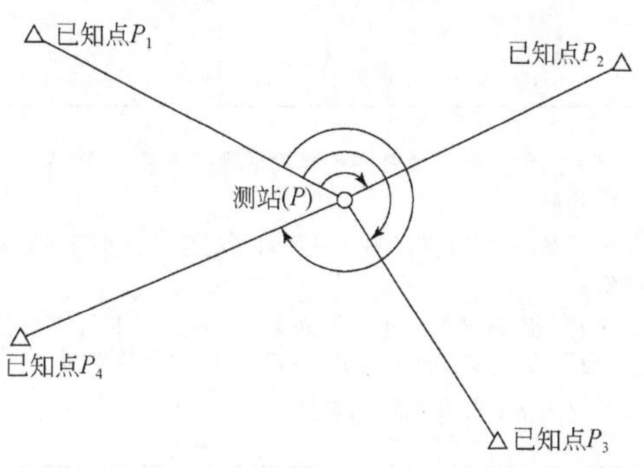

图 5-14　后方交会原理

至少应观测两个已知点才能解算出测站点的坐标，且已知点的观测顺序应均为顺时针或均为逆时针。

在测量模式的第 3 页菜单下按“后交”键，也可在“菜单”模式下选取“6.后方交会”来进行后方交会测量。

设 P_1、P_2 点的坐标已输入当前坐标文件，在未知点 P 安置仪器，对两个已知点进行测距后方交会观测并计算 P 点坐标，KTS-442 全站仪后方交会步骤见表 5-7。

表 5-7　KTS-442 全站仪后方交会步骤

操作过程	操作键	显示
（1）在测量模式的第 3 页菜单下按“后交”键 输入第 1 已知点的坐标数据后按“ENT”键 · 中断输入：按“ESC”键 · 读取坐标数据：按“取值”键 · 记录坐标数据：按“记录”键	“后交”	后方交会 点号：1 N ： 4456.343 E ： 4321.890 Z ： 215.557 取值　记录　确定
（2）完成第 1 已知点坐标的输入后按“确定”键 · 重复第（1）步输入全部已知点各点的坐标	输入 坐标数据	后方交会 点号 2 N ： 4356.343 E ： 4521.890 Z ： 235.557 测量　取值　记录　确定
（3）全部已知点坐标输入完毕后按“测量”键	“测量”	后方交会 请照准第 1 点 N ： 4456.343 E ： 4321.890 Z ： 215.557 测角　测距
（4）照准第 1 已知点，按“测角”键进行角度测量，或者按“测距”键进行角度距离测量	“测距”	后方交会 距　离　镜常数 = -30 PPM= 0 单次精测 停止
（5）当测量完成（若在重复测量模式下需按：“停止”键）后 · 若是按“角度”，则只进行角度测量，将不显示距离值。 · 若采用该测量结果，输入第 1 已知点的目标高后按“是”键。随之屏幕提示进入下一已知点的观测 · 放弃该结果按“否”键	“是” 或 “否”	后方交会　点号：1 S　353.324m ZA　21°34′50″ HAR　78°43′12″ 目标高：1.560m 否　是

续表

操作过程	操作键	显示
（6）重复第（4）、第（5）步进行对其他已知点的测量。当计算测站点坐标所需的最少观测值数量得到满足后，屏幕上将显示出“计算” 完成对全部已知点的测量后，按 “是”键仪器自动开始坐标计算。 • 重新观测同一点：按“否”键 • 观测下点：按“是”键 • 计算测站点坐标：按“计算”键	“计算” 或 “是” 或 “否”	后方交会　点号：3 S　153.324m ZA　61°14′50″ HAR　98°40′12″ 目标高：　1.560m 计算　否　是
（7）进行测站点坐标计算，计算完成后显示 • 当测距交会时，其中： dHD（两个已知点之间的平距）=测量值-计算值 dZ=（由已知点 P_1 算出的 P 点 Z 坐标）-（由已知点 P_2 算出的 P 点 Z 坐标） • 当测角交会时，@N，@E 是 1、2、3 点交会时所得的坐标与 1、2、4 点所得的坐标之差，Z 坐标为零		N:　56.343m E:　21.890m Z:　15.557m 3 dHD:　0005mm dZ:　0002mm 重测　加点　记录　确定 N:　56.343m E:　21.890m Z:　0.000m 3 @N:　0005mm @E:　0002mm 重测　加点　记录　确定
（8）按“确定”键采用所计算结果，该结果被作为测站坐标进行记录。显示恢复方位角设置屏幕	“确定”	请照准第 3 点 设置方位角 HAR　98°40′12″ 否　是
（9）按“是”键设置方位角定向，返回测量屏幕	“是”	测量　PC -30 ⊥　PPM　0 S　1234.456　m 3 ZA　89°59′54″ HAR　98°40′12″　P1 斜距　切换　置角　参数

5.2.3　KTS-442 全站仪数据传输

1. 用 CE-203 数据线与 PC 连接

CE-203 数据线的一端为 5 芯圆口，用于插入 KTS-442 全站仪的 COM 口，另一端为串口，用于插入 PC 的一个 COM 口，全站仪与 PC 的连接如图 5-15 所示。

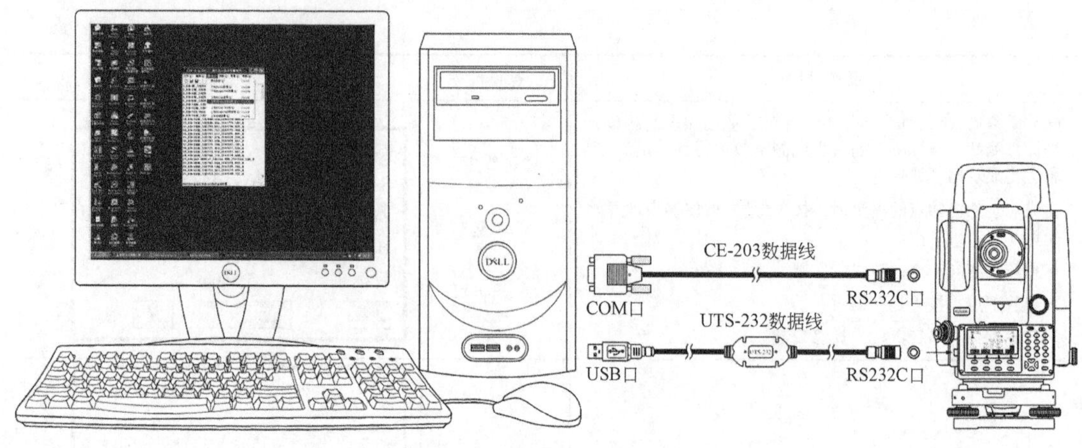

图 5-15　全站仪与 PC 的连接

2. 通讯参数设置

运行“科力达全站仪传输软件.exe”可执行文件，界面如图 5-16（a）图所示。

在通讯软件执行下拉菜单“通讯/通讯参数”命令，弹出图 5-16（b）的“通讯参数设置”对话框，图中参数为通讯软件的缺省设置，完成参数修改后单击“确定”按钮。

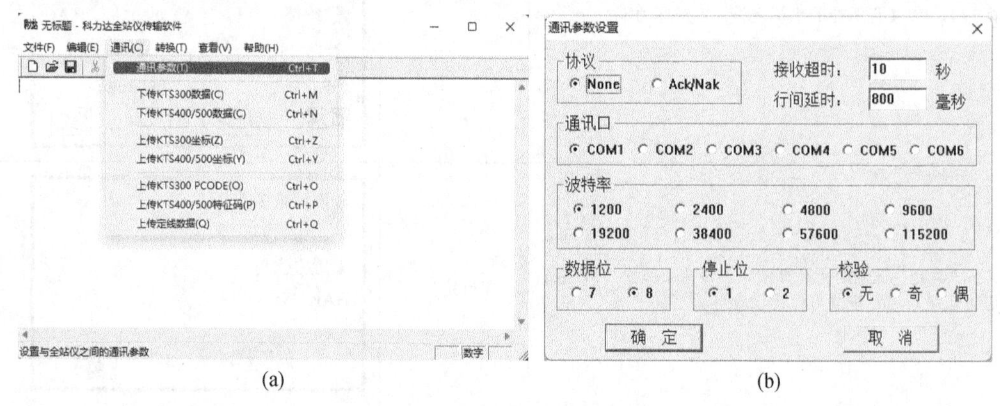

(a)　　(b)

图 5-16　传输软件通讯参数设置

3. 数据传输

1）下传坐标数据与测量数据

工作内存中的坐标文件为已知点或碎部点的编码与三维坐标，测量文件为原始观测数据。在状态屏幕下按“F3”（内存）键，选择“1. 工作文件”后按“ENT”键，再选择“3. 工作文件输出”后按“ENT”键，进入全站仪下传数据界面，设置全站仪通讯参数（图 5-17），注意与图 5-16（b）中的参数设置一致，然后选择发送坐标数据文件。

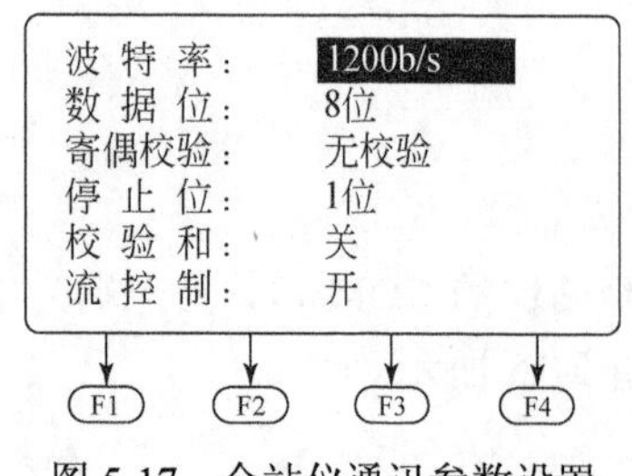

图 5-17　全站仪通讯参数设置

在通讯软件执行下拉菜单“通讯/下传 KTS400/500 数据”命令，弹出下传数据对话框，提示先在全站仪中回车，在全站仪中按“ENT”键，即可显示数据的传输过程。传输完毕后，在通讯软件执行下拉菜单“转换/CASS 坐标（KTS400/500）”命令，完成通讯软件接收到的数据到 CASS 软件数据格式的转换。

选择图 5-9（b）中的“2. 工作文件删除”，可以删除已输出数据的工作文件。

2）上传坐标数据文件

首先在记事本中编辑数据文件，其数据格式为“点名,,Y 坐标,X 坐标,Z 坐标”。

图 5-11 中的数据编辑成 CASS 上传默认文件格式，如图 5-18 所示。

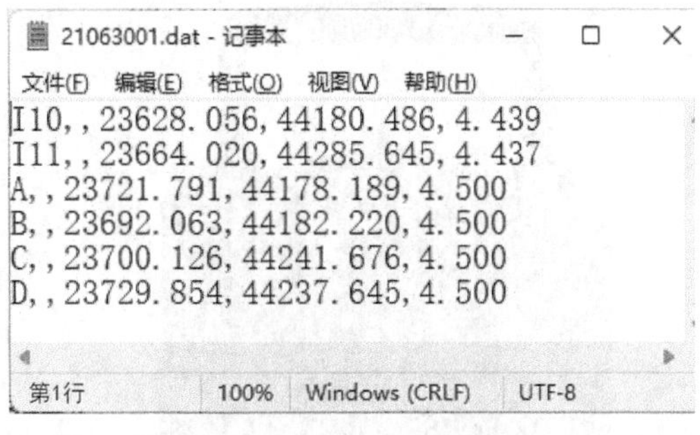

21063001.dat - 记事本
文件(F)　编辑(E)　格式(O)　视图(V)　帮助(H)

I10,,23628.056,44180.486,4.439
I11,,23664.020,44285.645,4.437
A,,23721.791,44178.189,4.500
B,,23692.063,44182.220,4.500
C,,23700.126,44241.676,4.500
D,,23729.854,44237.645,4.500

第1行　100%　Windows (CRLF)　UTF-8

图 5-18　上传默认文件格式

在图 5-8 所示的状态屏幕下按“F3”(内存)键，选择“1. 工作文件”后按“ENT”键，再选择“4. 工作文件输入”后按“ENT”键，进入全站仪上传数据界面，设置通讯参数，注意与图 5-16（b）中的参数设置一致，然后选择上传坐标数据文件 21063001.dat。

在通讯软件执行下拉菜单“通讯/上传 KTS400/500 数据”命令，弹出上传数据对话框，提示先在全站仪中回车，在全站仪中按“ENT”键，即可显示数据的传输过程。

5.2.4　全站仪使用注意事项

全站仪是一种结构复杂、价格昂贵的先进测量仪器，如果仪器损坏或发生故障，都会给生产带来直接影响。因此必须严格遵守操作规程，正确使用。

（1）严禁将仪器直接置于地上，以免砂土对仪器、中心螺旋及螺孔造成损坏。

（2）作业前应检查电源、仪器各项指标、初始设置及改正参数均符合要求后，再进行测量。

（3）在烈日、雨天或潮湿环境下作业时，应用测伞保护仪器。此外，在烈日下作业，应避免将物镜直接照准太阳，以免损坏测距的发光二极管。

（4）仪器应保持干燥，遇雨后切勿通电开机，应将仪器用干净的软布轻轻擦干，放在通风处，完全晾干后再装箱。

（5）取下电池时，务必先关闭电源，否则会造成内部电路短路。

（6）若仪器长期不用，应将电池卸下，并与主机分开存放。电池每月充电一次。

（7）外露光学元件需要清洁时，应用脱脂棉或镜头纸轻轻擦净，切不可使用其他物品擦拭。

（8）仪器运输时应将其置于箱内，避免挤压、碰撞和剧烈震动。

（9）若发现仪器功能异常，非专业人员不可擅自拆开仪器，以免发生不必要的损失。

（10）在整个操作过程中，观测者不得离开仪器，以免发生意外事故。

5.3　R-200 免棱镜全站仪及其使用

免棱镜全站仪是相对普通型全站仪而言通俗的说法，是指不照准反射棱镜、反射片等专用反射工具即可测距的全站仪。测绘行业很多仪器厂家也将其称为无协作目标全站仪、无棱镜全站仪、免棱镜激光全站仪等。目前，各仪器公司纷纷推出了免棱镜全站仪，免棱镜全站仪视距由初期几十米发展到当前的一千米以上。

图 5-19　R-200 系列全站仪

免棱镜全站仪对于控制测量、地形测量和工程测量都具有重要作用，例如，对于人们无法攀登的悬崖陡壁的地形测量、地下大型工程的断面测量、建筑物的变形测量、桥梁健康检测等，采用免棱镜全站仪测量可以大大节约时间，提高工作效率。

图 5-19 是 R-200 系列全站仪，为全中文界面，最高测距精度为 2mm+2ppm，单棱镜测程为 2.2km，三棱镜测程为 3km，反射片和免棱镜测程为 270m，免棱镜测距精度为 3mm+2ppm；采用激光对中，使架设仪器更方便；内存能存储 20000 个测量点（*XYZ*）。R-200 系列的电磁波测距（electromagnetic distance measurement，EDM）采用红色可见激光束，激光束很细，EDM 轴与望远镜视准轴一致，可用于激光指示，方便目标照准和指向。采用绝对编码度盘，在开机后无须再上下转动测距部及仪器进行垂直度盘和水平盘初始化。在作业中即使意外关机，开机后再观测，也无须再寻找基准方向。

图 5-20 是 R-200 系列全站仪的基本显示屏和键盘，功能键“F1”～“F5”对应液晶屏上的菜单命令，字母/数字键可自由切换输入模式，“ESC”键和“ENT”键分别为退出键和确认键，绿色“Laser”键是显示激光对中、电子水准管的功能和红光导向显示屏的转换键，黄色“ILLU”键是液晶显示屏（LCD）照明及望远镜十字丝照明开关。在 AB 任意模式内，同时按“ILLU”键和“ESC”键，出现帮助菜单显示帮助信息。

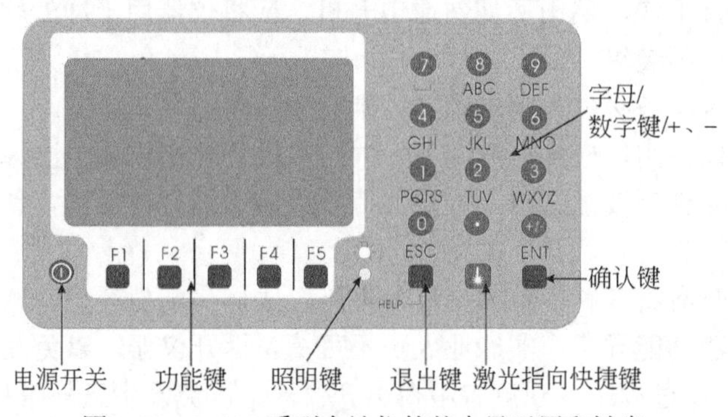

图 5-20　R-200 系列全站仪的基本显示屏和键盘

R-200 系列全站仪功能键描述如表 5-8 所示。

表 5-8　功能键描述

功能键	描述
	模式 A
F1	按此键一次可在单回模式下测距，利用初始设置 2 可以选择其他测量模式
F1	按此键两次可在连续模式下测距，利用初始设置 2 可以选择其他测量模式

续表

功能键	描述
F2	按以下顺序选择目标类型：①棱镜；②免棱镜（免棱镜型仪器）；③反射片
F3	按此键两次水平角置零
F4	按顺序切换显示内容："水平角/平距/高差"；"水平角/垂直角/斜距"；"水平角/垂直角/平距/斜距/高差"
F5	在模式 A 和模式 B 之间转换
	模式 B
F1	PowerTopoLite 软件特殊功能
F2	调出角度设定屏幕设置测角参数（角度、坡度百分比、水平角输入、左/右角度转换）
F3	按两次该键锁定当前显示水平角
F4	调出改变棱镜常数、温度、气压、ppm 设置的屏幕
F5	在模式 A 和模式 B 之间转换
	其他功能
F1	光标左移
F2	光标右移
F1	屏幕向上移 5 项
F2	屏幕向下移 5 项
F3	光标上移
F4	光标下移
F3	按下照明键，改变十字丝照明
F4	按下照明键，改变 LCD 的对比度
F5	按下照明键，改变液晶屏幕的照明亮度
F5	清除数值
F5	打开选择窗口

1. 角度测量

（1）水平角置零：瞄准第一个目标后，在 A 模式下，连续按"F3"（置零）两次，即可将水平角设置为 0°00′00″（图 5-21）。

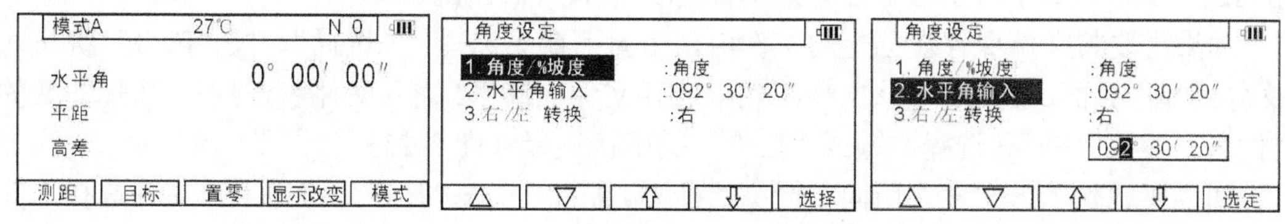

图 5-21　R-200 系列全站仪角度设置

（2）设定任意水平角：瞄准目标后，单击"F5"（模式）键，将模式转换为模式 B，单击"F2"（角度设定）键，进入角度设定窗口，将光标定位到"1.角度/%坡度"，单击"F5"（选择）键，将其设置为角度模式；按"F4"（⇩）键将光标定位到"2.水平角输入"，单击

“F5”（选择）键进入水平角度输入窗口，单击“F5”（清除）键用于清除显示的数值，按数值键输入 92.3020，按“ENT”（确认）键即可将水平角设定为 92°30′20″（图 5-21），转入模式 A 的显示窗口。

角度设置完毕，就可按照测回法或方向观测法进行角度测量。第 n 个测回观测水平角时，按照 $\frac{180°}{n}$ 配置起始度盘水平角值，此时需要进行角度设定操作。

2. 距离测量

R-200 系列全站仪距离测量配置有三种目标模式：①棱镜（有棱镜常数，一般为 −30mm）；②免棱镜（免棱镜型仪器，棱镜常数为 0mm）；③反射片（棱镜常数为 0mm）。在模式 A 下，按“F2”（目标）键依次改变目标的模式（图 5-22）。当选择的目标模式不正确，测距就不正确，所以一定要根据现场作业条件选择正确的目标模式。

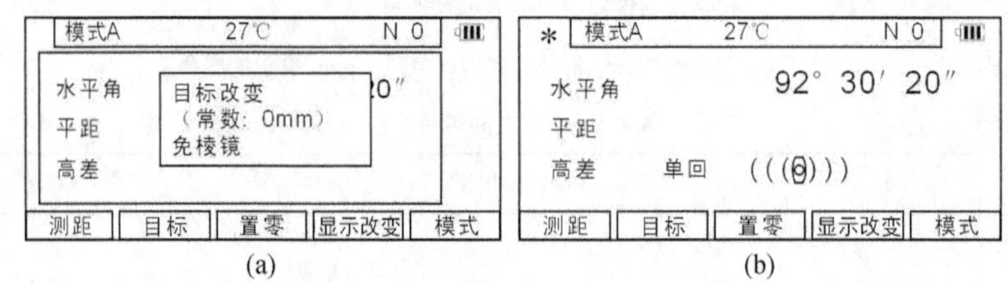

(a) (b)

图 5-22 R-200 系列全站仪距离测量

用瞄准器瞄准目标，按“F1”（测距）键一次启动距离测量。一旦距离测量被启动，测距标志出现在显示窗口。在接收到从目标的反射信号时，仪器发出响声，并且显示屏上显示“*”标志［图 5-22（b）］，并自动进行单次距离测量。如仪器处于模式 B，按“F5”（模式）键转换成模式 A，再按“F1”（测距）。

按“F4”［显示改变］键在下面不同的显示项中切换：“水平角/平距/高差”、“水平角/垂直角/斜距”和“水平角/垂直角/平距/斜距/高差”。

在距离测量过程中，按“ESC”（退出）键或“F2”（目标）键或“F5”（模式）键可以终止距离测量。

3. 文件管理

按“电源”键显示 R-200 屏幕，稍后仪器进入模式 A 屏幕。按“F5”（模式）键进入模式 B，按“F1”（功能）键进入 PowerTopoLite 的功能屏幕，按“F1”（文件）键，进入文件管理窗口。用向下箭头选择“2.新建”，按“ENT”键进入项目名输入屏幕，也可以按“F5”（换 123）键输入数字与字母组合的文件名，按“ENT”键确认。

如果需要将文件保存在已有的文件内，用向下箭头选择“3.选择”，按“ENT”键进入“文件选择”界面，选择“1.从文件列表中选择文件”或“2.输入文件名查找”，选择需要的文件名，并按“F5”（选择）键或“ENT”键确认选择（图 5-23）。

如果要删除单个文件，用向下箭头选择“4.删除”，按“ENT”键进入“文件选择”界面，选择“1. 从文件列表中选择文件”或“2. 输入文件名查找”，选择需要的文件名，并按“F5”（选择）键或“ENT”键确认选择（图 5-21）。如果要删除全部文件，用向下箭头选择“5. 全部清除”，然后按“ENT”键确认，并弹出注意窗口，按“F1”（清除）键后，所有项目文件将全部被清除。

图 5-23　R-200 系列全站仪文件管理

4. 坐标测量

1）建站

在 PowerTopoLite 的功能屏幕中，按“F2”（测量）键后，显示“测量方法选择”界面，选择“1.直角坐标测量”并按“ENT”键显示建站界面。按“↑↓”键上下滚屏显示：1. 点号；2. X；3. Y；4. Z；5. 仪高；6. 代码（也可不输入）。当光标在“1. 点号”时，按“ENT”键显示点号输入屏，输入已知点点名或自定义点号，按“ENT”键确认。依次输入 X、Y、Z、仪器高值、代码，按“F1”（保存）保存输入的结果。也可按“F2”（列表）进入“从列表中选点”界面，按“F1”（删除）键、“F2”（寻找点号）键分别可以删除和搜索所有存储点，按“ENT”键确认被选中的点，并进入“建站”界面（图 5-24）。

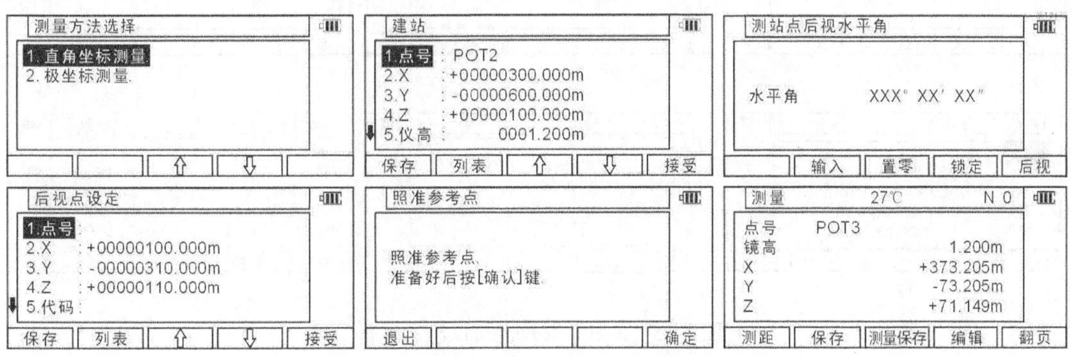

图 5-24　R-200 系列全站仪坐标测量

2）定向

按“F5”（接受）键显示“测站点后视水平角”界面。按“F2”（输入）键、“F3”（置零）键及“F4”（锁定）键来输入后视水平角，或按“F5”（后视）键输入后视点坐标，按“F5”（接受）键，出现“照准参考点”界面，此时提醒测量员照准参考点，精确瞄准目标后，按“F5”（确定）键，按“ENT”键进入“测量”界面。

3）测量

照准碎部点，按“F1”（测距）键来测量距离及显示坐标，按“F2”（保存）键存储坐标数据；按“F3”（测量保存）键来测量及存储坐标数据。按“F4”（编辑）键来编辑点号、棱镜高及点代码。

5. 施工放样

1）测站

在如图 5-25（a）所示的 PowerTopoLite 主菜单界面，按“F1”（放样）键显示“放样方法选择”界面［图 5-25（b）］。选择“1.坐标放样”，按“ENT”键显示“建站”界面［图 5-24（c）］，可以通过直接输入或从列表中调取已保存好的坐标两种方式写入测站点坐标数据：①直接输入时，先按“F3”（⇧）键或“F4”（⇩）键将光标定位到点号、X、Y、Z、仪高、代码（也可不输入）上，按“ENT” 键进入输入模式，通过键盘上的数字/字母键写入测站点坐标信息，检查无误后，按“F1”（保存）键保存；②从列表中调取坐标时，按“F2”（列表）键，通过用“F3”（⇧）键或“F4”（⇩）键上下滚动查找测站点号，如 I_{10}，相应的坐标信息就显示在如图 5-25（c）所示的对话框，检查无误后，按“F5”（接受）键，进入“测站点后视水平角”界面，如图 5-25（d）所示。

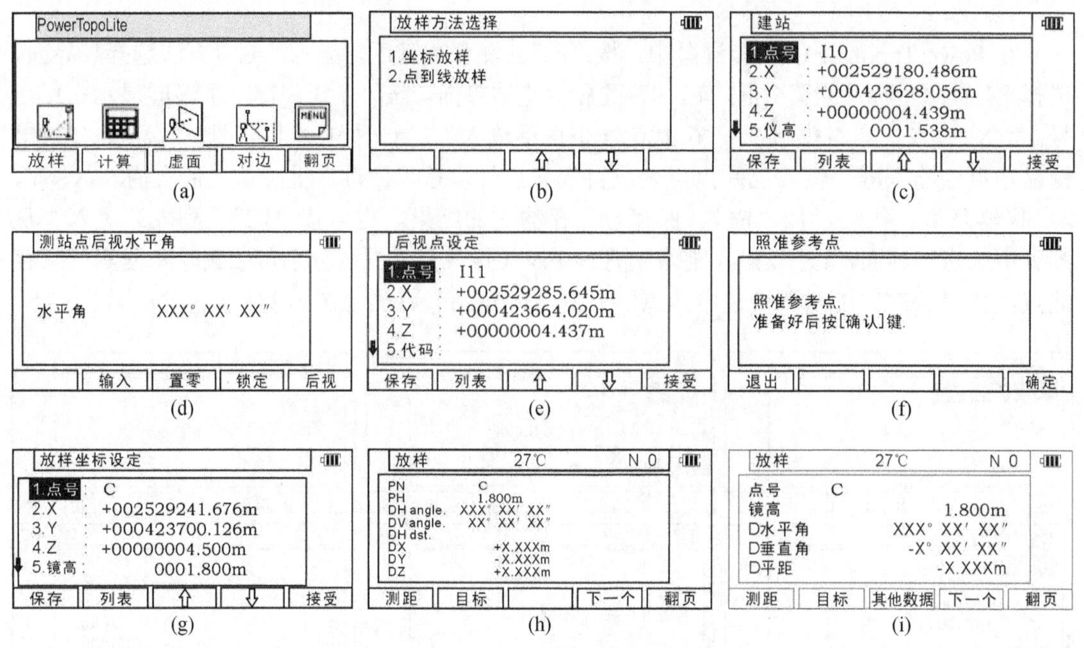

图 5-25　R-200 系列全站仪施工放样

2）定向

如果定向方位角已知，按“F2”（输入）键直接输入方位角，如本例，$\alpha_{I_{10}\to I_{11}}=18°52'50''$，直接输入 18°52′50″即可；如果方位角未知，后视点坐标已知，如 I_{11}，则在图 5-25（d）中单击“F5”（后视）键，进入“后视点设定界面”［图 5-25（e）］，可以通过直接输入或从列表中调取坐标两种方式写入定向点坐标数据，待检验无误后，按“F5”（接受）键进入“照准参考点”界面［图 5-25（f）］，精确照准参考点，按“F5”（确定）键完成定向。

3）放样

定向完成后，进入“放样坐标设定”界面［图 5-25（g）］，可以通过直接输入或从列表中调取坐标两种方式写入放样点坐标数据，本例中点号为 C，待检验无误后，按“F5”（接受）键进入“放样”界面［图 5-25（h）］，仪器会根据已知点坐标（I_{10}、I_{11}）和放样点坐标 C 自动计算 DH angle、DV angle、DH dst、DX、DY、DZ 等数值，这些数值分别表示水平角、竖直角、水平距离、X 坐标、Y 坐标、Z 坐标的偏差值，当这些值全部显示为 0 时，所指向的点就是地理空间中的待放样点位置。

转动望远镜照准部，将 DH angle 显示的数值精确调整到 0°00′00″，水平制动，指挥司镜员快速移动到仪器视线方向，竖立棱镜并照准，按“F1”（测距）键先粗测一次，DH dst、DX、DY、DZ 就显示出来。根据 DH dst、DX、DY、DZ 的正负关系，指挥司镜员沿仪器方向或远离仪器方向移动，直到 DH dst 为 0.000m（这时，DX、DY、DZ 相应地也为零）或控制在误差允许范围内，即可打桩。如果还要放样该点的高程，则还需要仰俯望远镜，使 DV angle 显示的数值调整到 0°00′00″，此时放样的点位就是三维空间中待放样点。然后按“F4”（下一个）键，进行下一个点的放样。

放样的偏差显示形式可以选择“设定”设置里的“放样显示信息”来改变。选择“显示所有信息”则小字体显示，选择“分页显示信息”，则以大字体分屏显示放样信息。按“F5”（翻页）键显示下一屏［图 5-25（f）］。

6. 悬高测量

在 PowerTopoLite 主菜单界面，按“F2”（计算）键进入“计算”界面，如图 5-26 所示。选择“4.悬高测量”，按“ENT”键进入悬高测量界面。照准棱镜测量，然后按“ENT”键，屏幕上显示的“悬高测量”数据就是当前十字丝照准的目标点到地面的距离。抬高或降低望远镜，其数值会相应变化。

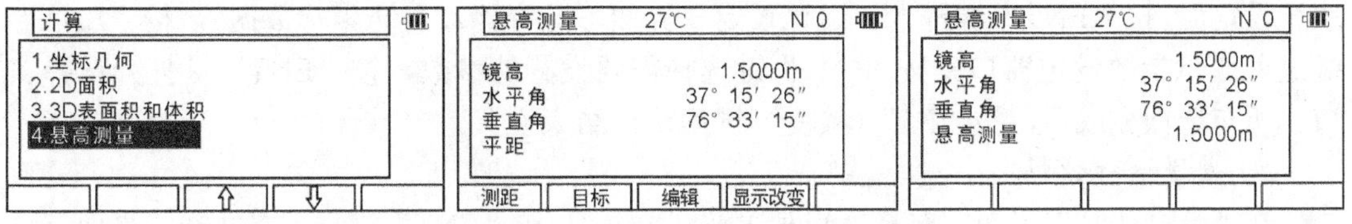

图 5-26　R-200 系列全站仪悬高测量

7. 对边测量

全站仪对边测量示意图如图 5-27 所示，对边测量功能可量测基准点与目标点、目标点与目标点之间的平距、垂距、斜距、坡度百分比。任一目标点可被改变为新基准点。

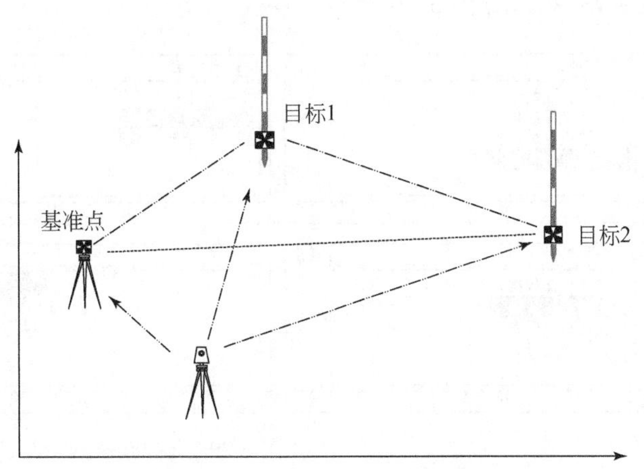

图 5-27　全站仪对边测量示意图

在 PowerTopoLite 主菜单界面，按“F4”（对边）键显示“基准点”界面。按“F4”键编辑输入参考点的棱镜高。

1）基准点-目标点距离

照准基准点，并按“F1”（测距）键，当距离测量完成后它会自动转到“目标点”界面。再照准目标 1 并按“F1”（测距）键，当距离测量完成后自动进入“对边测量结果：基准点-目标点”界面，如图 5-28 所示，基准点与目标点之间的距离显示出来。当目标点比基准点低时，垂距和坡度百分比显示负数。按“F3”（数据）键进入“目标点”

测量界面，进行下一个目标点的测量。

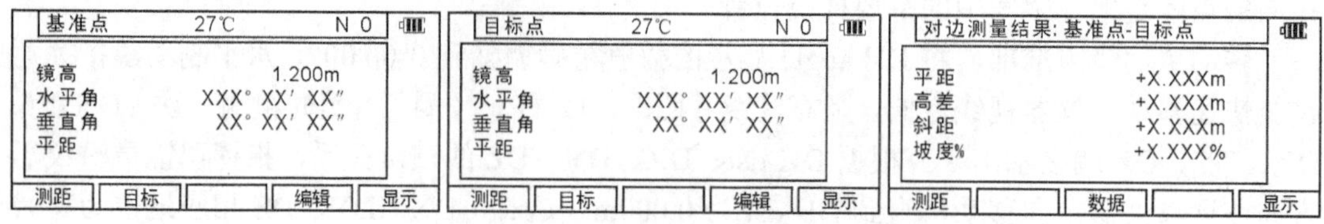

图 5-28　R-200 系列全站仪对边测量

2）目标点-目标点距离

照准目标 2，按“F1”（测距）键，则基准点到目标点 2 的距离显示出来。按“F5”（显示）键显示目标 1 与目标 2 间距离。

8. 数据传输

数据传输功能用于全站仪通讯设置及测量数据的上传与下载。该菜单下有 4 个项目：接收坐标数据、发送坐标数据、发送极坐标数据、通讯设定。在测量数据的上传与下载进行之前要先将全站仪和电脑用数据线连接起来，并进行通讯参数的设置。下面以发送坐标数据（即将数据从全站仪下载到电脑）为例，介绍数据传输的过程。

1）通讯设定

在 PowerTopoLite 的功能屏幕中，按“F3”（数据）键进入“数据传输”界面。选择“4. 通讯设定”，按“ENT”键进入“通讯设定”界面。选择“2. 发送坐标数据”，按“ENT”键进入通讯参数设定窗口，按“⇧⇩”键选择需要设置的参数，按“ENT”键打开选择窗口。所有选项完成后，按“F5”（接受）键确认，结束设置。

2）发送坐标数据

在“数据传输”界面，选择“2. 发送坐标数据”，按“ENT”键进入格式选择界面，选择“2. CSV”，按“ENT”键进入“数据发送确认”界面，按“ENT”键，设置好电脑准备接收数据，如图 5-29 所示。

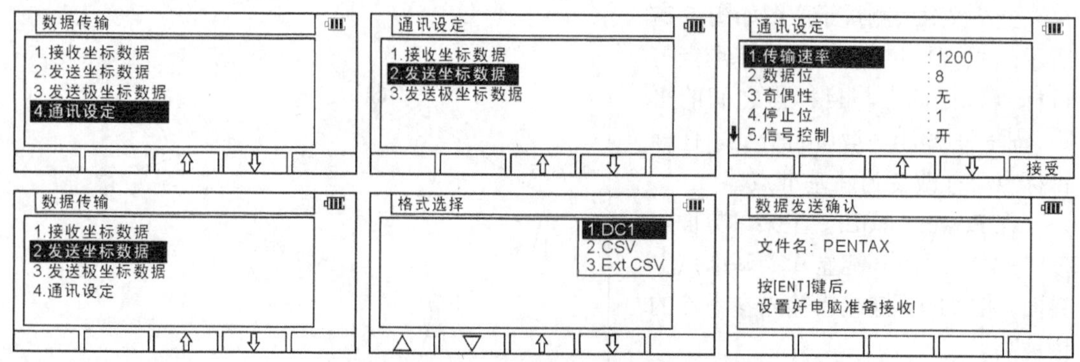

图 5-29　R-200 系列全站仪数据传输

接收坐标数据（从电脑将数据导入全站仪）的操作也需要通讯参数设定，然后选择“1. 接收坐标数据”，并选择文件格式，其过程和发送坐标数据类似，在此不再累述。

5.4　其他全站仪

无论是国产全站仪还是进口全站仪，无论是低端全站仪还是高端全站仪，测量的基本原理都是相同的，因此，其基本操作步骤也大致相同，区别在于不同仪器厂商软件开发和使用的习惯不同，造成按键操作的顺序不同。只要掌握一种型号全站仪的操作，其他型号全站仪可按照基本测量原理对照操作。

1. TPS1200 系列全站仪

TPS1200 系列全站仪（图 5-30）有 1201、1202、1203、1205 四种型号，一测回方向观测中误差分别为±1″、±2″、±3″、±5″，操作面板如图 5-31 所示，具有激光对中和电子气泡，可通过手写笔在屏幕上直接操作；测距精度为 2mm+2ppm（有棱镜），或 3mm+2ppm（免棱镜＜500m）；单棱镜测程为 3km，360°棱镜测程为 1.5km，微型棱镜测程为 1.2m，反射片测程为 500m。TPS1200 系列全站仪的基本型编号字母为 TC，TC 后加 R 表示具有可见指向激光免棱镜测距功能，后加 M 表示具有马达驱动功能，后加 A 表示具有自动目标识别与照明功能。仪器配置为一个 RS232C 串行数据通信接口，采用 CF 闪存卡记录数据，标配 32MB，最高可插 256MB 卡。照准部上有一个格值为 6′/2mm 圆水准器，无管水准器，使用电子气泡精确整平；仪器双轴补偿的范围为±4′，当仪器竖轴偏离铅垂线大于 4′时，仪器自动停止测量并在屏幕上给出提示；采用激光对中器对中，当仪器高为 1.5m 时，激光对中的误差为±1.5mm，照射到地面的激光光斑直径为 2.5mm。仪器的主要特点为：①自带电子罗盘仪，测定望远

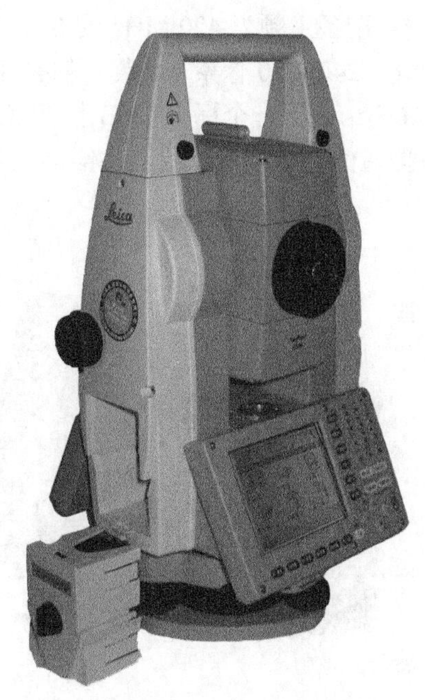

图 5-30　TPS1200 系列全站仪

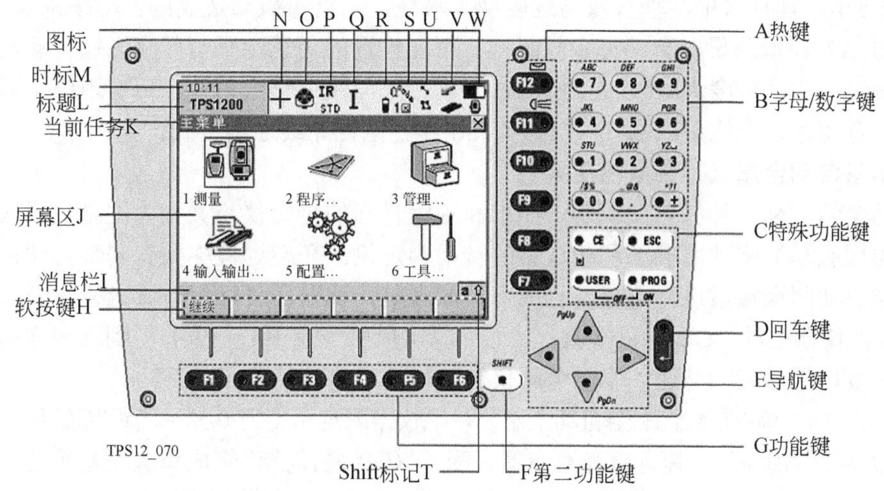

图 5-31　TPS1200 系列全站仪操作面板

镜视线磁方位角的精度为±1°；②在自动目标识别模式下，只需要粗略照准棱镜，仪器内置的 CCD 相机能立即对返回信号进行分析，并通过伺服马达驱动照准部与望远镜旋转，自动照准棱镜中心进行测量；③能实现自动跟踪；④通过镜站遥控测量，单人即可进行整个测量工作。

2. IS-201 影像全站仪

IS-201 影像全站仪及操作面板如图 5-32 所示，主要技术参数如下：内置两个分辨率均为 1280×1024 像素的数码相机，其中，广角相机的视场角为 33°，长焦相机的放大倍数为 30×；配备主频为 400 MHz 的 Intel PXA255 CPU，Windows CE.NET 4.2 操作系统，128MB 内存，240×320 像素 3.5 英寸超亮 TFT LCD 全彩色触摸屏；具有一个 CF 卡插槽（>1GB 的 CF 卡），一个标准 USB 插槽（>4GB 的 U 盘），一个 minUSB 接口与一个 RC-232C 数据通信接口；液体双轴补偿器，补偿范围±3′，补偿精度±3″。

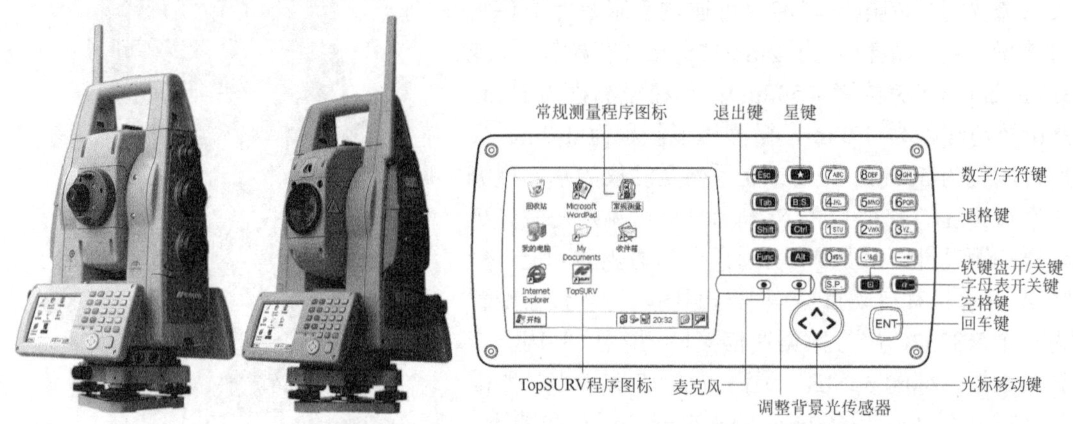

图 5-32　IS-201 影像全站仪及操作面板

IS-201 影像全站仪单棱镜测程为 4km，三棱镜测程为 5.3km；棱镜测量精度为 2mm+2ppm；无棱镜测距；NP 模式测程为 250m，精度±5mm；LNP 模式测程为 2000m，精度 10mm+10ppm。仪器标配两块 5000mAh 的 7.4 V 锂电池 BT-65Q，一块满电 BT-65Q 可供连续测距 3.5 h。具有水平、垂直双马达驱动，水平、垂直粗微动拨盘；自动跟踪以 15°/s 横向移动的 A7 棱镜测量，自动搜索与瞄准；可在设置的任意水平与竖直区域自动搜索并精确瞄准棱镜，瞄准精度为±2″；使用 RC-3 自动跟踪与快速锁定系统，可实现镜站遥控测站测量；具有蓝牙、无线局域网（Wi-Fi）、SS 内置电台无线通信方式。

3. 精密自动全站仪（测量机器人）

自动全站仪是一种能自动识辨、照准和跟踪目标的全站仪，又称为测量机器人。自动全站仪由伺服马达驱动照准部和望远镜的转动和定位，在望远镜中要有同轴自动目标识别装置，能自动照准棱镜进行测量。它的基本原理是：仪器向目标发射激光束，经反射棱镜返回，并被仪器中的 CCD 相机接收，从而计算出反射光点中心位置，得到水平方向和天顶距的改正数，最后启动马达，驱动全站仪转向棱镜，自动精确照准目标。

图 5-33（a）为 TCA2003 全自动全站仪，该仪器测角精度为 0.5″，测距精度为 $1\text{mm}+1\times10^{-6}D$（$D$ 为所测距离）。具有激光对点器，配备 RCB 遥控器可组成单人测量系统。单棱镜测程 2.5km；三棱镜测程 3.5km；360°棱镜测程 1.3km。自动目标识别（automatic target recognition，ATR）与照准模式的范围为：单棱镜 1000m；360°棱镜 500m。导向光工作范

围 5～150m。马达驱动旋转速度为 45°/s。数据可以通过 PC 卡或 RS232C 数据线输出。利用 ATR 功能，白天和黑夜（无须照明）都可以工作，合作目标只是普通的反射棱镜。选配的 Monitoring 机载监测程序可以按自定义的时间间隔自动重复观测多达 50 个目标点。

图 5-33（b）为 GPT-9000A 全站仪，是 2007 年世界首款 WinCE 智能马达驱动自动照准、自动跟踪全站仪 GTS-900A/GPT-9000A，其中，GTS-900A 有 GTS-901A、GTS-902A、GTS-903A 三种型号，一测回方向观测中误差分别为±1″、±2″、±3″；测距精度均为 2mm+2ppm（有棱镜），单棱镜测程为 3km。GPT-9000A 为具有长测程脉冲免棱镜测距功能的测量机器人，也有 GPT-9001A、GPT-9002A、GPT-9003A 三种型号，采用最安全的 1 级激光，有棱镜测距精度及测程与 GTS-900A 完全相同，在免棱镜测距模式下，测程为 1.5～250m，测距精度为 5mm，在长免棱镜测距模式下，测程为 5～2000m，测距精度为 10mm+10ppm。

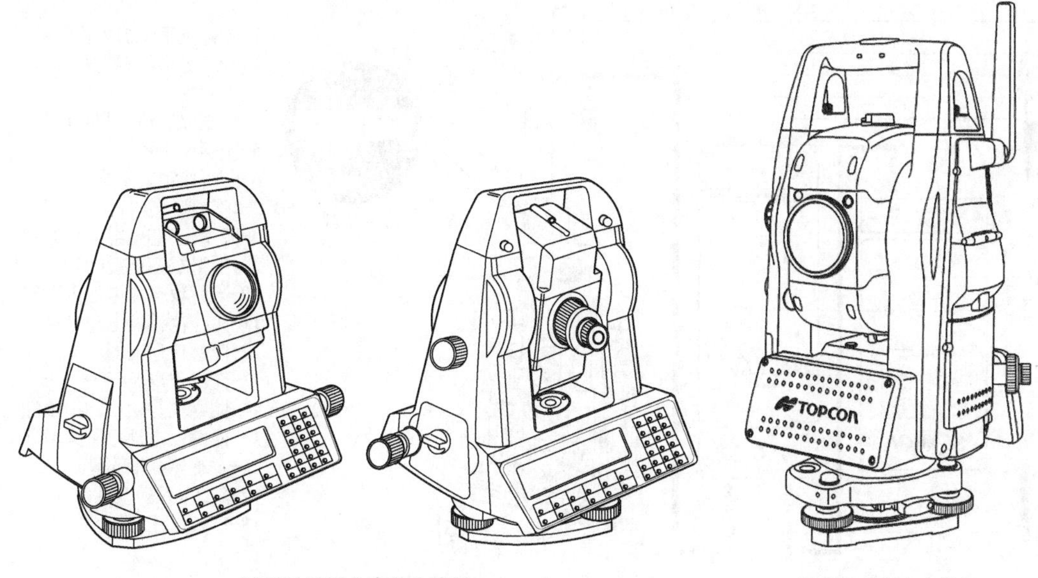

(a)TCA2003全自动全站仪　　(b)GPT-9000A全站仪

图 5-33　自动全站仪（测量机器人）

NET05 高精度自动全站仪及操作面板，NET05 WinCE 精密自动全站仪集成 Windows CE5.0 操作系统和高清晰的 TFTLCD 触摸屏面板，如图 5-34 所示，测角精度 0.5″，采用索佳独特的独立角度校正系统（IACS）技术和增强的绝对编码度盘随意双向编码（RAB）技术，能自动搜索和照准棱镜（＜1000m）或反射片（＜50m），可实现 24h 自动化无人值守自动监测目标。有棱镜测距精度达到 0.82mm+1ppm；反射片测距 200m 以内达到 0.5mm+1ppm；无棱镜模式测距 40m 以内达到 1mm+1ppm。最小显示 0.1mm。NET05 提供了 USB、CF 卡、RS232C 等多种数据接口。

4. GPX 陀螺全站仪

图 5-35 为 GPX 陀螺全站仪，它是由 SET 全站仪和 GP-1 陀螺仪组合而成的用于测定真北方向的测量系统，其操作面板如图 5-36 所示。GPX 陀螺全站仪的主要技术参数为：①一次定向中误差≤±20″（中纬度地区）；②陀螺仪启动时间 1min，半周期测量时间 3min；③陀螺仪转子额定转速：12000 rpm；④仪器主机重量≤3.8kg；⑤BCD7A 电池：12VDC/9Ah 镍氢充电电池，充满电需 15 h，可供连续观测 3 h；⑥环境温度：−20℃～+50℃。

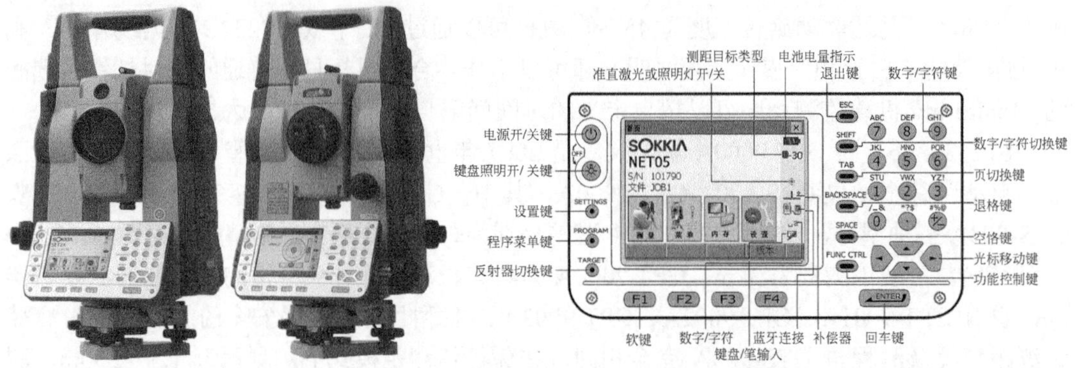

图 5-34　NET05 高精度自动全站仪及操作面板

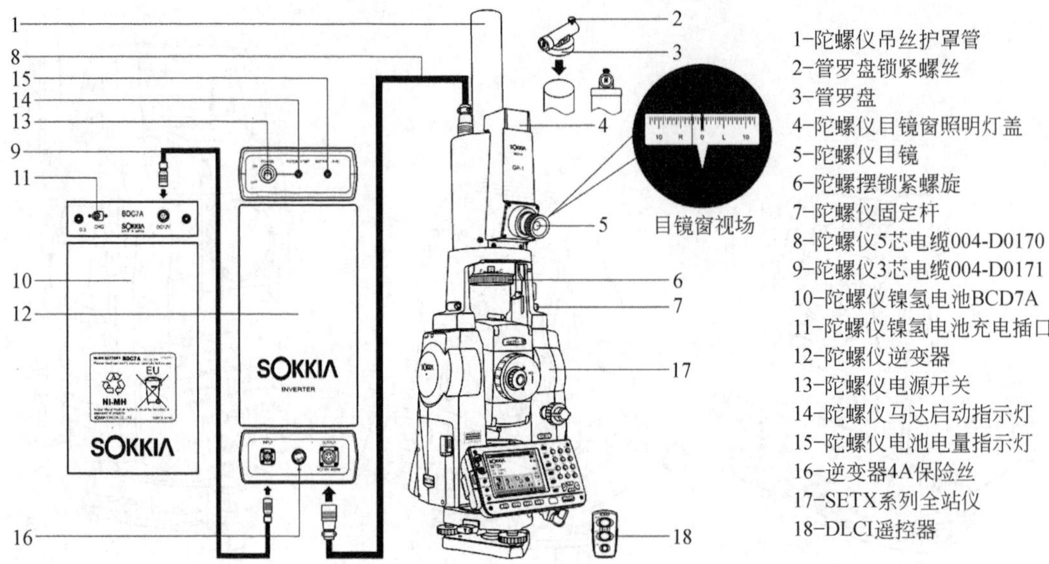

图 5-35　GPX 陀螺全站仪

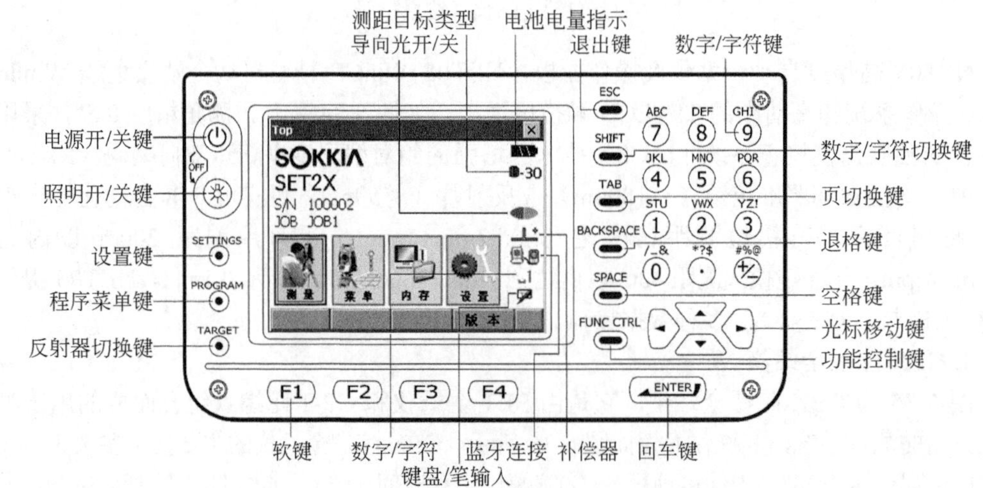

图 5-36　GPX 陀螺全站仪操作面板

GP-1 陀螺仪内置一个悬挂陀螺马达，地球的自转而引起的进动性使得陀螺马达绕地球的子午线(真北)方向来回摆动。完成粗定向与陀螺仪启动后，按全站仪键盘的“PROGRAM”键启动陀螺观测程序，按“F1”（逆转法）键选择逆转点法观测；按“F2”（中天法）键选择中天法观测。

思考与练习题

1. 全站仪主要由哪些部件组成？
2. 全站仪有哪些区别于经纬仪的特点？
3. 全站仪有几种测量模式？各有何功能？
4. 以 KTS-442 型全站仪外业坐标测量为例，画图说明坐标测量的作业步骤。
5. 以 R202NE 型全站仪外业放样为例，画图说明放样测量的作业步骤。
6. 全站仪对边测量的功能是什么？R202NE 型全站仪对边测量如何操作？

第 6 章　测量误差的基本知识

6.1　测量误差概述

6.1.1　测量误差的概念

自然界任何客观事物或现象都具有不确定性，加之科学技术的发展水平，导致人们认识能力的局限性，只能不断地接近客观事物或现象的本质，而不能穷尽。即人们对客观事物或现象的认识总会存在不同程度的误差。测量生产实践表明，只要使用仪器对某个量进行观测，就会产生误差。

测量是人们认识自然、认识客观事物的必要手段和途径。通过一定的仪器、工具和方法对某量进行量测，称为观测，获得的数据称为观测值。测量中的被观测量，客观上都存在着一个真实值，简称真值。

在同等条件下（相同的外界环境下，同一个人使用同一台仪器）对某个量 l 进行多次重复观测，得到的一系列观测值 l_1，l_2，…，l_n 一般不相等。设观测量的真值为 X，则观测量 l_i 的真误差 Δ_i 定义为观测值与真值之差，即

$$\Delta_i = l_i - X \tag{6-1}$$

6.1.2　观测与观测值的分类

1. 同精度观测和不同精度观测

按测量时所处的观测条件可分为同精度观测和不同精度观测。

构成测量工作的要素包括观测者、测量仪器和外界条件，通常将这些测量工作的要素统称为观测条件。在相同的观测条件下，即用同一精度等级的仪器、设备，用相同的方法和在相同的外界条件下，由具有大致相同技术水平的人所进行的观测称为同精度观测，其观测值称为同精度观测值或等精度观测值。反之，则称为不同精度观测，其观测值称为不同（不等）精度观测值。例如，两人用 DJ_6 级光学经纬仪各自测得的一测回水平角度属于同精度观测值；若一人用 DJ_2 级光学经纬仪、一人用 DJ_6 级光学经纬仪测得的一测回水平角度，或都用 DJ_6 级光学经纬仪，但一人测两测回，一人测四测回，各自所得到的值则均属于不同精度观测值。

2. 直接观测和间接观测

按观测量与未知量之间的关系可分为直接观测和间接观测，相应的观测值称为直接观测值和间接观测值。

为确定某未知量而直接进行的观测，即被观测量就是所求未知量本身，称为直接观测，观测值称为直接观测值。通过被观测量与未知量的函数关系来确定未知量的观测称为间接观测，观测值称为间接观测值。例如，为确定两点间的距离，用钢尺直接丈量属于直接观

测；而视距测量则属于间接观测。

3. 独立观测和非独立观测

按各观测值之间是相互独立或依存关系可分为独立观测和非独立观测。

各观测量之间无任何依存关系，是相互独立的观测，称为独立观测，观测值称为独立观测值。若各观测量之间存在一定的几何或物理条件的约束，则称为非独立观测，观测值称为非独立观测值。如对某单个未知量进行重复观测，各次观测是独立的，各观测值属于独立观测值。观测某平面三角形的三个内角，因三角形内角之和应满足 180°这个几何条件，则属于非独立观测，三个内角的观测值属于非独立观测值。

6.1.3　测量误差的来源

产生测量误差的原因很多，其来源概括起来有以下三方面。

1. 仪器误差

任何仪器都只具有一定限度的精密度，使观测值的精密度受到限制。例如，在用只刻有厘米分划的普通水准尺进行水准测量时，就难以保证估读的毫米值完全准确。同时，仪器因装配、搬运、磕碰等原因存在着自身的误差，如水准仪的视准轴不平行于水准管轴，就会使观测结果产生误差。

2. 观测误差

由于观测者的视觉、听觉等感观的鉴别能力有一定的局限，在仪器的安置、使用中都会产生误差，如整平误差、照准误差、读数误差等。同时，观测者的工作态度、技术水平和观测时的身体状况等也是对观测结果的质量有直接影响的因素。

3. 外界环境的影响

测量工作都是在一定的外界环境条件下进行的，如温度、风力、大气折光等因素，这些因素的差异和变化都会直接对观测结果产生影响，必然给观测结果带来误差。

测量工作由于受到上述三方面因素的影响，观测结果总会产生这样或那样的观测误差，即在测量工作中观测误差是不可避免的。测量外业工作的责任就是要在一定的观测条件下，确保观测成果具有较高的质量，将观测误差降低或控制在允许的限度内。

6.1.4　测量误差的分类

按测量误差对测量结果影响性质的不同，可将测量误差分为粗差、系统误差和偶然误差三类。

1. 粗差

粗差也称为错误，是观测者使用仪器不正确或疏忽大意，如测错、读错、听错、算错等造成的错误，或外界条件发生意外的显著变动引起的差错。粗差的数值往往偏大，使观测结果显著偏离真值。因此，一旦发现含有粗差的观测值，应将其从观测成果中剔除出去。一般地讲，只要严格遵守测量规范，工作中仔细谨慎，并对观测结果作必要的检核。粗差是可以发现和避免的。

2. 系统误差

在相同的观测条件下，对某量进行的一系列观测中，数值大小和正负符号固定不变或按一定规律变化的误差，称为系统误差。

系统误差具有累积性，它随着单一观测值观测次数的增多而积累。系统误差的存在必将给观测成果带来系统的偏差，反映了观测结果的准确度。准确度是指观测值对真值的偏离程度或接近程度。

为了提高观测成果的准确度，首先要根据数理统计的原理和方法判断一组观测值中是否含有系统误差，其大小是否在允许的范围以内；然后采用适当的措施消除或减弱系统误差的影响。通常有以下三种方法。

（1）测定系统误差的大小，对观测值加以改正。如用钢尺量距时，通过对钢尺的检定求出尺长改正数，对观测结果加尺长改正数和温度变化改正数，来消除尺长误差和温度变化引起的误差这两种系统误差。

（2）采用对称观测的方法。使系统误差在观测值中以相反的符号出现，加以抵消。如水准测量时，采用前、后视距相等的对称观测，以消除视准轴不平行于水准管轴所引起的系统误差；经纬仪测角时，用盘左、盘右两个观测值取平均数的方法可以消除视准轴误差等系统误差的影响。

（3）检校仪器。将仪器存在的系统误差降低到最小限度，或限制在允许的范围内，以减弱其对观测结果的影响。如经纬仪照准部水准管轴不垂直于竖轴的误差对水平角的影响，可通过精确检校仪器并在观测中仔细整平的方法，来减弱其影响。

系统误差的计算和消除，取决于对它的了解程度。用不同的测量仪器和测量方法，系统误差的存在形式不同，消除系统误差的方法也不同。必须根据具体情况进行检验、定位和分析研究，采取不同措施，使系统误差减小到可以忽略不计的程度。

3. 偶然误差

在相同的观测条件下对某量进行一系列观测，单个误差的出现没有一定的规律性，其数值的大小和符号都不固定，表现出偶然性，这种误差称为偶然误差，又称为随机误差。

例如，用经纬仪测角时，就单一观测值而言，由于受照准误差、读数误差、外界条件变化所引起的误差、仪器自身不完善引起的误差等的综合影响，测角误差的大小和正负号都不能预知，具有偶然性，属于偶然误差。

偶然误差反映了观测结果的精密度。精密度是指在同一观测条件下，用同一观测方法对某量多次观测时，各观测值之间相互的离散程度。

6.1.5 研究测量误差的目的

研究测量误差目的在于：分析测量误差产生原因、性质和积累的规律；正确地处理观测结果，求出最可靠值；评定测量结果的经度；通过研究误差发生的规律，为选择合适的测量方法提供理论依据。

6.2 偶然误差的特性

偶然误差单个出现时不具有规律性，但在相同条件下重复观测某一量时，所出现的大量的偶然误差却具有一定的规律性。这种规律性可根据概率原理，用统计学的方法来分析研究。根据式（6-1），应对某个真值 X 已知的量进行多次重复观测才可以得到一系列偶然误差 Δ_i 的准确值。但在大部分情况下，观测量的真值 X 是不知道的，这为得到 Δ_i 的准确值进而分析其统计规律带来了困难。

但在某些情形中，观测量函数的真值是已知的。例如，在相同条件下对某一个平面三角形的三个内角重复观测了 358 次，由于观测值含有误差，每次观测所得的三个内角观测值之和一般不等于 180°，按式（6-2）算得三角形各次观测的真误差 Δ_i：

$$\Delta_i = (a_i + b_i + c_i) - 180° \tag{6-2}$$

式中，a_i、b_i、c_i 为三角形三个内角的各次观测值（i=1，2，…，358）。

现取误差区间 $d\Delta$（间隔）为 0.2″，将误差按数值大小及符号进行排列，统计出各区间的误差个数 k 及相对个数 $\frac{k}{n}(n=358)$，见表 6-1。

表 6-1　误差统计表

误差区间 $d\Delta$	负误差		正误差	
	个数 k	相对个数 k/n	个数 k	相对个数 k/n
0.0～0.2	45	0.126	46	0.128
0.2～0.4	40	0.112	41	0.115
0.4～0.6	33	0.092	33	0.092
0.6～0.8	23	0.064	21	0.059
0.8～1.0	17	0.047	16	0.045
1.0～1.2	13	0.036	13	0.036
1.2～1.4	6	0.017	5	0.014
1.4～1.6	4	0.011	2	0.006
1.6 以上	0	0.000	0	0.000
总和	181	0.505	177	0.495

从表 6-1 的统计数字中，可以总结出在相同的条件下进行独立观测而产生的一组偶然误差，具有以下四个统计特性。

（1）有界性，在一定的观测条件下，偶然误差的绝对值不会超过一定的限度，即偶然误差是有界的；

（2）集中性，绝对值小的误差比绝对值大的误差出现的机会大；

（3）对称性，绝对值相等的正、负误差出现的机会相等；

（4）补偿性，在相同条件下，对同一量进行重复观测，偶然误差的算术平均值随着观测次数的无限增加而趋于零，即

$$\lim_{n\to\infty}\frac{\Delta_1+\Delta_2+\cdots+\Delta_n}{n}=\lim_{n\to\infty}\frac{[\Delta]}{n}=0 \tag{6-3}$$

式中，[　] 为求和函数。

表 6-1 中的相对个数 $\frac{k}{n}$ 称为频率。若以横坐标表示偶然误差的大小，纵坐标表示 $\frac{频率}{组距}$，即 $\frac{k}{n}$ 再除以 $d\Delta$（本例取 $d\Delta$=0.2″），则纵坐标代表 $\frac{k}{0.2n}$ 之值，可绘出偶然误差频率直方图（图 6-1）。

显然，图中所有矩形面积的总和等于 1，而每个长方条的面积等于 $\frac{k}{0.2n}\times 0.2=\frac{k}{n}$，即为偶然误差出现在该区间的频率。如偶然误差出现在+0.4″～+0.6″区间内的频率为 0.092。

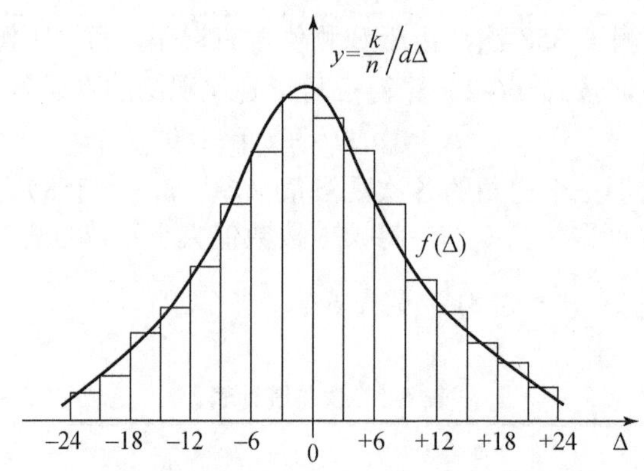

图 6-1　偶然误差频率直方图

若使观测次数 $n\to\infty$，并将区间 $d\Delta$ 分得无限小（$d\Delta\to 0$），此时各组内的频率趋于稳定而成为概率，直方图顶端连线将变成一个光滑的对称曲线（图 6-1），该曲线在概率论中称为正态分布曲线。曲线的函数式为

$$y=f(\Delta)=\frac{1}{\sqrt{2\pi}\sigma}\mathrm{e}^{-\frac{\Delta^2}{2\sigma^2}} \tag{6-4}$$

式中，参数 σ 为观测误差的标准差。

式（6-4）称为正态分布概率密度函数，它是德国数学家高斯于 1794 年研究误差规律时发现的。

对式（6-4）两次求导，令导数等于零，可得

$$f''(\Delta)=\frac{1}{\sqrt{2\pi}\cdot\sigma^3}\left(\frac{\Delta^2}{\sigma^2}-1\right)\mathrm{e}^{-\frac{\Delta^2}{2\sigma^2}}=0 \tag{6-5}$$

即

$$\frac{\Delta^2}{\sigma^2}-1=0$$

所以

$$\Delta_{拐}=\pm\sigma \tag{6-6}$$

即观测误差的标准差 σ 是观测误差正态曲线的拐点值，如图 6-2 所示。

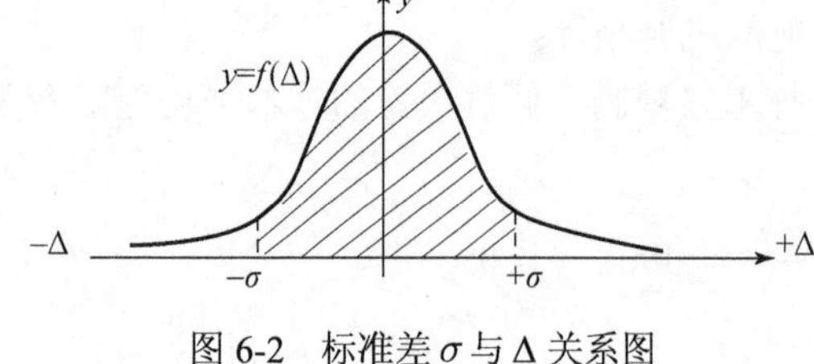

图 6-2　标准差 σ 与 Δ 关系图

偶然误差的四个特性也可以用式(6-4)表示为

（1）$\Delta\to\infty$，$f(\Delta)\to 0$；

（2）$|\Delta_1|>|\Delta_2|$，$f(\Delta_1)<f(\Delta_2)$；

（3）$f(-\Delta)=f(\Delta)$，$f(\Delta)$ 关于 y 轴对称；

（4）$E(\Delta)=0$。

在概率论中，称 Δ 为随机变量。当 Δ 为连续型随机变量时，可以证明

$$E(\Delta)=\int_{-\infty}^{+\infty}\Delta\frac{1}{\sqrt{2\pi}\ \sigma}\mathrm{e}^{-\frac{\Delta^2}{2\sigma^2}}\mathrm{d}\Delta=0 \tag{6-7}$$

$$\mathrm{Var}(\Delta)=E\left[\Delta-E(\Delta)\right]^2=E(\Delta^2)=\int_{-\infty}^{+\infty}\Delta^2\frac{1}{\sqrt{2\pi}\sigma}\mathrm{e}^{-\frac{\Delta^2}{2\sigma^2}}\mathrm{d}\Delta=\sigma^2 \tag{6-8}$$

式中，E（Δ）为随机变量 Δ 的数学期望，Var（Δ）为方差。

当 Δ 为离散型随机变量时，式（6-7）和式（6-8）变为

$$E(\Delta)=\lim_{n\to\infty}\frac{[\Delta]}{n}=0 \tag{6-9}$$

$$\mathrm{Var}(\Delta)=E(\Delta^2)=\lim_{n\to\infty}\frac{[\Delta\Delta]}{n}=\sigma^2 \tag{6-10}$$

6.3　衡量测量精度的指标

在测量中，用精度来评价观测成果的优劣。精确度是准确度与精密度的总称，主要取决于系统误差的大小；精密度主要取决于偶然误差的分布。对基本排除系统误差，以偶然误差为主的一组观测值，用精密度来评价该组观测值质量的优劣。精密度简称精度。

在相同的观测条件下，对某量所进行的一组观测中的每一个观测值都具有相同的精度。为了衡量观测值精度的高低，可以采用误差分布表或绘制频率直方图来评定，但这种做法在实际应用时十分不便。因此，需要建立一个统一的衡量精度的标准，给出一个数值概念，使该标准及其数值大小能反映出误差分布离散或密集的程度，称为衡量精度的指标。

6.3.1　标准差与中误差

设对任一未知量进行了 n 次等精度独立观测，其观测值分别为 l_1、l_2、…、l_n，由式（6-1）可得各观测值的真误差 Δ_1、Δ_2、…、Δ_n。由式（6-10）可以求得该组观测值的标准差为

$$\sigma=\pm\lim_{n\to\infty}\sqrt{\frac{\Delta_1^2+\Delta_2^2+\cdots+\Delta_n^2}{n}}=\pm\lim_{n\to\infty}\sqrt{\frac{[\Delta\Delta]}{n}} \tag{6-11}$$

在测量生产实践中，观测次数 n 总是有限的，这时根据式（6-11）只能求出标准差的估计值 $\hat{\sigma}$，通常又称为中误差，用 m 表示。即有

$$\hat{\sigma}=m=\pm\sqrt{\frac{[\Delta\Delta]}{n}} \tag{6-12}$$

从式（6-11）和式（6-12）可以看出中误差与真误差的关系，中误差不等于真误差，它仅是一组真误差的代表值，中误差 m 值的大小反映了这组观测值精度的高低，而且它能明显地反映出测量结果中较大误差的影响。因此一般都采用中误差作为评定观测质量的标准。

例 6-1　设甲、乙两个小组对三角形的内角和进行了 9 次观测，分别求得其真误差为

甲组：−5″，−6″，+8″，+6″，+7″，−4″，+3″，−8″，−7″

乙组：−6″，+5″，+4″，−4″，−7″，+4″，−7″，−5″，+3″

试比较这两组观测值的中误差。

解：　根据式（6-12）有

$$m_{甲}=\sqrt{\frac{(-5)^2+(-6)^2+(+8)^2+(+6)^2+(+7)^2+(-4)^2+(+3)^2+(-8)^2+(-7)^2}{9}}$$
$$=\pm 6.2''$$

$$m_{乙}=\sqrt{\frac{(-6)^2+(+5)^2+(+4)^2+(-4)^2+(-7)^2+(+4)^2+(-7)^2+(-5)^2+(+3)^2}{9}}$$
$$=\pm 5.2''$$

从计算结果可以看出$m_{甲} > m_{乙}$，说明乙组的观测精度比甲组高。

6.3.2 极限误差

极限误差是通过概率论中某一事件发生的概论来定义的。设ξ为一正实数，则事件$|\Delta|<\xi\sigma$发生的概率为

$$P(|\Delta|<\xi\sigma)=\int_{-\xi\sigma}^{+\xi\sigma}\frac{1}{\sqrt{2\pi}\sigma}\mathrm{e}^{-\frac{\Delta^2}{2\sigma^2}}\mathrm{d}\Delta \tag{6-13}$$

令$\Delta'=\dfrac{\Delta}{\sigma}$，则式（6-13）变为

$$P(|\Delta'|<\xi)=\int_{-\xi}^{+\xi}\frac{1}{\sqrt{2\pi}}\mathrm{e}^{-\frac{\Delta'^2}{2}}\mathrm{d}\Delta' \tag{6-14}$$

因此，事件$|\Delta|>\xi\sigma$发生的概论为$1-P(|\Delta'|<\xi)$的值。分别取ξ为 1，2，3，按式（6-13）计算可得

$$P\{-\sigma<\Delta<+\sigma\}=\int_{-\sigma}^{+\sigma}f(\Delta)\,\mathrm{d}\Delta=0.683$$

$$P\{-2\sigma<\Delta<2\sigma\}=\int_{-2\sigma}^{+2\sigma}f(\Delta)\,\mathrm{d}\Delta=0.955$$

$$P\{-3\sigma<\Delta<3\sigma\}=\int_{-3\sigma}^{+3\sigma}f(\Delta)\,\mathrm{d}\Delta=0.997$$

上述计算结果表明，真误差的绝对值大于 1 倍σ的占 31.73 %；真误差的绝对值大于 2 倍σ的占 4.55%，即 100 个真误差中，只有 4.55 个真误差的绝对值可能超过2σ；而大于 3 倍σ的占 0.27%，即 1000 个真误差中，只有 2.7 个真误差的绝对值可能超过3σ。后两者都属于小概率事件，根据概论原理，小概率事件在小样本中是不会发生的，也即当观测次数有限时，绝对值大于2σ或3σ的真误差实际上是不可能出现的。因此测量规范常以2σ或3σ作为真误差的允许值，该允许值称为极限误差，简称限差。

$$|\Delta_{容}|=2\sigma\approx 2m \quad 或 \quad |\Delta_{容}|=3\sigma\approx 3m$$

当某观测值的误差大于上述限差时，则认为它含有系统误差，应剔除它。

6.3.3 相对误差

相对误差是专为距离测量定义的精度指标，因为单纯用距离丈量中误差还不能反映距离丈量的精度的情况。例如，丈量两段距离，第一段的长度为 100m，其中，误差为±2cm；第二段长度为 200m，其中，误差为±3cm。如果单纯用中误差的大小评定其精度，就会得出前者精度比后者精度高的结论。实际上，丈量的误差与长度有关，距离越大，误差的积累越大。因此，必须用相对误差来评定其精度。相对误差就是中误差的绝对值与相应观测量之比，它是一个无量纲数，在测量上通常以分子为 1 的分数式表示。即

$$K=\frac{|m_D|}{D}=\frac{1}{\dfrac{D}{|m_D|}} \tag{6-15}$$

式中，m_D为距离观测中误差；D为距离观测值。分母越大，相对误差越小，距离测量的精度就越高。按式（6-15）求得上述两段距离的相对误差分别为

$$K_1 = \frac{0.02\text{m}}{100\text{m}} = \frac{1}{5000}$$

$$K_2 = \frac{0.03\text{m}}{200\text{m}} = \frac{1}{6600}$$

显然后者精度高于前者。距离测量中，常用同一段距离往返测量结果的相对误差来检验距离测量的内部符合精度，计算公式为

$$\frac{|D_{往} - D_{返}|}{D_{平均}} = \frac{|\Delta D|}{D_{平均}} = \frac{1}{\dfrac{D_{平均}}{|\Delta D|}} \tag{6-16}$$

6.4　误差传播定律及其应用

6.4.1　误差传播定律

在实际测量工作中，有些未知量的大小往往不是直接观测到的，而是通过一定的函数关系间接计算求得的。表述观测值函数的中误差与观测值中误差之间关系的定律称为误差传播定律。

设 Z 为独立变量 $x_1, x_2, \cdots, x_n$ 的函数，即

$$Z = f(x_1, x_2, \cdots, x_n)$$

式中，Z 为不可直接观测的未知量；Δ_z 为真误差，m_z 为中误差；各独立变量 $x_i (i = 1, 2, \cdots, n)$ 为可直接观测的未知量；l_i 为相应的观测值。

当各观测值带有真误差 Δ_i 时，函数也随之带有真误差 Δ_z。

$$Z + \Delta_z = f(x_1 + \Delta_1, x_2 + \Delta_2, \cdots, x_n + \Delta_n)$$

按泰勒级数展开，取近似值

$$Z + \Delta_z = f(x_1, x_2, \cdots, x_n) + \left(\frac{\partial f}{\partial x_1}\Delta_1 + \frac{\partial f}{\partial x_2}\Delta_2 + \cdots + \frac{\partial f}{\partial x_n}\Delta_n\right)$$

即

$$\Delta_z = \frac{\partial f}{\partial x_1}\Delta_1 + \frac{\partial f}{\partial x_2}\Delta_2 + \cdots + \frac{\partial f}{\partial x_n}\Delta_n$$

若对各独立变量都测定了 K 次，则其平方和关系式为

$$\begin{aligned}\sum_{j=1}^{K}\Delta_{zj}^2 &= \left(\frac{\partial f}{\partial x_1}\right)^2 \sum_{j=1}^{K}\Delta_{1j}^2 + \left(\frac{\partial f}{\partial x_2}\right)^2 \sum_{j=1}^{K}\Delta_{2j}^2 + \cdots + \left(\frac{\partial f}{\partial x_n}\right)^2 \sum_{j=1}^{K}\Delta_{nj}^2 \\ &\quad + 2\left(\frac{\partial f}{\partial x_1}\right)\left(\frac{\partial f}{\partial x_2}\right)\sum_{j=1}^{K}\Delta_{1j}\Delta_{2j} + 2\left(\frac{\partial f}{\partial x_1}\right)\left(\frac{\partial f}{\partial x_3}\right)\sum_{j=1}^{K}\Delta_{1j}\Delta_{3j} + \cdots\end{aligned} \tag{6-17}$$

由偶然误差的特性可知，当观测次数 $K \to \infty$ 时，式（6-17）中各偶然误差 Δ 的交叉项总和均趋向于零，有

$$\frac{\sum_{j=1}^{K}\Delta_{zj}^2}{K} = m_z^2,\quad \frac{\sum_{j=1}^{K}\Delta_{ij}^2}{K} = m_i^2$$

则
$$m_z^2 = \left(\frac{\partial f}{\partial x_1}\right)^2 m_1^2 + \left(\frac{\partial f}{\partial x_2}\right)^2 m_2^2 + \cdots + \left(\frac{\partial f}{\partial x_n}\right)^2 m_n^2$$

或
$$m_z = \pm\sqrt{\left(\frac{\partial f}{\partial x_1}\right)^2 m_1^2 + \left(\frac{\partial f}{\partial x_2}\right)^2 m_2^2 + \cdots + \left(\frac{\partial f}{\partial x_n}\right)^2 m_n^2} \tag{6-18}$$

式（6-18）即为观测值中误差与其函数中误差的一般关系式，称为中误差传播公式。据此不难导出下列简单函数式的中误差传播公式，见表 6-2。

表 6-2　中误差传播公式

函数名称	函数式	中误差传播公式
倍数函数	$Z = Ax$	$m_z = \pm Am$
倍数函数	$Z = x_1 \pm x_2$	$m_z = \pm\sqrt{m_1^2 + m_2^2}$
	$Z = x_1 \pm x_2 \pm \cdots \pm x_n$	$m_z = \pm\sqrt{m_1^2 + m_2^2 + \cdots + m_n^2}$
线性函数	$Z = A_1x_1 \pm A_2x_2 \pm \cdots \pm A_nx_n$	$m_z = \pm\sqrt{A_1^2m_1^2 + A_2^2m_2^2 + \cdots + A_n^2m_n^2}$

6.4.2　误差传播定律的应用

误差传播定律在测量中应用十分广泛。利用中误差传播公式不仅可以求得观测值函数的中误差，还可以用来研究容许误差值的确定及分析观测可能达到的精度等。

1. 分析水准测量路线高差的中误差

设在 A、B 两水准点间独立观测了 n 站高差 $h_1, h_2, \cdots, h_n$，每个测站后视读数为 a，前视读数为 b，每次读数的中误差均为 $m_{读}$，由于每个测站高差为

$$h = a - b$$

根据误差传播定律，求得一个测站所测得的高差中误差 m_h 为

$$m_h = \sqrt{2} m_{读}$$

如果采用黑、红双面尺或变仪器高法测定高差，并取两次高差的平均值作为每个测站的观测结果，则可求得每个测站高差平均值的中误差 $m_{站}$ 为

$$m_{站} = \frac{m_h}{\sqrt{2}} = m_{读}$$

由于 A、B 两水准点间共安置了 n 个测站，可求得 n 站总高差的中误差 m 为

$$m = m_{站}\sqrt{n} = m_{读}\sqrt{n} \tag{6-19}$$

即水准测量高差的中误差与测站数的平方根成正比。

设每个测站的距离 S 大致相等，全长 $L = n \cdot S$，将 $n = \frac{L}{S}$ 代入式（6-19），有

$$m = \frac{m_{站}}{\sqrt{S}}\sqrt{L}$$

式中，$\frac{1}{S}$ 为每公里测站数；$\frac{m_{站}}{\sqrt{S}}$ 为每公里高差中误差，以 u 表示，则

$$m = \pm u\sqrt{L} \tag{6-20}$$

即水准测量高差的中误差与距离平方根成正比。

由此，现行测量规范中规定，普通（图根）水准测量容许高差闭合差分别为

$$f_{h容} = \pm 40\sqrt{L}(\mathrm{mm}) \qquad （平地）$$

$$f_{h容} = \pm 12\sqrt{n}(\mathrm{mm}) \qquad （山地）$$

2. 分析水平角测量的精度

（1）DJ_6 级光学经纬仪一测回的测角中误差。DJ_6 级光学经纬仪通过盘左、盘右（即一测回）观测同一方向的中误差 $m_方 = \pm 6''$ 作为出厂精度，也就是一测回方向中误差为 $\pm 6''$。由于水平角为两个方向值之差，$\beta = b - a$，其中误差应为

$$m_\beta = m_方\sqrt{2} = \pm 6\sqrt{2} = \pm 8.5''$$

即 DJ_6 级光学经纬仪一测回的测角中误差为 $\pm 8.5''$。考虑仪器本身误差及其他不利因素，取 $m_\beta = \pm 10''$。以两倍中误差作为容许误差，则

$$m_{\beta容} = 2m_\beta = \pm 20''$$

规范中当用 DJ_6 型光学经纬仪施测一测回时，测角中误差规定为 $\pm 20''$。

（2）三角形角度容许闭合差。用 DJ_6 级光学经纬仪等精度观测三角形的三个内角，各角均用一测回观测，其三角形闭合差为

$$W = (a_i + b_i + c_i) - 180^\circ$$

已知测角中误差为

$$m_\beta = m_a = m_b = m_c$$

按误差传播定律，三角形闭合差的中误差为

$$m_w = \sqrt{3}m_\beta \tag{6-21}$$

将 $m_\beta = \pm 8.5''$ 代入式（6-21）得

$$m_w = \pm 8.5 \times \sqrt{3} = \pm 15''$$

考虑仪器本身误差和其他不利因素，$m_w = \pm 20''$。取 3 倍中误差为容许误差，则规范规定用 DJ_6 级光学经纬仪施测一测回，三角形最大闭合差（容许闭合差）为 $\pm 60''$。

（3）分析距离测量精度。用尺长为 L 的钢尺丈量长度为 D 的距离，共丈量 n 个尺段，若已知每个尺段的中误差为 m，则

$$D = L_1 + L_2 + \cdots + L_n$$

按误差传播定律，有

$$m_D = m\sqrt{n} \tag{6-22}$$

式中，n 为整尺段数，所以 $n = \dfrac{D}{L}$，将其代入式（6-22）有

$$m_D = \frac{m}{\sqrt{L}}\sqrt{D}$$

在一定的观测条件下，采用同一把钢尺和相同的操作方法，式中的 m 和 L 应为常数，令 $u = \dfrac{m}{\sqrt{L}}$，则

$$m_D = u\sqrt{D} \tag{6-23}$$

即丈量距离中误差与所量距离平方根成正比。

式（6-23）中，当$D=1$时，$m_D=u$，即u为丈量单位长度的中误差，例如，$D=1\text{km}$，u则为丈量 1km 的中误差。

在实际工作中，通常以两次丈量结果的较差ΔD与长度之比来评定精度，则

$$m_{\Delta D}=\sqrt{2}m_D=\sqrt{2}u\sqrt{D}$$

以两倍中误差作为容许误差，则

$$\Delta D_{容}=2\sqrt{2}u\sqrt{D}$$

在良好地区，一般用钢尺丈量一尺段，完全可达到$2u=\pm0.005\text{m}$，则

$$\Delta D_{容}=\pm0.005\sqrt{2}\sqrt{D}=0.007\sqrt{D}$$

以常用长度 D=200m 代入，则

$$K_{容}=\frac{\Delta D_{容}}{D}=\frac{1}{2020}$$

因此距离丈量规定相对误差不低于 1/2000。

下面举例说明误差传播定律的一些应用。

例 6-2 在 1∶500 地形图上量得某两点间的距离 d=234.5mm，其中，误差 m_d=±0.2mm，求该两点间的地面水平距离 D 的值及其中误差 m_D。

解：

$$D=500d=500\times0.2345=117.25\text{m}$$

$$m_D=\pm500m_d=\pm500\times0.0002=\pm0.10\text{m}$$

例 6-3 设对某一个三角形观测了其中α、β两个角，测角中误差分别为$m_a=\pm3.5''$、$m_\beta=\pm6.2''$，试求γ角的中误差m_γ。

解：

$$\gamma=180°-\alpha-\beta$$

$$m_\gamma=\pm\sqrt{m_\alpha^2+m_\beta^2}=\pm\sqrt{(3.5)^2+(6.2)^2}=\pm7.1''$$

例 6-4 有一长方形独立地观测得其边长 a=20.000m±0.004m，b=15.000m±0.003m，求该面积 S 及 m_S。

解：

$$S=a\times b=20.000\times15.000=300.000\text{m}^2$$

$$\frac{\partial S}{\partial a}=b,\qquad \frac{\partial S}{\partial b}=a$$

$$m_S^2=\left(\frac{\partial S}{\partial a}\right)^2m_a^2+\left(\frac{\partial S}{\partial b}\right)^2m_b^2$$

$$\begin{aligned}m_S&=\pm\sqrt{b^2m_a^2+a^2m_b^2}\\&=\pm\sqrt{15^2\times0.004^2+20^2\times0.003^2}=\pm0.085\text{m}^2\end{aligned}$$

$$S=300.000\text{m}^2\pm0.085\text{m}^2$$

6.5　等精度独立观测的最可靠值与精度评价

测量平差的基本目的是从一系列带有误差的观测值中求出未知量的最可靠值并评定其精度。只有一个未知量的平差称为直接平差。

6.5.1　求最可靠值

1. 算术平均值

设在相同的观测条件下，对某一未知量进行了 n 次观测，得观测值 $l_1, l_2, \cdots, l_n$，则该量的最可靠值就是算术平均值 x，即

$$x = \frac{l_1 + l_2 + \cdots + l_n}{n} = \frac{[l]}{n} \tag{6-24}$$

2. 等精度观测的算术平均值为最可靠值

算术平均值就是最可靠值的原理，简要说明如下。

若 $\Delta_1, \Delta_2, \cdots, \Delta_n$ 表示 n 次等精度观测值 $l_1, l_2, \cdots, l_n$ 的真误差，X 为该量的真值，则有

$$\left.\begin{aligned} \Delta_1 &= l_1 - X \\ \Delta_2 &= l_2 - X \\ &\vdots \\ \Delta_n &= l_n - X \end{aligned}\right\} \tag{6-25}$$

将式（6-25）中的各等式相加并除以 n，得

$$\frac{[\Delta]}{n} = \frac{[l]}{n} - X$$

根据偶然误差的第四个特性，有

$$\lim_{n \to \infty} \frac{[\Delta]}{n} = 0$$

由此得出

$$X = \lim_{n \to \infty} \frac{[l]}{n}$$

即

$$\lim_{n \to \infty} x = X \tag{6-26}$$

从式（6-26）可见，当观测次数 n 趋于无限多时，算术平均值就是该量的真值，但实际工作中观测次数总是有限的，这样算术平均值不等于真值，但它与所有观测值比较都更接近于真值。因此，可认为算术平均值是该量的最可靠值，又称为最或然值。

6.5.2　精度评定

1. 观测值改正数

在实际工作中，未知量的真值往往是不知道的，因此真误差 Δ_i 也无法求得，因而不能根据式（6-12）直接求观测值的中误差，但未知量的最或然值 x 与观测值 l_i 之差 v_i 是可以求得的，v_i 称为观测值改正数，即

$$\left.\begin{aligned} v_1 &= x - l_1 \\ v_2 &= x - l_2 \\ &\vdots \\ v_n &= x - l_n \end{aligned}\right\} \quad (i=1, 2, \cdots, n) \tag{6-27}$$

求和

$$[v] = nx - [l]$$

两边除以 n 得

$$\frac{[v]}{n} = x - \frac{[l]}{n}$$

由 $x = \frac{[l]}{n}$ 得

$$[v] = 0 \tag{6-28}$$

由式（6-28）可知，对于任何一组等精度观测值，其改正数代数和等于零，这就是观测值改正数的特性，这一结论可检查计算的算术平均值和改正数是否正确。

2. 由观测值改正数计算观测值中误差

现在研究改正数 v 与真误差 Δ 之间的关系，从而导出以改正数表示观测值中误差的公式。由式（6-25）与式（6-27）对应项相加得

$$\begin{aligned} \Delta_1 &= -v_1 - (X - x) \\ \Delta_2 &= -v_2 - (X - x) \\ &\vdots \\ \Delta_n &= -v_n - (X - x) \end{aligned} \tag{6-29}$$

式（6-29）两边平方后再相加得

$$[\Delta\Delta] = [vv] + n(X - x)^2 + 2(X - x)[v]$$

因为［v］=0，所以

$$[\Delta\Delta] = [vv] + n(X - x)^2$$

上式两边除以 n 得

$$\frac{[\Delta\Delta]}{n} = \frac{[vv]}{n} + (X - x)^2 \tag{6-30}$$

$(X - x)$ 是算术平均值的真误差，以 δ 表示，则

$$\begin{aligned} \delta^2 = (X - x)^2 &= \left(X - \frac{[l]}{n}\right)^2 = \frac{1}{n^2}(nX - [l])^2 \\ &= \frac{1}{n^2}(X - l_1 + X - l_2 + \cdots + X - l_n)^2 \\ &= \frac{1}{n^2}(\Delta_1 + \Delta_2 + \cdots + \Delta_n)^2 \\ &= \frac{1}{n^2}(\Delta_1^2 + \Delta_2^2 + \cdots + \Delta_n^2 + 2\Delta_1\Delta_2 + 2\Delta_1\Delta_3 + \cdots + 2\Delta_{n-1}\Delta_n) \\ &= \frac{[\Delta\Delta]}{n^2} + \frac{2}{n^2}(\Delta_1\Delta_2 + \Delta_1\Delta_3 + \cdots + \Delta_{n-1}\Delta_n) \end{aligned}$$

由于 Δ_1、Δ_2、…、Δ_n 是偶然误差，$\Delta_1\Delta_2$、$\Delta_2\Delta_3$、…、$\Delta_{n-1}\Delta_n$ 也具有偶然误差的性质。

根据偶然误差的第 4 个特性，当 n 相当大时，其总和接近于零；当 n 为较大有限值时，其值也远远比［ΔΔ］小，可以略而不计。因而式（6-30）可以近似地写为

$$\frac{[\Delta\Delta]}{n}=\frac{[vv]}{n}+\frac{[\Delta\Delta]}{n^2} \tag{6-31}$$

根据中误差定义，得

$$m^2=\frac{[vv]}{n}+\frac{m^2}{n}$$

$$m=\pm\sqrt{\frac{[vv]}{n-1}} \tag{6-32}$$

式（6-32）即为利用观测值改正数计算中误差的公式，也称白塞尔公式。

3. 算术平均值的中误差

由式（6-24），设 $\frac{1}{n}=k$，则

$$x=kl_1+kl_2+\cdots+kl_n$$

因为等精度观测，各观测值的中误差相同，即 $m_1=m_1=\cdots=m_n$，

得算术平均值的中误差为

$$\begin{aligned}M_x&=\pm\sqrt{k^2m_1^2+k^2m_2^2+\cdots+k^2m_n^2}\\&=\pm\sqrt{\frac{1}{n^2}(m^2+m^2+\cdots+m^2)}\\&=\pm\sqrt{\frac{m^2}{n}}\end{aligned}$$

所以

$$M_x=\pm\frac{m}{\sqrt{n}} \tag{6-33}$$

或

$$M_x=\pm\sqrt{\frac{[vv]}{n(n-1)}} \tag{6-34}$$

式（6-34）表明，在相同的观测条件下，算术平均值的中误差与观测次数的平方根成反比。设观测值的中误差 $m=1$，则算术平均值的中误差 M_x 与观测次数 n 的关系如表 6-3 所示，随着观测次数的增加，算术平均值的精度固然随之提高，但是，当观测次数增加到一定数值（如 $n=10$）后，算术平均值精度的提高是很微小的。因此，不能单以增加观测次数来提高观测成果的精度，还应设法提高观测本身的精度。例如，采用精度较高的仪器，提高观测技能，在良好的外界条件下进行观测等。

表 6-3 算术平均值的中误差 M_x 与观测次数 n 的关系

n	1	2	4	6	8	10	20	50	100
M_x	±1.00	±0.71	±0.50	±0.41	±0.35	±0.32	±0.22	±0.14	±0.10

例 6-5 现对某角度进行了 5 次等精度观测，等精度观测值见表 6-4，试求观测值中误差和算术平均值中误差。

表 6-4 等精度观测值

次数	观测值 l	改正数 v	vv
1	68°25′30″	0	0
2	68°25′36″	−6	36
3	68°25′24″	6	36
4	68°25′42″	−12	144
5	68°25′18″	12	144
Σ	342 07 30	0	360

解：（1）$x=\frac{[l]}{n}=68°25'30''$

（2）v 及 vv 的计算见表 6-4，则

$$m=\pm\sqrt{\frac{[vv]}{n-1}}=\pm\sqrt{\frac{360}{5-1}}=\pm 9.5\ m=\pm\sqrt{\frac{[vv]}{n-1}}=\pm\sqrt{\frac{360}{5-1}}=\pm 9.5''$$

（3）算术平均值中误差为

$$M_x=\pm\frac{m}{\sqrt{n}}=\pm\frac{9.5}{\sqrt{5}}=\pm 4.2''$$

6.6 不等精度独立观测量的最可靠值与精度评定

6.6.1 权的概念

在测量的计算中，给出了用中误差求权的定义公式：设以 P_i 表示观测值 l_i 的权，则权的定义公式为

$$P_i=\frac{\mu^2}{m_i^2}\quad (i=1,\ 2,\ \cdots,\ n) \tag{6-35}$$

式中，μ 为任意常数。在用式（6-35）求一组观测值的权 P_i 时，必须采用同一个 μ 值。P_i 是与中误差平方成反比的一组比例数。μ 是权等于 1 的观测值的中误差，通常称等于 1 的权为单位权，权为 1 的观测值为单位权观测值。而 μ 为单位权观测值的中误差，简称为单位权中误差。

6.6.2 加权平均值及其中误差

设对某未知量 x 进行了 n 次不同精度观测，观测值为 L_1、L_2、…、L_n，其相应权为 P_1、P_2、…、P_n。下面讨论如何根据这组观测值来求出未知量的加权平均值。

已知观测值 L_i 及其权 P_i，可以按式（6-35）求出其中误差：$m_i^2=\frac{\mu^2}{p_i}$，即 $m_i=\frac{\mu}{\sqrt{p_i}}$。而求算术平均值中误差的公式为 $m_x=\frac{m}{\sqrt{n}}$，将这两个公式对比一下，就可以发现，上述的 L_i 相当于 P_i 个中误差都为 μ 的观测值 $l_{(k)}^{(i)}(k=1,2,\cdots,p_i)$ 的算术平均值，即

$$\left.\begin{aligned} L_1 &= \frac{l_1^{(1)} + l_2^{(1)} + \cdots + l_{p_1}^{(1)}}{p_1} \\ L_2 &= \frac{l_1^{(2)} + l_2^{(2)} + \cdots + l_{p_2}^{(2)}}{p_2} \\ &\vdots \\ L_n &= \frac{l_1^{(n)} + l_2^{(n)} + \cdots + l_{p_n}^{(n)}}{p_n} \end{aligned}\right\} \tag{6-36}$$

其中，每个 $l_k^{(i)}$ 是同精度的，它们的中误差都是 μ 。这样就相当于对未知量 x 进行了 P_n 次同精度观测，观测值为 $l_1^{(1)}l_2^{(1)}\cdots l_{p_1}^{(1)}$，$l_2^{(2)}l_2^{(2)}\cdots l_{p_2}^{(2)}$，$l_1^{(n)}l_2^{(n)}\cdots l_{p_n}^{(n)}$ 。因此就可按算术平均值求出未知量的最或然值。

$$x = \frac{l_1^{(1)} + l_2^{(1)} + \cdots + l_{p_1}^{(2)} + l_2^{(1)} + l_2^{(2)} + \cdots + l_{p_2}^{(2)} + l_1^{(n)} + l_2^{(n)} + \cdots + l_{p_n}^{(n)}}{p_1 + p_2 + \cdots + p_n} \tag{6-37}$$

将式（6-36）代入式（6-37），即

$$x = \frac{p_1 L_1 + p_2 L_2 + \cdots + p_n L_n}{p_1 + p_2 + \cdots + p_n} = \frac{[pL]}{p} \tag{6-38}$$

式（6-38）就是根据对未知量 x 进行了不同精度观测值求其最或然值的公式，称为带权平均值，或称为广义算术平均值。

现在来求带权平均值 x 的中误差。因为

$$x = \frac{[pl]}{[p]} = \frac{p_1}{[p]} l_1 + \frac{p_2}{[p]} l_2 + \cdots + \frac{p_n}{[p]} l_n$$

式中，$\dfrac{[p_i]}{[p]}(i = 1, 2, \cdots, n)$ 为常数，按误差传播定律，可以求出 x 的中误差为

$$m_x^2 = \frac{p_1^2}{[p]^2} m_1^2 + \frac{p_2^2}{[p]^2} m_2^2 + \cdots + \frac{p_n^2}{[p]^2} m_n^2 \tag{6-39}$$

将 $m_i^2 = \dfrac{\mu^2}{p_i}$ 代入式（6-39）得

$$\begin{aligned} m_x &= \frac{p_1^2}{[p]^2} \cdot \frac{\mu^2}{p_1} + \frac{p_2^2}{[p]^2} \cdot \frac{\mu^2}{p_2} + \cdots + \frac{p_n^2}{[p]^2} \cdot \frac{\mu^2}{p_n} \\ &= \mu^2 \left\{ \frac{p_1}{[p]^2} + \frac{p_2}{[p]^2} + \cdots + \frac{p_n}{[p]^2} \right\} \\ &= \mu^2 \frac{1}{[p]} \end{aligned}$$

所以

$$m_x = \frac{\mu}{\sqrt{[p]}} \tag{6-40}$$

例 6-6　设对某长度进行了三次不同精度的丈量，观测值为：$L_1 = 88.23\,\text{m}$，$L_2 = 88.20\,\text{m}$，$L_3 = 88.19\,\text{m}$；其权为 $P_1 = 1$，$P_2 = 3$，$P_3 = 2$ 。试求其最或然值。

解：按式（6-38）得

$$x=\frac{[pL]}{p}=\frac{88.23\times1+88.20\times3+88.19\times2}{1+3+2}=88.20\text{m}$$

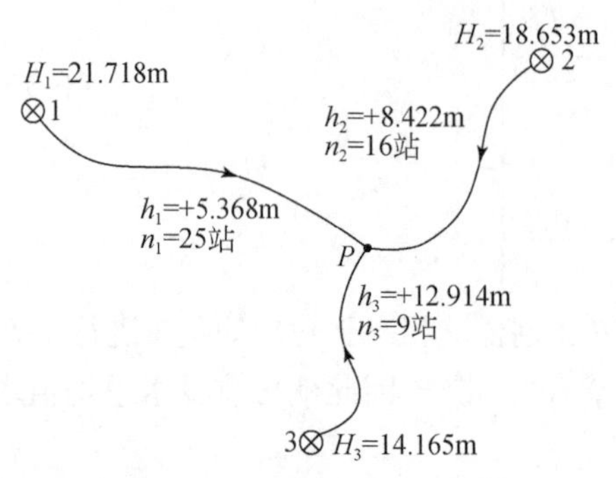

图 6-3　某水准路线图

例 6-7　如图 6-3 所示，1，2，3 点为已知高等级水准点，其高程值的误差很小，可以忽略不计。为求 P 点高程，用 DS_3 型微倾式水准仪独立观测了三段水准路线的高差，每段高差的观测值及其测站数标示在图中，求 P 点高程的最可靠值与中误差。

解：因为都是用 DS_3 型微倾式水准仪观测，可认为每站高差观测中误差 $m_{站}$ 相等。

高差观测值 h_1，h_2，h_3 的中误差分别为

$$m_1=\sqrt{n_1}m_{站},m_2=\sqrt{n_2}m_{站},m_3=\sqrt{n_3}m_{站}$$

取 $m_0=m_{站}$，则 h_1，h_2，h_3 的权分别为 $W_1=1/n_1$，$W_2=1/n_2$，$W_3=1/n_3$，由 1，2，3 点的高程值和三个高差观测值 h_1，h_2，h_3，计算出 P 点的高程值为

$$H_{P1}=H_1+h_1=21.718+5.368=27.086\text{m}$$
$$H_{P2}=H_2+h_2=18.653+8.422=27.075\text{m}$$
$$H_{P3}=H_3+h_3=14.165+12.914=27.079\text{m}$$

因为三个已知水准点的高程误差很小，可以忽略不计，所以前面求出的三个高差观测值的中误差 m_1，m_2，m_3 就等于是用该高差观测值计算出的 P 点高程值 H_{P1}，H_{P2}，H_{P3} 的中误差。P 点高程加权平均值为

$$\bar{H}_{PW}=\frac{\frac{1}{n_1}H_{P1}+\frac{1}{n_2}H_{P2}+\frac{1}{n_3}H_{P3}}{\frac{1}{n_1}+\frac{1}{n_2}+\frac{1}{n_3}}=\frac{\frac{27.086}{25}+\frac{27.075}{16}+\frac{27.079}{9}}{\frac{1}{25}+\frac{1}{16}+\frac{1}{9}}=27.079$$

P 点高程加权平均值的中误差为

$$m_{H_{PW}}=\pm\frac{m_{站}}{\sqrt{\frac{1}{n_1}+\frac{1}{n_2}+\frac{1}{n_3}}}=\pm\frac{m_{站}}{\sqrt{\frac{1}{25}+\frac{1}{16}+\frac{1}{9}}}=\pm0.4622m_{站}$$

下面验证 P 点高程算术平均值的中误差 $m_{H_P}>m_{H_{PW}}$。P 点高程的算术平均值为

$$\bar{H}_P=\frac{H_{P1}+H_{P2}+H_{P3}}{3}=27.080\text{m}$$

根据误差传播定律，求得 P 点的高程算术平均值的中误差为

$$m_{H_P}=\pm\sqrt{\frac{1}{9}m_1^2+\frac{1}{9}m_2^2+\frac{1}{9}m_3^2}=\pm\frac{1}{3}\sqrt{m_1^2+m_2^2+m_3^2}$$
$$=\pm\frac{1}{3}m_{站}\sqrt{n_1+n_2+n_3}=\pm\frac{\sqrt{50}}{3}m_{站}=\pm2.357m_{站}$$

所以，对于不等精度独立观测，加权平均值比算术平均值更合理。

思考与练习题

1. 产生测量误差的原因是什么？

2. 测量误差分哪几种？各有何特性？在测量工作中如何消除或削弱？

3. 偶然误差和系统误差有什么不同？偶然误差具有哪些特性？

4. 什么是中误差？为什么中误差能作为衡量精度的标准？

5. 有函数 $z_1 = x_1 + x_2$，$z_2 = 2x_3$，若存在 $m_{x1}=m_{x2}=m_{x3}$，且 x_1, x_2, x_3 均独立，问 m_{z1} 与 m_{z2} 的值是否相同，说明其原因。

6. 函数 $z = z_1 + z_2$，其中，$z_1 = x + 2y$，$z_2 = 2x - y$，x 和 y 相互独立，且 $m_x = m_y = m$，求 m_z。

7. 进行三角高程测量，按 $h = D\tan\alpha$ 计算高差，已知 $\alpha = 20°$，$m_\alpha = \pm 1'$，D=250m，$m_D = \pm 0.13\text{m}$，求高差中误差 m_h。

8. 在等精度观测中，观测值中误差 m 与算术平均值中误差 M_x 有什么区别与联系？

9. 用经纬仪观测某角共 8 个测回，结果如下：56°32′13″，56°32′21″，56°32′17″，56°32′14″，56°32′19″，56°32′23″，56°32′21″，56°32′18″，试求该角最或然值及其中误差。

10. 用水准仪测量 A、B 两点高差 10 次，得下列结果：1.253m，1.250m，1.248m，1.252m，1.249m，1.247m，1.250m，1.249m，1.251m，试求 A、B 两点高差的最或然值及其中误差。

11. 在相同的观测条件下，对某段距离丈量了 5 次，各次丈量的长度分别为：139.413m，139.435m，139.420m，139.428m，139.444m。试求：

（1）距离的算术平均值；　　（2）观测值的中误差；

（3）算术平均值的中误差；　　（4）算术平均值的相对中误差。

12. 用经纬仪测水平角，一测回的中误差 m_1=±15″，欲使测角精度达到 m_1=±5″，需观测几个测回？

13. 试述权的含意，为什么不等精度观测需用权来衡量？

14. 已知一组角度观测值 x_1，x_2，x_3 的中误差 m_1=±2″，m_2=±4″，m_3=±8″，试求各观测值的权。

15 .如图 6-4 所示，为了求得图中 P 点的高程，从 A，B，C 三个水准点向 P 点进行了同等级的水准测量，高差观测的中误差按式（6-20）计算，取单位权中误差 m_0 =m km，试计算 P 点高程的加权平均值、中误差、单位权中误差。

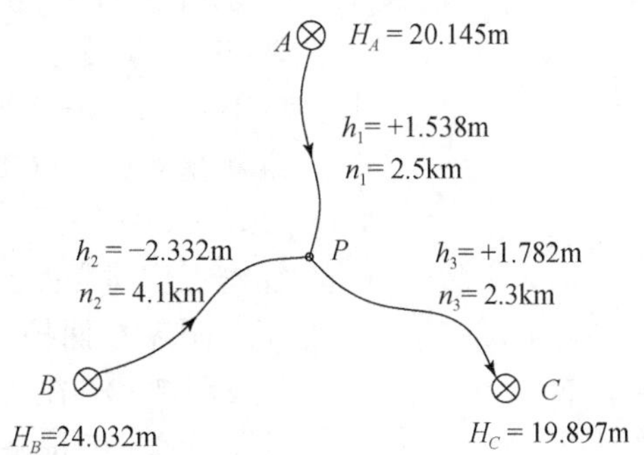

图 6-4　某水准路线

第 7 章　控 制 测 量

7.1　控制测量概述

测量工作应遵循“从整体到局部，先控制后碎部”的原则，这里的“控制”是指控制测量。在测区范围内选择若干有控制意义的点（称为控制点），按一定的规律和要求构成网状几何图形，称为控制网。控制网分为平面控制网和高程控制网。

用高精度的仪器和方法测定控制点的平面位置和高程的工作，称为控制测量。测定控制点平面位置（*X*，*Y*）的工作称为平面控制测量，测定控制点高程（*H*）的工作称为高程测量。

控制测量的作用是建立测区统一的控制基准，限制测量误差的传播和积累，保证必要的测量精度，使分区的测图能拼接成整体，整体设计的工程建筑物能分区施工放样。控制测量贯穿在工程建设的各阶段：在工程勘测的测图阶段，需要进行控制测量；在工程施工阶段，需要进行施工控制测量；在工程竣工后的营运阶段，为观测建筑物变形，需要进行专用控制测量。

7.1.1　平面控制测量

1. 国家基本控制网

在全国范围内建立的控制网，称为国家控制网。它是全国各种比例尺测量和工程建设的基本控制网，也为研究地球的形状和大小、了解地壳水平形变和垂直形变的大小及趋势、地震预测提供形变信息服务。国家控制网是用精密测量仪和方法依照《国家三角测量规范》（GB/T 17942—2000）、《全球定位系统（GPS）测量规范》（GB/T 18314—2009）、《国家一、二等水准测量规范》（GB/T 12897—2006）及《国家三、四等水准测量规范》（GB/T 12898—2009）按一、二、三、四等四个等级，由高级到低级逐级加密点位建立的。

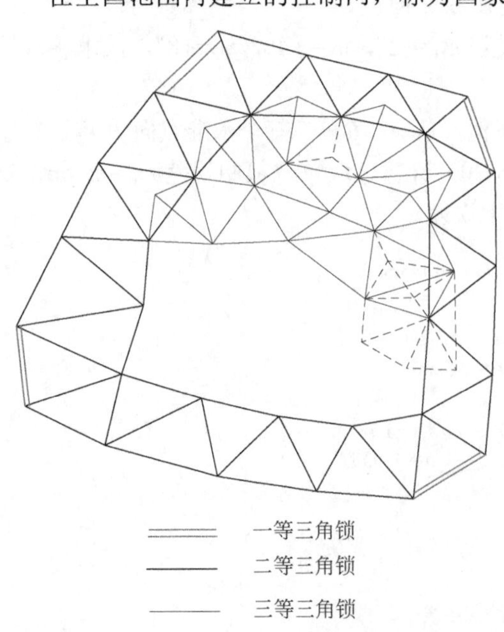

图 7-1　国家平面控制网三角测量法布设

国家平面控制网主要由三角测量法布设（图 7-1），在西部困难地区采用导线测量法。一等三角锁是由沿经线和纬线布设成纵横交叉的三角锁组成，是国家平面控制网的骨干，锁长 200～250km，构成许多锁环。

一等三角锁由近于等边的三角形组成，边长为20～30km。二等三角网布设于一等三角锁环内，是国家平面控制网的全面基础，有两种布网形式，一种是由纵横交叉的两条二等基本锁将一等锁环划分成4个大致相等的部分，这4个空白部分用二等补充网填充，称为纵横锁系布网方案；另一种是在一等锁环内布设全面二等三角网，称为全面布网方案。二等三角锁的边长为20～25km，二等三角锁的平均边长为13km。一等锁的两端和二等网的中间，都要测定起算边长、天文经纬度和方位角。所以国家一、二等平面控制网合称为天文大地网。我国天文大地网于1951年开始布设，1961年基本完成，1975年修补测工作全部结束，全网约有5万个大地点。三、四等三角网是在二等三角网内的进一步加密。

2. 城市平面控制网

在城市地区，为测绘大比例尺地形图、进行市政工程和建筑工程放样，在国家控制网的控制下而建立的控制网，称为城市控制网。建立城市平面控制网可采用GNSS测量、三角测量、各种形式边角组合测量和导线测量方法。城市平面控制网按城市范围大小布设不同等级的平面控制网，导线网分为三、四等和一、二、三级，三角网分为二、三、四等和一、二级，主要技术要求见表7-1和表7-2。

表7-1 城市导线测量的主要技术要求

等级	导线长度/km	平均边长/km	测角中误差/（″）	测距中误差/mm	测回数			方位角闭合差/（″）	导线全长相对闭合差
					1″	2″	5″		
三等	15	3	±1.5	±18	8	12	—	$\pm3\sqrt{n}$	1/60000
四等	10	1.6	±2.5	±18	4	6	—	$\pm5\sqrt{n}$	1/40000
一级	3.6	0.3	±5	±15	—	2	4	$\pm10\sqrt{n}$	1/14000
二级	2.4	0.2	±8	±15	—	1	3	$\pm16\sqrt{n}$	1/10000
三级	1.3	0.12	±12	±15	—	1	2	$\pm16\sqrt{n}$	1/6000
图根	≤1.0 M		±30					$\pm60\sqrt{n}$	1/2000

注：① n为测站数，M为测图比例尺分母

② 图根导线测角中误差首级控制为±30″，方位角闭合差一般为$\pm60\sqrt{n}''$，首级控制为$\pm40\sqrt{n}''$

表7-2 城市三角测量的主要技术要求

等级	平均边长/km	测角中误差/（″）	起始边相对中误差	最弱边边长相对中误差	测回数			三角形最大闭合差/（″）
					DJ1	DJ2	DJ6	
二等	9	±1	1/300000	1/120000	12	—	—	±3.5
三等	5	±1.8	首级 1/200000	1/80000	6	9	—	±7
四等	2	±2.5	首级 1/200000	1/45000	4	6	—	±9
一级小三角	1	±5	1/40000	1/20000	—	2	6	±15
二级小三角	0.5	±10	1/20000	1/10000	—	1	2	±30
图根	最大视距的1.7倍	±20	1/10000					±60

注：① 当最大测图比例尺为1∶1000时，一、二级小三角边长可适当放长，但最长不大于表中规定的2倍

② 图根小三角方位角闭合差为$\pm40\sqrt{n}''$，n位测站数

3. 图根控制网

在面积小于 15km^2 范围内建立的控制网，称为小地区控制网。建立小地区控制网时，应尽量与国家（或城市）已建立的高级控制网连测，将高级控制点的坐标和高程作为小地区控制网的起算和校核数据。如果周围没有国家（或城市）控制点，或附近有国家控制点而不便连测时，可以建立独立控制网。此时，控制网的起算坐标和高程可自行假定，坐标方位角可用测区中央的磁方位角代替。

小地区平面控制网应根据测区面积的大小按精度要求分级建立。在全测区范围内建立的精度最高的控制网称为首级控制网；直接为测图而建立的控制网称为图根控制网。

图根平面控制常采用图根三角测量、图根导线测量、全站仪极坐标或交会定点等方法。图根导线测量和三角测量的主要技术要求列于表 7-1 和表 7-2 中的“图根”一行。

7.1.2　高程控制测量

高程控制测量的主要方法有水准测量、三角高程测量和 GNSS 拟合高程测量。《城市测量规范》（GJJ/T 8—2011）规定，城市高程控制网宜采用水准测量方法施测，对于水准测量确有困难的山岳地带及沼泽、水网地区的四等高程控制测量，也可以采用全站仪三角高程测量法；平原和丘陵地区的四等高程控制测量，可采用 GNSS 拟合高程测量。

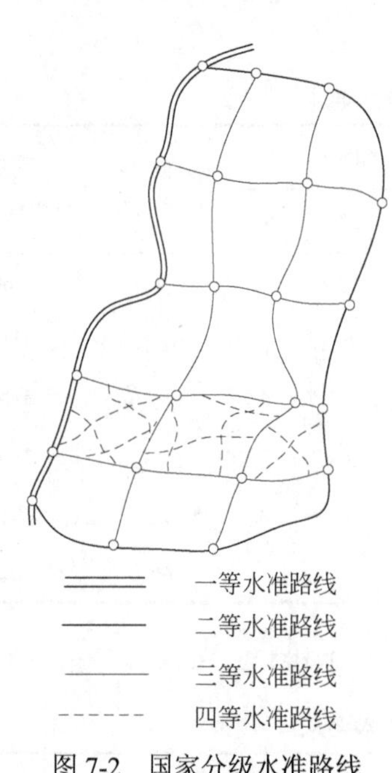

图 7-2　国家分级水准路线

1. 国家水准测量

在全国领土范围内，由一系列按国家统一规范测定高程的水准点构成的网称为国家水准网。水准点上设有固定标志，以便长期保存，为国家各项建设和科学研究提供高程资料。

国家水准网按逐级控制、分级布设的原则分为一、二、三、四等，国家分级水准路线如图 7-2 所示，其中一、二等水准测量称为精密水准测量。一等水准是国家高程控制的骨干，沿地质构造稳定和坡度平缓的交通线布满全国，构成网状。一等水准路线全长超过 93000km，包括 100 个闭合环，环的周长为 800～1500km。二等水准是国家高程控制网的全面基础，一般沿铁路、公路和河流布设。二等水准环线布设在一等水准环内，每个环的周长为 300～700km，全长超过 137000km，包括 822 个闭合环。沿一、二等水准路线还要进行重力测量，提供重力改正数据。一、二等水准环线要定期复测，检查水准点的高程变化供研究地壳垂直运动用。三、四等水准直接为测制地形图和各项工程建设所用。三等环不超过 300km；四等水准一般布设为附合在高等级水准点上的附合路线，其长度不超过 80km。全国各地地面点（包括高山、平原及江河湖面）的高程都是根据国家水准网统一转算的。

2. 城市水准控制网

城市水准测量可分为二、三、四、五等水准和图根水准。根据测区的大小，各级水准均可首级控制。首级控制网应布设成环形路线，加密时应布设成附合路线或结点网。城市水准测量主要技术要求见表7-3。

表7-3 城市水准测量主要技术要求

等级	高差中误差/（mm/km）	路线长度/km	水准仪的型号	水准尺	观测次数		往返较差、附合或环线闭合差	
					与已知点联测	附合路线或环线	平地/mm	山地/mm
二等	2	—	DS_1	因瓦	往返各一次	往返各一次	$4\sqrt{L}$	—
三等	6	≤50	DS_1 DS_3	因瓦 双面	往返各一次	往一次 往返各一次	$12\sqrt{L}$	$4\sqrt{n}$
四等	10	≤16	DS_3	双面	往返各一次	往一次	$20\sqrt{L}$	$6\sqrt{n}$
五等	15	—	DS_3	单面	往返各一次	往一次	$30\sqrt{L}$	—
图根	20	≤5	DS_{10}		往返各一次	往一次	$40\sqrt{L}$	$12\sqrt{n}$

注：① 结点之间或结点与高级点之间，其路线的长度、不应大于表中规定的0.7倍

② L为往返测段，附合或环线的水准路线长度以km为单位；n为测站数

3. 图根高程控制测量

小地区高程控制网也应根据测区面积大小和工程要求采用分级的方法建立。在全测区范围内建立三、四等水准路线和水准网，再以三、四等水准点为基础，测定图根点的高程。图根水准测量主要技术要求见表7-3中的“图根”一行。

7.2 平面控制网的坐标推算

在新布设的平面控制网中，至少需要已知一个点平面坐标，才可以确定控制网的位置，简称定位；至少需要已知一条边的坐标方位角，才可以确定控制网的方向，简称定向。

7.2.1 坐标计算的基本公式

1. 正反方位角的计算

如图7-3所示，如果由x轴顺时针旋转到直线AB的方位角为α_{AB}，则x轴顺时针旋转到直线BA的方位角α_{BA}称为AB的反方位角，正反方位角是相对而言的。其计算公式为

$$\alpha_{BA}=\alpha_{AB}\pm180° \tag{7-1}$$

2. 坐标方位角的推算

如图7-3所示，如果观测角度在导线前进方向的左侧称为左角（$\beta_{左}$），右侧称为右角（$\beta_{右}$）。顾及$\alpha_{BA}=\alpha_{AB}+180°$，则观测左角的方位角推算公式为

$$\begin{aligned}\alpha_{BC}&=\alpha_{BA}+\beta_{左}-360°=\alpha_{AB}+180°+\beta_{左}-360°\\&=\alpha_{AB}+\beta_{左}-180°\end{aligned} \tag{7-2}$$

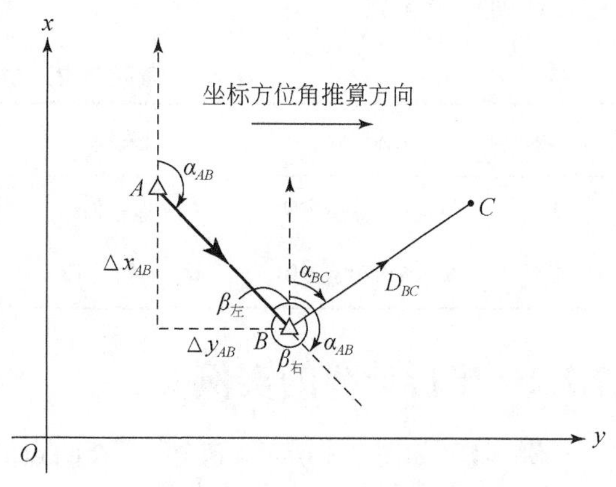

图7-3 坐标方位角的推算

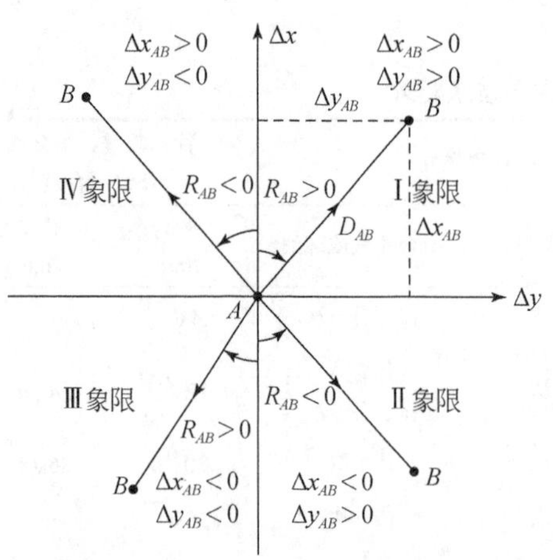

图 7-4　由坐标增量计算方位角的方法

观测右角的方位角推算公式为

$$\alpha_{BC}=\alpha_{BA}-\beta_{右}=\alpha_{AB}-\beta_{右}+180° \tag{7-3}$$

3. 坐标正算

根据直线起点的坐标、直线长度及其坐标方位角计算直线终点的坐标，称为坐标正算。直线两端点 A、B 的坐标值之差，称为坐标增量，用 Δx_{AB}、Δy_{AB} 表示，如图 7-4 所示。坐标增量的计算公式为

$$\Delta x_{AB}=x_B-x_A=D_{AB}\cos\alpha_{AB} \tag{7-4}$$

$$\Delta y_{AB}=y_B-y_A=D_{AB}\sin\alpha_{AB} \tag{7-5}$$

则 B 点坐标的计算公式为

$$x_B=x_A+\Delta x_{AB}=x_A+D_{AB}\cos\alpha_{AB} \tag{7-6}$$

$$y_B=y_A+\Delta y_{AB}=y_A+D_{AB}\sin\alpha_{AB} \tag{7-7}$$

4. 坐标反算

根据直线起点和终点的坐标计算直线的边长和坐标方位角，称为坐标反算。

$$D_{AB}=\sqrt{\Delta x_{AB}^2+\Delta y_{AB}^2} \tag{7-8}$$

$$R_{AB}=\arctan\frac{\Delta y_{AB}}{\Delta x_{AB}} \tag{7-9}$$

按式（7-9）计算坐标方位角时，计算出的是象限角。高斯平面坐标系的 x 轴、y 轴将一个圆周划分为Ⅰ、Ⅱ、Ⅲ、Ⅳ四个象限，从 x 轴的正方向或负方向顺时针或逆时针旋转至直线 AB 的水平角度（范围为 0°～±90°）称为边长 AB 的象限角，用 R_{AB} 表示。因此，应根据坐标增量 ΔX_{AB}、ΔY_{AB} 的正、负号，参照图 7-4 决定其所在象限，再把象限角换算成相应的坐标方位角。规律是：

当直线 AB 方向位于增量坐标系的第Ⅰ象限时，$\alpha_{AB}=R_{AB}$；

当直线 AB 方向位于增量坐标系的第Ⅱ或第Ⅲ象限时，$\alpha_{AB}=R_{AB}+180°$；

当直线 AB 方向位于增量坐标系的第Ⅳ象限时，$\alpha_{AB}=R_{AB}+360°$，

详细列表见表 7-4。

表 7-4　象限角 R_{AB} 与坐标方位角 α_{AB} 的关系

象限	坐标增量	关系	象限	坐标增量	关系
Ⅰ	$\Delta x_{AB}>0, \Delta y_{AB}>0$	$\alpha_{AB}=R_{AB}$	Ⅲ	$\Delta x_{AB}<0, \Delta y_{AB}<0$	$\alpha_{AB}=R_{AB}+180°$
Ⅱ	$\Delta x_{AB}<0, \Delta y_{AB}>0$	$\alpha_{AB}=R_{AB}+180°$	Ⅳ	$\Delta x_{AB}>0, \Delta y_{AB}<0$	$\alpha_{AB}=R_{AB}+360°$

7.2.2　坐标计算的实例

例 7-1　如图 7-3 所示，已知 A，B 两点的坐标分别为 x_A=2547228.568，y_A=491337.337；x_B=2547188.043，y_B=491377.210，在 B 点安置全站仪观测了水平左角 $\beta_{左}$=100°47′53″与水平距离 D_{BC}=66.085，计算 C 点的平面坐标 x_C，y_C。

解：（1）AB 间的水平距离为

$$D_{AB}=\sqrt{\Delta x_{AB}^2+\Delta y_{AB}^2}=56.852 \tag{7-10}$$

（2）坐标方位角 α_{AB} 计算为

象限角
$$R_{AB}=\arctan\frac{\Delta y_{AB}}{\Delta x_{AB}}=-44°32'07.3''$$

因为 $\Delta x_{AB}<0$，$\Delta y_{AB}>0$，AB 边方向位于第Ⅱ象限，坐标方位角 α_{AB} 为

$$\alpha_{AB}=R_{AB}+180°=135°27'52.7''$$

α_{AB} 的反方位角为 $\alpha_{AB}=\alpha_{AB}+180°=315°27'52.7''$

（3）坐标方位角的推算为

$$\begin{aligned}\alpha_{BC}&=\alpha_{BA}+\beta_{左}-360°=\alpha_{AB}+\beta_{左}-180°\\&=135°27'52.7''+100°47'53''-180°=56°15'45.7''\end{aligned} \tag{7-11}$$

（4）C 点坐标的计算。

由坐标正算公式可以列出 C 点坐标的计算公式为

$$\left.\begin{aligned}x_C&=x_B+D_{BC}\cos\alpha_{BC}\\y_C&=y_B+D_{BC}\sin\alpha_{BC}\end{aligned}\right\} \tag{7-12}$$

将数据代入可得

$$x_C=2547188.043+66.085\times\cos56°15'45.7''=2547224.746\text{m}$$
$$y_C=491377.210+66.085\times\sin56°15'45.7''=491432.166\text{m}$$

7.3　导 线 测 量

将相邻控制点连成直线而构成的折线称为导线，控制点称为导线点，相邻两直线之间的水平角称为转折角。导线测量是依次测定导线边的水平距离和转折角，然后根据起算数据（已知坐标方位角和已知坐标），推算出各边的坐标方位角，最后求出导线点的平面坐标。

转折角可使用经纬仪测量，边长可使用光电测距仪或钢尺丈量，也可用全站仪同时测量水平角和边长。

导线测量是建立平面控制网常用的一种方法。特别是在地物分布比较复杂的建筑区、视线障碍较多的隐蔽区和带状地区，多采用导线测量方法。

7.3.1　导线的布设

按照测区的条件和需要，导线可以布置成下列几种形式。

1. 闭合导线

由一个已知控制点出发，最后仍旧回到这一点，形成一个闭合多边形。在闭合导线的已知控制点上必须有一条边的坐标方位角是已知的。导线的布设形式如图 7-5 所示，导线从已知高级控制点 A 和已知方向 AB 出发，经过 1，2，3，4 点，最后返回到起点 A，形成一个闭合多边形。它有三个检核条件：一个多边形内角和条件及两个坐标增量条件。

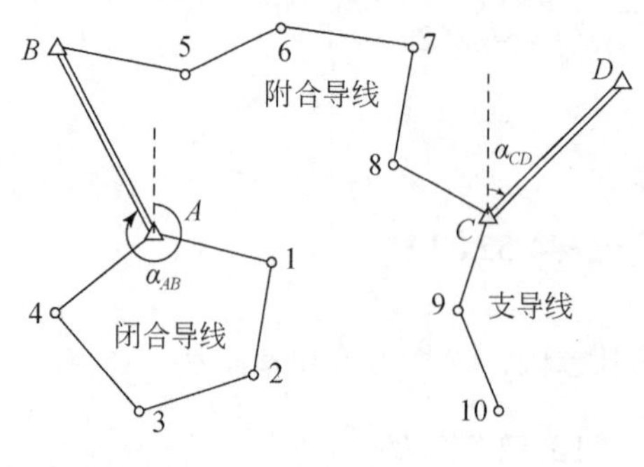

图 7-5　导线的布设形式

2. 附合导线

导线起始于一个已知控制点，而终止于另一个已知控制点。控制点上可以有一条边或几条边是已知坐标方位角的边，也可以没有已知坐标方位角的边。如图 7-5 所示，导线从已知高级控制点 *B* 和已知方向 *BA* 出发，经过 5，6，7，8 点，最后附合到另一高级控制点 *C* 和已知方向 *CD*。它有三个检核条件：一个坐标方位角条件及两个坐标增量条件。

3. 支导线

从一个已知控制点出发，既不附合到另一个控制点，也不回到原来的起始点。如图 7-5 所示，导线从已知高级控制点 *C* 和已知方向 *CD* 出发，延伸至导线点 9，10。由于支导线没有检核条件，一般只在地形测量的图根导线中采用。

7.3.2　导线的外业观测

导线测量的外业包括踏勘选点及建立标志、测角、测边。

1. 踏勘选点及建立标志

踏勘是为了了解测区范围、地形及控制点情况，以便确定导线的形式和布置方案；选点应考虑便于导线测量、地形测量和施工放样。

在踏勘选点之前，首先应到有关部门收集测区原有地形图与高等级控制点成果资料，其次在地形图上初步设计导线布设路线，最后按设计方案实地踏勘选点。选点应遵循的原则为：①相邻导线点间通视良好，便于测角、测距；②点位选在土质坚实且便于保存的地方；③点位视野开阔，便于测绘周围地物地貌；④导线边长应符合规范规定要求，相邻边长尽量不使其长短相差悬殊；⑤导线均匀分布在测区，便于控制整个测区。

选好点后，在土质地面上，应直接在地上打入木桩，桩顶钉一枚小铁钉，作为临时性标志［图 7-6（a）］；在碎石或沥青路面，可用顶上凿有十字纹的测钉代替木桩［图 7-6（b）］；在混凝土场地或路面，可以用钢凿凿一十字纹，涂红漆使标志明显。对于一、二级导线点，需要长期保存时，可埋设混凝土导线点标石［图 7-6（c）］。

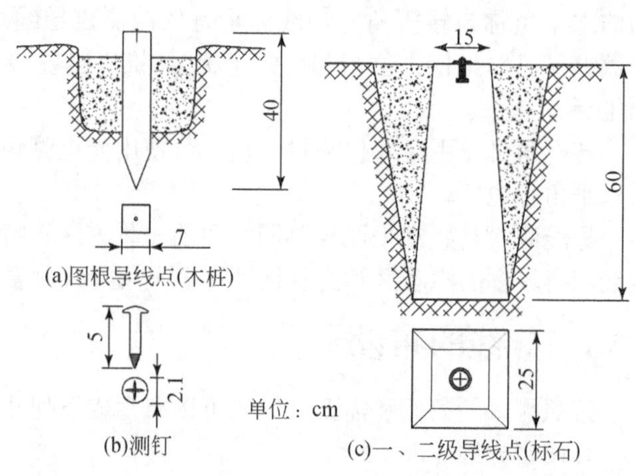

图 7-6　导线点的埋设

埋桩后应统一进行编号，以便于测量资料的统一管理。为了便于今后查找，应量出导线点至附近明显地物的距离。绘出草图，注明尺寸，称为点之记。在点之记上注明地名、路名、导线点编号及导线点与邻近明显地物点的距离，如图 7-7 所示。

2. 测角

导线转折角是指在导线点相邻导线边构成水平角。导线转折角分为左角和右角，在导线前进方向左侧的水平角称为左角，右侧的水平角称为右角。若观测无误差，在同一个导线点测得的左右角之和应等于 360°，图根导线转折角应用 DJ_6 级光学经纬仪测回法观测一测回。

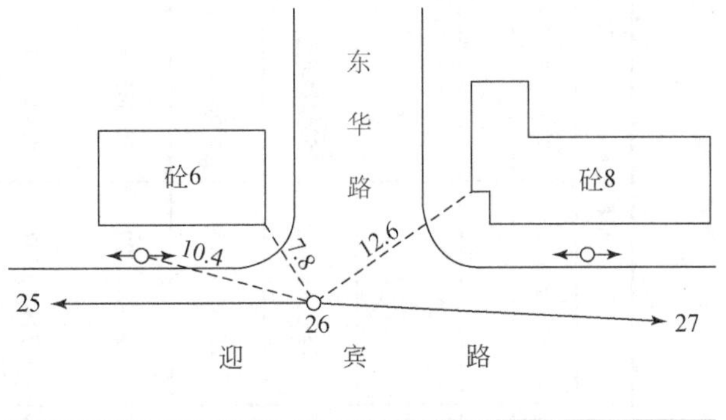

图 7-7　导线点之记

3. 测边

图根导线边长可以使用检定过的钢尺丈量、检定过的光电测距仪测量或全站仪测量。钢尺量距宜采用双次丈量法，其较差的相对误差不大于 1/3000。当钢尺尺长改正数大于 1/10000 时，应加尺长改正；量距过程中，当平均尺温与检定时温度相差大于±10℃时，应进行温度改正；当尺面倾斜坡度大于 1.5%时，应进行倾斜改正。

7.3.3　导线的内业计算

1. 闭合导线的坐标计算

导线计算的目的是推算各导线点的坐标 x_i，y_i。计算前必须按技术要求对观测成果进行检查和核算。然后将观测角、边长填入表 7-5 中的第 2、第 6 栏，起始边坐标方位角和起点坐标值填入第 5、第 11、第 12 栏顶上格（带有横线的值）。下面结合实例（图 7-8）介绍闭合导线的计算方法。

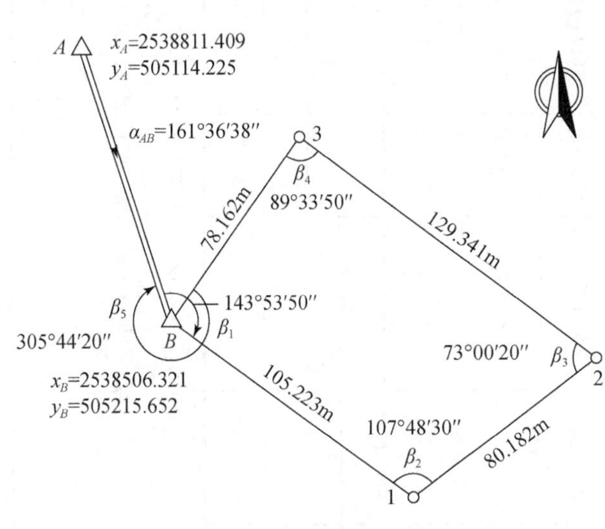

图 7-8　闭合导线略图

在图 7-8 中，已知 A 点坐标（x_A，y_A），B 点的坐标（x_B，y_B），计算出 AB 的坐标方位角 α_{AB}，如果令方位角推算方向为 $A \to B \to 1 \to 2 \to 3 \to B \to A$，则图中观测的 5 个水平角均为左角。全部计算在表内进行，计算方法与步骤如下。

1）角度闭合差的计算与调整

n 边形内角和的理论值 $\sum\beta_{理}=(n-2)\times180°$。由于测角误差，实测内角和 $\sum\beta_{测}$ 与理论值不符，其差称为角度闭合差，用 f_β 表示，即

$$f_\beta=\sum\beta_{测}-(n-2)\times180° \tag{7-13}$$

其容许值 $f_{\beta容}$ 参照表 7-1 中“方位角闭合差”栏，按照表 7-1 的规定，首级图根光电测距导线角度闭合差的允许值 $f_{\beta容}=\pm40\sqrt{n}$。当 $f\leqslant f_{\beta容}$ 时，可进行闭合差调整，将 f_β 以相反的符号平均分配到各观测角去。其角度改正数为

表 7-5　闭合导线坐标计算表

点号	观测角（左角）	改正数/（″）	改正后的角值	坐标方位角	边长/m	坐标增量/m		改正后的坐标增量/m		坐标/m	
						$\Delta x'$	$\Delta y'$	Δx	Δy	x	y
1	2	3	4	5	6	7	8	9	10	11	12
A											
				161°36′38″							
B	143°53′50″	−10	143°53′40″							**2538506.321**	**505215.652**
				125°30′18″	105.223	−0.015　−61.111	+0.019　+85.658	−61.126	+85.677		
1	107°48′30″	−10	107°48′20″							2538544.195	505301.329
				53°18′38″	80.182	−0.012　+47.907	+0.014　+64.297	+47.895	+63.311		
2	73°00′20″	−10	73°00′10″							2538493.090	505365.640
				306°18′48″	129.341	−0.019　+76.596	+0.023　−104.222	+76.577	−104.199		
3	89°33′50″	−10	89°33′40″							2538569.667	505261.441
				215°52′28″	78.162	−0.011　−63.335	+0.015　−45.804	−63.346	−45.789		
B	305°44′20″	−10	305°44′10″							**2538506.321**	**505215.652**
				341°36′38″							
A											
$\sum$	720°00′50″	−50	720°00′00″		392.908	+0.057	−0.071	**0.00**	**0.00**		
辅助计算	$f_\beta=\sum\beta_{测}-(n-2)\times180°$ =720°00′50″−720°=50″ $f_{\beta容}=\pm40\sqrt{n}$ =89″（取首级图根导线限差）					$f_x=\sum\Delta x_{测}=+0.057$m；$f_y=\sum\Delta y_{测}=-0.071$m 导线全长闭合差 $f=\sqrt{f_x^2+f_y^2}$ =0.091m 导线全长相对闭合差 $K=\frac{1}{\sum D/f}\approx\frac{1}{4315}<\frac{1}{4000}$					

$$v_B = -\frac{f_B}{n} \tag{7-14}$$

当 f_B 不能整除时，则将测角的最小位余数凑整分到短边相邻的角上，这是因为短边测角时仪器对中、照准所引起的误差较大。改正后的角值为

$$\beta_i' = \beta_i + v_B \tag{7-15}$$

角度改正数和改正后的角值计算在表 7-5 的第 3、第 4 栏进行。

2）各边坐标方位角推算

因图 7-8 所示的导线转折角均为左角，由式（7-2）可得坐标方位角的计算公式为

$$\alpha_{前} = \alpha_{后} + \beta_{左} \pm 180° \tag{7-16}$$

依次计算 α_{B1}，α_{12}，α_{23}，α_{3B} 直到回到起始边 α_{BA}（填入表 7-5 的第 5 栏）。经校核无误，方可继续往下计算。

3）坐标增量计算及其他闭合差调整

根据各边长及其方位角，即可按式（7-4）和式（7-5）计算出相邻导线点的坐标增量（填入表 7-5 的第 7、第 8 栏）。导线边的坐标增量和导线点坐标的关系见图 7-9（a），闭合导线纵横坐标增量的总和的理论值应等于零，即

$$\left.\begin{aligned}\sum \Delta x_{理} = 0 \\ \sum \Delta y_{理} = 0\end{aligned}\right\} \tag{7-17}$$

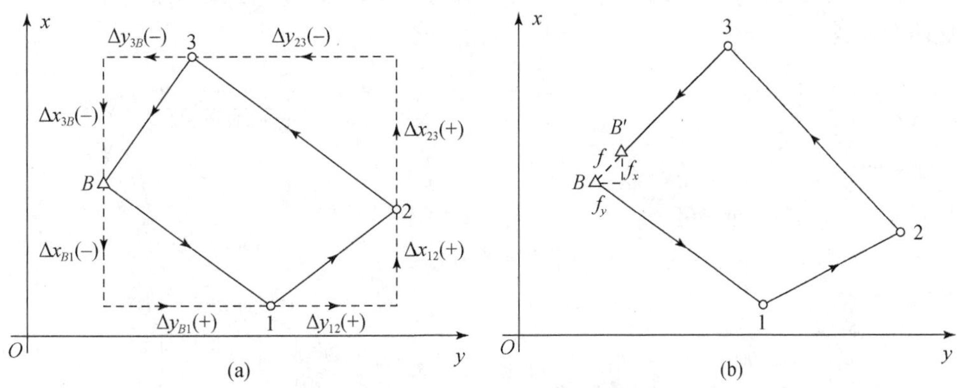

图 7-9　闭合导线坐标闭合差的计算

由于边长观测值和调整后的角度值有误差，坐标增量也有误差。设 x，y 坐标增量闭合差分别为 f_x，f_y，则有

$$\left.\begin{aligned}f_x = \sum \Delta x_{测} - \sum \Delta x_{理} = \sum \Delta x_{测} \\ f_y = \sum \Delta y_{测} - \sum \Delta y_{理} = \sum \Delta y_{测}\end{aligned}\right\} \tag{7-18}$$

如图 7-9（b）所示，由于坐标增量闭合差 f_x，f_y 的存在，闭合多边形出现了一个缺口，在平面图形上不能闭合，即由已知点 B 出发，沿方位角推算方向 $B \to 1 \to 2 \to 3 \to B'$ 计算出的 B' 点的坐标不等于 B 点的已知坐标，其长度值 f 称为导线全长闭合差，计算公式为

$$f = \sqrt{f_x^2 + f_y^2} \tag{7-19}$$

定义导线全长相对闭合差为

$$K=\frac{f}{\sum D}=\frac{1}{\frac{\sum D}{f}} \tag{7-20}$$

对图根光电测距导线，$K_{容}$=1/2000，当 $K \leqslant K_{容}$时，可以分配坐标增量闭合差 f_x，f_y，其原则是“反其符号与边长呈比例分配”，也即，边长 D_{ij} 的坐标增量改正数为

$$\left.\begin{aligned}\delta\Delta x_{ij}&=-\frac{f_x}{\sum D}D_{ij}\\ \delta\Delta y_{ij}&=-\frac{f_y}{\sum D}D_{ij}\end{aligned}\right\} \tag{7-21}$$

该计算在表 7-5 的第 7、第 8 栏进行，改正后的坐标增量为

$$\left.\begin{aligned}\Delta x_{ij}&=\Delta x_{ij}+\delta\Delta x_{ij}\\ \Delta y_{ij}&=\Delta y_{ij}+\delta\Delta y_{ij}\end{aligned}\right\} \tag{7-22}$$

该计算在表 7-5 的第 9、第 10 栏进行。

4）坐标计算

根据起算点已知坐标和改正后的增量。按式（7-6）和式（7-7）依次计算 1、2、3 点的坐标，直至返回到 B 点的坐标（填入表 7-5 的第 11、第 12 栏），以备检查。

2. 附合导线的坐标计算

附合导线的计算步骤与闭合导线完全相同（表 7-6），但两者的主要差异在于角度闭合差 f_β和坐标增量闭合差 f_x，f_y 的计算，以图 7-10 所示的附合导线坐标闭合差的计算为例来说明这两个步骤。

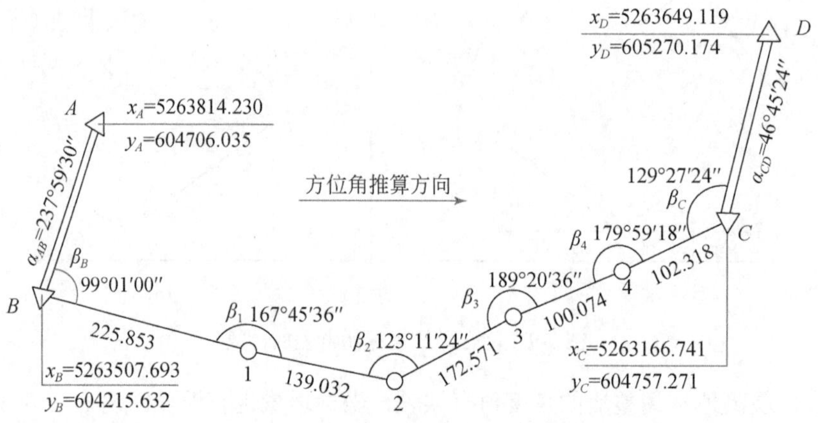

图 7-10　附合导线坐标闭合差的计算

1）角度闭合差 f_β的计算

附合导线的角度闭合差为坐标方位角闭合差。如图 7-10 所示，由已知边 AB 的坐标方位角 α_{AB}，利用观测的转折角 β_B，β_1，β_2，β_3，β_C 可以依次推算出边长 $B\to1$，$1\to2$，$2\to3$，$3\to4$，$4\to C$ 直至 CD 边的坐标方位角，设推出的 CD 边的坐标方位角为 α'_{CD}，则角度闭合差 f_β为

$$f_\beta=\alpha'_{CD}-\alpha_{CD} \tag{7-23}$$

表 7-6 附合导线坐标计算表

点号	观测角（左角）	改正数/（″）	改正后的角值	坐标方位角	边长/m	坐标增量/m		改正后的坐标增量/m		坐标/m	
						$\Delta x'$	$\Delta y'$	Δx	Δy	x	y
1	2	3	4	5	6	7	8	9	10	11	12
A										5263814.230	604706.035
				237°59′30″							
B	99°01′00″	+6	99°01′06″							5263507.693	604215.632
				157°00′36″	225.853	+0.039 −207.914	+0.005 +88.212	−207.875	+88.217		
1	167°45′36″	+6	167°45′42″							5263299.818	604303.849
				144°46′18″	139.032	+0.024 −113.570	+0.003 +80.199	−113.546	+80.202		
2	123°11′24″	+6	123°11′30″							5263186.272	604384.051
				87°57′48″	172.571	+0.030 +6.133	+0.004 +172.462	+6.163	+172.466		
3	189°20′36″	+6	189°20′42″							5263192.435	604556.517
				97°18′30″	100.074	+0.017 −12.730	+0.002 +99.261	−12.713	+99.263		
4	179°59′18″	+6	179°59′24″							5263179.722	604655.780
				97°17′54″	102.318	+0.017 −12.998	+0.002 +101.489	−12.981	+101.491		
C	129°27′24″	+6	129°27′30″							5263166.741	604757.271
				46°45′24″							
D										5263649.119	605270.174
Σ	888°45′18″	+36	**888°45′54″**		739.848	−341.079	+541.623	**−340.952**	**+541.639**		

辅助计算：

$f_\beta=\alpha'_{CD}-\alpha_{CD}=\alpha_{AB}+\sum\beta-n\cdot180^\circ-\alpha_{CD}=46^\circ44'48''-46^\circ45'24''=-36''$

$f_{\beta容}=\pm40''\sqrt{n}=\pm98''$（图根导线限差）

$f_x=\sum\Delta x_{测}-(x_C-x_B)=-341.079+340.952=-0.127$

导线全长闭合差 $f=\sqrt{f_x^2+f_y^2}=0.128$ m

$f_y=\sum\Delta y_{测}-(y_C-y_B)=541.623-541.639=-0.016$

导线全长相对闭合差 $K=\dfrac{1}{\sum D/f}\approx\dfrac{1}{5780}<\dfrac{1}{4000}$（图根导线限差）

2）坐标增量闭合差 f_x，f_y 的计算

设计算的边长 $B \to 1$，$1 \to 2$，$2 \to 3$，$3 \to 4$，$4 \to C$ 的坐标增量之和为 $\sum \Delta x_{测}$，$\sum \Delta y_{测}$，而理论值为

$$\left.\begin{aligned} \sum \Delta x_{理} &= x_C - x_B \\ \sum \Delta y_{理} &= y_C - y_B \end{aligned}\right\} \tag{7-24}$$

则坐标增量闭合差 f_x，f_y 为

$$\left.\begin{aligned} f_x &= \sum \Delta x_{测} - \sum \Delta x_{理} = \sum \Delta x_{测} - (x_C - x_B) \\ f_y &= \sum \Delta y_{测} - \sum \Delta y_{理} = \sum \Delta y_{测} - (y_C - y_B) \end{aligned}\right\} \tag{7-25}$$

计算结果见表 7-6。

7.4 交 会 定 点

交会定点是通过测量交会点与周边已知坐标点所构成三角形的水平角来计算交会点的平面坐标的，它是加密小地区控制点常用的方法之一，交会定点按交会图形分为前方交会、侧方交会和后方交会。

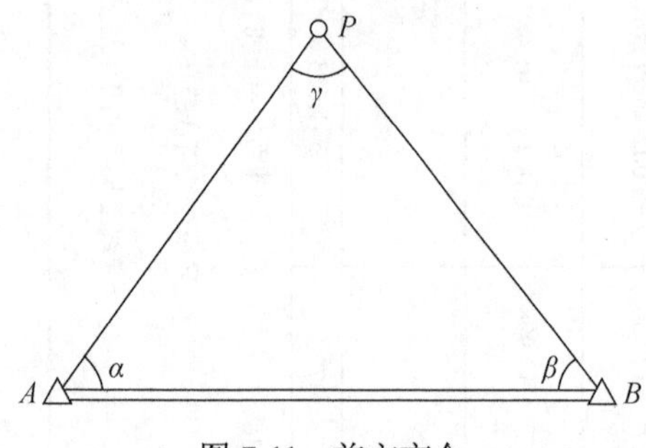

图 7-11　前方交会

1. 前方交会

如图 7-11 所示，在已知点 A、B 上设站测定待定点 P 与控制点的夹角 α、β，即可得到 AP 边的方位角 $\alpha_{AP}=\alpha_{AB}-\alpha$，$BP$ 边的方位角 $\alpha_{BP}=\alpha_{BA}+\beta$。$P$ 点的坐标可由两已知直线 AP 和 BP 交会求得，直线 AP 和 BP 的点斜式方程为

$$\begin{aligned} x_P - x_A &= (y_P - y_A) \cdot \cot \alpha_{AP} \\ x_P - y_A \cdot \cot \alpha_{AP} &+ y_A \cdot \cot \alpha_{AP} - x_A = 0 \end{aligned} \tag{7-26}$$

和

$$\begin{aligned} x_P - x_B &= (y_P - y_B) \cdot \cot \alpha_{BP} \\ x_P - y_P \cdot \cot \alpha_{BP} &+ y_B \cdot \cot \alpha_{BP} - x_B = 0 \end{aligned} \tag{7-27}$$

式（7-27）减去式（7-26）得

$$y_P = \frac{y_A \cot \alpha_{AP} - y_B \cot \alpha_{BP} - x_A - x_B}{\cot \alpha_{AP} - \cot \alpha_{BP}}$$

$$x_P = x_A + (y_P - y_A) \cdot \cot \alpha_{AP} \tag{7-28}$$

前方交会中，由未知点至相邻两起始点方向间的夹角称为交会角。交会角过大或过小，都会影响 P 点位置的测定精度，要求交会角一般应大于 30°并小于 150°。一般测量中，都布设三个已知点进行交会，这时可分两组计算 P 点坐标。设两组计算 P 点坐标分别为（x'_P, y'_P）和（x''_P, y''_P），当两组计算 P 点的坐标较差 ΔD 在容许限差内，则取两组计算的平均值作为 P 点的最后坐标。即

$$\Delta D = \sqrt{(x''_P - y''_P)^2 + (y''_P - y''_P)^2} \leqslant 0.2M$$

式中，M 为测图比例尺分母；ΔD 以 mm 为单位。

2. 侧方交会

如图 7-12 所示，侧方交会是分别在一个已知点（如 A 点）和待定点 P 上安置经纬仪，观测水平角 α 、γ 和检查角 θ，进而确定 P 点的平面坐标。

先计算出 $\beta = 180^\circ - \alpha - \gamma$ ，然后即可按前方交会的计算方法求出 P 点的平面坐标并进行检核。计算时，要求 $A \to B \to P$ 为逆时针方向。

3. 后方交会

如图 7-13 所示，后方交会是在待定点 P 上安置经纬仪，观测水平角 α 、β 、γ 和检查角 θ，进而确定 P 点的平面坐标。测量上，由不在一条直线上的 3 个已知点 A，B，C 构成的圆称为危险圆，当 P 点位于危险圆上时，无法计算出 P 点的坐标。因此，在选定 P 点时，应避免其位于危险圆上。

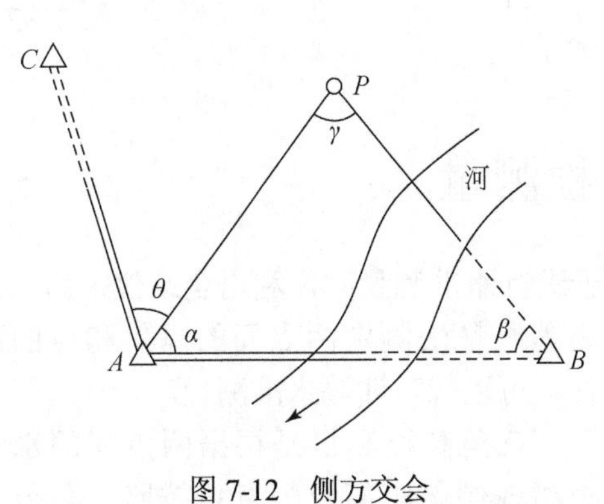

图 7-12　侧方交会

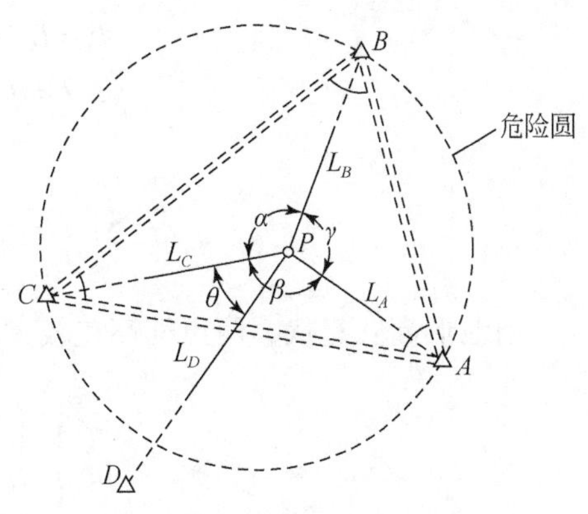

图 7-13　后方交会

1）坐标计算

后方交会的计算公式很多，且推导过程比较复杂，下面仅给出一种适合计算机编程计算的公式。

如图 7-13 所示，设由 A，B，C 三个已知点所构成的三角形的 3 个内角分别为 $\angle A$，$\angle B$，$\angle C$，在 P 点对 A，B，C 三点观测的水平方向值分别为 L_A，L_B，L_C，构成的 3 个水平角 α，β，γ 为

$$\left.\begin{aligned} \alpha &= L_B - L_C \\ \beta &= L_C - L_A \\ \gamma &= L_A - L_B \end{aligned}\right\} \tag{7-29}$$

设 A，B，C 三个已知点的平面坐标分别为 (x_A, y_A)，(x_B, y_B)，(x_C, y_C)，令

$$\left.\begin{aligned} P_A &= \frac{1}{\cot\angle A - \cot\alpha} = \frac{\tan\alpha\tan\angle A}{\tan\alpha - \tan\angle A} \\ P_B &= \frac{1}{\cot\angle A - \cot\beta} = \frac{\tan\beta\tan\angle B}{\tan\beta - \tan\angle B} \\ P_C &= \frac{1}{\cot\angle C - \cot\gamma} = \frac{\tan\gamma\tan\angle C}{\tan\gamma - \tan\angle C} \end{aligned}\right\} \tag{7-30}$$

则待定点 P 的坐标计算公式为

$$\left.\begin{aligned} x_P &= \frac{P_A x_A + P_B x_B + P_C x_C}{P_A + P_B + P_C} \\ y_P &= \frac{P_A y_A + P_B y_B + P_C y_C}{P_A + P_B + P_C} \end{aligned}\right\} \tag{7-31}$$

如果将 P_A，P_B，P_C 看作三个已知点 A，B，C 的权，则待定点 P 的坐标就是 3 个已知点坐标的加权平均值。

2）检核计算

求出 P 点的坐标后，设用坐标反算出 P 点分别至 C，D 点的坐标方位角分别为 α_{PD}，α_{PC}，则 θ 角的计算值与观测值之差为

$$\left.\begin{aligned} \theta &= L_C - L_D \\ \Delta\theta &= \theta - (\alpha_{PC} - \alpha_{PD}) \end{aligned}\right\} \tag{7-32}$$

7.5 三角高程测量

当因地形高低起伏、两点间高差较大而不便于进行水准测量时，利用全站仪采用三角高程测量法测定两点间的高差和点的高程，可以代替四等水准测量。

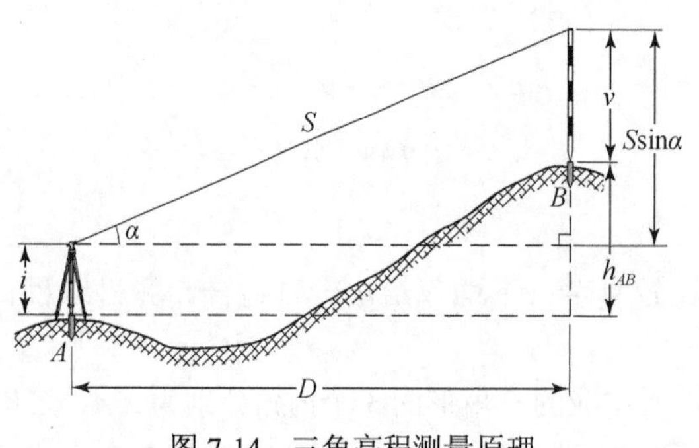

图 7-14　三角高程测量原理

三角高程测量是根据两点间的水平距离或倾斜距离及竖直角按照三角公式来求出两点间的高差。三角高程测量原理如图 7-14 所示，已知 A 点高程 H_A，欲求 B 点高程 H_B，在 A 点安置经纬仪或测距仪，仪器高为 i，在 B 点设置觇标或棱镜。其高度为 v，望远镜瞄准觇标或棱镜的竖直角为 α，则 AB 两点的高差 h_{AB} 为

$$h_{AB} = D\tan\alpha + i - v = S\sin\alpha + i - v \tag{7-33}$$

式中，D 为水平距离；S 为倾斜距离。

1. 三角高程测量的严密计算公式

式（7-33）只适用于两点相距小于 200m 的三角高程计算。AB 距离较长时的三角高程测量严密计算如图 7-15 所示，图中 f_1 为地球曲率改正数，f_2 为大气折光改正数，公式推导如下。

根据式（1-15）可以求得地球曲率改正数（简称球差改正）为

$$f_1 = \Delta h = \frac{D^2}{2R} \tag{7-34}$$

式中，R=6371km，为地球平均曲率半径。

由于地球表面的大气层受重力影响，低层空气的密度大于高层空气的密度。当观测竖直角的视线穿过密度不均匀的介质时，形成一条上凸的曲线，使视线的切线方向向上抬高，测得的竖直角偏大，如图 7-15 所示。这种现象称为大气垂直折光。

可以将受大气垂直折光影响的视线看作一条半径为 R/k 的圆曲线，k 称为大气折光系数。仿照式（7-34），可得大气垂直折光改正（简称气差改正）数为

$$f_2 = -k\frac{D^2}{2R} \tag{7-35}$$

球差改正与气差改正之和（称为球气差）为

$$f = f_1 + f_2 = (1-k)\frac{D^2}{2R} \tag{7-36}$$

大气折光系数 k 是随地区、气候、季节、地面覆盖物和视线超出地面高度等条件的不同而变化的，目前，人们还不能精确地测定其数值，k 值为 0.08～0.14，因此，球气差 f 恒大于零。一般取 k=0.14 计算两差改正。

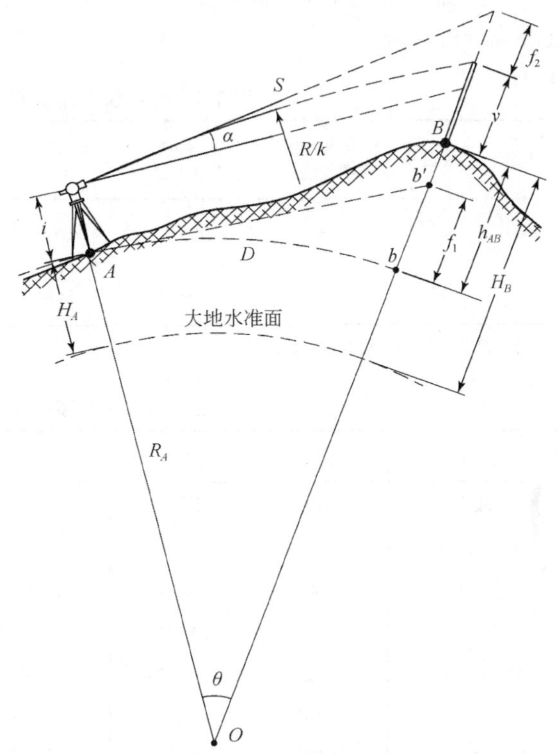

图 7-15　三角高程测量严密计算

顾及两差改正 f，采用水平距离或斜距 S 的三角高程测量的高差计算公式为

$$h_{AB} = D\tan\alpha + i - v + f \tag{7-37}$$

$$h_{BA} = S\sin\alpha + i - v + f \tag{7-38}$$

由于折光系数 k 不能精确测定，两差改正 f 带有误差，距离 D 越长，误差也越大。为了减少两差改正数，《城市测量规范》（CJJ/T 8—2011）规定，代替四等水准测量的光电测距三角高程，其边长不应大于 1km。减少两差改正的另一个方法是，在 A，B 点同时进行对向观测。此时认为 k 是相同的，两差改正 f 也相等，往返测高差分别为

$$h_{AB} = D\tan\alpha_A + i_A - v_B + f \tag{7-39}$$

$$h_{BA} = D\tan\alpha_B + i_B - v_A + f \tag{7-40}$$

当两高差的校差在容许值内，则取其平均值，可以抵消球气差 f 得

$$\bar{h}_{AB} = \frac{1}{2}(h_{AB} - h_{BA}) = \frac{1}{2}[(D\tan\alpha_A + i_A - v_B) - (D\tan\alpha_B + i_B - v_A)] \tag{7-41}$$

2. 三角高程测量的观测与计算

三角高程控制网一般是在平面网的基础上，布设成三角高程网或高程导线。为保证三角高程网的精度，应采用四等水准测量联测一定数量的水准点，作为高程起算数据。三角高程网中任一点到最近高程起算点的边数，当平均边长为 1km 时，不超过 10 条，当平均边长为 2km 时，不超过 4 条。竖直角观测是三角高程测量的关键工作，对竖直角观测的要求见表 7-7。为减少垂直折光变化的影响，应避免在大风或雨后初晴时观测，也不宜在日出后和日落前 2h 内观测，在每条边上均应作对向观测。

觇标高和仪器高用钢尺丈量两次，读至毫米，其较差对于四等三角高程应不大于 2mm，对于五等三角高程应不大于 4mm。竖直角用 DJ_2 级光学经纬仪，在四等高程测 3 个测回，五等测 2 个测回。距离应采用标称精度不低于（$5mm+5\times10^{-6}m$）的测距仪，四等高程测往

返各 1 个测回，图根观测 1 个测回。全站仪三角高程测量的主要技术要求见表 7-7。

三角高程路线高差计算表见表 7-8。高差计算后再计算路线闭合差，并进行闭合差的分配和高程的计算。

表 7-7 全站仪三角高程测量主要技术要求

等级	仪器	竖直角测回数（中丝法）	竖盘指标差较差/（″）	测回较差/（″）	边长测量观测次数	对向观测高差较差/mm	附合路线或环线闭合差/mm
四等	2″	4	≤5	≤5	往返各 1 次	$\pm45\sqrt{D}$	$\pm20\sqrt{\sum D}$
图根	5″	1	≤25	≤25	单向测 2 次	—	$\pm30\sqrt{\sum D}$

注：D 为光电测距边长度（km）

表 7-8 三角高程路线高差计算表

测站点	Ⅲ 10	401	401	402	402	Ⅲ 12
觇点	401	Ⅲ 10	402	401	Ⅲ 12	402
觇法	直	反	直	反	直	反
α	+3°24′15″	−3°22′47″	−0°47′23″	+0°46′56″	+0°27′32″	−0°25′58″
S/m	577.157	577.137	703.485	703.490	417.653	417.697
$h'=S\sin\alpha$/m	+34.271	−34.024	−9.696	+9.604	+3.345	−3.155
i/m	1.565	1.537	1.611	1.592	1.581	1.601
v/m	1.695	1.680	1.590	1.610	1.713	1.708
$f=0.43\dfrac{D^2}{R}$/m	0.022	0.022	0.033	0.033	0.012	0.012
$h=（h'+i-v+f）$/m	+34.163	−34.145	−9.642	+9.619	+3.225	−3.250
$h_{平均}$/m	+34.154		−9.630		+3.238	

思考与练习题

1. 导线测量外业有哪些工作？选择导线点应注意哪些问题？

2. 四等水准在一个测站上的观测程序是什么？有哪些限差要求？

3. 坐标增量的正负号与坐标象限角和坐标方位角有何关系？

4. 已知 A，B，C 三点的坐标列于表 7-9，试计算边长 AB，AC 的水平距离 D 与坐标方位角 α，并将计算结果填入下表中。

表 7-9 坐标反算

点名	X 坐标/m	Y 坐标/m	边长/m	坐标方位角 α
A	44967.766	23390.405		
B	44955.270	23410.231		
C	45022.862	23367.244		

5. 已知 AB 的坐标方位角，观测了图 7-16 中四个水平角，试计算边长 $B\to1$，$1\to2$，$2\to3$，$3\to4$ 的坐标方位角。

6. 平面控制网的定位和定向至少需要哪些起算数据？

7. 导线的布设形式有哪些？针对不同的导线布设形式，角度闭合差如何计算？

8. 某闭合导线如图 7-17 所示，已知 B 点的平面坐标和 AB 边的坐标方位角，观测了图中 9 个水平角和 5 条边长，试计算 1，2，3，4 点的平面坐标。

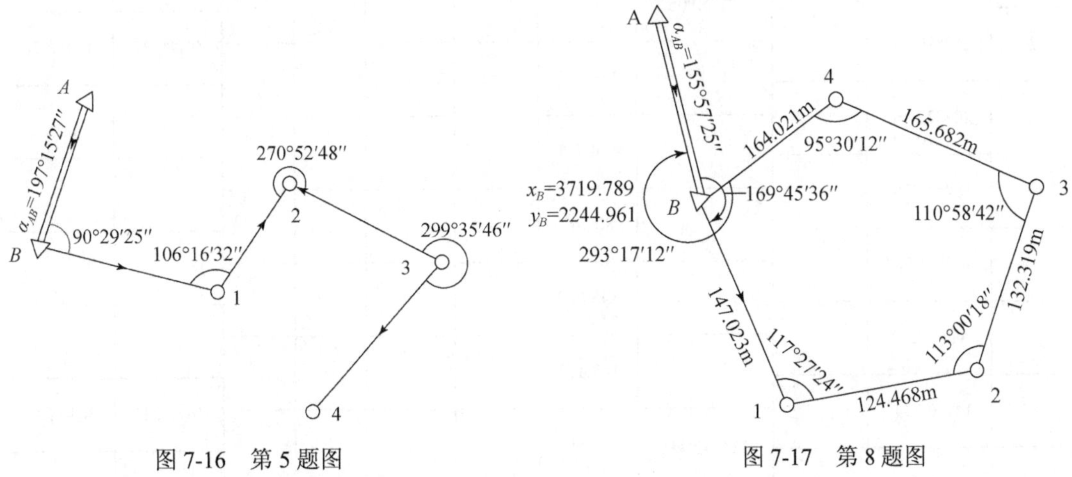

图 7-16　第 5 题图　　　　图 7-17　第 8 题图

9. 某附合导线如图 7-18 所示，已知 B，C 两点的平面坐标和 AB，CD 边的坐标方位角，观测了图中 5 个水平角和 4 条水平距离，试计算 1，2，3，4 点的平面坐标。

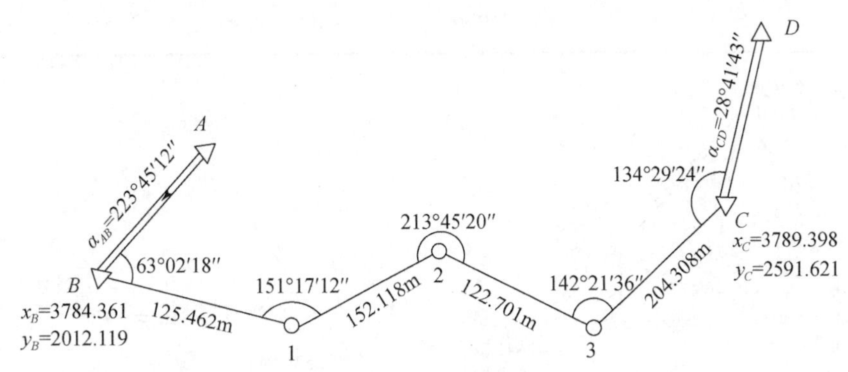

图 7-18　第 9 题图

10. 完成表 7-10 的附合导线坐标计算（观测角为右角）。

11. 计算图 7-19（a）所示测角后方交会点 P_3 的平面坐标。已知 X_A=2687.861，Y_A=6038.754；X_B=3167.329，Y_B=5384.001；X_C=2598.108，Y_C=5256.358。AB、BC、CA 对应的夹角分别为：130°35′27″，87°37′47″，141°46′47″。

12. 已知 X_A=2539.944，Y_A=4513.599；X_B=2603.017，Y_B=4985.148。A、B 夹角分别为：70°55′54″，32°31′06″。计算图 7-19（b）所示前方交会点 P_1 的平面坐标。

表 7-10　附合导线坐标计算

点号	观测角（改正数）	改正后的角值	坐标方位角	边长/m	增量计算值/m		改正后的增量值/m		坐标/m	
					Δx	Δy	Δx	Δy	x	y
1	2	4	5	6	7	8	9	10	11	12
A										
			317°52′06″							
B	267°29′58″								4028.532	4006.770
				133.842						
2	203°29′46″									
				154.711						
3	184°29′36″									
				80.742						
4	179°16′06″									
				148.933						
5	81°16′52″									
				147.161						
C	147°07′34″								3671.031	3619.242
			334°42′42″							
D										
Σ										
辅助计算	$f_\beta =$　　$f_x =$　　$f_y =$ $F_\beta = \pm 40'' \sqrt{n} =$　　$f = \sqrt{f_x^2 + f_y^2} =$									

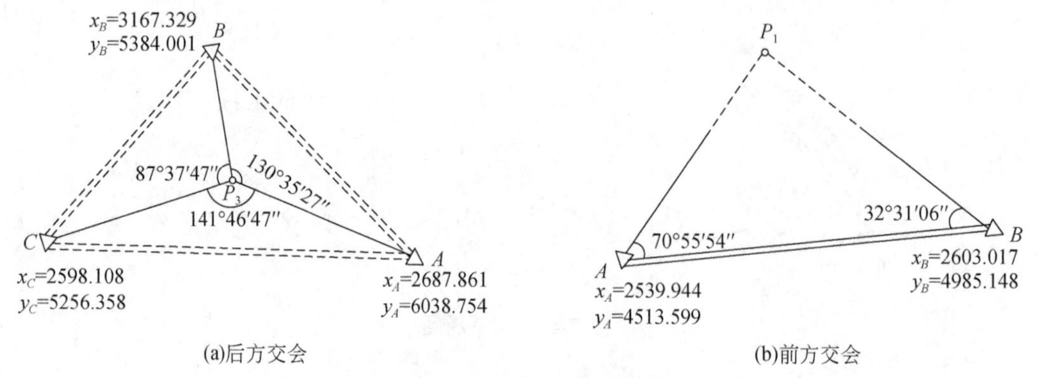

图 7-19　第 11、第 12 题图

13. 试完成表 7-11 的三角高程测量计算，取大气垂直折光系数 k=0.14。

表 7-11　三角高程测量计算表

起算点	A	
待定点	B	
往返测	往	返

续表

水平距离 D/m	581.391	581.391
竖直角 α	+11°38′30″	−11°24′00″
仪器高 i/m	1.44	1.49
觇标高 v/m	2.50	3.00
球气差改正 f		
单项高差 h/m		
往返高差平均/m		

第 8 章　GNSS 测量的原理与方法

8.1　GNSS 概述

全球导航卫星系统（global navigation satellite system，GNSS）是采用全球导航卫星无线电导航技术确定时间和目标空间位置的系统。相对于经典的测量技术来说，GNSS 具有全天候、高精度、自动化、高效益、布点灵活、操作简便等特点。其功能主要包括：导航、定位、测速、测时与授时等。GNSS 已成功地应用于大地测量、工程测量、航空摄影测量、运载工具导航和管制、地壳运动监测、工程变形监测、资源勘察、地球动力学等多学科领域，从而给测绘学科带来了一场深刻的技术革命。随着全球导航卫星系统的不断改进和硬、软件的不断完善，应用领域也正在不断地拓展，遍及国民经济各部门，并逐步深入人们的日常生活。

目前，GNSS 包含美国的全球定位系统（global positioning system，GPS）、俄罗斯的格洛纳斯导航卫星系统（global navigation satellite system，GLONASS）、中国的北斗卫星导航系统（BeiDou navigation satellite system，BDS，也称 Compass）、欧盟的伽利略卫星导航系统（Galileo satellite navigation system，Galileo），可用的卫星达到 100 颗以上。

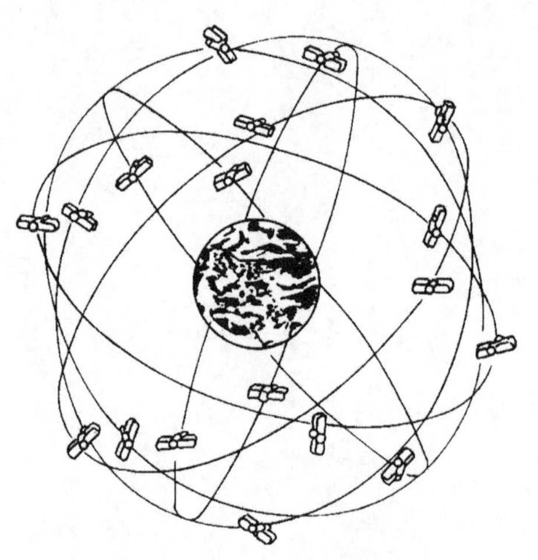

图 8-1　GPS 工作卫星分布

1. GPS

GPS 是授时、测距导航系统/全球定位系统的简称，始建于 1973 年，1994 年投入运营，其中 24 颗卫星均匀分布在 6 个相对于赤道倾角为 55°的近似圆形轨道上，每个轨道上有 4 颗卫星运行，如图 8-1 所示，卫星距地球表面的平均高度为 20183km，运行速度为 3800m/s，运行周期为 11h 58min。每颗卫星可覆盖全球 38%的面积卫星的分布，可保证在地球上任意地点、任何时刻高度 15°以上的天空能同时观测到 4 颗以上卫星。

2. GLONASS

GLONASS 始建于 1976 年，2007 年投入运营，设计使用 24 颗卫星均匀分布在 3 个相对于赤道倾角为 64.8°的近似圆形轨道上，每个轨道上有 8 颗卫星运行，它们距地球表面的平均高度为 19130km，运行周期为 11h 15min 40s。

3. BDS

BDS 始建于 2000 年，2012 年 10 月 25 日，成功发射第 16 颗北斗导航卫星，2012 年 12 月 27 日建成北斗二号系统，向亚太大部分地区正式提供连续无源定位、导航、授时等服务。空间段计划由 35 颗卫星组成，包括 5 颗静止轨道卫星、27 颗中地球轨道卫星、3

颗倾斜同步轨道卫星。5 颗静止轨道卫星定点位置为 58.75°E、80°E、110.5°E、140°E、160°E，中地球轨道卫星运行在 3 个轨道面上，轨道面之间相隔 120°均匀分布。提供开放服务和授权服务两种方式。开放服务是向全球免费提供定位、测速和授时服务，定位精度 10m，测速精度 0.2m/s，授时精度 10ns。2020 年 7 月，建成北斗三号系统，向全球提供服务。

4. Galileo

Galileo 由轨道高度为 23616km 的 30 颗卫星组成，其中，27 颗工作星，3 颗备用卫星。卫星位于 3 个倾角为 56°的轨道平面内。截至 2016 年 12 月，Galileo 已经发射了 18 颗工作卫星，具备了早期操作能力。

目前已投入商业运行的卫星定位测量系统主要有美国的 GPS、俄罗斯的 GLONASS 和中国的 BDS，而 GLONASS 与 GPS 的定位原理基本相同。本章主要以 GPS 测量原理与方法加以说明。

8.2　GPS 定位原理

GPS 采用空间测距交会原理进行定位。GPS 绝对定位原理如图 8-2 所示，为了测定地面某点 P 在 WGS-84 坐标系中的三维坐标（x_P，y_P，z_P），在 P 点安置 GPS 接收机，接收卫星发射的测距码信号，在接收机时钟控制下，可以解出测距码从卫星传播到接收机的时间 Δt，乘以光速 c 并加上卫星时钟与接收机时钟不同步改正，就可以计算出卫星到接收机的空间距离 $\tilde{\rho}$：

$$\tilde{\rho} = c\Delta t + c(v_T - v_t) \tag{8-1}$$

式中，v_t 为卫星钟差；v_T 为接收机钟差。与 EDM 使用双程测距方式不同，GPS 采用单程测距方式，即接收机接收到的测距信号不再返回卫星，而是在接收机中直接解算传播时间 Δt 并计算出卫星至接收机的距离，这就要求卫星和接收机的时钟应严格同步，卫星在严格同步的时钟控制下发射测距信号。事实上，卫星时钟与接收机时钟不可能严格同步，这就会产生时钟误差（简称钟差），两个时钟不同步对测距结果的影响为 $c(v_T - v_t)$。卫星广播星历中包含有卫星钟差 v_t，它是已知的，而接收机钟差 v_T 却是未知数，需要通过观测方程解算。

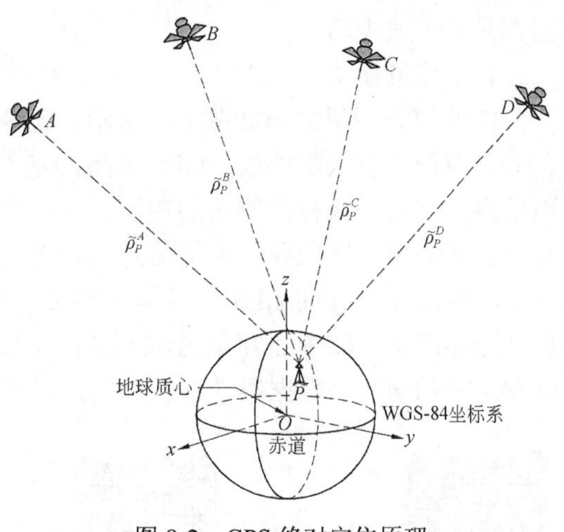

图 8-2　GPS 绝对定位原理

式（8-1）中的距离 $\tilde{\rho}$ 没有顾及大气电离层和对流层折射误差的影响，它不是卫星至接收机的真实几何距离，通常称为伪距。

在测距时刻 t_i，接收机通过接收卫星 S_i 的广播星历可以解算出 S_i 在 WGS-84 坐标系中的三维坐标（x_i, y_i, z_i），则 S_i 卫星与 P 点的几何距离为

$$R_P^i = \sqrt{(x_P - x_i)^2 + (y_P - y_i)^2 + (z_P - z_i)^2} \tag{8-2}$$

由此得伪距观测方程为

$$\tilde{\rho}_P^i = c\Delta t_{iP} + c(v_t^i - v_T) = R_P^i = \sqrt{(x_P - x_i)^2 + (y_P - y_i)^2 + (z_P - z_i)^2} \tag{8-3}$$

式（8-3）有 x_P，y_P，z_P，v_T 4 个未知数，为解算 4 个未知数，应同时锁定 4 颗卫星进行观测。如图 8-2 所示，对 A，B，C，D 4 颗卫星进行观测的伪距方程为

$$\left.\begin{aligned}
\tilde{\rho}_P^A &= c\Delta t_{AP} + c(v_t^A - v_T) = \sqrt{(x_P - x_A)^2 + (y_P - y_A)^2 + (z_P - z_A)^2} \\
\tilde{\rho}_P^B &= c\Delta t_{BP} + c(v_t^B - v_T) = \sqrt{(x_P - x_B)^2 + (y_P - y_B)^2 + (z_P - z_B)^2} \\
\tilde{\rho}_P^C &= c\Delta t_{CP} + c(v_t^C - v_T) = \sqrt{(x_P - x_C)^2 + (y_P - y_C)^2 + (z_P - z_C)^2} \\
\tilde{\rho}_P^D &= c\Delta t_{DP} + c(v_t^D - v_T) = \sqrt{(x_P - x_D)^2 + (y_P - y_D)^2 + (z_P - z_D)^2}
\end{aligned}\right\} \tag{8-4}$$

解式（8-4），即可计算出 P 点的坐标（x_P, y_P, z_P）。

8.3　GPS 的组成

GPS 定位技术是利用空中的 GPS 卫星向地面发射 L 波段的载频无线电测距信号，由地面上的用户接收机实时地连续接收，并依此计算出接收机天线相位中心所在的位置。因此，GPS 定位系统由以下三个部分组成：①GPS 卫星星座（空间部分）；②地面监控系统（地面控制部分）；③GPS 用户接收机（信号接收处理部分）。对于整个全球定位系统来说，它们都是不可缺少的。

1. 工作卫星

GPS 工作卫星分布如图 8-1 所示。GPS 工作卫星如图 8-3 所示，主体呈柱形，直径约 1.5m，两侧设有太阳能板。GPS 卫星的基本功能为：①接收和存储由地面监控站发来的导航信息，接收并执行监控站的控制指令；②进行必要的数据处理工作；③提供精密的时间标准；④向用户发送导航定位信息；⑤接收并执行地面监控站发送的调度命令。

GPS 卫星广播的 GPS 信号是 GPS 定位的基础，它由一基准频率（f_0=10.23MHz）经倍频和分频产生。GPS 卫星信号频率的产生原理如图 8-4 所示，卫星信号包含载波、测距码（C/A 码和 P 码）、数据码（导航电文，或称为 D 码）。

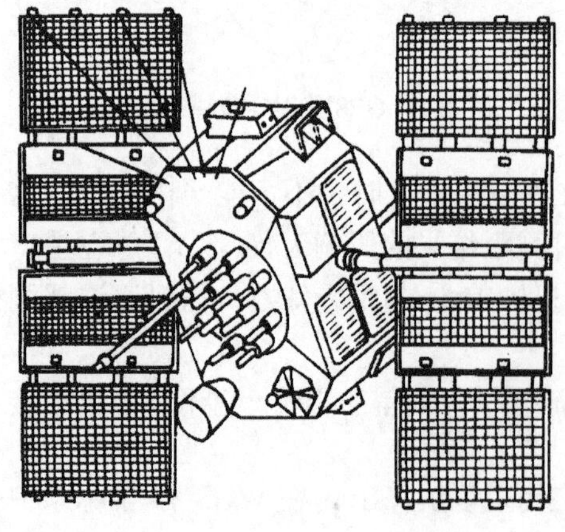

图 8-3　GPS 工作卫星

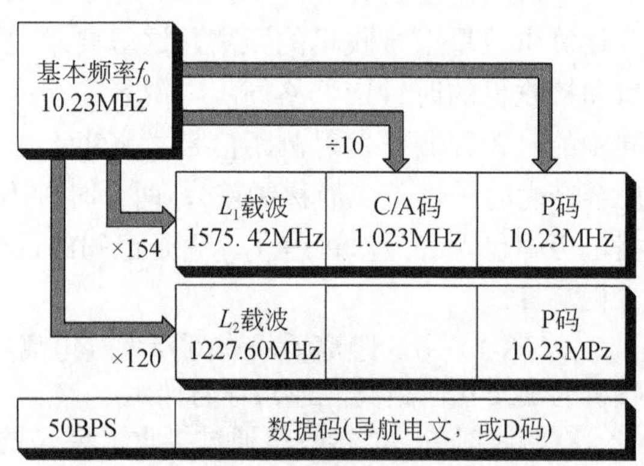

图 8-4　GPS 卫星信号频率的产生原理

载波信号频率使用的是无线电中 L 波段的两种不同频率的电磁波，其频率与波长为

$$L_1\text{载波：}f_1=154\times f_0=1575.42\text{MHz}，\lambda_1=19.03\text{cm} \tag{8-5}$$

$$L_2\text{载波：}f_2=120\times f_0=1227.60\text{MHz}，\lambda_2=24.42\text{cm} \tag{8-6}$$

在载波 L_1 上调制有 C/A 码、P 码和数据码，在载波 L_2 上调制有 P 码、数据码。

测距码是由“0”“1”组成的二进制编码。在二进制中，一位二进制数称为一比特(bit)或一个码元，每秒传输比特数称为数码率（bit/s）。卫星采用的两种测距码（C/A 码和 P 码）属于伪随机码，它们具有良好的自相关性和周期性，很容易复制。C/A 码和 P 码分别为基准频率的十分频和一倍频，对应的波长为 293.1m 和 29.3m；若测距精度为波长的百分之一，则 C/A 码和 P 码的测距精度为 2.93m 和 0.29m。显然 P 码的测距精度高于 C/A 码 10 倍，因此 C/A 码称为粗码，P 码称为精码。P 码受美国军方控制，一般用户无法得到，只能利用 C/A 码进行测距。

数据码就是卫星导航电文，也称为 D 码，它包含卫星星历、卫星工作状态、时间系统、卫星时钟运行状态、轨道摄动改正、大气折射改正和由 C/A 码捕获 P 码的信息等。导航点位也是二进制码，依规定的格式按帧发射，每帧电文的长度为 1500 bit，播送速率为 50bit/s。

2. 地面监控系统

在 GPS 接收机接收到的卫星广播星历中，包含描述卫星运动及其轨道的参数，而每颗卫星的广播星历是由地面监控系统提供。GPS 地面监控系统包括 1 个主控站、3 个注入站和 5 个监测站。

主控站除协调和管理所有地面监控系统工作外，还进行下列工作。

（1）根据本站和其他监测站的观测数据，推算编制各卫星的星历、卫星钟差和大气层修正参数，并将这些数据传送到注入站。

（2）提供时间基准。各监测站和 GPS 卫星的原子钟均应与主控站原子钟同步，或测量出其间的钟差，并将这些钟差信息编入导航电文，送到注入站。

（3）调整偏离轨道的卫星，使之沿预定的轨道运行。

（4）启动备用卫星，以代替失效的工作卫星。

注入站的作用是在主控站的控制下，将主控站推算和编制的卫星星历、钟差、导航电文和其他控制指令等，注入相应卫星的存储器中，通过卫星将导航电文传递给地面上的广大用户，并监测注入信息的正确性。导航电文是 GPS 用户需要的一项重要信息，通过导航电文才能确定出 GPS 卫星在各时刻的具体位置，因此注入站的作用很重要。

监测站是在主控站直接控制下的数据自动采集中心，站内有双频 GPS 接收机、高精度原子钟、气象参数测试仪和计算机等设备。其任务是完成对 GPS 卫星信号的连续观测，搜集当地的气象数据，观测数据经计算机处理后传送给主控站。

3. 用户设备

用户设备包括 GPS 接收机和相应的数据处理软件。GPS 接收机包括接收天线、主机和电源。随着电子技术的发展，现在的 GPS 接收机已高度集成化和智能化，实现了接收天线、主机和电源的一体化，并能自动捕捉卫星并采集数据。

GPS 接收机的任务是捕获卫星信号，跟踪并锁定卫星信号，对接收到的信号进行处理，测量出测距信号从卫星传播到接收机天线的时间间隔，译出卫星广播的导航电文，实时计算接收机天线的三维坐标、速度和时间。

按用途的不同，GPS 接收机分为导航型、测地型和授时型；按使用的载波频率分为单频接收机（用 1 个载波频率 L_1）和双频接收机（用 2 个载波频率 L_1 和 L_2）。

8.4 GPS 定位的方法

GPS 定位的方法有多种，若按测距原理的不同，可分为伪距定位、载波相位测量定位和 GPS 差分定位；按使用同步观测的接收机数和定位解算方法来分，有单点定位和相位（差分）定位；根据接收机的运动状态可分为静态定位和动态定位。单点定位确定的是天线相位中心在 WGS-84 坐标系中的三维坐标，又称为绝对定位。相对定位确定的是待定点相对于地面上另一参考点的空间基线向量。静态定位接收机是静止不动的，动态定位是确定安置接收机的运动平台的三维坐标和速度。绝对定位和相对定位中，均包含静态和动态两种方式。比较有代表性的定位模式，即为伪距单点定位和载波相位相对定位，其他的定位模式均依此衍生而来。

8.4.1 伪距定位

伪距定位分单点定位和多点定位。单点定位就是利用 GPS 接收机安置在测点上并锁定 4 颗以上的卫星，通过将接收到的卫星测距码与接收机产生的复制码对齐来测量各锁定卫星测距码到接收机的传播时间 Δt_i，进而求出卫星至接收机的伪距值，从锁定卫星的广播星历中获取其空间坐标，采用距离交会原理解算出接收机天线所在点的三维坐标。设锁定 4 颗卫星时的伪距观测方程为式（8-4），因 4 个方程中正好有 4 个未知参数，所以方程有唯一解。当锁定的卫星数超过 4 颗时，就存在多余观测，此时应使用最小二乘原理通过平差求解待定点的坐标。

事实上，由于大气延迟、卫星钟差、接收机钟差等误差的影响，伪距法单点定位精度不高。例如，C/A 码（粗码）伪距定位精度一般为 25m；P 码（精码）一般只提供军方使用，定位精度为 10m。由于伪距单点定位速度快，无多值性问题，该定位方法被广泛地应用于飞机、船舶及陆地车辆等运动载体的导航上，其在航空物探和卫星遥感等领域也有广泛的应用前景。另外，伪距还可作为载波相位测量中解决整周模糊度的参考依据。

多点定位就是将多台 GPS 接收机（一般 2～3 台）安置在不同测点上，同时锁定相同的卫星进行伪距测量，此时，大气电离层和对流层折射误差、星历误差的影响基本相同，在计算各测点之间的坐标差（$\Delta x, \Delta y, \Delta z$）时，可以消除上述误差的影响，使测点之间的点位相对精度大大提高。

8.4.2 载波相位测量

由图 8-4 可知，载波 L_1，L_2 的频率远大于测距码（C/A 码和 P 码）的频率，其波长也就远小于测距码的波长。若使用载波 L_1 或 L_2 作为测距信号，将卫星传播到接收机天线的正弦载波信号与接收机之间产生的基准信号进行比相，求出它们之间的相位延迟从而计算伪距，就可以获得很高的测距精度。如果测量 L_1 载波相位误差为 1/100，则伪距测量精度可达 19.03cm/100 = 1.9mm。

1. 载波相位绝对定位

图 8-5 为 GPS 载波相位测距原理图。与相位式电磁波测距仪的原理相同，由于载波信号是正弦波信号，相位测量时只能测出其不足一个整周期的相位移部分 $\Delta\varphi$（$\Delta\varphi < 2\pi$），存在整周数 N_0 不确定问题，N_0 称为整周模糊度。

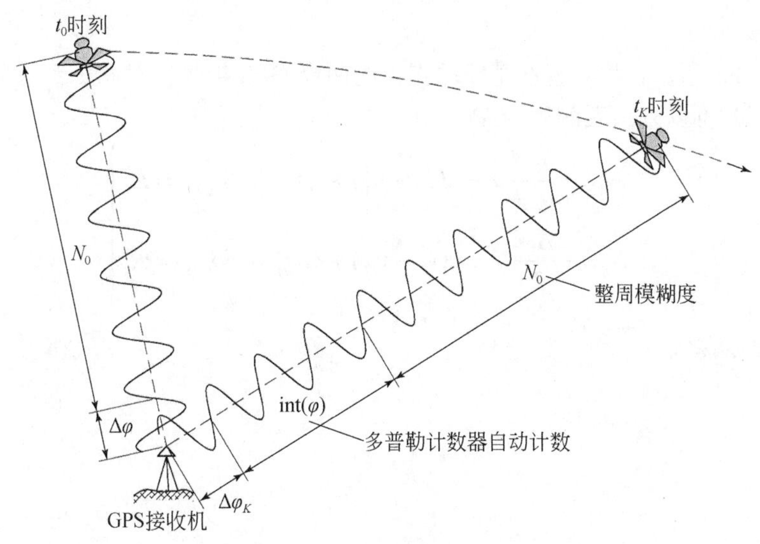

图 8-5　GPS 载波相位测距原理图

如图 8-5 所示，在 t_0 时刻（也称历元 t_0），设某颗卫星发射的载波信号到达接收机的相位移为 $2\pi N_0 + \Delta\varphi$，则该卫星至接收机的距离为

$$\frac{2\pi N_0 + \Delta\varphi}{2\pi}\lambda = N_0\lambda + \frac{\Delta\varphi}{2\pi}\lambda \tag{8-7}$$

式中，λ 为载波波长。当对卫星进行连续跟踪观测时，由于接收机内置有多普勒计数器，只要卫星信号不失锁，N_0 就不变，在 t_K 时刻，该卫星发射的载波信号到达接收机的相位移变成 $2\pi N_0 + \text{int}(\varphi) + \Delta\varphi_K$，式中，$\text{int}(\varphi)$ 由接收机内置的多普勒计数器自动累计求出。

考虑钟差改正 $c(v_T - v_t)$、大气电离层折射改正 $\delta\rho_{\text{ion}}$ 和对流层折射改正 $\delta\rho_{\text{trop}}$ 的载波相位观测方程为

$$\rho = N_0\lambda + \frac{\Delta\varphi}{2\pi}\lambda + c(v_T - v_t) + \delta\rho_{\text{ion}} + \delta\rho_{\text{trop}} = R \tag{8-8}$$

通过对锁定卫星进行连续跟踪观测可以修正 $\delta\rho_{\text{ion}}$ 和 $\delta\rho_{\text{trop}}$，但整周模糊度 N_0 始终是未知的，能否准确求出 N_0 就成为载波相位定位的关键。

2. 载波相位相对定位

载波相位相对定位，又称差分定位，是目前 GPS 定位中精度最高的一种定位方法。载波相位相对定位的基本方法是：将两台 GPS 接收机分别安置在测线两端（该测线称为基线），同步接收 GPS 卫星信号，利用相同卫星相位观测值的线性组合解算基线向量在 WGS-84 坐标系中的坐标增量（$\Delta x, \Delta y, \Delta z$），进而确定它们的相对位置。当其中一个端点坐标已知时，则可推算出另一个待定点（端点）的坐标。

在两个或多个观测站同步观测相同卫星的情况下，卫星的轨道误差、卫星钟差、接收机钟差及电离层和对流层的折射误差等，对观测量的影响具有一定的相关性，所以利用这些观测量的不同组合，进行相对定位，便可有效消除或减弱上述误差的影响，从而提高相对定位的精度。

根据相位观测值的线性组合形式，载波相位相对定位又分为单差法、双差法和三差法 3 种。

1）单差法

如图 8-6（a）所示，将安置在基线端点上的两台 GPS 接收机对同一颗卫星进行同步观测，由式（8-8）可以列出观测方程为

$$\left.\begin{aligned}N_1^i\lambda+\frac{\Delta\varphi_1^i}{2\pi}\lambda+c(v_T^i-v_{t1})+\delta\rho_{\text{ion1}}+\delta\rho_{\text{trop1}}=R_1^i\\N_2^i\lambda+\frac{\Delta\varphi_2^i}{2\pi}\lambda+c(v_T^i-v_{t2})+\delta\rho_{\text{ion2}}+\delta\rho_{\text{trop2}}=R_2^i\end{aligned}\right\}\tag{8-9}$$

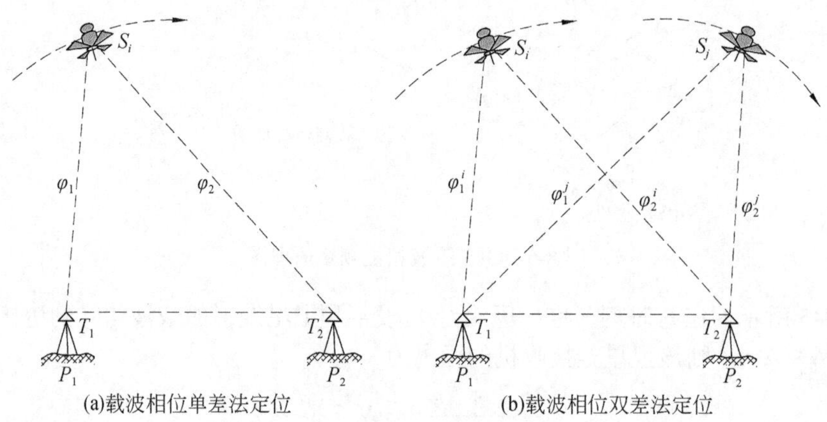

图 8-6　GPS 载波相位相对定位

考虑到接收机到卫星的平均距离为 20183km，而基线的距离远小于它，可以认为基线两端点的电离层和对流层改正基本相等，也即有 $\delta\rho_{\text{ion1}}=\delta\rho_{\text{ion2}}$ 和 $\delta\rho_{\text{trop1}}=\delta\rho_{\text{trop2}}$，对式（8-9）两个方程求差，可得单差观测方程为

$$N_{12}^i\lambda+\frac{\lambda}{2\pi}\Delta\varphi_{12}^i-c(v_{t1}-v_{t2})=R_{12}^i\tag{8-10}$$

式中，$N_{12}^i=N_1^i-N_2^i$；$\Delta\varphi_{12}^i=\Delta\varphi_1^i-\Delta\varphi_2^i$；$R_{12}^i=R_1^i-R_2^i$；单差方程式（8-10）消除了卫星钟差改正数 v_T。

2）双差法

如图 8-6（b）所示，将安置在基线两端点上的两台 GPS 接收机同时对两颗卫星进行同步观测，根据式（8-10）可以写出观测 S_j 卫星的单差方程为

$$N_{12}^j\lambda+\frac{\lambda}{2\pi}\Delta\varphi_{12}^j-c(v_{t1}-v_{t2})=R_{12}^j\tag{8-11}$$

再将式（8-10）和式（8-11）求差，可得双差观测方程为

$$N_{12}^{ij}\lambda+\frac{\lambda}{2\pi}\Delta\varphi_{12}^{ij}=R_{12}^{ij}\tag{8-12}$$

式中，$N_{12}^{ij}=N_{12}^i-N_{12}^j$；$\Delta\varphi_{12}^{ij}=\Delta\varphi_{12}^i-\Delta\varphi_{12}^j$；$R_{12}^{ij}=R_{12}^i-R_{12}^j$；双差方程式（8-12）消除了基线两端点接收机的相对钟差改正数 $v_{t1}-v_{t2}$。

综上，载波相位定位时采用差分法，可以减少平差计算中未知数的数量，消除或减弱测站相同误差项的影响，提高定位精度。

由式(8-2)，可以将 R_{12}^{ij} 化算为基线端点坐标增量($\Delta x_{12},\Delta y_{12},\Delta z_{12}$)的函数，也即式(8-12)中的 3 个坐标增量未知数。如果两台 GPS 接收机同步观测了 n 颗卫星，则有 n−1 个整周模

糊度 N_{12}^{ij}，未知数总数为 3+n−1。当每颗卫星观测了 m 个历元时，就有 $m(n-1)$ 个双差方程。为了求出 3+n−1 个未知数，要求双差方程数大于未知数个数，也即

$$m(n-1) \geqslant 3+n-1 \text{ 或 } m \geqslant \frac{n+2}{n-1}$$

一般取 m=2，也即每颗卫星观测两个历元。

3）*三差法*

三差法是在双差法基础上，进一步在不同历元之间，对双差观测量求差分。这样一来，就进一步消去了双差观测方程中含有的整周未知数，这是三差模型的主要优点，但是，这也使观测方程的数量进一步减少。

差分法载波相位测量虽然可以消去一系列多余参数项（即不含有测站坐标的项），但是在组成差分观测方程的同时，减少了观测方程的个数，另外也增加了观测量之间的相关性，这些都不利于提高最后解的精度。一般是采用双差法求解最终结果，而三差法则只是用于整周跳变的探测和估计或求得测站坐标的近似解。

为了提高相对定位精度，同步观测的时间应比较长，具体时间与基线长、所用接收机类型（单频机还是双频机）和解算方法有关。在小于 15km 的短基线上使用双频机，采用快速处理软件，野外每个测点同步观测时间一般只需要 10～15min 就可以使测量的基线长度达到 5mm±1ppm 的精度。

8.4.3　实时动态差分定位

实时动态（real-time kinematic，RTK）差分定位是在已知坐标点或任意未知点上安置一台 GPS 接收机（称为基准站），利用已知坐标和卫星星历计算出观测值的校正值，并通过无线电通信设备（称为数据链）将校正值发送给运动中的 GPS 接收机（称为移动站），移动站用收到的校正值对自身 GPS 观测值进行改正，以消除卫星钟差、接收机钟差、大气电离层和对流层折射误差的影响。实时动态差分定位需使用带实时动态差分功能的 RTK GPS 接收机才能够实施，本节简要介绍常用的 3 种实时动态差分方法。

1. 位置差分

将基准站 B 的已知坐标与 GPS 伪距单点定位获得的坐标进行差分，通过数据链向移动站 i 传送坐标改正值，移动站用接收到的坐标改正值修正其测得的坐标。

设基准站 B 的已知坐标为（x_B^0, y_B^0, z_B^0），使用 GPS 伪距单点定位测得的基准站的坐标为（x_B, y_B, z_B），通过差分求得基准站的坐标改正数为

$$\left.\begin{aligned} \Delta x_B &= x_B^0 - x_B \\ \Delta y_B &= y_B^0 - y_B \\ \Delta z_B &= z_B^0 - z_B \end{aligned}\right\} \tag{8-13}$$

设移动站 i 使用 GPS 伪距单点定位测得的坐标为（x_i, y_i, z_i），则使用基准站坐标改正值修正后的移动站坐标为

$$\left.\begin{aligned} x_i^0 &= x_i + \Delta x_B \\ y_i^0 &= y_i + \Delta y_B \\ z_i^0 &= z_i + \Delta z_B \end{aligned}\right\} \tag{8-14}$$

位置差分要求基准站与移动站同步接收相同卫星的信号。

2. 伪距差分

利用基准站 B 的已知坐标和卫星广播星历计算卫星到基准站间的几何距离 R_{B0}^{i}，并与使用伪距单点定位测得的基准站伪距值 ρ_B^i 进行差分得到距离改正数：

$$\Delta\rho_B^i = R_{B0}^i - \rho_B^i \tag{8-15}$$

通过数据链向移动站 i 传送 $\Delta\rho_B^i$，移动站 i 用接收到的 $\Delta\rho_B^i$ 修正其测得的伪距值。基准站 B 只要观测 4 颗以上卫星并用 $\Delta\rho_B^i$ 修正其各卫星的伪距值就可以进行定位，它不要求基准站与移动站接收的卫星完全一致。

3. 载波相位实时动态差分

前面两种差分法都是使用伪距定位原理进行观测，而载波相位实时动态差分是使用载波相位定位原理进行观测。载波相位实时动态差分的原理与伪距差分类似，因为使用载波相位信号测距，所以其伪距观测值的精度高于伪距定位法观测的伪距值。由于要解算整周模糊度，要求基准站与移动站同步接收相同的卫星信号，且两者相距一般应小于 30km，其定位精度可以达到 1～2 cm。

8.4.4　连续运行参考站系统

随着 GNSS 技术的发展和应用普及，它在城市测量中的作用越来越重要。当前利用多基站网络 RTK 技术建立的连续运行参考站系统（continuously operating reference system，CORS）已成为城市 GNSS 应用的发展热点之一。CORS 被定义为一个或若干个固定、连续运行 GNSS 参考站，利用计算机、数据通信和互联网技术组成的网络，实时向不同类型、需求、层次的用户自动提供经检验的不同类型的 GNSS 观测值（载波相位、伪距）、各种改正数、状态信息、有关 GNSS 服务项目的系统。

CORS 主要由控制中心、固定参考站、数据通信和用户部分组成。

在整个城市范围内应建设至少 3 个永久性的固定参考站，各固定参考站的观测数据通过互联网实时传送到控制中心，控制中心对接收到的固定参考站观测数据进行处理后，通过互联网发送 CORS 网络差分数据给用户移动站接收机，用户移动站接收机通过移动互联网接收控制中心发送的差分数据。用户设备只需一台插入了用户标志模块（subscriber identify module，SIM）卡的 GNSS 接收机和手簿。

CORS 技术主要有虚拟参考站（virtual reference station，VRS）系统、区域改正数技术、主辅站技术三种。本节只简要介绍 VRS 技术。

如图 8-7 所示，在 VRS 网络中，各固定参考站不直接向移动站用户发差分数据，而是将其接收到的卫星数据通过互联网发送到控制中心。移动站用户工作前，通过移动互联网向控制中心发送一个概略坐标，控制中心收到这个位置信息后，根据用户位置，由计算机自动选择一组最佳固定基准站，根据这些基准站发来的信息，整体改正 GNSS 的轨道误差，以及电离层、对流层和大气折射误差，将高精度的差分数据发给移动站接收机。等价于在移动站旁边生成了一个虚拟参考基站，解决了 RTK 在作业距离上的限制问题，也保证了用户移动站接收机的定位精度。每个固定参考站的设备组成及电缆连接情况如图 8-7 所示。

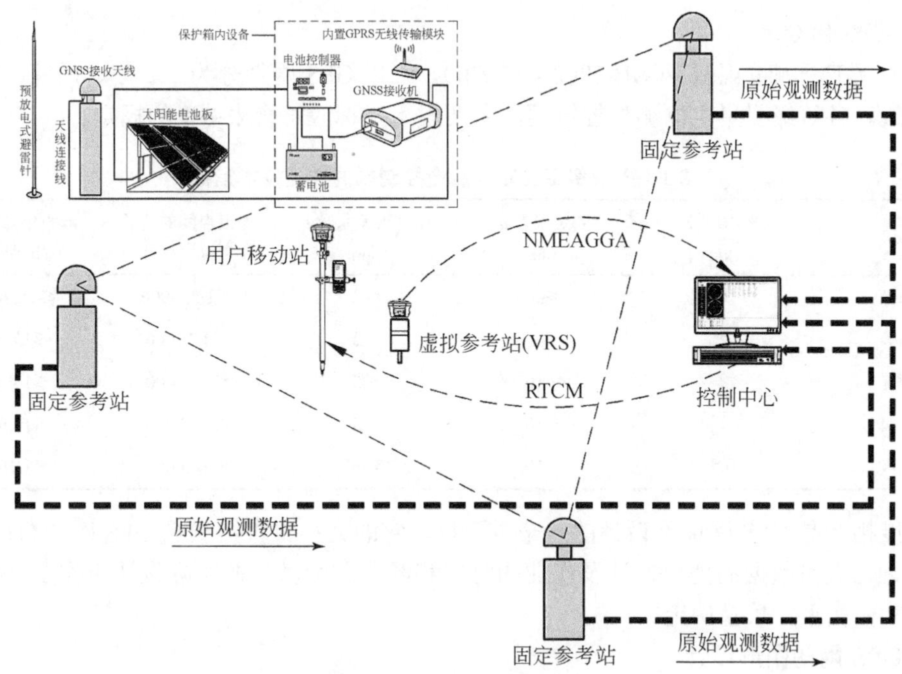

图 8-7　CORS 工作原理示意图

VRS 技术的优点是：接收机的兼容性较好，控制中心应用整个网络信息来计算电离层和对流层的复杂模型，整个 VRS 的对流层模型是一致的，消除了对流层误差；成果的可靠性、信号的可利用性和精度水平在系统的有效覆盖范围内大致均匀，与距最近参考站的距离没有明显的相关性。

8.5　GPS 测量的实施

GPS 测量的实施过程与常规测量的一样，按性质可分为外业和内业两大部分。如果按照 GPS 测量实施的工作程序，则大体上可分为如下几个阶段：GPS 网优化设计；外业观测；内业数据处理。

8.5.1　GPS 网优化设计

GPS 网优化设计，是实施 GPS 测量工作的第一步，是一项基础性的工作，也是在 GPS 网的精确性、可靠性和经济性方面，实现用户要求的重要环节。这项工作的主要内容包括：GPS 网的分级及精度标准、GPS 网的图形设计。

1. GPS 网的分级及精度标准

1）精度标准的确定

对 GPS 网的精度要求，主要取决于网的用途。精度指标通常以网中相邻点之间的距离误差来表示，其形式为

$$\sigma = \sqrt{a^2 + (b \times D)^2} \tag{8-16}$$

式中，σ 为网中相邻点间的距离误差（mm）；a 为固定误差（mm）；b 为比例误差（ppm 或 10^{-6}）；D 为相邻点间的距离（km）。

2）GPS 网分级

按照《工程测量规范》(GB 50026—2020)，工程 GPS 网划分为二、三、四等，以及一级、二级。各等级卫星定位测量控制网的主要技术指标应符合表 8-1 的规定。

表 8-1　各等级卫星定位测量控制网的主要技术指标

等级	平均边长 /km	固定误差 a /mm	比例误差系数 b /ppm	约束点间的边长相对中误差	约束平差后最弱边相对中误差
二等	9	≤5	≤2	≤1/250000	≤1/120000
三等	5	≤5	≤2	≤1/15000	≤1/80000
四等	2	≤10	≤5	≤1/10000	≤1/45000
一级	1	≤10	≤5	≤1/40000	≤1/20000
二级	0.5	≤10	≤5	≤1/20000	≤1/10000

精度指标是 GPS 网优化设计的一个重要量，它的大小将直接影响 GPS 网的布设方案、观测计划、观测数据的处理方法及作业的时间和经费。所以，在实际设计工作中，要根据用户的实际需要，慎重确定。

2. GPS 网的图形设计

GPS 网的图形设计，虽然主要取决于用户的要求，但是有关经费、时间和人力的消耗，以及所需接收设备的类型、数量和后勤保障条件等，也都与 GPS 网的图形设计有关。对此应当充分加以考虑，以期在满足用户要求的条件下，尽量减少消耗。

1）设计的一般原则

GPS 网一般应采用独立观测边构成闭合图形，如三角形、多边形或附合线路，以增加检核条件，提高网的可靠性。

GPS 网点应尽量与原有地面控制网点相重合。重合点一般不应少于 3 个（不足时应联测)，且在网中应分布均匀，以利于可靠地确定 GPS 网与地面网之间的转换参数。

GPS 网点应考虑与水准点相重合，而非重合点，一般应根据要求以水准测量方法（或相当精度的方法）进行联测，或在网中布设一定密度的水准联测点，以便为大地水准面的研究提供资料。

为了便于 GPS 观测和水准联测，GPS 网点一般设在视野开阔和交通便利的地方。为了便于用经典方法联测或扩展，可在 GPS 网点附近布设一个通视良好的方位点，以建立联测方向。方位点与观测站的距离，一般应大于 300m。

2）基本图形的选择

根据 GPS 测量的不同用途，GPS 网的独立观测边应构成一定的几何图形。GIS 网布设的基本形式如图 8-8 所示。

（1）三角形网。GPS 网中的三角形网由独立观测边组成，如图 8-8（a）所示。根据经典测量的经验已知，这种图形的几何结构强，具有良好的自检能力，能够有效地发现观测成果的粗差，以保障网的可靠性。同时，经平差后，网中的相邻点间基线向量的精度分布均匀。

静态定位中常采用三角网，将两台接收机分别轮流安置在每条基线的端点，同步观测 4 颗卫星 1 h 左右，或同步观测 5 颗卫星 20min 左右。它一般用于精度要求较高的控制网布设。这种网形的主要缺点是观测工作量较大，尤其当接收机的数量较少时，观测工作的总时间大为延长。

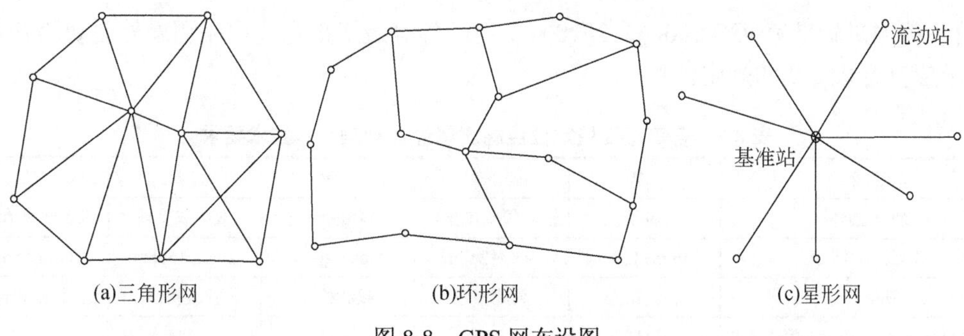

图 8-8　GPS 网布设图

（2）环形网。由若干含有多条独立观测边的闭合环所组成的网称为环形网，如图 8-8（b）所示。这种网形与经典测量中的导线网相似，其图形的结构强度比三角网差。

三角形网和环形网是大地测量和精密工程测量中普遍采用的两种基本图形。通常根据情况采用上述两种图形的混合网形。

（3）星形网。星形网的几何图形简单，如图 8-8（c）所示，但其直接观测边之间，一般不构成闭合图形，所以其检验与发现粗差的能力差。

这种网形的主要优点是观测中通常只需要两台 GPS 接收机，作业简单。因此在快速静态定位和准动态定位等快速作业模式中，大都采用这种网形。星形网被广泛地应用于工程放样、边界测量、地籍测量和碎部测量等。

8.5.2　外业观测

同步观测时，测站从开始接收卫星信号到停止数据记录的时段称为观测时段；卫星与接收机天线的连线相对水平面的夹角称卫星高度角，卫星高度角太小时不能观测；反映一组卫星与测站所构成的集合图形形状与定位精度关系的值称位置点位几何因子（position dilation of precision，PDOP），其值与观测卫星高度角的大小及观测卫星在空间的几何分布有关。卫星高度角与 PDOP 值关系如图 8-9 所示，观测卫星高度角越小，分布范围越大，其 PDOP 值越小。综合其他因素的影响，当卫星高度角设置为≥15°时， PDOP 值不宜大于 6。GNSS 锁定一组卫星后，将自动显示锁定卫星数及其 PDOP 值。

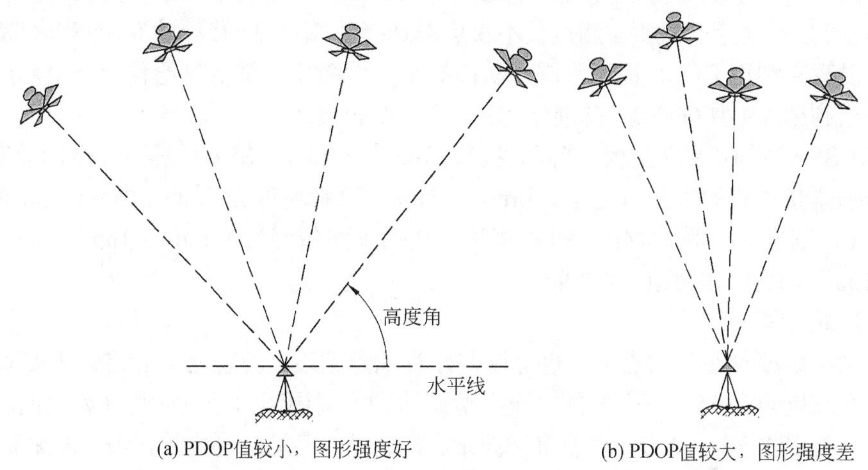

图 8-9　卫星高度角与 PDOP 值关系

《工程测量标准》（GB 50026—2020）规定，各等级卫星定位控制测量外业观测基本技术要求应符合表 8-2 的规定。

表 8-2　各等级卫星定位控制测量外业观测基本技术要求

等级		二等	三等	四等	一级	二级
接收机类型		多频	双频或多频	双频或单频	双频或单频	双频或单频
仪器标称精度		3mm+1ppm	5mm+2ppm	5mm+2ppm	10mm+5ppm	10mm+5ppm
观测量		载波相位	载波相位	载波相位	载波相位	载波相位
卫星高度角 /（°）	静态	≥15	≥15	≥15	≥15	≥15
	快速静态	—	—	—	≥15	≥15
有效观测卫星数	静态	≥5	≥5	≥4	≥4	≥4
	快速静态	—	—	—	≥5	≥5
观测时段长度 /min	静态	≥30	≥20	≥15	≥10	≥10
	快速静态	—	—	—	≥15	≥15
数据采样间隔 /s	静态	10～30	10～30	10～30	5～15	5～15
	快速静态				5～15	5～15
PDOP		≤6	≤6	≤6	≤8	≤8

8.5.3　内业数据处理

GPS 定位数据处理的目的是将空间原始采集的数据，以最佳的方法进行平差，归化到参考椭球面上并投影到所采用的平面上，得到点的准确位置。

GPS 数据经过预处理后即可进行平差计算。GPS 网平差的类型有多种，根据平差所进行的坐标空间，可将 GPS 网平差分为三维平差和二维平差，根据平差时所采用的观测值和起算数据的数量和类型，可将平差分为无约束平差、约束平差和联合平差等。

8.6　V9 型 GNSS RTK 操作简介

随着全球定位系统的飞速发展和应用普及，GNSS 仪器设备逐渐多元化、多样化，选择仪器设备的空间也更加宽广，测量员不仅可以选择“基准站+移动站”GNSS RTK 作业模式，还可以直接利用 CORS 快速测图，从而提高作业效率、降低测绘作业强度和成本。本节主要介绍利用 V9 型 GNSS“基准站+移动站”作业模式。

V9 GNSS 采用 BD970 主板，能同时接收 GPS 与 GLONASS 卫星信号，全面兼容 CORS 系统。静态测量模式的平面精度为 2.5mm ± 1ppm，高程精度为 5mm ± 1ppm；静态作用距离≤100km，静态内存为 64MB；RTK 测量模式的平面精度为 10mm ± 1ppm，高程精度为 20mm ± 1ppm；RTK 作用距离≤20km。

1. 基准站设置

基准站可以架设在已知点上，也可以在任意地点架设，点位必须满足以下要求。

（1）新高度角在 15° 以上开阔，无大型遮挡物，周围无信号反射物（如大面积水域）。

（2）无电磁波干扰（200m 内没有微波站、雷达站、手机信号站等，50m 内无高压线）。

（3）位置比较高，基准站到移动站之间最好无大型遮挡物，否则差分传播距离迅速缩短。

基准站架设好后，将基准站和铅蓄电池、外挂电台、发射天线按数据线对应接口进行正确连接，然后进行基准站设置，其步骤如下。

（1）新建项目。如图 8-10 所示，打开 GPS 主机，双击手簿桌面的“Hi-RTK”图标，单击“1.项目”→“新建”→“输入项目名称”→“确认”，即新建一项目。

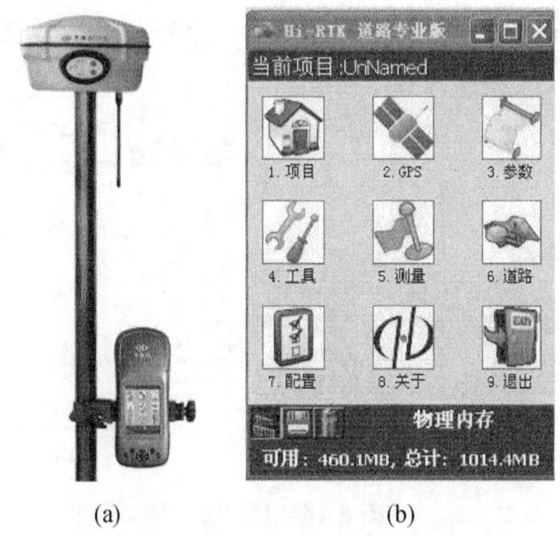

图 8-10　V9 手簿及 Hi-RTK 操作界面

（2）投影参数设置。单击“项目信息”按钮，在下拉菜单中选择“坐标系统”（图 8-11）→“椭球”选项卡，设置源目标：WGS84；目标椭球为：北京 54 或西安 80；再选择“投影”选项卡，修改当地中央子午线，例如，兰州市某地经度为 104.09°，6 度带中央子午线经度为 105°，因此，将中央子午线改为：105：00：00.00 即可；“椭球转换”“平面转换”“高程拟合”选项卡保持默认，单击“保存”→单击右上角的“×”，退回到软件主界面。

（3）基准站连接 GPS。如图 8-12 所示，单击“2.GPS”→“连接 GPS”→“搜索”→选择基准站机身编码→“连接”，使主机与手簿通过蓝牙建立连接。

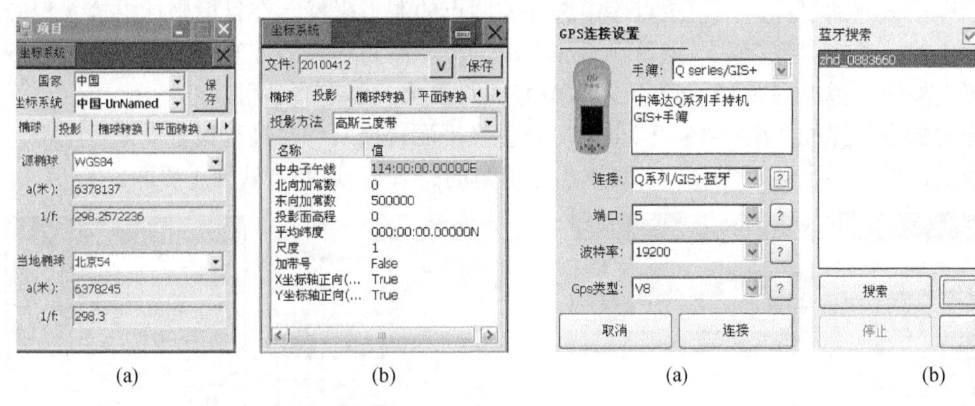

图 8-11　投影参数设置　　　　图 8-12　基准站设置

（4）设置基站。连接上 GPS 后，界面就显示基准站有效注册日期，点击“设置基准站”→“平滑”→“数据链”→选择“外部数据链”→差分模式选择 RTK→电文格式选择 CMR→高度截止角选择 10°→“确定”，此时屏幕上方的“单点”变成“已知点”。

2. 移动站设置

（1）先单击“断开网络”按钮，断开手簿与基准站主机的连接。

（2）移动站连接 GPS。在主界面，单击“2.GPS”→“连接 GPS”→“搜索”→选择移动站机身编码→“连接”，即使移动站主机与手簿通过蓝牙建立连接。

（3）设置移动站。连接上 GPS 后，界面就显示基准站有效注册日期，单击“设置移动站”→“数据链”→选择“内置电台”→电文格式选择 CMR→高度截止角选择 10°→“确定”，此时屏幕上方的“单点”先变成“浮动”，再变成“固定”。设置好后，移动站主机的状态灯应该是一秒一闪，表明移动站设置成功。

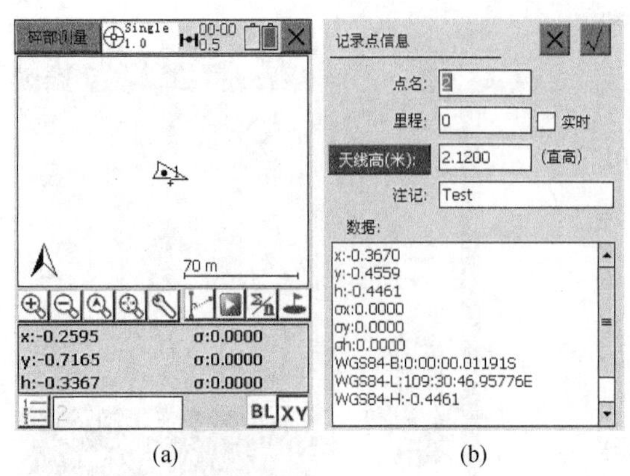

(a)　(b)

图 8-13　已知点坐标采集

3. 已知点坐标采集

点击主界面的“测量”，进入碎部测量界面，如图 8-13（a），查看屏幕上方的解状态，在 GPS 达到“Int” RTK 固定解后，在需要采集点的控制点上，对中、整平 GPS 天线，点击右下角的或按手簿键盘“F2”键保存坐标。

弹出“设置记录点属性”对话框，如图 8-13（b），输入“点名”和“天线高（米）”，下一点采集时，点名序号会自动累加，而天线高与上一点保持相同，单击“确认”，此点坐标将存入记录点坐标库中。在至少两个已知控制点上保存两个已知点的源坐标到记录点库。

4. 参数计算

回到软件主界面，单击“参数”→左上角下拉菜单→“坐标系统”→“参数计算”，进入“求解计算”视图，如图 8-14（a）。

单击“添加”按钮，弹出图 8-14（b），要求分别输入源点坐标和目标点坐标，单击，从坐标点库提取点的坐标，从记录点库中选择控制点的源点坐标，在目标坐标中输入相应点的当地坐标。单击“保存”，重复“添加”，直至将参与解算的控制点加完，单击右下角“解算”按钮，弹出图 8-15（a）所示求解好的四参数，单击“运用”。

在弹出的参数界面［图 8-15（b）］中，查看“平面转换”和“高程拟合”是否应用，确认无误后，单击右上角“保存”，再单击右上角的“×”，退回到软件主界面。

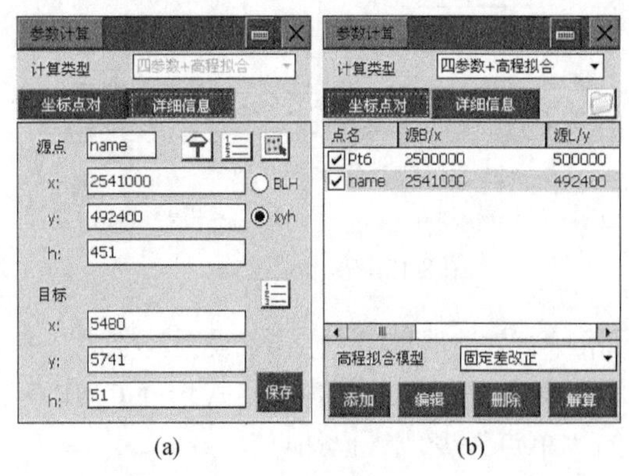

(a)　(b)

图 8-14　求解转换参数

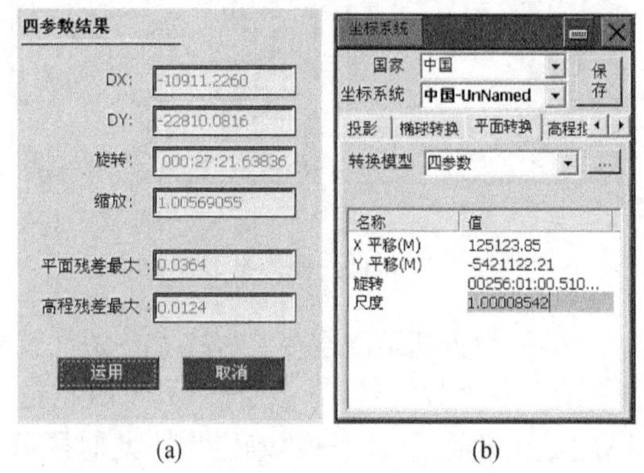

(a)　(b)

图 8-15　转换参数计算结果

5. 碎部测量

单击主界面上的“测量”按钮，进入“碎部测量”界面，在需要采集点的碎部点上，对中、整平 GPS 天线，单击右下角的或按手簿键盘“F2”键，保存坐标。可单击屏幕左下角的碎部点库按钮，查看所采集的记录点坐标。

6. 施工放样

1）点放样

单击主界面上的“测量”按钮，进入“碎部测量”界面。单击“碎部测量”按钮，在下拉菜单中，单击“点放样”，弹出界面［图 8-16（a）］，单击左下角（表示放样下一点），弹出图 8-16（b），输入放样点的坐标或单击“点库”从坐标库取点进行放样。

2）线放样

单击主界面上的“测量”按钮，进入“碎部测量”界面。单击“碎部测量”按钮，在下拉菜单中，单击左上角下拉菜单，选择“线放样”。

如图 8-17（a），单击按钮，选择线段类型，输入线段要素，然后单击，弹出图 8-17（b），输入里程，定义里程增量，单击“确定”，根据图 8-17（a）的放样指示进行放样。

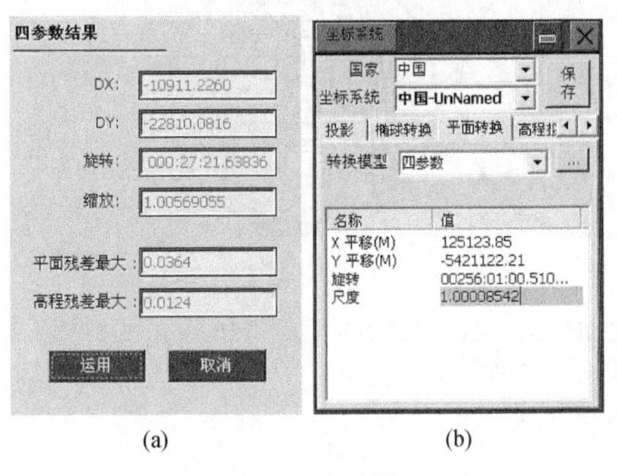

(a)　　(b)

图 8-16　点放样

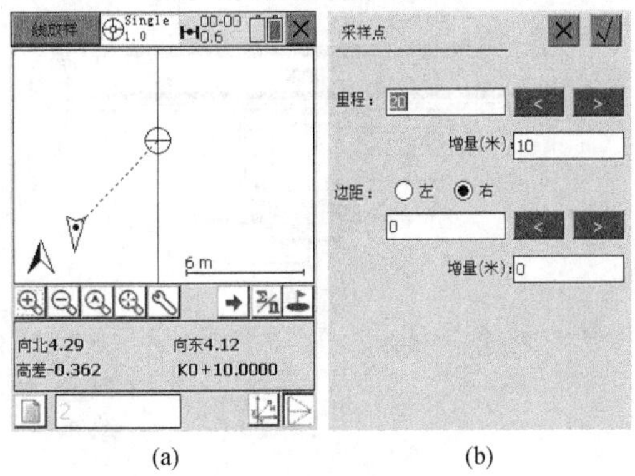

(a)　　(b)

图 8-17　线放样

7. 注意事项

一般情况下，当求解好一组参数后，假如还要在同一测区作业，建议将基准站位置做记号，将基准站坐标、投影参数、转换参数等信息都记录下来，当下次作业时，建议将基准站架设在相同的位置，打开原来使用过的项目，设置基准站，修改基准站天线高，通过“点校验”检查参数正确后，移动站即可得到正确的当地坐标。

实践证明，在地势开阔区域，采用 GNSS RTK 进行碎部点数据采集和坐标放样，相比全站仪而言，无须通视，操作简便，作业集成度、速度和效率提高很多，但是也存在不足和局限性，例如，容易受到障碍物（如大树、高大建筑物）和各种高频信号源等的干扰，房屋拐点不能精确测量。但可以预见，随着各地方 CORS 系统的建立和 GNSS 软硬件系统的不断更新，RTK 技术在工程中的应用具有良好的前景。

8.7　iRTK5 智能 RTK 系统

iRTK5 是一款高端 GNSS 接收机，属新一代测量引擎，支持星站差分、断点续测、无校正倾斜测量，内置 4G 全网通通信和多协议电台，采用全新外观设计，镁合金结构，Linux3.2.0 操作系统，内置高清有机发光二极管（organic light emitting diode，OLED）显示和电容式触摸屏，是一款极致、智能、轻巧的测量型 GNSS 接收机。iRTK5 采用新一代测量引擎 BD990 主板，能同时接收 GPS、GLONASS、BDS 及 Galileo 卫星信号，无须架设基准站，无须连接 CORS，即可实现单机实时厘米级精确定位。

iRTK5 主要由前面板、上盖、下盖组成，如图 8-18 所示。前面板由触控显示屏、卫星灯与数据灯组成。上盖配置有天线接口，内置电台模式时接电台天线；内置网络模式时在网络信号差的环境可使用该天线接口接外置 4G 天线（主机已经内置 4G 天线，但网络信号差时需接外置 4G 天线，再用 Hi-Survey 软件或 WEB 界面在设站的同时选择外置天线）。下盖包括五芯插座及防护塞、电源灯及按键、USB 接口及防护塞、喇叭、电池仓盖、连接螺孔等。长按电源键 1s 开机，长按电源键 3s 以上关机，长按电源键 12s 以上强制关机，双击电源键打开或关闭液晶显示，单击电源键语音播报当前工作状态。

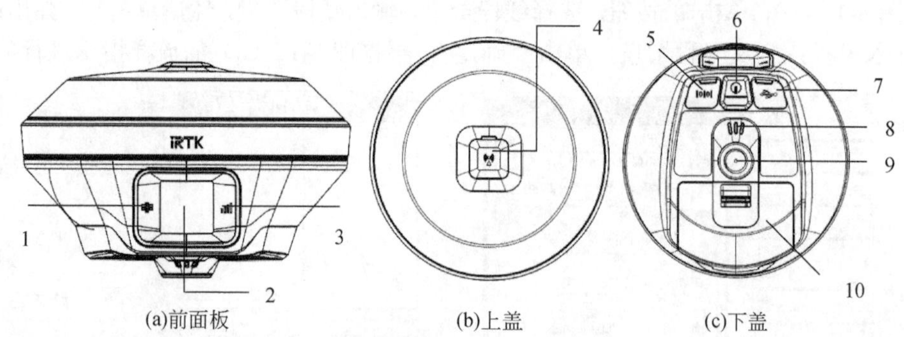

(a)前面板　　(b)上盖　　(c)下盖

1-卫星灯；2-触控显示屏；3-数据灯；4-天线接口；5-五芯插座及防护塞；6-电源灯及按键；7-USB 接口及防护塞；8-喇叭；9-连接螺孔；10-电池仓盖

图 8-18　iRTK5 接收机

1. 设置界面

主机开机后会显示当前工作状态，状态界面由图标和文字组成。状态界面左滑进入设置界面，如图 8-19 所示。

图 8-19　设置界面

1）基站设置

设置界面单击“基站”可进入基站设置，选择“平滑”，则主机平滑后设站，并以 RTCM3.2 差分电文发射；未选择平滑，主机以上一次坐标设站。

2）静态设置

设置界面单击“静态”可进入静态设置，未开始静态采集：显示“采集间隔”界面，可设 1s/5s/10s/30s。已开始静态采集：显示“停止记录？”，可选“确认”或“取消”，选择“确认”后显示采集间隔设置界面，同时停止静态记录。

3）复位设置

设置界面单击“复位”可进行复位主板，确认后弹窗显示“复位主板中”；若复位成功，液晶显示“复位成功”，2s 后跳至状态界面；若复位失败，液晶显示“复位失败”，2s 后跳回至状态界面。

4）还原设置

设置界面单击“还原”可进行系统还原，单击“确认”后将重启接收机进行固件重刷。

2. WEB 管理系统

iRTK5 内置 WEB 管理系统，可实时监控和自由配置主机。接收机 Wi-Fi 热点的名称为仪器机身号，通过手簿 Wi-Fi 连接该热点(无需密码)，在手簿浏览器输入 IP 地址 192.168.20.1 即可登陆（注意：主机蓝牙闲置状态下才能通过 Wi-Fi 连接主机，进行 WEB 登陆）。

登陆 WEB 管理系统后，单击“开始体验”进入主菜单页面，主菜单各栏目包含信息查看、工作模式、文件管理、固件管理、系统设置等子菜单。信息查看菜单包含设备信息、位置信息、基站信息、卫星星空图、卫星跟踪列表等子菜单；工作模式菜单包含移动台、基准站、静态等菜单；文件管理菜单可实现静态文件下载、删除、格式化等命令；固件管理可实现固件升级和系统还原；系统设置菜单包含卫星跟踪、小五芯串口、电台设置、主机注册、复位主板、其他设置等命令。

3. 登录服务器

主机只有在内置网络基准站时才支持云服务功能，云服务功能默认为关闭。注意，用户在使用云服务功能时，须插入 SIM 卡，设置主机为内置网络基准站模式。具体步骤如下。

（1）在 Hi-Survey 软件“辅助功能”→“接收机设置”界面打开“主机云服务”功能选项（图 8-20）；使用 Hi-Survey 软件或 WEB 连接主机，设置为内置网络基准站模式；主机设置成功后，自动登录私有云服务器。

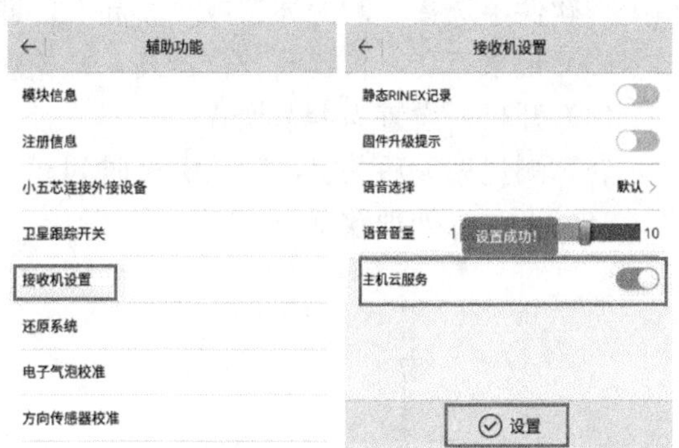

图 8-20　主机云服务

（2）在浏览器输入“http://cloud.zhdgps.com”，输入私有云用户名密码后进入管理界面。

（3）单击“设备管理”→“设备资产”，单击“添加设备”，输入“确定”后，网页提示设置成功。此时可在网页上看到已添加的主机，如果主机已经登录，状态即为“在线”，如图 8-21 所示。

机号	状态	类型	型号	过期日期	工作模式	使用人	操作
13670039	离线	接收机	iRTK5	2018-05-08	--	--	注册 | 编辑 | 详情
13670070	离线	接收机	iRTK5	2018-04-19	--	--	注册 | 编辑 | 详情
13670037	在线	接收机	iRTK5	2018-05-25	移动站		注册 | 编辑 | 详情
13670044	离线	接收机	iRTK5	2018-06-05	--	--	注册 | 编辑 | 详情
13670069	离线	接收机	iRTK5	2018-04-19	--	--	注册 | 编辑 | 详情
13670047	离线	接收机	iRTK5	2018-05-05	--	--	注册 | 编辑 | 详情

图 8-21　登录服务器

4. 静态测量

1）静态模式设置

iRTK5 接收机可用于静态测量，可通过以下三种方式设置主机为静态工作模式：通过液晶界面的“静态”设置为纯静态模式、进入 Hi-Survey 软件的“静态采集设置”界面为纯静态模式或临时静态模式、通过 WEB 界面的“工作模式”界面设置为纯静态模式或临时静态模式。设置成功后，液晶显示屏会显示静态采集界面，静态测量数据将同步保存在主机内；用户可根据需要将静态数据文件下载到电脑上，再用静态后处理软件（HGO 数据处理软件包）对数据进行处理。

2）静态测量步骤

（1）在测量点上架设仪器，三脚架需严格对中、整平。

（2）量取仪器高三次，各次间差值不超过 3mm，取平均数作为最终的仪器高。iRTK5 为每台接收机配置了一片测量基准件（测高片），其半径为 130mm，相位中心高 88.4mm。因直高不易准确量取，静态测量或 RTK 测量基准站的天线高，只需从测点量至测高片上沿即可，如图 8-22（a）所示，该天线高称为测片高，也可以量取斜高，内业导入数据时，在后处理软件中选择“测片高”或“斜高”，即可由软件自动计算出直高。

（3）记录点名、仪器号、仪器高，开始观测时间。

（4）开机，设置为静态模式。

（5）测量完成后关机，记录关机时间。

（6）下载、处理数据。

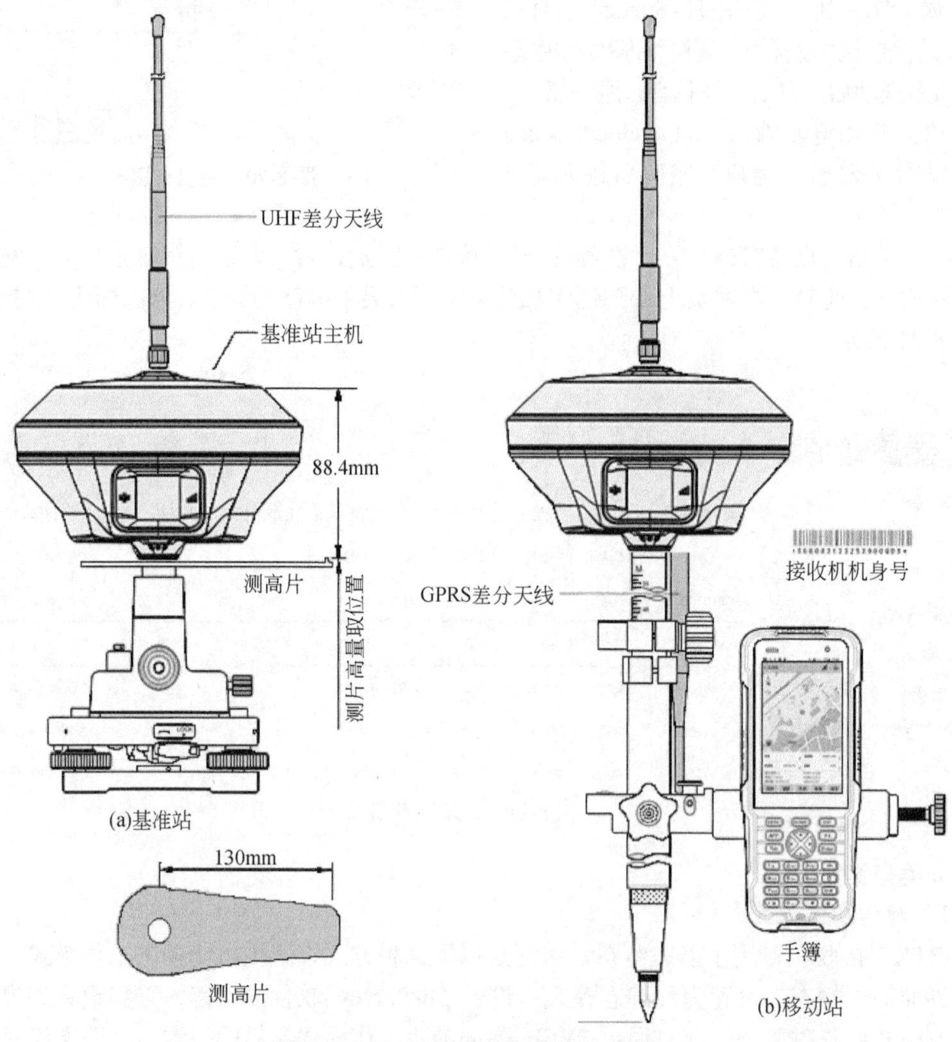

图 8-22　iRTK5 基准站和移动站的连接

3）静态数据下载

（1）Mini USB 数据线下载静态数据。使用 Mini USB 数据线与电脑连接，将静态数据拷贝到个人计算机上，静态测量数据在“static”盘符下的“gnss”文件夹里。

（2）U 盘 OTG 下载静态数据。iRTK5 插入 OTG 数据线再插入 U 盘，通过单击液晶显示屏上的“静态”，选择静态文件，直接下载主机静态数据。

（3）WEB 下载静态数据。打开手簿 Wi-Fi 开关，连接该主机的开放热点（热点名为主机号），在手簿浏览器输入 IP 地址：192.168.20.1，即可登录。打开文件管理的静态文件界面，选择要导出的静态文件，再单击“下载”“保存”，文件就能保存到手簿里。WEB 端下载的静态数据在手簿上的默认保存路径为“内部存储设备”→“MyFavorite”；同时，可根据需求自定义保存路径。

5. 动态 RTK 测量

1）基准站设置

动态 RTK 测量根据差分信号的传播方式可为电台模式（内置电台、外挂电台）和内置网络模式。基准站接收机架设在稳定的已知点或者未知点上，通过基座将其与三脚架相连接，如图 8-22（a）所示。为了接收机能够搜索到多数量卫星和高质量卫星，基准站一般应选在周围视野开阔，避免高度角大于 15° 的位置有大型建筑物和成片遮挡，远离房屋、山坡、大面积水面等强信号反射物，远离大功率设备（高压线、电台、变压器等）。同时，为了让差分信号传播得更远，基准站一般应架设在地势较高的位置。

手簿端启动 Hi-Survey 测量软件，进入“设备连接”界面（图 8-23），一般通过蓝牙或 Wi-Fi 连接。

基准站参数包括设置基准站目标高、基准站坐标、工作模式及对应参数、电文格式、高度角等。完成相关参数编辑后单击右上角“设置”按钮，软件提示“设置成功！”。

图 8-23　RTK 基准站设置

2）设置移动站

移动站接收机固定在伸缩对中杆上，手簿固定在手簿托架上［图 8-22（b）］。移动站设置和基准站基本相同，主要包括工作模式设置、高度角等。不同的地方在于移动站工作模式增加了手簿差分。设置移动站如图 8-24 所示。

3）碎部测量

手簿端启动 Hi-Survey 测量软件，单击测量页主菜单上的“碎部测量”按钮，可进入碎部测量界面，可通过“文本”/“图形”按钮切换，如图 8-25 所示。

在 RTK 显示“固定”解时，单击 按钮进行手动采集数据。采集完成前将弹出坐标点保存详细信息界面，软件根据上次使用的点名作为前缀自动累加编号，也可以改名；可直接输入“目标高”，也可单击“标高”进行目标高配置和天线类型的详细设置；“图例描述”处可输入注记信息，也可选择常用注记类型；在采集确认框中设置里程。

图 8-24　RTK 设置移动站

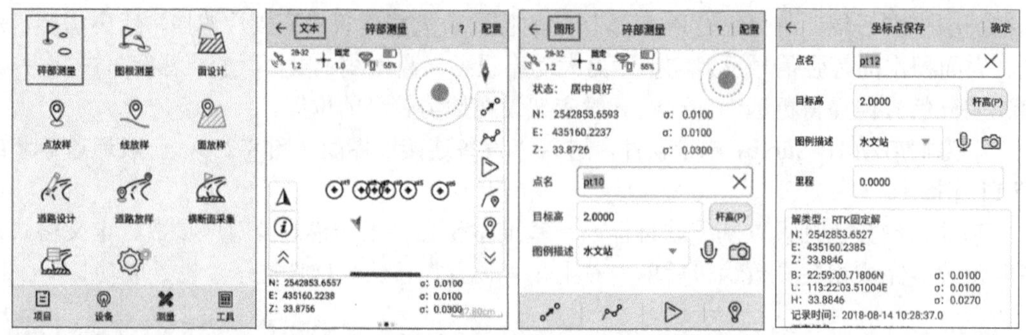

图 8-25　RTK 碎部测量

开启“地物创建”后，可以将实时采集的点作为地物构建的点，采集碎部点的同时连成线，结束“地物创建”后弹窗提示线采集，显示勾选“地物是否闭合”，不勾选则创建线，勾选则创建面，并在图上标示出来。

4）点放样

手簿端启动 Hi-Survey 测量软件，单击测量页主菜单上的“点放样”按钮，可进入点放样界面。直接单击⇥（选择放样点）按钮，进入选择放样点界面，点放样提供三种方式进行点的定义：手动输入、从坐标库选择（图 8-26）、从图上选择（分为线上选点⤢和图上选点⇣）。进行点放样时，只需单击“＜”或“＞”，软件会自动按正序或逆序提取出放样点库的坐标进行放样。选择点放样界面，勾选“保存到点库”，可将对应点保存到放样点库。

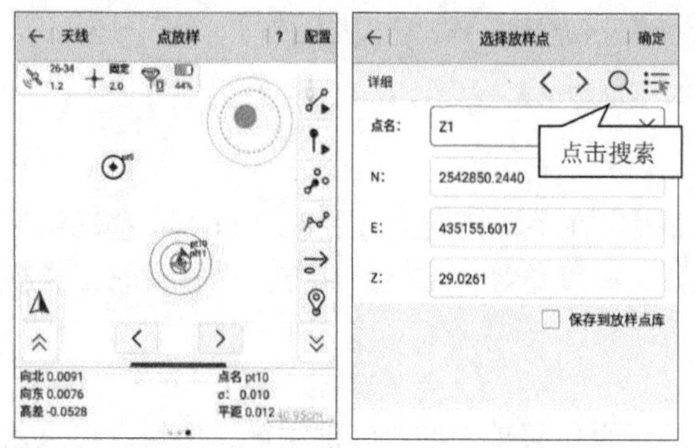

图 8-26　RTK 点放样（从坐标库选择）

6. 数据下载

将手簿与计算机用配套的 USB 数据线连接，通知栏下拉单击“已连接 USB”，打开 USB 存储设备。如需在计算机上同步操作手簿或安装使用第三方软件进行数据调试，需勾选“USB 调试”功能。打开手簿，在桌面菜单中单击“系统设置”→“开发者选项”→“USB 调试”。（新手簿第一次使用时，需要在“关于手簿”界面单击三次版本号才能开启“开发者选项”）。在弹出的调试窗口中，单击“确定”即可完成手簿与电脑的连接。在计算机中，可以通过“便携式媒体播放器”盘符来进行手簿与计算机之间的文件操作。

思考与练习题

1. 目前，GNSS 包括哪些卫星导航系统？GPS 有多少颗工作卫星？距离地表的平均高度是多少？GLONASS 有多少颗工作卫星？距离地表的平均高度是多少？

2. 简要叙述 GPS 的定位原理。

3. GPS 由哪几部分组成？简要叙述各部分的功能和作用。

4. 测定地面一点在 WGS-84 坐标系中的坐标时，GPS 接收机为什么要接收至少 4 颗工作卫星的信号？

5. 为什么称接收机测得的工作卫星至接收机的距离为伪距？

6. 卫星广播星历包含什么信息？它的作用是什么？

7. GPS RTK 采用何种定位方式？

8. 载波相位相对定位的单差法和双差法各可以消除什么误差？

9. 什么是同步观测？什么是卫星高度角？什么是位置点位几何因子（PDOP）？

10. 评定 GNSS 测量精度的指标是什么？各个变量都表示什么含义？

第 9 章　地形图的基本知识

地形图是一种全面和准确地反映地面上建筑物、构筑物分布及地形高低起伏的图纸。它是指按一定比例尺，用规定的符号表示地物、地貌平面位置和高程的正射影像图。地形图有多种用途，利用地形图作底图可以绘制建筑平面图、城市规划图、房地产平面图、地籍图等。本章重点介绍地形图的基本知识。

9.1　地形图的比例尺

就地图制图而言，把地面上的线段描绘到地图平面上，要经过如下主要过程，即：首先将地面线段沿垂线投影到大地水准面上，其次归化到椭球体面上，再次按某种方法将其投影到平面上，最后按某一比率将它缩小到地图上，这个缩小比率就是地图比例尺。因此，地形图的比例尺可定义为地形图上某线段的长度与实地对应线段的投影长度之比。

9.1.1　比例尺的表示方法

地图比例尺通常有数字式（数字比例尺）、图示式（直线比例尺、复式比例尺）等形式。

1. 数字比例尺

数字比例尺定义为

$$\frac{1}{M}=\frac{d}{D}=\frac{1}{D}d \tag{9-1}$$

式中，M 为地形图比例尺分母；d 为地形图上某线段的长度；D 为实地相应的投影长度。式（9-1）可用于地形图上的线段与实地对应线段投影长度之间的换算。

也可以利用地图上某区域面积与实地对应区域的投影面积之比的关系式计算比例尺，即

$$\frac{1}{M^2}=\frac{f}{F} \tag{9-2}$$

式中，f 为地图上某区域的面积；F 为实地对应区域的投影面积。

数字比例尺可以用比例的形式，也可以用分数的形式。一般将数字比例尺化为分子为 1，分母为一个较大整数 M。M 越大，比例尺的值越小；M 越小，比例尺的值就越大。如数字比例尺 1∶500 大于 1∶1000。通常称 1∶500、1∶1000、1∶2000、1∶5000 比例尺地形图为大比例尺地形图；称 1∶1 万、1∶2.5 万、1∶5 万、1∶10 万比例尺地形图为中比例尺地形图；称 1∶25 万、1∶50 万、1∶100 万地形图为小比例尺地形图。我国规定 1∶500、1∶1000、1∶2000、1∶5000、1∶1 万、1∶2.5 万、1∶5 万、1∶10 万、1∶25 万、1∶50 万、1∶100 万 11 种比例尺地形图为国家基本比例尺地形图。地形图的数字比例尺注记在南面图廓外的正中央，如图 9-1 所示。

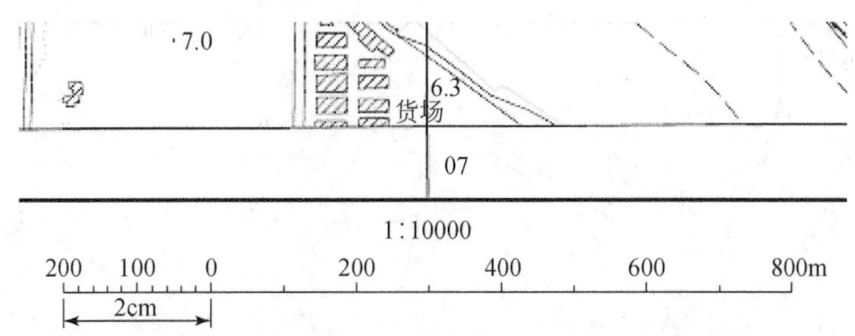

图 9-1　地形图上的数字比例尺和图示比例尺

城市和工程建设一般需要大比例尺地形图（表 9-1），其中比例尺为 1∶500 和 1∶1000 的地形图一般用平板仪、经纬仪或全站仪等测绘；比例尺为 1∶2000 和 1∶5000 的地形图一般用由 1∶500 或 1∶1000 的地形图缩小编绘而成。大面积 1∶500～1∶5000 的地形图也可以用航空摄影测量方法成图。

表 9-1　地形图测图比例尺的选用

比例尺	用途
1∶5000	可行性研究、总体规划、厂址选择、初步设计等
1∶2000	可行性研究、初步设计、矿山总图管理、城镇详细规划等
1∶1000 1∶500	初步设计、施工图设计；城镇、工矿总图管理；竣工验收等

2. 图示比例尺

如图 9-1 所示，图示比例尺绘制在数字比例尺的下方，其作用是便于用分规直接在图上量取直线段的水平距离，同时还可以抵消在图上量取长度时图纸伸缩的影响。

9.1.2　地形图比例尺的选择

《工程测量标准》（GB 50026—2020）规定，地形图测图的比例尺，根据工程的设计阶段、规模大小和运营管理需要，可按表 9-1 选用。图 9-2 为 1∶500 城区地形图样图，图 9-3 为 1∶2000 城郊地形图样图，等高距为 1m。

9.1.3　地形图比例尺的精度

地形图比例尺的大小，对图上内容的显示程度有很大影响。因此，必须了解各种比例尺地图所能达到的最大精度。显然，地形图所能达到的最大精度取决于人眼的分辨能力和绘图与印刷的能力。其中，人眼的分辨能力是主要因素。

对人眼分辨能力进行分析可知，在一般情况下，人眼的最小鉴别角为 $\theta = 60''$。若以明视距离 250mm 计算，则人眼能分辨出的两点间的最小距离约为 0.1mm。因此，某种比例尺地形图上 0.1mm 所对应的实地投影长度，称为该地形图的比例尺精度，如果地形图的比例尺为 1∶M，则比例尺的精度为图上 0.1mm 所表示的实地水平距离，即 0.1M（mm）。例如，测绘 1∶1000 比例尺地图时，其比例尺的精度为 0.1m，故量距的精度只需为 0.1m 即可，因为小于 0.1m 的距离在图上表示不出来。如果设计规定需要在图上能量出的实地最短线段长度为 0.05m，则所采用的比例尺不得小于 0.1mm∶0.05m=1∶500。

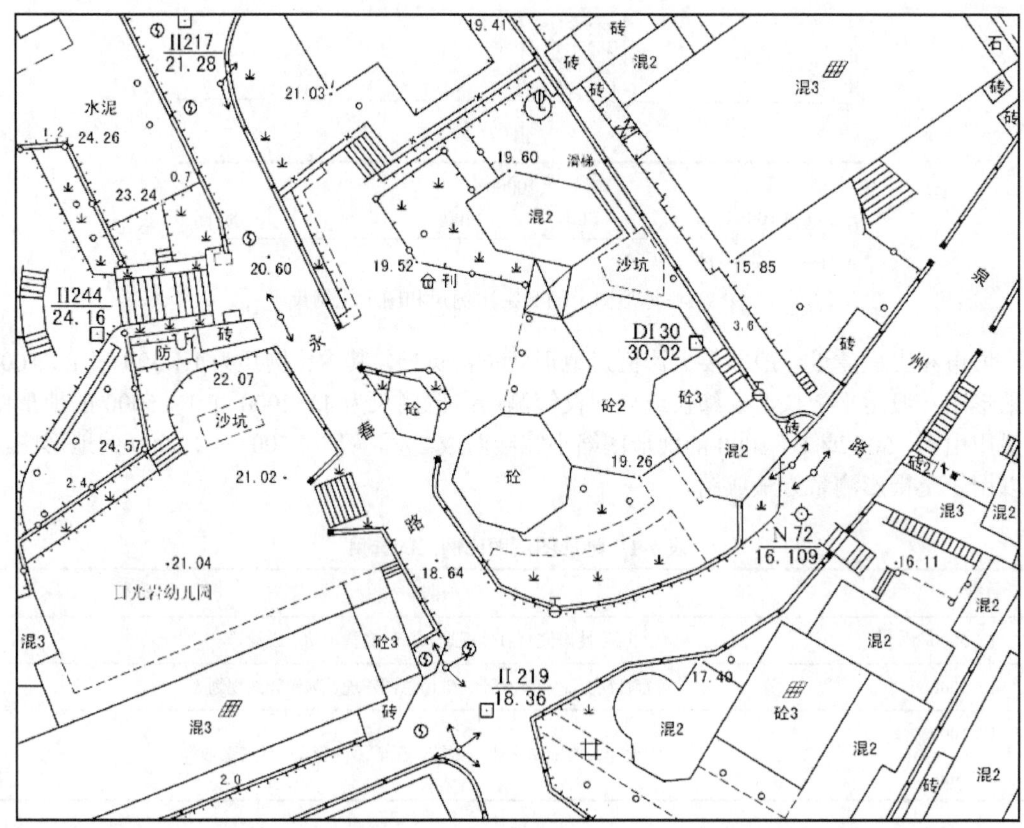

图 9-2　1∶500 城区地形图样图

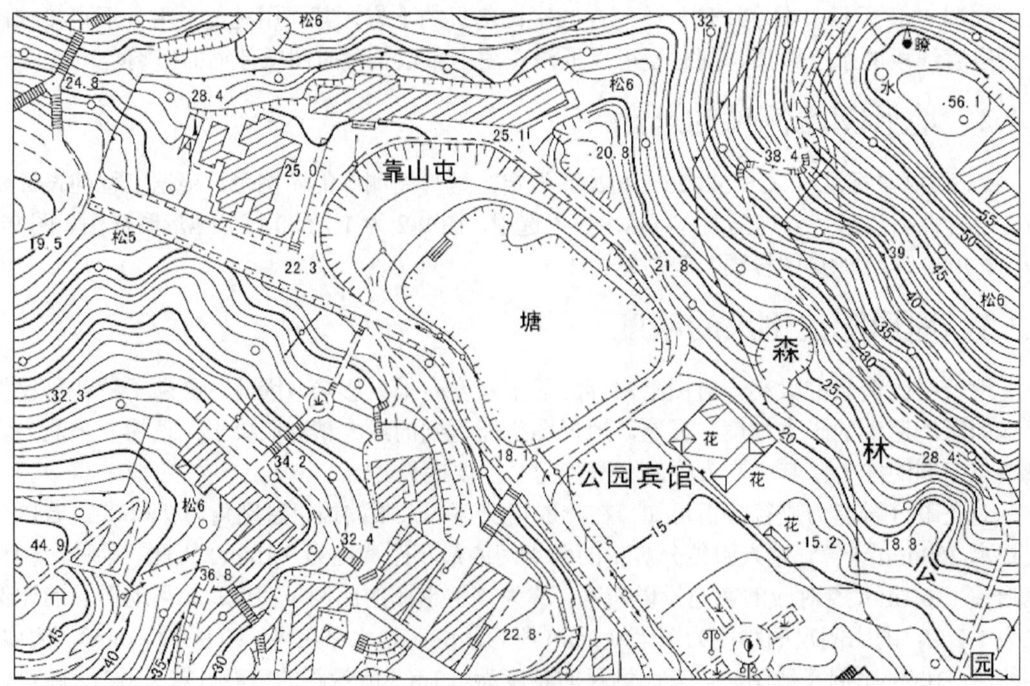

图 9-3　1∶2000 城郊地形图样图

表 9-2 为不同比例尺地形图的比例尺精度，其规律是，比例尺越大，表示地物和地貌的情况越详细，精度就越高。对同一测区，采用较大比例尺测图往往比采用较小比例尺测图的工作量和经费支出都增加数倍。

表 9-2　比例尺精度表

比例尺	1∶500	1∶1000	1∶2000	1∶5000	1∶10000
比例尺精度/m	0.05	0.1	0.2	0.5	1.0

9.2　地形图的图式

为了便于测图和用图，用各种符号将实地的地物和地貌表示在图上，这些符号为地形图图式。我国当前使用的大比例尺地形图图式为《国家基本比例尺地图图式 第 1 部分：1∶500 1∶1 000 1∶2 000 地形图图式》（GB/T 20257.1—2017）。

地形图图式中的符号有三种：地物符号、地貌符号、注记符号，它们是测图和用图的重要依据。

1. 地物符号

地物符号分为比例符号、非比例符号与半比例符号。

1）比例符号

可按测图比例尺缩小，用规定符号画出的地物符号称为比例符号，如房屋、较宽的道路、林地、旱地、湖泊等。表 9-3 中，编号 4.2.1、4.2.16、4.2.17、4.3.1～4.3.6 都是比例符号。

表 9-3　常用地物、地貌和注记符号

编号	符号名称	1∶500	1∶1000	1∶2000	编号	符号名称	1∶500	1∶1000	1∶2000
4.1	定位基础								
4.1.1	三角点 a. 土堆上的 张湾岭、黄土岗——点名 156.718，203.623——高程 5.0——比高	3.0 △ 张湾岭/156.718　a　0.5 5.0 △ 黄土岗/203.623 1.0			4.1.5	不埋石图根点 I9——点号 84.47——高程	2.0 □ I9/84.47		
4.1.3	导线点 a. 土堆上的 I16、I13——等级、点号 84.46、94.40——高程 2.4——比高	2.0 ○ I 16/84.46　a　2.4 ○ I 23/94.40 0.5			4.1.6	水准点 Ⅱ——等级 京石 5——点名点号 32.805——高程	2.0 ⊗ Ⅱ京石5/32.805		
4.1.4	埋石图根点 a. 土堆上的 I2、I6——点号 275.46、175.64——高程 2.5——比高	0.5 2.0 ○ I2/275.46　a　0.5 2.5 ○ I6/175.64 1.0			4.1.8	卫星定位等级点 B——等级 14——点号 495.263——高程	3.0 △ B14/495.263		

续表

编号	符号名称	1∶500	1∶1000	1∶2000	编号	符号名称	1∶500	1∶1000	1∶2000
4.2	水系								
4.2.1	地面河流 a. 岸线（常水位岸线、实测岸线） b. 高水位岸线（高水界） 清江——河流名称	0.15 清 0.5 江 1.0 3.0 a b			4.2.31	泉（矿泉、温泉、毒泉、间流泉、地热泉） 51.2——泉口高程 温——泉水性质	51.2 温 1.5 0.8 0.9 0.1~0.3 0.8 0.6		
4.2.8	沟堑 a. 已加固的 b. 未加固的 2.6——比高	2.6 a b			4.2.32	水井、机井 a. 依比例尺的 b. 不依比例尺的 51.2——井口高程 5.2——井口至水面深度 咸——水质	a $\frac{51.2}{5.2}$ b 咸		
4.2.9	地下渠道、暗渠 a. 出水口	0.3 a 1.0 4.0 2.2			4.2.35	瀑布、跌水 5.0——落差	瀑 5.0 2.0		
4.2.14	涵洞 a. 依比例尺的 b. 半依比例尺的	a b 45° a b 0.6 1.2 1.0 1.0 90°			4.2.40	堤 a. 堤顶宽依比例尺 24.5——坝顶高程 b. 堤顶宽不依比例尺 2.5——比高	a 24.5 4.0 2.0 b1 2.5 0.5 2.0 b2 0.2 2.0		
4.2.16	湖泊 龙湖———湖泊名称 （咸）——水质	龙湖 (咸)			4.2.45	拦水坝 a. 能通车的 72.4——坝顶高程 95——坝长 砼——建筑材料 b. 不能通车的	a 1.0 3.0 $\frac{72.4}{95}$砼 b 3.0		
4.2.17	池塘				4.2.46	加固岸 a. 一般加固岸 b. 有栅栏的 c. 有防洪墙体的 d. 防洪墙上有栏杆的	a 3.0 b 10.0 1.0 4.0 c 10.0 3.0 d 10.0 0.4 0.4 4.0		

续表

编号	符号名称	1∶500	1∶1000	1∶2000
4.2	水系 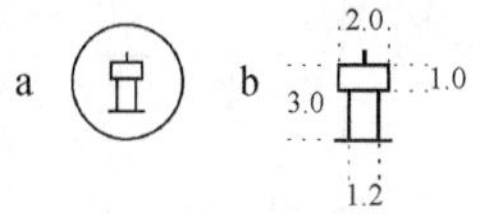			
4.2.47	陡岸 a. 有滩陡岸 a1. 土质的 a2. 石质的 2.2，3.8——比高 b. 无滩陡岸 b1. 土质的 b2. 石质的 2.7，3.1——比高 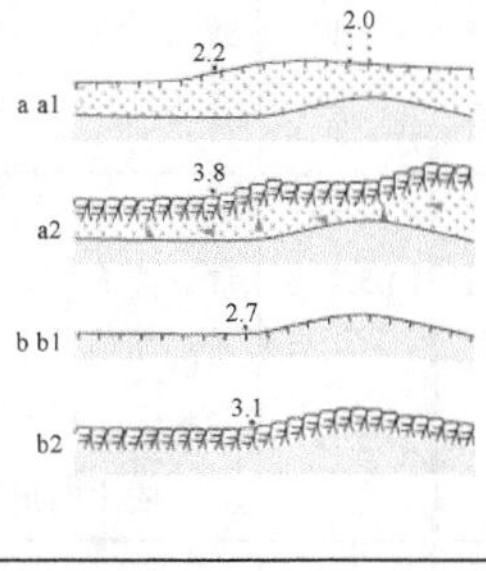 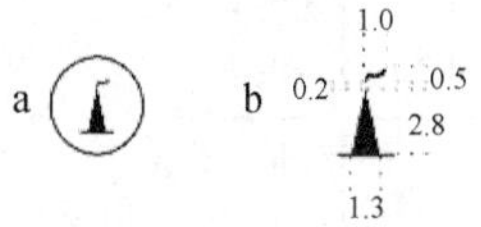	a a1 2.2 2.0 a2 3.8 b b1 2.7 b2 3.1		
4.3	居民地及设施 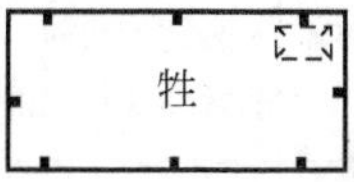			
4.3.1	单幢房屋 a. 一般房屋 b. 裙楼 b1.楼层分割线 c. 有地下室的房屋 d. 简易房屋 e. 突出房屋 f. 艺术建筑 混、钢——房屋结构 2、3、8、28——层数 -1——地下房屋层数 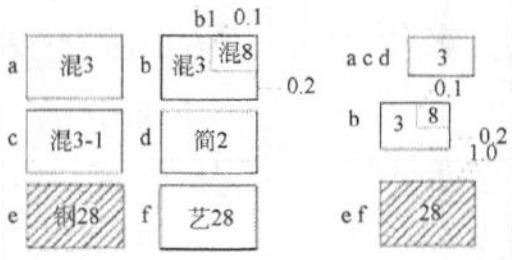 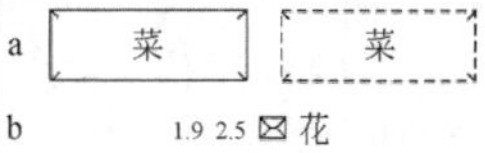	a 混3　b 混3 混8 b1 0.1 0.2 c 混3-1　d 简2 e 钢28　f 艺28		a c d 3 0.1 b 3 8 0.2 1.0 e f 28
4.3.2	建筑中的房子 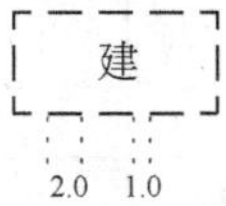 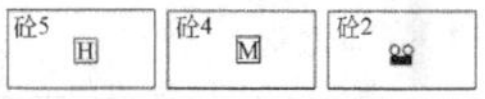	建 2.0 1.0		
4.3.3 4.3.4	棚房 a. 四边有墙的 b. 一边有墙的 c. 无墙的 破坏房屋	a 1.0　b 1.0 c 1.0　破 1.0 0.5　2.0 1.0		
4.3.5	架空房、吊脚楼 4——楼层 3——架空楼层 /1、/2——空层层数	砼4 砼3/2 砼4 2.5 0.5		4 3/1 2.5 0.5
4.3.6	廊房（骑楼）、飘楼 a. 廊房 b. 飘楼	a 混3 1.0 2.5 0.5		b 混3 2.5 0.5
4.3.10	露天采掘场、乱掘地 石、土——矿物品种	石		土

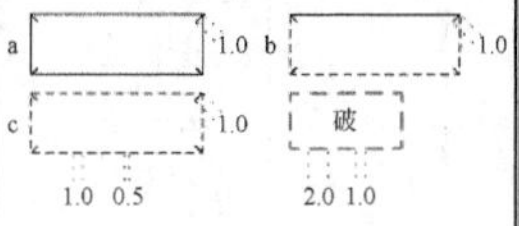

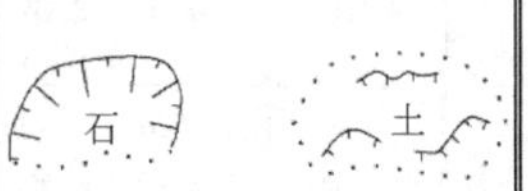

编号	符号名称	1∶500	1∶1000	1∶2000
4.3.21	水塔 a. 依比例尺的 b. 不依比例尺的	a	b 2.0 3.0 1.0 1.2	
4.3.22	烟囱 a. 依比例尺的 b. 不依比例尺的	a	b 1.0 0.2 0.5 2.8 1.3	
4.3.35	饲养场 牲——场地说明	牲		
4.3.38	温室、大棚 a. 依比例尺的 b. 不依比例尺的 菜、花——植物种类说明	a 菜　菜 b 1.9 2.5 花		
4.3.50 4.3.51 4.3.52	宾馆、饭店 商场、超市 剧院、电影院	砼5 H　砼4 M　砼2		
4.3.53	露天体育场、网球场、运动场、球场 a. 有看台的 b. 无看台的	a 工人体育场 a1 a2 1.0 b 体育场　球场		
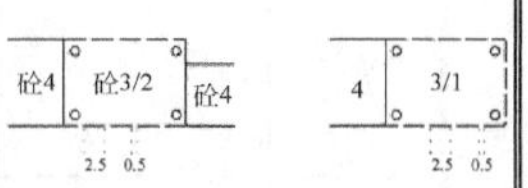 4.3.64	屋顶设施 a. 直升机停机坪 b. 游泳池 c. 花园 d. 运动场 e. 健身设施 f. 停车场 g. 光能电池板	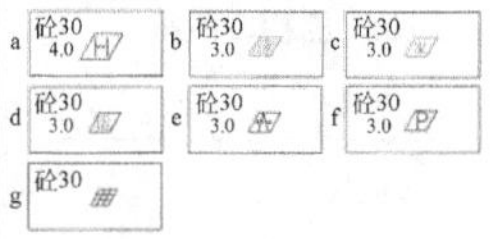 a 砼30 4.0　b 砼30 3.0　c 砼30 3.0 d 砼30 3.0　e 砼30 3.0　f 砼30 3.0 g 砼30		
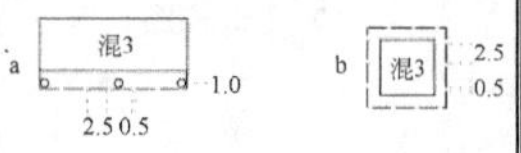 4.3.65	移动通信塔、微波传送塔、无线电杆 a. 在建筑物上 b. 依比例尺的 c. 不依比例尺的	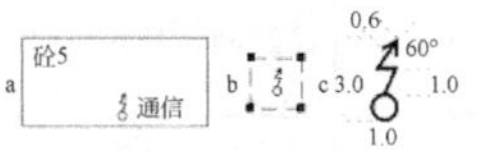 a 砼5 通信 b　c 3.0 0.6 60° 1.0 1.0		

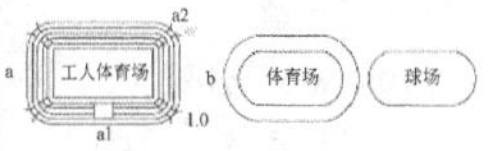

续表

编号	符号名称	1∶500	1∶1000	1∶2000
4.3	居民地及设施			
4.3.67	报刊亭、售货亭、售票亭 a. 依比例尺的 b. 不依比例尺的	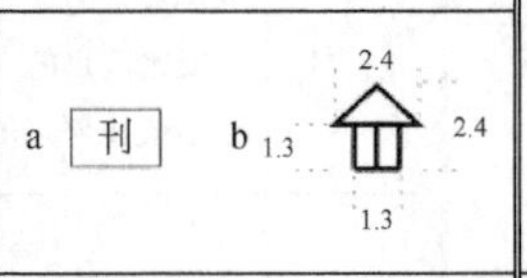 a 刊　b 1.3 2.4 2.4 1.3		
4.3.69 4.3.70	厕所 垃圾场	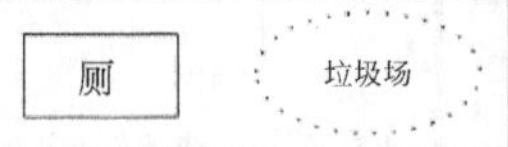 厕　垃圾场		
4.3.73	坟地、公墓 a. 依比例尺的 b. 不依比例尺	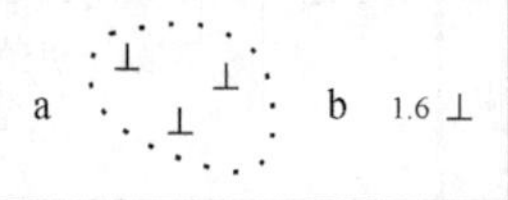 a　b 1.6		
4.3.74	独立大坟 a. 依比例尺的 b. 不依比例尺的	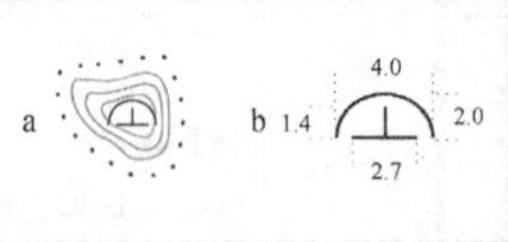 a　b 1.4 4.0 2.0 2.7		
4.3.83 4.3.85	亭 旗杆	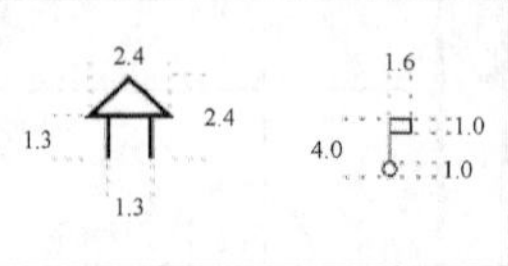 2.4 1.3 2.4 1.3　1.6 1.0 4.0 1.0		
4.3.86	塑像、雕塑 a. 依比例尺的 b. 不依比例尺	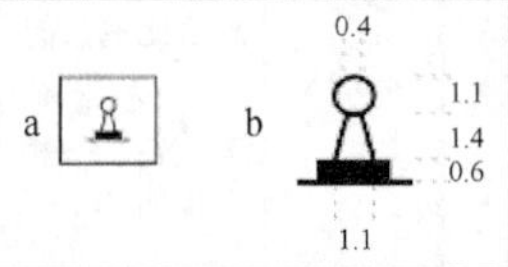 a　b 0.4 1.1 1.4 0.6 1.1		
4.3.87 4.3.88 4.3.89	庙宇 清真寺 教堂	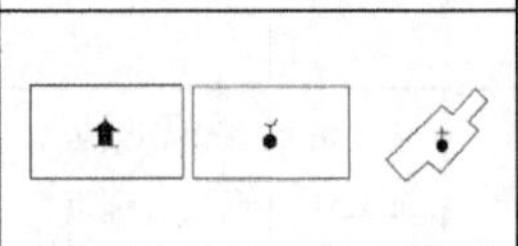		
4.3.103	围墙 a. 依比例尺的 b. 不依比例尺的	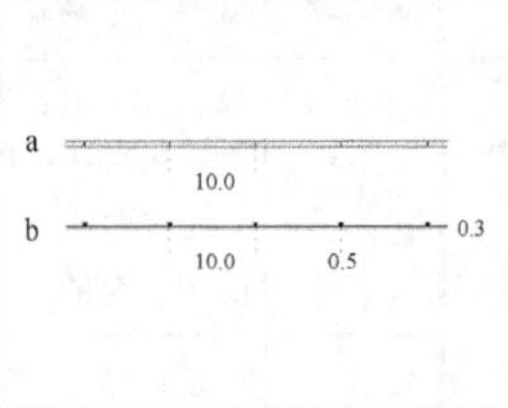 a 10.0　b 0.3 10.0 0.5		
4.3.106	栅栏、栏杆	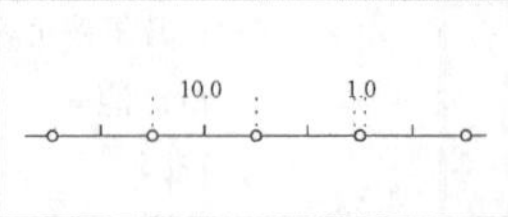 10.0 1.0		
4.3.107 4.3.108	篱笆 活树篱笆	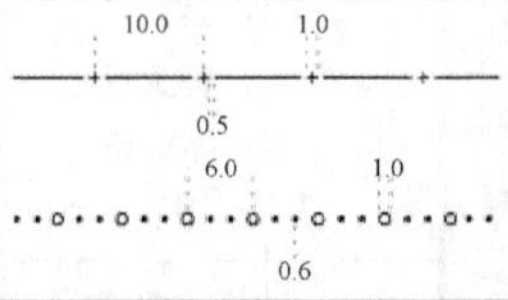 10.0 1.0 0.5　6.0 1.0 0.6		
4.3.109	铁丝网、电网	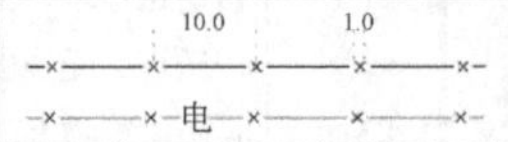 10.0 1.0 电		
4.3.114	门顶、雨罩 a. 门顶 b. 雨罩	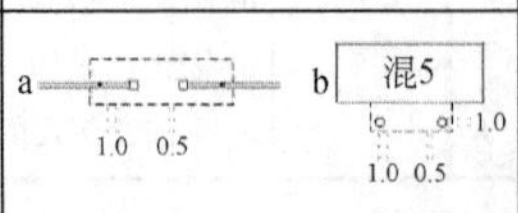 a 1.0 0.5　b 混5 1.0 1.0 0.5		
4.3.116 4.3.117	阳台 檐廊	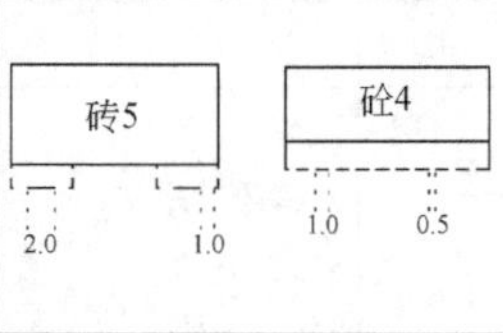 砖5 2.0 1.0　砼4 1.0 0.5		
4.3.121 4.3.122	台阶 室外楼梯	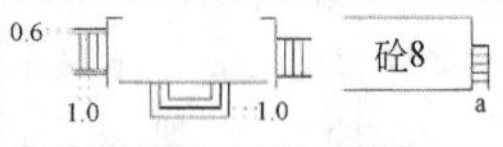 0.6 1.0 1.0 砼8 a		
4.3.127	门墩 a. 依比例尺 b. 不依比例尺的	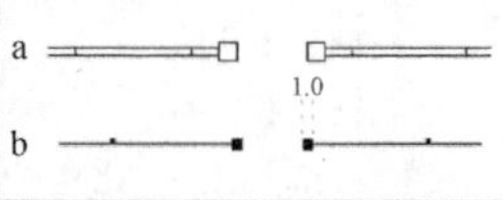 a 1.0 b		
4.3.129	路灯、艺术景观灯 a. 普通路灯 b. 艺术景观灯	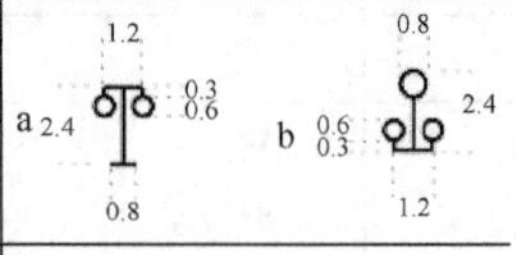 a 1.2 2.4 0.3 0.6 0.8　b 0.8 0.6 0.3 2.4 1.2		
4.3.132	宣传橱窗、广告牌、电子屏 a. 双柱或多柱的 b. 单柱的	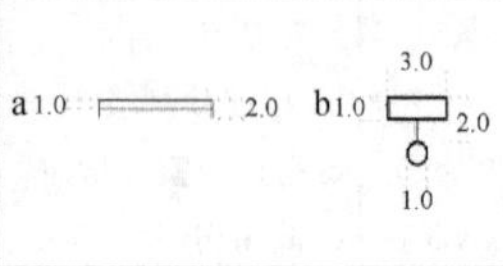 a 1.0 2.0　b 1.0 3.0 2.0 1.0		
4.3.134	喷水池	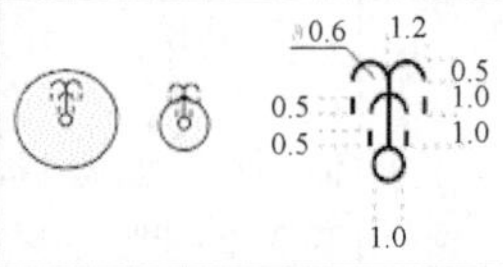 0.6 1.2 0.5 0.5 1.0 0.5 1.0 1.0		
4.3.135	假山	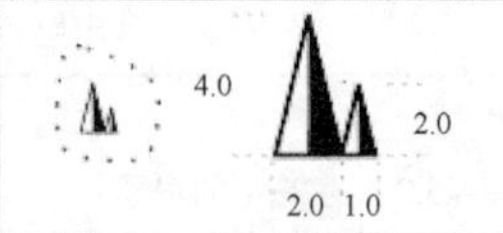 4.0 2.0 2.0 1.0		
4.4	道路			
4.4.14	街道 a. 主干道 b. 次干道 c. 支线 d. 建筑中的	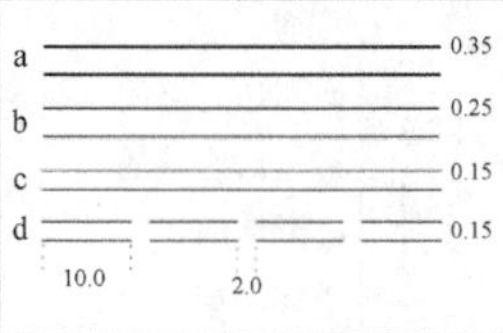 a 0.35　b 0.25　c 0.15　d 0.15 10.0 2.0		
4.4.16	内部道路	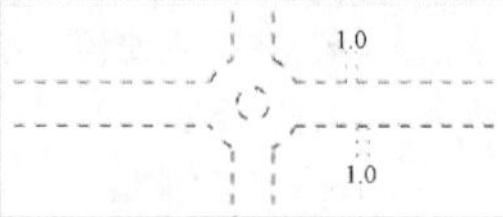 1.0 1.0		
4.4.17	阶梯路	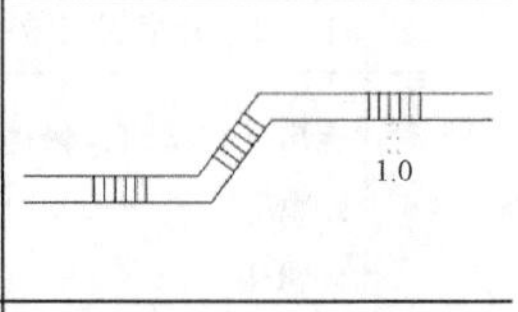 1.0		
4.4.18	机耕路（大路）	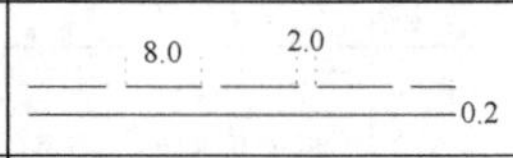 8.0 2.0 0.2		
4.4.19	乡村路 a. 依比例尺的 b. 不依比例尺的	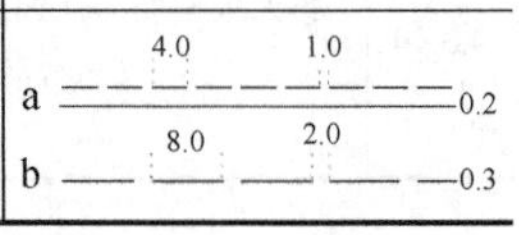 a 4.0 1.0 0.2　b 8.0 2.0 0.3		

续表

编号	符号名称	1∶500	1∶1000	1∶2000	编号	符号名称	1∶500	1∶1000	1∶2000
4.5	管线				4.7.2	示坡线	0.8		
4.5.1.1	架空的高压输电线 a. 电杆 35——电压（kV）	a 35 4.0			4.7.15	陡崖、陡坎 a. 土质的 b. 石质的 18.6，22.5——比高	a 18.6 300 b 22.5 700		
4.5.2.1	架空的配电线 a. 电杆	a 8.0			4.7.16	人工陡坎 a. 未加固的 b. 已加固的	a 2.0 b 3.0		
4.5.6.1	地面上的通信线 a. 电杆	a 1.0 0.5 8.0			4.7.25	斜坡 a. 未加固的 b. 已加固的	2.0 4.0 a b		
4.6	境界				4.8	植被与土质			
4.6.7	村界	1.0 2.0 4.0 0.2			4.8.1	稻田 a. 田埂	0.2 a 2.5 10.0 10.0		
4.6.8	特殊地区界线	3.3 1.6 0.8 0.4			4.8.2	旱地	1.3 2.5 10.0 10.0		
4.7	地貌				4.8.3	菜地	10.0 10.0		
4.7.1	等高线及其注记 a. 首曲线 b. 计曲线 c. 间曲线 25——高程	a b c 25 0.15 0.3 0.15 1.0 6.0							

2）非比例符号

某些地物的轮廓较小，如三角点、导线点、水准点、路灯、泉、独立树、水井等，无法将其形状和大小按照地形图的比例尺绘在图上，则不考虑其实际大小，而是采用规定的符号表示，这种符号称为非比例符号，也称为独立符号。如表 9-3 中，编号 4.1.1～4.1.8 都是非比例符号。

3）半比例符号

对一些呈现线状延伸的地物，如铁路、公路、管线、围墙、篱笆等，其长度能按比例缩绘，但其宽则不能按比例表示，它们的符号称为半比例符号。如表 9-3 中，编号 4.3.103～4.3.109 都是非比例符号，另外编号 4.4.14 和 4.4.16 也是半比例符号。

2. 地貌符号

在大比例尺地形图上最常用的表示地面高低起伏变化的方法是等高线法，等高线是常见的地貌符号。等高线又分为首曲线、计曲线和间曲线；在计曲线上注记等高线的高程，见表 9-3 中编号 4.7.1b；在谷地、鞍部、山头及斜坡方向不易判读的地方和凹地的最高、最低等高线上，绘制与等高线垂直的短线，称为示坡线，用以指示斜坡降落方向，见表 9-3

中编号 4.7.2；当梯田坎比较缓和且范围较大时，也可用等高线表示。但对梯田、峭壁、冲沟等特殊的地貌，不便用等高线表示时，可根据地形图图式绘制相应的符号，见表 9-3 中编号 4.7.15。

3. 注记符号

为了表明地物的种类和特性，除用相应的符号表示外，还需配合一定的文字和数字加以说明，如房屋的结构、层数（表 9-3 中编号 4.3.1）、地物名（编号 4.3.53）、地名、县名、村名、路名、河流名称（编号 4.2.1）及高等线的高程和散点的高程等。

9.3　地貌的表示方法

地形图上所表示的内容除地物外，另一部分内容就是地貌。 地貌是指地球表面高低起伏，凹凸不平的自然形态。地貌形态多种多样，对于一个地区可按其起伏的变化分为以下四种地形类型：地势起伏小，地面倾斜角在 3°以下，比高不超过 20m 的，称为平坦地；地面高低变化大，倾斜角在 3°～10°，比高不超过 150m 的，称为丘陵地；高低变化悬殊，倾斜角为 10°～25°，比高在 150m 以上的，称为山地；绝大多数倾斜角超过 25°的，称为高山地。地形图上表示地貌的主要方法是等高线。

9.3.1　等高线

1. 等高线的定义

等高线是地面上高程相等的相邻各点所连的闭合曲线。等高线的绘制原理如图 9-4 所示，设想有一座高出水面的小岛，与某一静止的水面相交形成的水涯线为一闭合曲线，曲线的形状随小岛与水面相交的位置而定，曲线上各点的高程相等。例如，当水面高为 70m 时，水涯线上任一点的高程均为 70m；若水位继续升高至 80m、90m，则水涯线的高程分别为 80m、90m。将这些水涯线垂直投影到水平面上，并按一定的比例尺缩绘在图纸上，这就将小岛用等高线表示在地形图上了。这些等高线的形状和高程，客观地显示了小岛的空间形态。

2. 等高距及等高线平距

地形图上相邻等高线间的高差，称为等高距（contour interval），用 h 表示，图 9-4 中 h =10m。同一幅地形图的等高距是相同的，因此地形图的等高距也称为基本等高距。大比例尺地形图常用的基本等高距为 0.5m、1m、2m、5m 等。等高距越小，用等高线表示的地貌细部就越详尽；等高距越大，地貌细部表示得越粗略。但当等高距过小时，图上的等高线过于密集，将会影响图面的清晰度。测绘地形图时，要根据测图比例尺、测区地面的坡度情况按国家规范要求选择合适的基本等高距，如表 9-4 所示。

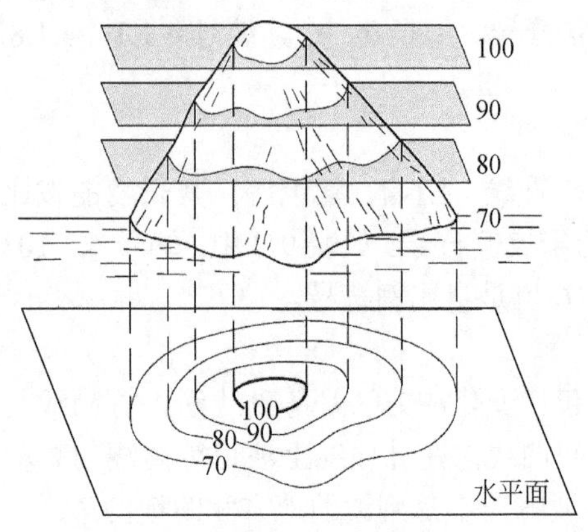

图 9-4　等高线的绘制原理

表 9-4 地形图的基本等高距 （单位：m）

地形类别	1∶500	1∶1000	1∶2000	1∶5000
平坦地	0.5	0.5	1	2
丘陵	0.5	1	2	5
山地	1	1	2	5
高山地	1	2	2	5

相邻等高线间的水平距离称为等高线平距，用 d 表示，它随地面的起伏情况而改变。相邻等高线间的地面坡度为

$$i = \frac{h}{d \cdot M} \tag{9-3}$$

式中，M 为地形图比例尺的分母。在同一幅地形图上，等高线平距越大，地貌坡度越小；反之，坡度越大，如图 9-5 所示。因此，可以根据图上等高线的疏密程度判断地面坡度的陡缓。

3. 等高线的分类

等高线分为首曲线、计曲线和间曲线，如表 9-3 和图 9-6 所示。

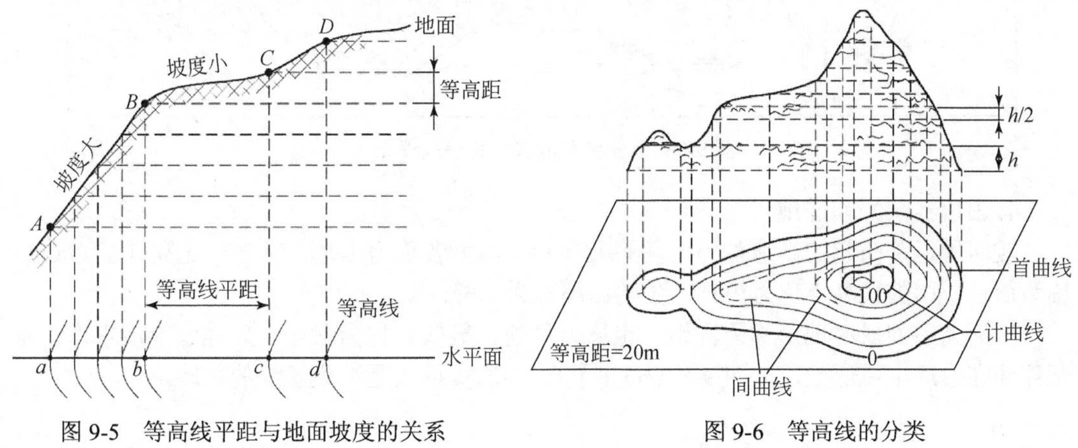

图 9-5 等高线平距与地面坡度的关系

图 9-6 等高线的分类

（1）首曲线（又称基本等高线），即按基本等高距测绘的等高线。用 0.15mm 宽的细实线绘制，见表 9-3 中编号 4.7.1a。

（2）计曲线（又称加粗等高线），从零米起算，每隔 4 条首曲线加粗描绘 1 条等高线，称为计曲线。计曲线用 0.3mm 宽的粗实线绘制，见表 9-3 中编号 4.7.1b。

（3）间曲线（又称半距等高线），是按 1/2 基本等高距测绘的等高线，以便显示首曲线不能显示的地貌特征。在平地，当首曲线间距过稀时，可加测间曲线，间曲线可不闭合，但一般应对称。间曲线用 0.15mm 宽的长虚线绘制，见表 9-3 中编号 4.7.1c。图 9-6 表示首曲线、计曲线、间曲线的情况。

9.3.2 典型地貌的等高线

地球表面高低起伏的形态千变万化，但仔细研究分析就会发现它们都是由几种典型的地貌综合而成的。了解和熟悉典型地貌的等高线，有助于正确地识读、应用和测绘地形图。

典型地貌主要有：山顶（头）和洼地、山脊和山谷、鞍部、陡崖和悬崖等。部分典型地貌及其等高线表示如图 9-7 所示。

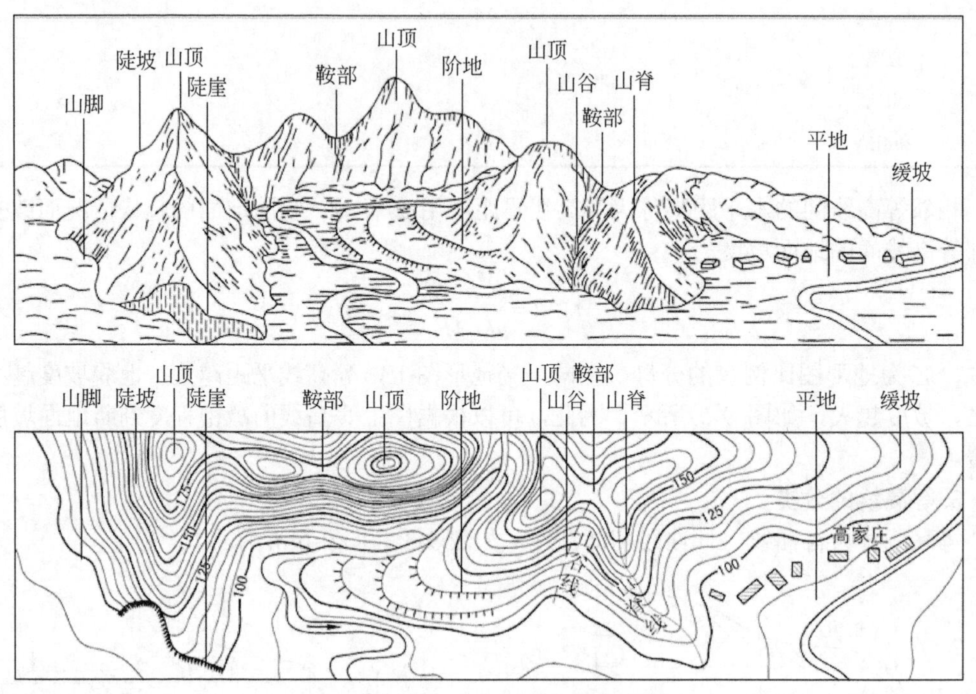

图 9-7　部分典型地貌及其等高线表示

1. 山顶（头）和洼地

较四周显著凸起的高地称为山[图 9-8（a）]，大者称为山岳，小者（比高低于 200m）称为山丘。山的最高点称为山顶，尖的山顶称为山峰。

四周高中间低的地形称为洼地，也称为盆地。最低处称为盆底。盆地没有泄水道，水都停滞在盆地中最低处，如图 9-8（b）所示。湖泊实际上是汇集了水的盆地。

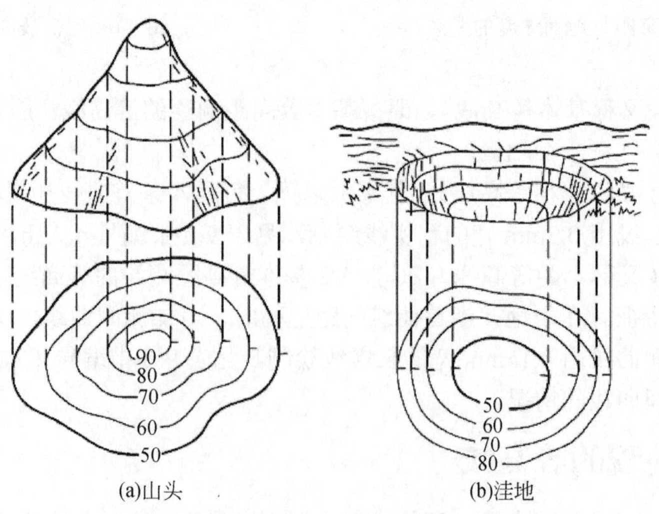

图 9-8　山头和洼地的等高线表示

图 9-8（a）和图 9.8（b）分别表示山头和洼地的等高线，它们都是一组闭合曲线，其区别在于：山头的等高线由外圈向内圈高程逐渐增加，洼地的等高线外圈向内圈高程逐渐减小，这样就可以根据高程注记区分山头和洼地。也可以用示坡线来指示斜坡向下的方向。在山头、洼地的等高线上绘出示坡线，有助于地貌的识别。

2. 山脊和山谷

山坡的坡度和走向发生改变时，在转折处就会出现山脊或山谷地貌，如图 9-9（a）所示。两山脊之间的凹部称为山谷。两侧称为谷坡。两谷坡相交部分称为谷底。山谷的等高线均凸向高处，两侧也基本对称。山谷线是谷底点的连线，也称集水线。谷地与平地相交处称为谷口。

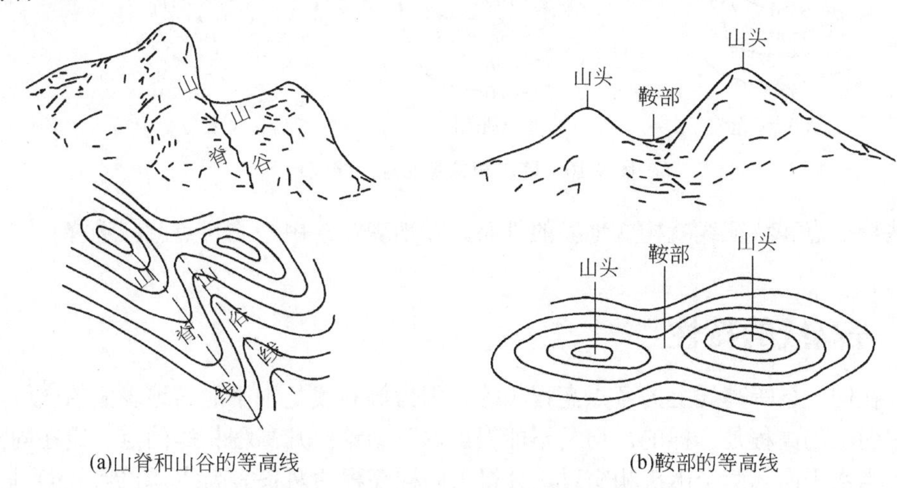

(a)山脊和山谷的等高线　(b)鞍部的等高线

图 9-9　山脊和山谷与鞍部的等高线表示

山的凸棱由山顶伸延至山脚者称为山脊。山脊的等高线均向下坡方向凸出，两侧基本对称。山脊线是山体延伸的最高棱线，也称分水线。在土木工程规划与设计中，要考虑地面的水流方向、分水线、集水线等问题。因此，山脊线和山谷线在地形图测绘及应用中具有重要的作用。

3. 鞍部

相邻两个山头之间呈马鞍形的低凹部分称为鞍部。鞍部是山区道路选线的重要位置。鞍部左右两侧的等高线是近似对称的两组山脊线和两组山谷线，见图 9-9（b）。

4. 陡崖和悬崖

陡崖是坡度在 70°以上的陡峭崖壁，有石质和土质之分。如果用等高线表示，将非常密集或重合为一条线，因此采用陡崖符号来表示，如图 9-10（a）和图 9-10（b）所示。

悬崖是上部突出、下部凹进的陡崖。悬崖上部的等高线投影到水平面时，与下部的等高线相交，下部凹进的等高线部分用虚线表示，如图 9-10（c）所示。

地球表面的形状，虽有千差万别，但实际上都可看作一个个不规则的曲面。这些曲面是由不同方向和不同倾斜程度的平面所组成，两个相邻斜面相交处即为棱线，山脊和山谷都是棱线，也称为地貌特征线（地性线），如果将这些棱线端点的高程和平面位置测出，则棱线的方向和坡度也就确定。

地面坡度变化的地方，比较显著的有：山顶点、盆地中心点、鞍部最低点、谷口点、山脚点、坡度变换点等，都称为地貌特征点。

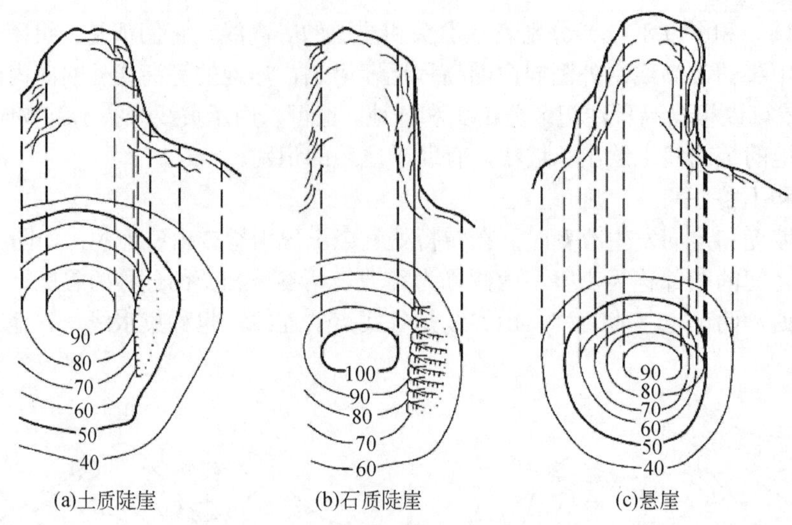

图 9-10　陡崖和悬崖的等高线表示

这些特征点和特征线就构成地貌的骨骼。在地貌测绘中，立尺点就应选择在这些特征点上。

9.3.3　等高线的特性

（1）在同一条等高线上的各点高程相等。因为等高线是水平面与地表面的交线，而在一个水平面上的高程是一样的。但是不能得出以下结论：凡高程相等的点一定在同一条等高线上。当水平面和两个山头相交时，会得出同样高程的两条等高线[图 9-9（b）]。

（2）等高线是闭合的曲线。一个无限伸展的水平面和地表面相交，构成的交线是一个闭合曲线，所以某一高程线必然是一条闭合曲线。由于具体测绘地形图范围是有限的，等高线若不在同一幅图内闭合，也会跨越一个或多个图幅闭合。

（3）不同高程的等高线一般不能相交。但是一些特殊地貌，如陡崖的等高线就会重叠在一起[图 9-10（a）和图 9-10（b）]，这些地貌必须加用陡壁、陡坎符号表示。通过悬崖的等高线才可能相交[图 9-10（c）]。

（4）等高线与分水线（山脊线）、合水线（山谷线）正交。由于等高线在水平方向上始终沿着同高的地面延伸着，等高线在经过山脊或山谷时，几何对称地在另一山坡上延伸，这样就形成了等高线与山脊和山谷线在相交处呈正交。如图 9-9（a）所示。

（5）在同一幅地形图内，基本等高距是相同的，因此，等高线平距大表示地面坡度小；等高线平距小则表示地面坡度大；平距相等则坡度相同，如图 9-5 所示。倾斜坡面的等高线是一组间距相等且平行的直线。

等高线的这些特性是互相联系的，其中最本质的特性是第一个特性，其他的特性是由第一个特性所决定的。在碎部测图中，要掌握这些特性，才能用等高线较逼真显示出地貌形状。

9.4　地形图分幅与编号

为了便于测绘、制图、印刷、使用和保管地形图，需要将大面积的地形图分幅，并将分幅的地形图进行系统的编号，因此需要研究地形图的分幅与编号问题。

地形图的分幅可分为两大类：一种是按经纬线划分的梯形分幅法，一般用于 1∶5000～1∶100 万的中、小比例尺地图的分幅；另一种是按坐标格网划分的矩形分幅法，一般用于城市和工程建设 1∶500～1∶2000 的大比例尺地图的分幅。

9.4.1　梯形分幅

梯形分幅又称国际分幅，按国际上的统一规定，梯形分幅应以 1∶100 万比例尺的地形图为基础，实行全球统一的分幅与编号。

1. 1∶100 万地形图的分幅与编号

1∶100 万比例尺地形图的分幅是由国际统一规定的，具体做法是将整个地球表面用子午线分为 60 个 6°的纵行，由经度 180°起，自西向东、逆时针用阿拉伯数字 1～60 编号；由赤道（纬度 0°）起，向南北两极，每隔纬差 4°为一横列，直到纬度 88°止，依次用大写的拉丁字母 A，B，C，…，V 标明，以两极为中心，以纬度 88°为界的圆，则用 Z 标明。在北半球与南半球的图幅分别在编号前加 N 或 S 予以区别，因我国领域全部位于北半球，故省注 N。图 9-11 为东半球北纬 1∶100 万地形图的分幅与编号。

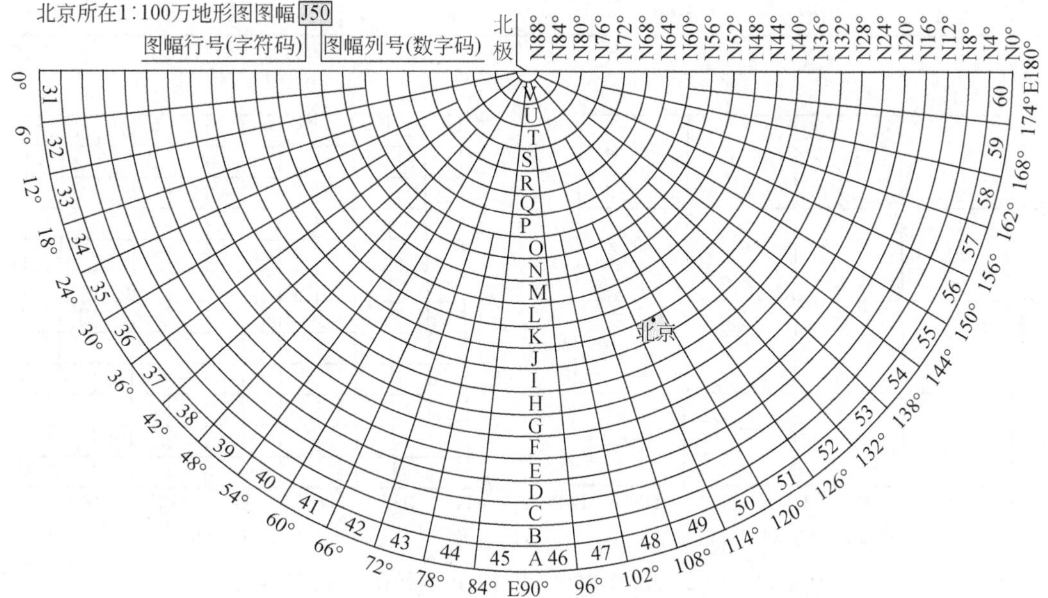

图 9-11　东半球北纬 1∶100 万地形图的分幅与编号

由上所述可知，一张 1∶100 万的地形图，是由纬差 4°的纬线和经差 6°的子午线所形成的梯形，按列-行号相结合的形式编码，即每一幅 1∶100 万的梯形图图号是由横列的字母与纵行的号数组成，先写出横列的代号，中间绘一横线相隔，后面写出纵行的代号。例如，北京某处的纬度为 39°56′23″N，经度为 116°22′53″E，位于第 10 列（J）第 50 行，则所在的 1∶100 万比例尺图的图幅号是 J-50；兰州市城关区某处的地理位置为北纬 36°03′，经度为东经 103°49′48″，则所在的 1∶100 万比例尺图的图幅号是 J-48。

2. 1∶50 万、1∶25 万、1∶10 万地形图的分幅编号

这三种比例尺地图的分幅和编号，都是在 1∶100 万比例尺地图分幅和编号的基础上，按照表 9-5 中的相应纬差和经差划分。每幅 1∶100 万的图，按经差 3°、纬差 2°可划分成 4

幅 1∶50 万的图，分别以 A、B、C、D 表示。例如，北京某处所在的 1∶50 万的图的编号为 J-50-A，如图 9-12（a）所示。

表 9-5　各种比例尺地图按经、纬度分幅

比例尺	图幅大小		1∶100 万、1∶10 万、1∶5 万、1∶1 万图幅内的分幅数	分幅代号
	纬差	经差		
1∶100 万	4°	6°	1	行 A，B，C，…，V，Z；列 1，2，3，…，60
1∶50 万	2°	3°	4	A，B，C，D
1∶25 万	1°	1°30′	16	[1]，[2]，[3]，…，[16]
1∶10 万	20′	30′	144	1，2，3，…，144
1∶10 万	20′	30′	1	
1∶5 万	10′	15′	4	A，B，C，D
1∶1 万	2′30″	3′45″	64	(1)，(2)，(3)，…，(64)
1∶5 万	10′	15′	1	
1∶2.5 万	5′	7′30″	4	1，2，3，4
1∶1 万	2′30″	3′45″	1	
1∶5000	1′15″	1′52.5″	4	a，b，c，d

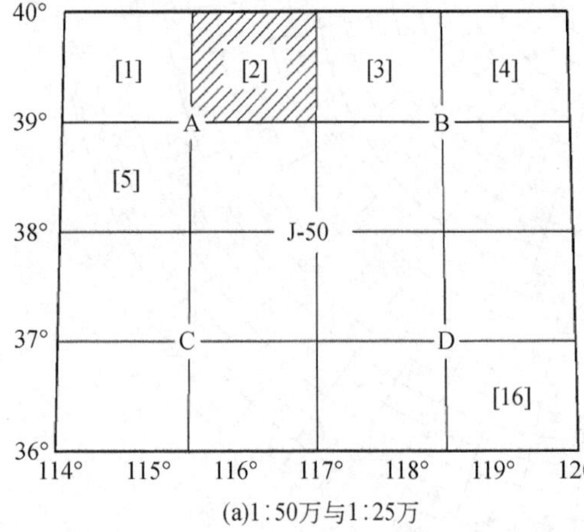

(a)1∶50万与1∶25万

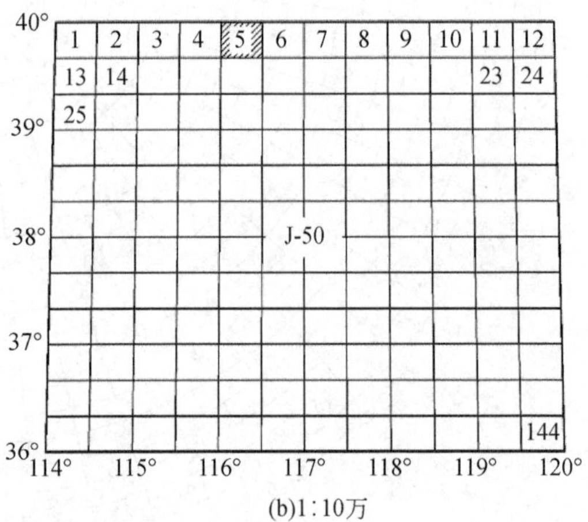

(b)1∶10万

图 9-12　1∶50 万、1∶25 万与 1∶10 万地图的分幅与编号

每幅 1∶100 万的图又可按经差 1°30′、纬差 1°划分为 16 幅 1∶25 万的图，分别以[1]、[2]、…、[16]表示。例如，北京某处所在的 1∶25 万的图的编号为 J-50-[2]，如图 9-12（a）中有阴影线的图幅。

每幅 1∶100 万的图按经差 30′、纬差 20′划分为 144 幅 1∶10 万的图，分别以 1、2、3、…、144 表示。例如，北京某处所在的 1∶10 万的图幅的编号为 J-50-5，见图 9-12（b）中有阴影线的图幅。

3. 1∶5 万、1∶2.5 万、1∶1 万地形图的分幅编号

这三种比例尺地形图的分幅编号是在 1∶10 万比例尺图的基础上进行的，其划分的经差和纬差见表 9-5。

每幅 1∶10 万比例尺的地形图划分为 4 幅 1∶5 万地形图，分别以 A、B、C、D 表示，其编号是在1∶10万地形图的编号后加上各自的代号所组成。例如，北京某处所在的1∶5万的图幅为J-50-5-B，见图9-13（a）。

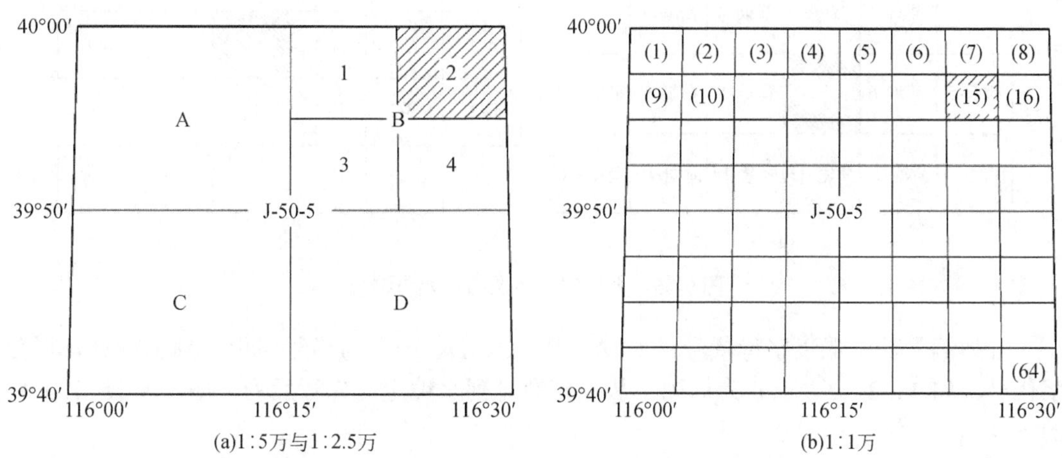

图9-13　1∶5万、1∶2.5万与1∶1万地图的分幅与编号

每幅1∶5万地形图划分为4幅1∶2.5万地形图，分别以数字1、2、3、4表示，其编号是在1∶5万地形图的编号后加上1∶2.5万地形图各自的代号所组成。例如，北京某处所在的1∶2.5万的图幅J-50-5-B-2，见图9-13（a）中有阴影线的图幅。

每幅1∶10万图划分为8行、8列，共64幅1∶1万比例尺地形图，分别以(1)、(2)、(3)、…、(64)表示。其纬差为2′30″，经差为3′45″。其编号是在1∶10万图号之后加上各自代号所组成。例如，北京某处所在的1∶1万的图幅J-50-5-(15)，见图9-13（b）中有阴影线的图幅。

4. 1∶5000比例尺地图的分幅和编号

按经纬线分幅的1∶5000比例尺地图，是在1∶1万图的基础上进行分幅和编号的，每幅1∶1万的图分成四幅1∶5000的图，并分别在1∶1万图的图号后面写上各自的代号a、b、c、d作为编号。例如，北京某处所在的1∶5000梯形分幅图号为J-50-5-(15)-a，见图9-14中有阴影线的图幅。

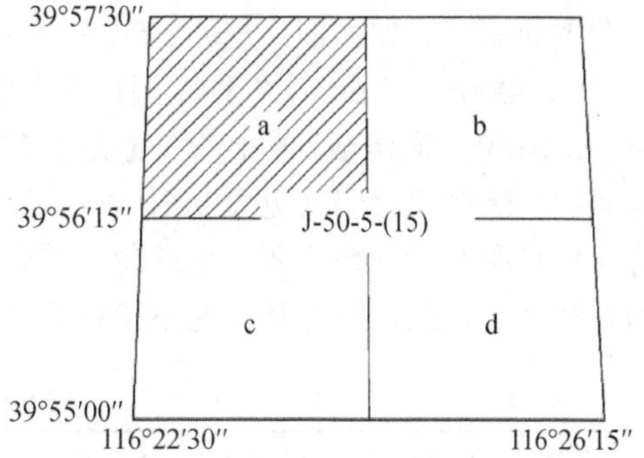

图9-14　1∶5000地图的分幅与编号

9.4.2　矩形分幅

GB/T 20257—2007规定：1∶500～1∶2000比例尺地形图一般采用50cm×50cm正方形分幅或40cm×50cm矩形分幅；根据需要，也可以采用其他规格的分幅；1∶2000地形图也可以采用经纬度统一分幅。地形图编号一般采用图廓西南角坐标公里数编号法，也可选用自然序数编号法（也称流水编号法）或行列编号法等。

采用图廓西南角坐标公里数编号法时，x坐标在前，y坐标在后，1∶500地形图取至0.01km（如10.40-21.75），1∶1000、1∶2000地形图取至0.1km（如10.0-21.0）。

带状测区或小面积测区，可按测区统一顺序进行编号，一般从左到右，从上到下用数字 1、2、3、4、…编定，如图 9-15（a）所示的“荷塘-7”，其中“荷塘”为测区地名。

	荷塘-1	荷塘-2	荷塘-3	荷塘-4	
荷塘-5	荷塘-6	荷塘-7	荷塘-8	荷塘-9	荷塘-10
荷塘-11	荷塘-12	荷塘-13	荷塘-14	荷塘-15	荷塘-16

(a)

A-1	A-2	A-3	A-4	A-5	A-6
B-1	B-2	B-3	B-4		
	C-2	C-3	C-4	C-5	C-6

(b)

图 9-15　大比例尺地图的分幅与编号

行列编号法一般以字母代号（如 A、B、C、D、…）为横行，由上到下排列，以数字代号（如 1、2、3、…）为纵列，从左到右排列来编定，先行后列，如图 9-15（b）中的 A-4。

9.4.3　新的国家基本比例尺地形图分幅编号

为适应计算机管理和检索，1992 年国家发布了新的《国家基本比例尺地形图分幅和编号》(GB/T 13989—1992)，并于 2012 年进行了修订（GB/T 13989-2012），针对 1∶2000、1∶1000、1∶500 地形图的分幅提出了经纬度分幅编号（首次）和矩形分幅编号两种方案。

1∶100 万比例尺地形图的分幅编号没有实质性的变化，只是把“列-行式”编号变成了“行列式”编号。“行列式”编码系统中以横向为行、纵向为列，编号时把行号放在前面，列号放在后面，中间不用连接号。但同旧系统相比，只是列和行对换了，因此，其结果并没有大的变化。如由旧系统的 J-50 变为 J50。

1∶5000～1∶50 万 7 种比例尺地图的编号都是在 1∶100 万比例尺地图的基础上进行的，由 10 个代码组成，其中前 3 位是所在的 1∶100 万地形图的行号（1 位）和列号（2 位），第 4 位是比例尺代码（见表 9-6，每种比例尺对应一个特殊的代码），后面 6 位分为两段，前 3 位是图幅行号数字码，后 3 位是图幅列号数字码，见图 9-16。行号和列号的数字码编码方法是一致的，行号从上而下，列号从左到右顺序编排，不足 3 位时前面加“0”。

表 9-6　比例尺代码

比例尺	1∶100 万	1∶50 万	1∶25 万	1∶10 万	1∶5 万	1∶2.5 万	1∶1 万	1∶5000
代码	A	B	C	D	E	F	G	H

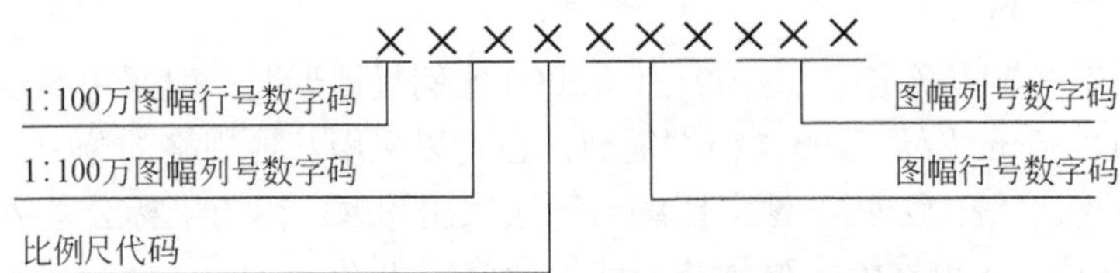

图 9-16　1∶5000～1∶50 万地图的图号的构成

例如，图幅号 J50E017016 表示：在 1∶100 万比例尺地形图中的位置为第 J 行第 50 列的图幅可以分为 24 行 24 列 1∶5 万比例尺地形图（代号为 E），而第 17 行第 16 列即为 J50E017016 所在的图幅。

思考与练习题

1. 地形图比例尺的表示方法有哪些？国家基本比例尺地形图有哪些？何为大、中、小比例尺？

2. 什么是比例尺的精度？它对用图和测图有什么作用？

3. 地物符号分为哪些类型？各有何意义？

4. 什么是等高线？等高距、等高线平距与地面坡度之间的关系如何？

5. 等高线有哪些特性？

6. 典型地貌有哪些类型？它们的等高线各有何特点？

7. 西安某地的纬度φ=34°10′，经度λ=108°50′，试求该地区划 1∶1000000、1∶100000、1∶10000 这三种图幅的图号。

8. 什么是地形图分幅？有哪几种分幅方法？

9. 什么是地形图图式？试举例生活中哪些地物分别用比例符号、非例符号和半比例符号表示。

第 10 章　大比例尺地形图测绘

地形图的测绘方法可分为模拟法和数字法两种。传统地形图测绘主要采用模拟法，如平板仪测图、小平板仪测图、经纬仪测图等地面测图方法。目前，地形图测绘主要采用数字法，常用全站仪测图、GNSS RTK 测图的数字地面测图方法，以及数字摄影测量与遥感测图方法。

10.1　测图前的准备工作

测区完成控制测量工作后，就可以测定的图根控制点作为基准，进行地形图的测绘。

1）图纸的准备

测绘地形图使用的图纸材料一般为聚酯薄膜。聚酯薄膜图纸厚度一般为 0.07～0.1mm，经过热定型处理后，伸缩率小于 0.02%，其优点是：伸缩性小，无色透明，牢固耐用，化学性能稳定，质量轻，不怕潮湿，便于携带和保存。在图纸上着墨后，可直接复晒蓝图。缺点是易燃、易折。

2）坐标格网（方格网）的绘制

控制点是根据其直角坐标的 x，y 值，先展绘在图纸上，然后到野外测图。为了能使控制点位置绘得比较准确，则需在图纸上先绘制直角坐标格网，又称方格网，其常用的绘制方法有对角线法、坐标格网尺法及使用 AutoCAD 绘制等。

如图 10-1 所示，在裱糊好的图板上，用直尺和铅笔轻轻画出两条对角线，设相交于 M 点，以 M 点为圆心沿对角线截取相等长度 MA、MB、MC、MD，用铅笔连接各点，得到矩形 $ABCD$，再在各边上以 10cm 的长度截取 1、2、3、4、5 和 1′、2′、3′、4′、5′诸点，连接相应各点即得坐标格网。

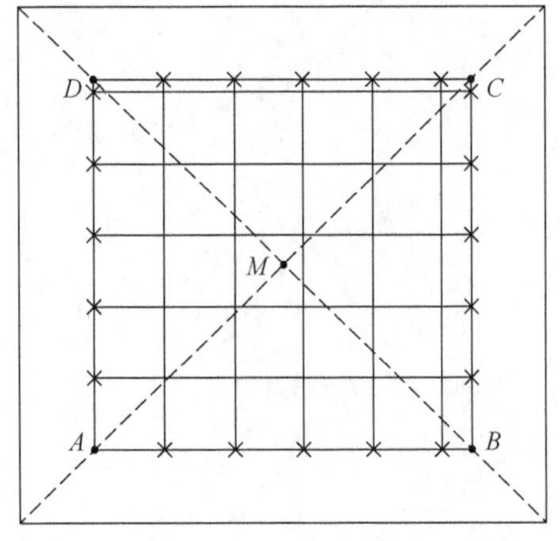

图 10-1　坐标方格网的绘制

可以在 CASS 中执行下拉菜单“绘图处理/标准图幅 50cm×50cm”或“标准图幅 50cm×40cm”命令，直接生成坐标方格网图形。

坐标格网绘好后，应进行检查。将直尺边沿方格的对角线方向放置，各方格的角点应在一条直线上，偏离不应大于 0.2mm；再检查各个方格的对角线长度，应为 14.14cm，容许误差为±0.2mm，检查合格后方可进行控制点的展绘。

3）展绘图廓点及控制点

在展点时，首先确定控制点所在的方格，如图 10-2 中，控制点 A 的坐标 x_A=2508614.626m，y_A=403156.781m，根据点 A 的坐标，确定其在 1，2，3，4 方格内；其次从 1 点和 2 点用比例尺向右量取 Δy_{1A} =（403156.781−403100）/1000=5.6781cm，得出 a，b 两点；再次从 1、4 向上量取 Δx_{1A} =（2508614.623–2508600）/1000=1.4623cm，得出 c、d 两点，最后直线 ab 和 cd 的交点即为 A 点的位置。

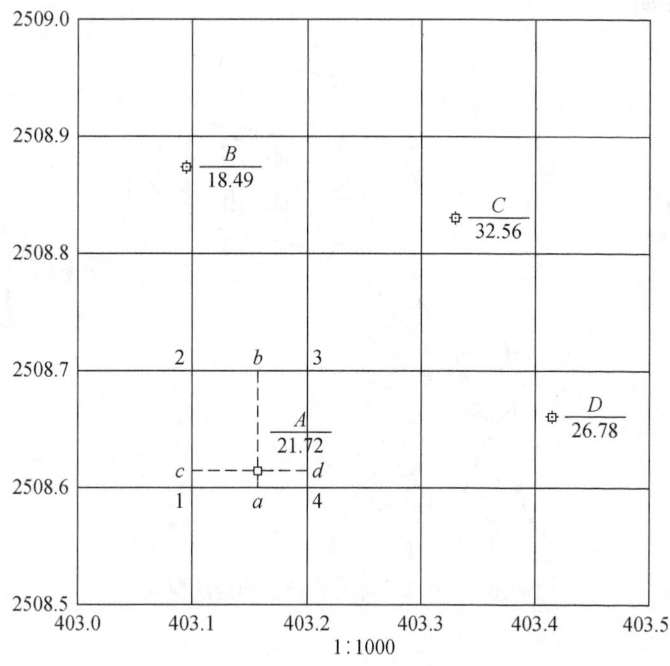

图 10-2　展绘控制点

同法将其他各点展绘在坐标方格网内，各点展绘好后，也要认真检查一次，此时可用比例尺在图上量取各相邻控制点之间的距离，和已知的边长相比较，其最大误差在图纸上不得超过 0.3mm，否则应重新展绘。

当控制点的平面位置绘在图纸后，还应注上点号和高程。

为了保证地形图的精度，测区内应有一定数目的图根控制点。根据《工程测量标准》（GB 50026—2020），测区内解析图根点的个数一般地区不宜少于表 10-1 的规定。

表 10-1　一般地区解析图根点的个数规定

测图比例尺	图幅尺寸/cm×cm	解析图根点/个		
		全站仪测图	GNSS（RTK）测图	平板测图
1∶500	50×50	2	1	8
1∶1000	50×50	3	1～2	12
1∶2000	50×50	4	2	15

10.2　大比例尺地形图的模拟测绘方法

10.2.1　经纬仪配合量角器测绘法

经纬仪配合量角器测绘法原理见图 10-3，图中 A，B，C 为已知控制点，测量并展绘碎部点 1 的操作步骤如下。

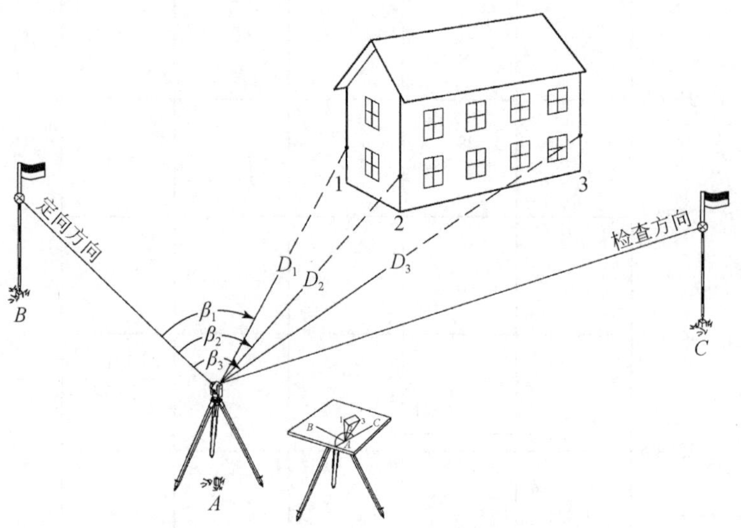

图 10-3　经纬仪配合量角器测绘法原理

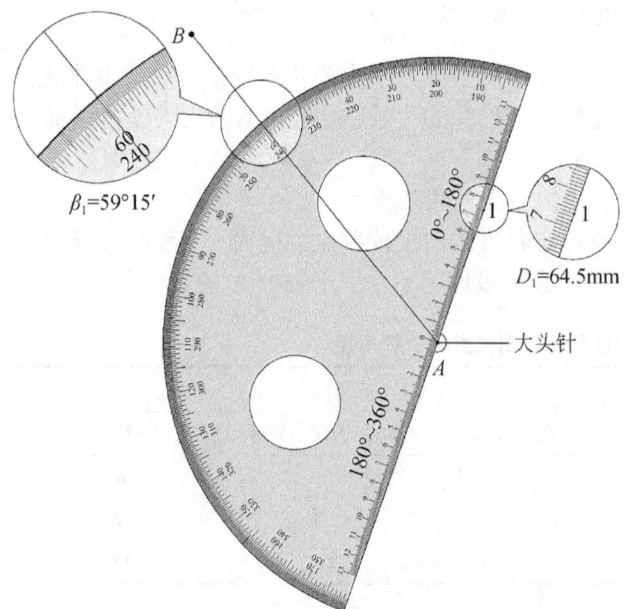

图 10-4　使用量角器展绘碎部点

1. 测站准备

在 A 点安置经纬仪，量取仪器高 i_A，用望远镜照准后视点 B 的标识，将水平度盘读数配置为 0°；在经纬仪旁架好小平板，用透明胶带将聚酯薄膜图纸固定在图板上，在绘制了坐标方格网的图纸上展绘 A，B，C 等控制点，用直尺和铅笔在图纸上绘出直线 AB 作为量角器的中心，并将大头针准确地钉入图纸中的 A 点，如图 10-4 所示。

2. 碎部测量

地物一般可分为自然地物和人工地物。地物在地形图上的表示原则是：凡是能依比例尺表示的地物，则将它们水平投影位置的几何形状相似地描绘在地形图上，如房屋、河流、运动场等。或是将它们的边界位置表示在图上，边界内再绘上相应的地物符号，如森林、草地、沙漠等。对于不能依比例尺表示的地物，在地形图上是以相应的地物符号表示在地物的中心位置上，如水塔、烟囱、纪念碑、单线道路、单线河流等。

地物测绘主要是将地物的形状特征点测定下来，如地物的转折点、交叉点、曲线上的弯曲交换点、独立地物的中心点等，便得到与实地相似的地物形状。测绘规则房屋时，只要测出房屋三个房角的位置，即可确定整个房屋的位置。如图 10-3 所示，在测站 A 安置仪器，标尺立在房角 1，2，3，用极坐标法测量待测方向和已知边的夹角以及待测点到测站的距离，即可定出房屋的位置。

测绘地貌时，首先需要确定地形特征点，其次连接地性线，便得到地貌整个骨干的基本轮廓，按等高线的性质，最后对照实地情况就能描绘出等高线。地形特征点指山顶、鞍部、山脊、山谷倾斜变换点、山脚地形变换点等。

3. 经纬仪视距观测的计算

在碎部点 i 竖立标尺，使经纬仪望远镜照准标尺，读出视线方向的水平度盘读数 β_i，竖盘读数 V_i，上丝读数 a_i，下丝读数 b_i，则测站到碎部点的水平距离 d_i 及碎部点高程 H_i 的计算公式（视距法碎部测量公式）为

$$\left.\begin{aligned} d_i &= 100(b_i - a_i)[\cos(90 - V_i + x)]^2 \\ H_i &= H_0 + d_i \tan(90 - V_i + x) + i_0 - (a_i + b_i)/2 \end{aligned}\right\} \quad (10\text{-}1)$$

式中，H_0 为测站点的高程；i_0 为测站的仪器高；x 为经纬仪竖盘指标差。

例 10-1　如图 10-3 所示，已知 H_A=5.553m，i_A=1.420m，竖盘指标差 x=−0°15″。碎部点 1、2、3 的视距观测记录见表 10-2，完成表 10-2 中的水平距离和高程的计算。

表 10-2　经纬仪视距法测图计算

碎部点序号	视距测量结果				计算结果	
	上丝读数/mm	下丝读数/mm	水平度盘读数	竖盘读数	水平距离/m	高程/m
1	500	1145	59°15′	91°03′	64.467	4.688
2	800	1346	70°11′	91°10′	54.567	4.551
3	1600	2364	81°07′	90°03′	76.398	4.591

解：将已知数据和观测记录数据代入式（10-1），即可完成水平距离和高程的计算，计算结果见表 10-2。

4. 展绘碎部点

以图纸上 A，B 两点的连线为零方向线，转动量角器，使量角器上的 β_1 角位置对准零方向线，在 β_1 角的方向上量取距离 D_1/M，M 为地形图比例尺的分母，用铅笔点一个小圆点做标记，在小圆点右侧 0.5mm 的位置注记其高程值 H_1，字头朝北，即得到碎部点 1 的图上位置。如图 10-4 所示，地形图比例尺为 1∶1000，1 号碎部点的水平角为 59°15′，水平距离为 64.467m/1000=6.45cm。

使用同样的方法，在图纸上展绘表 10-2 中的 2、3 点，在图纸上连接 1、2、3 点，通过推平行线将所测房屋绘出。

10.2.2 地形图的绘制

外业工作中，当碎部点展绘到图纸上后，就可以对照实地随时描绘地物和等高线。

1. 地物描绘

地物应用地形图图式规定的符号表示。房屋轮廓应用直线连接，而道路、河流的弯曲部分应逐点连成光滑的曲线。不能依比例描绘的地物，应用规定的非比例符号表示。

2. 等高线的勾绘

勾绘等高线时，首先用铅笔轻轻描绘出山脊线、山谷线等地性线，其次根据碎部点的高程勾绘等高线。不能用等高线表示的地貌，如悬崖、陡崖、土堆、冲沟、雨裂等，应用图式规定的符号表示。

由于碎部点是选在地面坡度变化处，相邻点之间可视为均匀坡度，这样可在两个相邻碎部点的连线上，按平距与高差呈比例的关系，内插出两点间各条等高线通过的位置。如图 10-5（a）所示，地面上两个碎部点 A 和 P 的高程分别为 207.4m 和 202.8m，若取基本等高距为 1m，则其间有 203m，204m，205m，206m 及 207m 5 条等高线通过。根据平距和高差成正比的原理，先目估定出高程为 203m 的 a 点和高程为 207m 的 e 点，然后将 ae 的距离四等分，定出高程为 204m，205m，206m 的 b,c,d 点。同法定出其他相邻两碎部点间等高线应通过的位置。将高程相等的相邻点连成光滑的曲线，即为等高线，结果见图 10-5（b）。

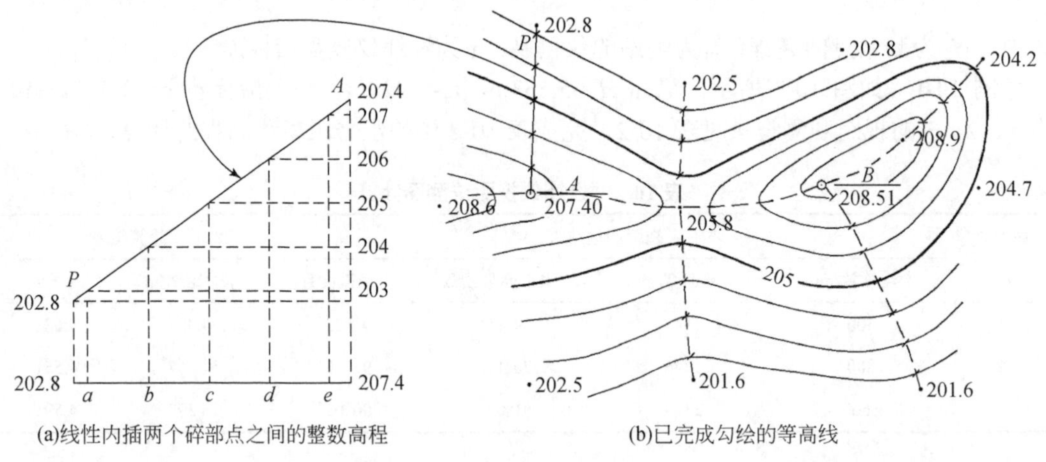

(a)线性内插两个碎部点之间的整数高程

(b)已完成勾绘的等高线

图 10-5 等高线的勾绘（单位：m）

勾绘等高线时，应对照实地情况，先画计曲线，再画首曲线，并注意等高线通过山脊线、山谷线的走向。

10.2.3 地形图测绘的基本要求

1. 仪器设置及测站检查

《城市测量标准》（GB 50026—2020）对地形测图时仪器的设置及测站上的检查要求如下。

（1）仪器对中的偏差不应大于图上 0.05mm。

（2）以较远的一点定向，用其他点进行检核。采用平板仪测绘时，检核偏差不应大于图上 0.3mm；采用经纬仪测绘时，其角度检测值与原角值之差不应大于 2′。每站测图过程中，应随时检查定向点方向，采用平板仪测绘时，偏差不应大于图上 0.3mm；采用经纬仪测绘时，归零差不应大于 4′。

（3）检查另一测站高程，其较差不应大于 1/5 基本等高距。

（4）采用量角器配合经纬仪测图，当定向边长在图上短于 10cm 时，应以正北或正南方向作起始方向。

2. 地物点、地形点视距和测距长度

地物点、地形点视距和测距最大长度要求应符合表 10-3 的规定。

表 10-3　经纬仪视距法测图的最大视距长度　（单位：m）

比例尺	一般地区		城镇建筑区	
	地物	地形	地物	地形
1∶500	60	100	—	70
1∶1000	100	150	80	120
1∶2000	180	200	150	200

3. 高程注记点的分布

（1）地形图上高程注记应分布均匀，丘陵地区高程注记点间距应符合表 10-4 的规定。

表 10-4　地形图上高程注记间距

比例尺	1∶500	1∶1000	1∶2000
高程注记间距/m	15	30	50

注：平坦及地形简单地区可放宽至 1.5 倍，地貌变化较大的丘陵地、山地与高山地应适当加密

（2）山顶、鞍部、山脊、山脚、谷底、谷口、沟底、沟口、凹地、台地、河川湖地岸旁、水涯线上及其他地面倾斜变换处，均应测高程注记点。

（3）城市建筑区高程注记点应测设在街道中心线、街道交叉中心、建筑物墙基脚和相应的地面、管道检查井井口、桥面、广场、较大的庭院内或空地上及地面倾斜变换处。

（4）基本等高距为 0.5m 时，高程注记点应注至厘米；基本等高距大于 0.5m 时可注至分米。

4. 地物、地貌的绘制

在测绘地物、地貌时，应遵守“看不清不绘”的原则。地形图上的线划、符号和注记应在现场完成。

按基本等高距测绘的等高线为首曲线。从零米起算，每隔 4 根首曲线加粗 1 根计曲线，并在计曲线上注明高程，字头朝向高处，但需避免在图内倒置。山顶、鞍部、凹地等不明显处等高线应加绘示坡线。当首曲线不能显示地貌特征时，可测绘二分之一基本等高距的间曲线。城市建筑区和不便于绘等高线的地方，可不绘等高线。

地形原图铅笔整饰应符合下列规定。

（1）地物、地貌各要素，应主次分明、线条清晰、位置准确、交接清楚。

（2）高程注记的数字，字头朝北，书写应清楚整齐。

（3）各项地物、地貌均应按规定的符号绘制。

（4）各项地理名称注记位置应适当，并检查有无遗漏或不明之处。

（5）等高线须合理、光滑、无遗漏，并与高程注记点相适应。

（6）图幅号、方格网坐标、测图者姓名及测图时间应书写正确齐全。

10.2.4 地形图的检查、拼接与整饰

为了保证地形图的质量，地形图测绘完毕，必须对地形图进行全面检查、拼接和整饰。

1. 地形图的检查

地形图的检查包括图面检查、野外巡视和设站检查。

1）图面检查

检查图上表示的内容是否合理、地物轮廓线表示得是否正确、等高线绘制得是否合理、名称注记是否有弄错或遗漏。检查中发现问题在图上做出记号，到实地去检查核对。

2）野外巡视

到测图现场与实地核对，检查地物、地貌有无遗漏，特别在图面检查中有疑问处，要重点巡视一一核对，发现问题应当场修正或补充。

3）设站检查

在上述检查的基础上，为了保证成图质量，对每幅图还要进行部分图面内容的设站检查。即把测图仪器重新安置在测站点上，对主要地物和地貌进行重测，如发现个别问题，应现场纠正。

2. 地形图的拼接

当测区面积超过一定范围时，必须分幅测图，对于道路带状地形图而言，每公里 1 幅图，在相邻两图幅的连接处都存在拼接问题。由于测量和绘图的误差，相邻两图幅边的地物轮廓线和等高线不完全吻合，图 10-6 表示相邻两图幅相邻边的衔接情况。

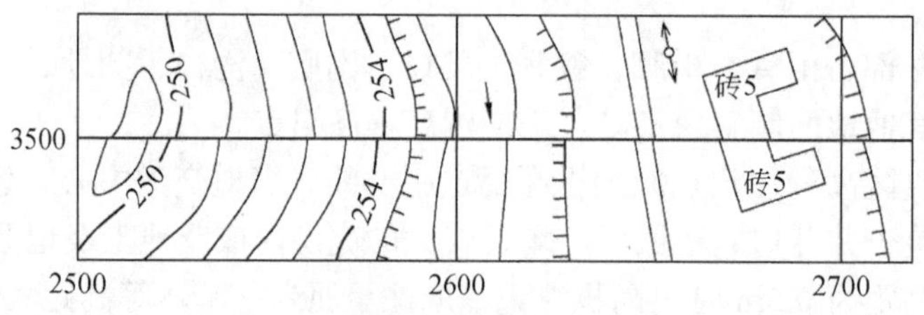

图 10-6　地形图的拼接

由图 10-6 可知，将两幅图的同名坐标格网线重叠时，图中的房屋、河流、等高线、陡坎都存在接边差。为接边方便，一般规定每幅图的图边应测出图幅外 1cm，使相邻图幅有一条重复带。拼接时，将相邻两图幅聚酯薄膜图纸的坐标格网对齐，就可以检查接边地物和等高线的偏差情况。若接边差小于表 10-5 规定的平面、高程中误差的 $2\sqrt{2}$ 倍，可平均配赋（即在两幅图上各改正一半），并据此改正相邻图幅的地物、地貌位置，但应注意保持地物、地貌相互位置和走向的准确性。超过限差时应到实地检查，改正后再进行拼接。

表 10-5　地物、地貌接边容许误差

地形类别	图上点位中误差/mm	地形分类	平地	丘陵	山区	高山区
平地及丘陵区	0.5	高程中误差（等高距）	1/3	1/2	2/3	1
山区	0.75					

3. 地形图的整饰

地形图经过检查、拼接和修改后，还应进行清绘和整饰，使图面清晰、美观、正确，以便验收和原图的保存。

地形图整饰时，首先擦掉图中不必要的点、线，其次对所有的地物、地貌都应按地形图图式的规定符号、尺寸和注记进行清绘，各种文字注记（如地名、山名、河流名、道路名等）应标注在适当位置，一般要求字头朝北，字体端正。等高线应用光滑的曲线勾绘，等高线高程注记应成列，其字头朝高处。最后应整饰图框，注明图名、图号、测图比例尺、测图单位、测图日期等。

4. 地形测图全部工作结束后应提交的资料

（1）图根点展点图、水准路线图、埋石点点之记、测有坐标的地物点位置图、观测与计算手簿、成果表。

（2）地形原图、图历簿、接合表、按板测图的接边纸。

（3）技术设计书、质量检查验收报告及精度统计表、技术总结等。

10.3　大比例尺数字化测图方法

数字化测图是指用全站仪或 GNSS RTK 等仪器采集碎部点的坐标数据，应用数字测图软件绘制地形图的方法。与传统的地形图测量相比，数字化测图具有测图精度高，制图规范，劳动强度低，效率高，存储、更新和使用方便，成果方便管理，科技含量高等特点。国内有多种成熟的数字测图软件，本节只介绍基于南方 CASS7.0 软件的数字化测图方法。

1. CASS 操作界面

双击 CASS 7.0 图标，即可以启动 CASS 软件。图 10-7 是基于 AutoCAD 2006 安装的 CASS 7.0 操作界面。

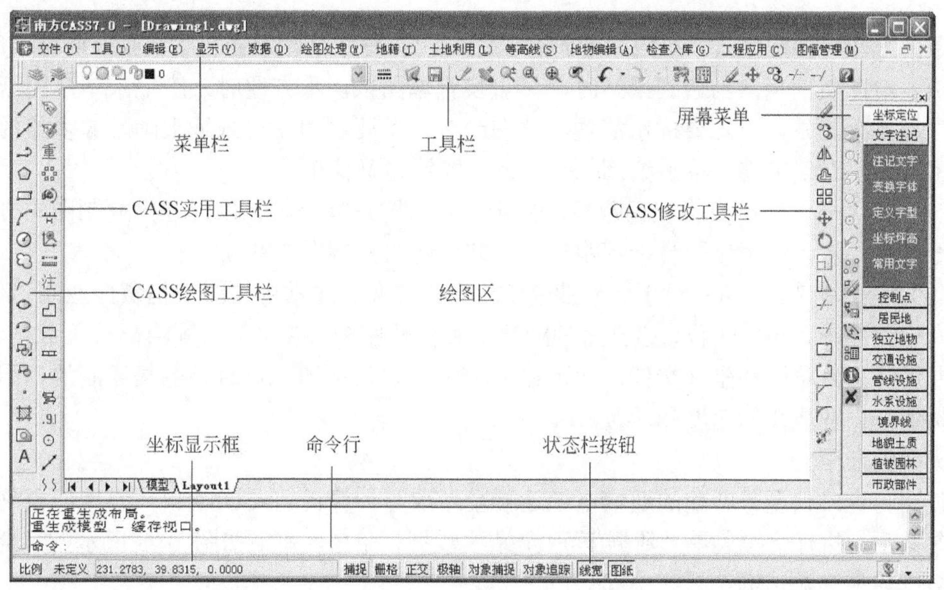

图 10-7　CASS 7.0 操作界面

CASS7.0 与 AutoCAD 2006 的界面及操作方法是相同的，两者的区别在于下拉菜单及屏幕菜单的内容不同，各区的功能简介如下。

（1）菜单栏，执行主要的测量功能；

（2）屏幕菜单，绘制各类别地物，操作较频繁的地方；

（3）绘图区，主要工作区，显示图形及其操作；

（4）工具栏，各种 AutoCAD 命令、测量功能，实质为快捷工具；

（5）命令行，命令提示区，命令记录区，提示用户操作。

2. 野外数据采集

大比例尺地形图数字地形图野外作业方法主要是利用全站仪和 GNSS RTK 等测量仪器设备和技术，在实地采集地形图全部要素信息，以数字化文件形式记录测量数据，然后导入计算机，通过数字测图软件展点、绘图。目前野外数据采集的方式有：草图法、电子平板法、GNSS RTK 测绘法等。GNSS RTK 测绘法已在 8.6 节介绍，这里不再累述。

1）草图法数字测图

外业使用全站仪测量碎部点三维坐标的同时，领图员绘制碎部点构成的地物形状和类型并记录下碎部点点号（必须与全站仪自动记录的点号一致）。内业将全站仪或电子手簿记录的碎部点三维坐标通过 CASS 传输到计算机，转换成 CASS 坐标格式文件并展点，根据野外绘制的草图在 CASS 中绘制地物。

a. 人员组织

（1）观测员 1 人：负责操作全站仪，观测并记录观测数据，当全站仪无内存或 PC 卡时，必须加配电子手簿，此时观测员还负责操作电子手簿并记录观测数据。观测中应注意经常检查零方向，与领图员核对点号。

（2）领图员 1 人：负责指挥跑尺员，现场勾绘草图，要求熟悉地形图图式，以保证草图的简洁、正确，应注意经常与观测员对点号（一般每测 50 个点就要与观测员对一次点号）。

草图纸应有固定格式，不应随便画在几张纸上；每张草图纸应包含日期、测站、后视、测量员、绘图员信息；当遇到搬站时，尽量换张草图纸，不方便时，应记录本草图纸内哪些点隶属哪个测站，一定要标示清楚。草图绘制，不要试图在一张纸上画足够多的内容，地物密集或复杂地物均可单独绘制一张草图，既清楚又简单。

（3）跑尺员 1 人：负责现场跑尺，要求必须对跑点有经验，以保证内业制图的方便，对于经验不足者，可由领图员指挥跑尺，以防引起内业制图的麻烦。

（4）内业制图员 1 人：对于无专业制图人员的单位，通常由领图员担负内业制图任务；对于有专业制图人员的单位，通常将外业测量和内业制图人员分开，领图员只负责绘草图，内业制图员得到草图和坐标文件，即可在 CASS 上连线成图。这时领图员绘制的草图好坏将直接影响内业成图的速度和质量。

b. 数据通信

使用与全站仪型号匹配的通信电缆连接全站仪与计算机的 COM 口，设置好全站仪的通信参数后，执行下拉菜单“数据/读取全站仪数据”命令，弹出如图 10-8 所示的“全站仪内存数据转换”对话框。

（1）在“仪器”下拉列表中选择所使用的全站仪类型。

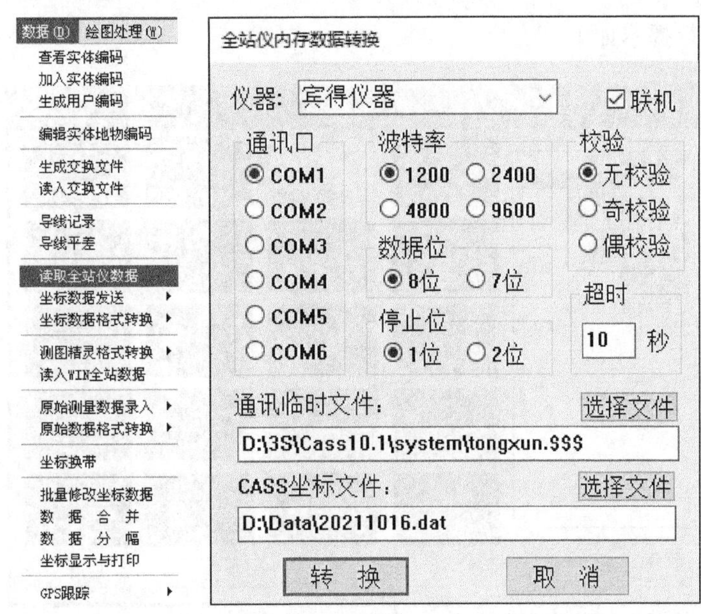

图 10-8　执行 CASS“读取全站仪数据”菜单命令及界面

（2）设置与全站仪一致的通信参数，图中设置的通信参数为 R200NE 全站仪的出厂设置参数，勾选“联机”复选框，在“CASS 坐标文件”文本框中输入保存全站仪数据的文件名和路径，也可以单击其右边的“选择文件”按钮，在弹出的文件选择对话框中选择路径和输入文件名。

（3）单击“转换”按钮，CASS 会弹出一个提示对话框，按提示操作全站仪发送数据，单击对话框的“确定”按钮，即可将发送数据保存到图 10-8 设定的路径下的“20211016.dat”坐标文件中。

c. 展绘碎部点

将坐标文件中点的三维坐标展绘在 CASS 绘图区，并在点位右边注记点号，以方便用户结合野外绘制的草图绘制地物。其创建的点位和点号对象位于“ZDH”（意为展点号）图层，其中，点位对象是 AutoCAD 的“Point”对象，用户可以执行 AutoCAD 的 ddptype 命令修改点样式。

执行下拉菜单“绘图处理”→“展野外测点点号”，如果是初次选点，提示绘图比例尺，默认为 1∶500，如果要修改为 1∶2000，只需在命令行输入 2000，回车，打开“输入坐标数据文件名”对话框，选择好坐标文件（如 CASS 自带的坐标文件“\cass7.1\Demo\Ymsj.dat”）后，单击“打开”按钮，根据命令行提示操作完成展点。

用户在绘图区可以通过鼠标中间滚轮的滚动进行放大或缩小操作，并浏览展绘好的碎部点点位和点号。

d. 根据草图绘制地物

下面以 CASS 自带的坐标文件“\cass7.1\Demo\Ymsj.dat”为例进行绘制地物的操作。假设根据草图，33，34，35 号点为一幢简单房屋的 3 个角点，4，5，6，7，8 号点为一条小路的特征点，25 号点为一口水井。

（1）绘制简单房屋的操作步骤为：单击屏幕菜单中的“居民地”→“普通房屋”按钮，弹出图 10-9 所示的“普通房屋”对话框，选中“四点简单房屋”，单击“确定”按钮，关闭对话框，命令行提示如下。

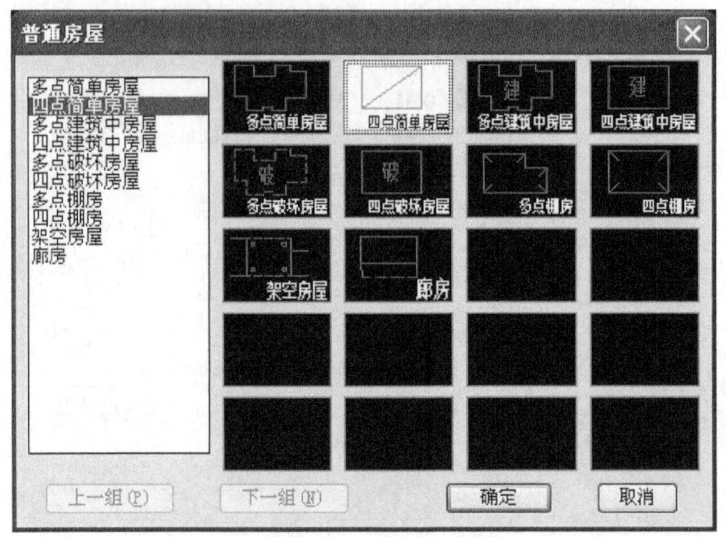

图 10-9　屏幕菜单“普通房屋”对话框

①已知三点/②已知两点及宽度/③已知四点<1>：1

输入点：（捕捉 33 号点）

输入点：（捕捉 34 号点）

输入点：（捕捉 35 号点）

（2）绘制一条小路的操作步骤为：单击屏幕菜单中的“交通设施”→“其他道路”按钮，在弹出的“其他道路”对话框中选择“小路”，单击“确定”按钮，关闭对话框，根据命令行的提示分别捕捉 4、5、6、7、8 五个点位后按回车键结束指定点位操作，命令行最后提示如下。

拟合线<N>?y

一般选择拟合，键入 y 按回车键，完成小路的绘制。

（3）绘制一口水井的操作步骤为：单击屏幕菜单中的“水系设施”→“陆地要素”按钮，在弹出的“陆地要素”对话框中选中“水井”后单击“确定”按钮，关闭对话框，点击 25 号点位，完成水井的绘制。

上述过程绘制的三个地物如图 10-10 所示。在绘制地物的过程中要注意以下几点。

（1）为了准确地捕捉到碎部点，必须将 AutoCAD 的自动对象捕捉类型设置为“节点”捕捉。方法是：鼠标右键单击状态栏的“对象捕捉”按钮，在弹出的快捷下拉菜单中选择“设置”选项，在弹出的“草图设置”→“对象捕捉”选项卡勾选“节点”复选框，单击“确定”即完成设置。自动对象捕捉设置可以在命令执行之前或执行过程中进行。

（2）为便于查看点号，要使用视图缩放命令适当放大绘图区，方法是单击“标准工具栏”中的视图缩放命令（常用窗口放大命令）放大绘图区。由于 AutoCAD 自动将缩放命令作为透明命令使用，视图缩放命令也可以在命令执行过程中进行。

（3）CASS 自动将绘制的地物放置在相应的图层中，例如，简单房屋放置在“JMD”（意为居民点）图层，小路放置在“DLSS”（意为道路设施）图层，水井放置在“SXSS”（意为水系设施）图层。

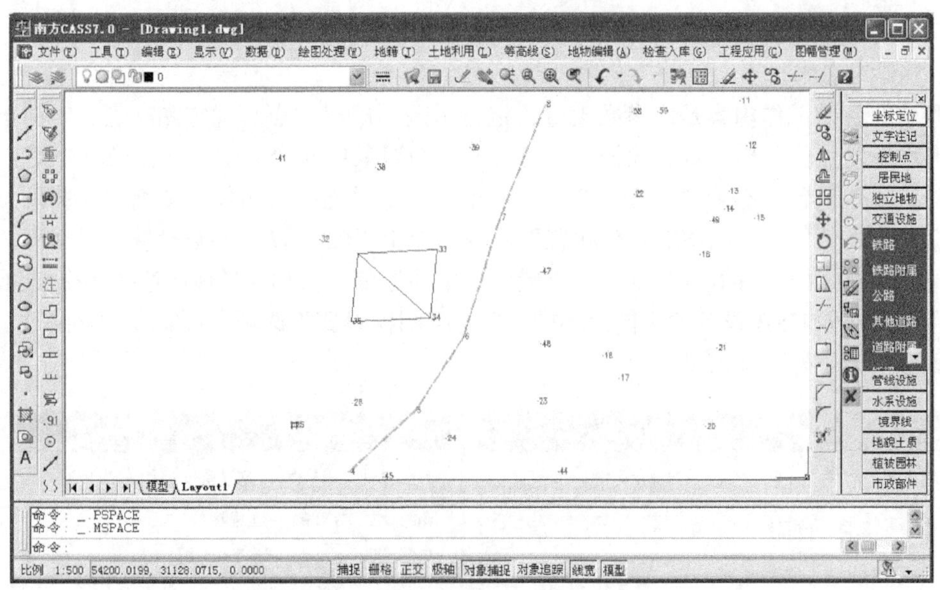

图 10-10　草图法地物绘制

2）电子平板法数字测图

在测站上安置全站仪，并用 UTS-232 数据线将全站仪和安装了 CASS 软件的便携式计算机连接起来，将野外采集的坐标数据实时传输到便携式计算机并展绘在 CASS 的绘图区，地物绘制、图形编辑和数据处理均在测量现场进行，具有现场直接生成地形图“所测即所得”的特点，当出现错误时，可以及时发现，立即修改，但是受天气和电池影响较大。

a. 人员组织

观测员 1 人：负责操作全站仪，观测并将观测数据传输到便携式计算机中。

制图员 1 人：负责指挥跑尺员、现场绘图、内业后继处理、整饰地形图。

跑尺员 1～2 人：负责现场跑尺。

b. 创建测区已知点坐标数据文件

可以直接使用 Windows 的记事本，也可以执行 CASS 下拉菜单“编辑”→“编辑文本文件”命令调用 Windows 的记事本创建测区已知点坐标数据文件，其格式如下：

总点数

点名,,编码,*Y* 坐标,*X* 坐标,*H* 坐标……

点名,,编码,*Y* 坐标,*X* 坐标,*H* 坐标

点名可以为任意合法字符（包括中文字符），编码代表了控制点的等级，后面为按 *Y*、*X*、*H* 顺序排列的已知点的三维坐标（单位为 m），各字符一定要用西文逗号分隔，切记不要使用中文逗号。

图 10-11 为一个包括 8 个已知点的坐标数据文件，文件名为“20211016.dat”，其中“*I*12”和“*I*13”点为导线点，其余为图根点。已知点编码也可以不输入，当不输入已知点编码

20211016.dat - 记事本
文件(F) 编辑(E) 格式(O) 查看(V) 帮助(H)

```
8
M1,,131700,53414.280,31421.880,39.555
M4,,131700,53387.800,31425.020,36.877
M9,,131700,53359.060,31426.620,31.225
T31,,131700,53348.040,31425.530,27.416
T12,,131700,53344.570,31440.310,27.794
I12,,131500,53352.890,31454.840,28.500
P15,,131700,53402.880,31442.450,37.951
I13,,131500,53393.470,31399.860,32.539
```

Ln 1, C

图 10-11　已知坐标文件的编辑

时，其后的逗号不能省略。

c. 测站准备

测站准备的工作内容是：参数设置、定显示区、展已知点、确定测站点、定向点、定向方向水平度盘值、检查点、仪器高、检查，下面对其中几个关键步骤作简单介绍。

（1）参数设置。在测站安置好全站仪，用通信电缆连接全站仪与便携式计算机，执行下拉菜单“文件”→“CASS 参数配置”命令，弹出“CASS7.0 参数设置”对话框，选择“电子平板”选项卡[图 10-12（a）]，设置笔记本的通信口接口，具体应选择哪个 COM 口，根据用户所插入 USB 设备的不同而不同。选择“图框设置”选项卡[图 10-12（b）]，可以设置地形图图廓外要素信息。

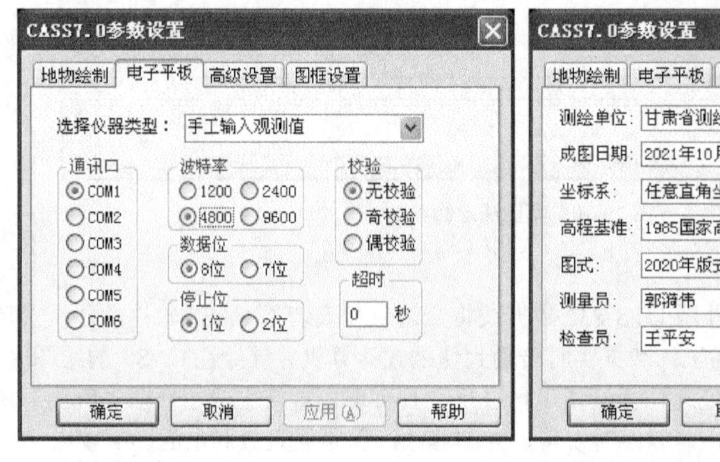

(a)

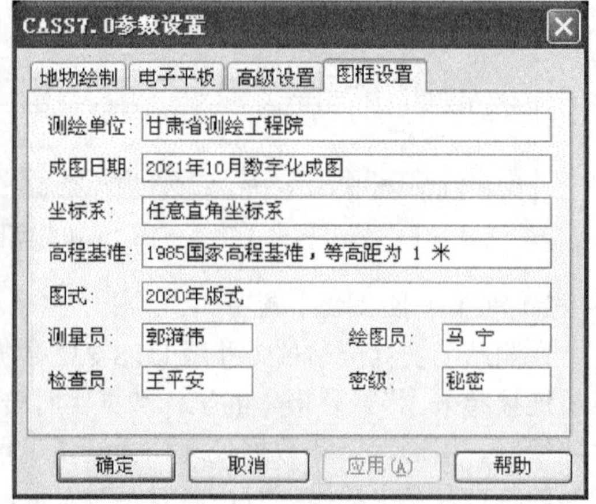

(b)

图 10-12　“CASS7.0 参数设置”对话框

（2）展已知点。执行下拉菜单“绘图处理\展野外测点点号”命令，选择上面创建的已知点坐标数据文件“20211016.dat”。

（3）测站设置。单击屏幕菜单的“电子平板”按钮，弹出图 10-13 所示的“电子平板测站设置”对话框，在弹出的标准文件对话框中选择已知点坐标数据文件“20211016.dat”。

在 *M*9 点安置全站仪，量取仪器高（假设为 1.47m），单击“测站点”区域内的“拾取”按钮，在屏幕绘图区拾取 *M*9 点为测站点，此时，*M*9 点的坐标将显示在该区域内的坐标栏内；在“仪器高”栏输入仪器高 1.47。

（4）定向。将全站仪瞄准 *I*12 点的棱镜，并设置为后视定向点，单击“定向点”区域内的“拾取”按钮，在屏幕绘图区拾取 *I*12 点位定向点，此时，*I*12 点的坐标将显示在该区域内的坐标栏内。

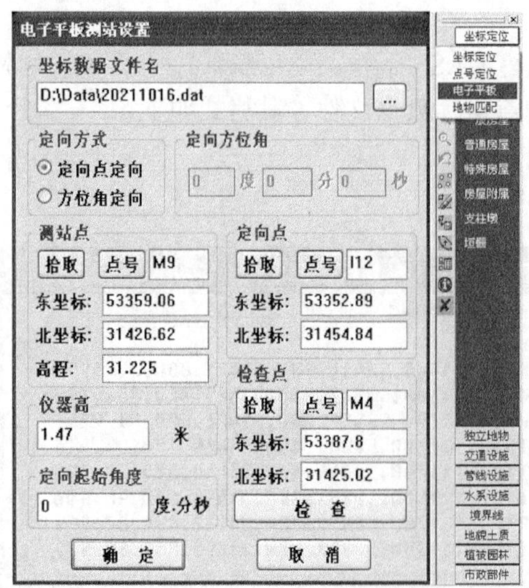

图 10-13　“电子平板测站设置”对话框

（5）检核。单击“检查点”区域内的“拾取”按钮，在屏幕绘图区拾取 *M*4 点位检查点，此时，*M*4 点的坐标将显示在该区域内的坐标栏内，单击“检查”按钮弹出图 10-14 所示的“AutoCAD”对话框，其中，检查点水平角为 ∠*I*12-*M*9-*M*4=105°31′10.2″；将全站仪瞄准检查点 *M*4 的棱镜，此时全站仪屏幕显示的水平度盘读数应为 105°31′10.2″。

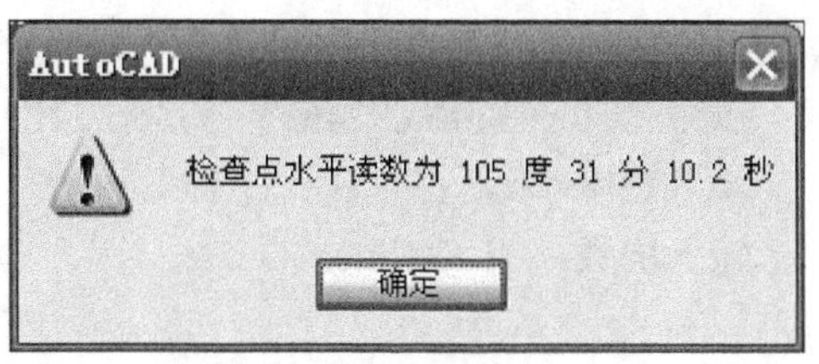

图 10-14　测站检查结果提示

d. 测量并自动展绘碎部点坐标

测图过程中，主要使用图 10-13 所示的“电子平板”屏幕菜单驱动全站仪测量碎部点的坐标，结果自动展绘在 CASS 绘图区。

下面以测绘 2 点 15m 宽的砼 3 房屋为例说明操作步骤。

（1）操作全站仪照准立在第一个房角点的棱镜。

（2）单击屏幕菜单“居民地/一般房屋/四点砼房屋”按钮，单击“确定”按钮，命令行提示如下：

绘图比例尺 1：<500> Enter

①已知三点/②已知两点及宽度/③已知四点<1>：Enter

等待全站仪信号……

CASS 驱动全站仪自动测距，完成测距后弹出图 10-15（a）所示的“全站仪连接”对话框，对话框中的水平角、垂直角、斜距为 CASS 自动从全站仪获取；输入棱镜高，照准第二个房角的棱镜，单击“确定”按钮，CASS 命令行显示已测第一个房角的坐标后又继续驱动全站仪测量第二个房角的棱镜：

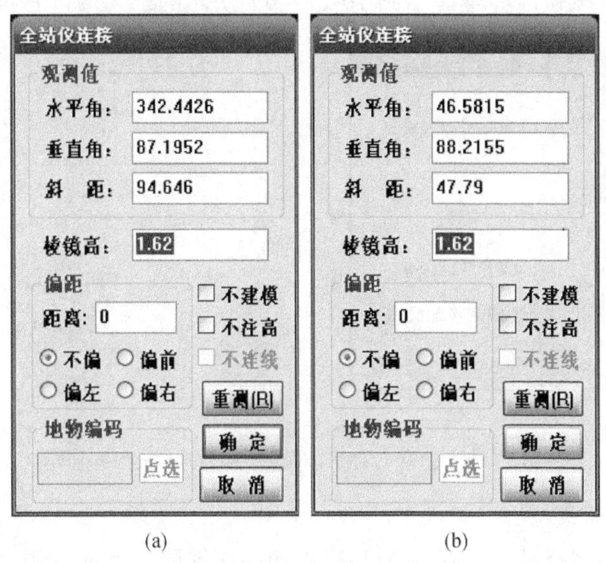

(a)　(b)

图 10-15　CASS 驱动全站仪测量 3 层砼房屋 2 个角点的结果

点号：9*X*=31508.831m　*Y*=53312.371m　*H*=35.482m

等待全站仪信号……

CASS 弹出图 10-15（b）所示的“全站仪连接”对话框，输入棱镜高后，单击“确定”按钮，CASS 命令行显示已测第二个房角的坐标后，提示用户输入房屋的宽度和层数。

点号：10X=31465.924m Y=53386.212m H=32.438m

输入宽度<米，左+/右->：15 Enter

输入层数：<1>3 Enter

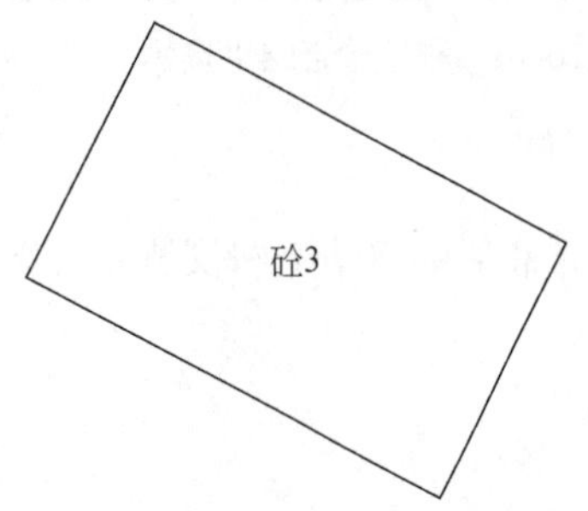

图 10-16　CASS 自动绘制的砼 3 房屋

CASS 自动绘制砼 3 房屋的结果见图 10-16，其中的文字注记“砼 3”是由 CASS 自动加注的，它与房屋轮廓线对象都位于“JMD”图层。

3. 等高线的处理

在数字测图中，等高线是在 CASS 中通过创建数字地面模型（digital terrain model，DTM）后自动生成的。DTM 是指在一定区域范围内，规则格网点或三角网点的平面坐标（X,Y）和其他地形属性的数据集合。如果该地形属性是该点的高程坐标 H，则此数字地面模型又称为数字高程模型（digital elevation model，DEM）。DTM 从微分角度三维地描述了测区地形的空间分布，应用它可以按用户设定的等高距生成等高线、任意方向的断面图、坡度图、计算给定区域的土方量等。

下面以 CASS7.1 自带的地形点数据文件“D：\3S\CASS7.1\DEMO\dgx.dat”为例，介绍等高线的绘制过程。

1）建立 DTM

执行下拉菜单“等高线”→“建立 DTM”命令，在弹出的图 10-17（a）所示的“建立 DTM”对话框中勾选“由数据文件生成”单选框，在弹出的标准文件对话框中选择 Dgx.dat 文件，单击“确定”按钮，屏幕显示图 10-17（b）所示的三角网，它位于“SJW”图层。

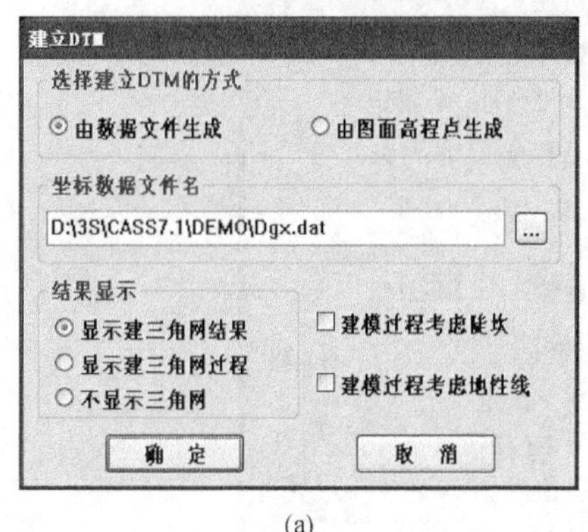

(a)

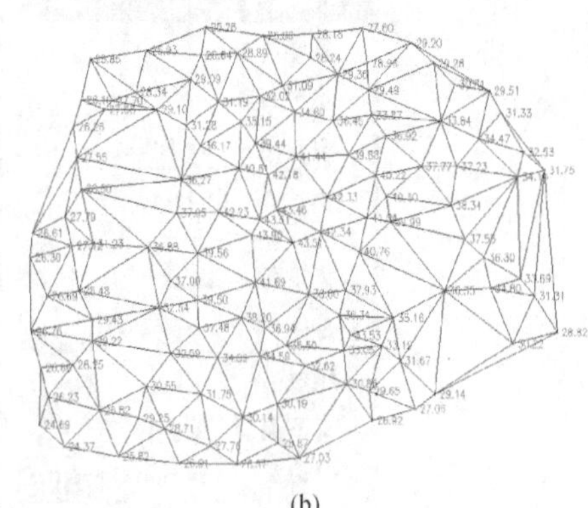

(b)

图 10-17　“建立 DTM”对话框和 DTM 三角网显示

2）修改数字地面模型

由于现实地貌的多样性、复杂性和某些点的高程缺陷（例如，山上有房屋，而屋顶上有控制点），直接使用外业采集的碎部点很难一次性生成准确的数字地面模型，这就需要对生成的数字地面模型进行修改，CASS 7.1 是通过修改三角网来实现的。

修改三角网命令位于下拉菜单“等高线”下，可以根据实地情况进行删除三角形、过滤三角形、增加三角形、三角形内插点、删三角形顶点、重组三角形、删三角网、三角网存取、修改结果存盘等操作。

3）绘制等高线

对使用坐标数据文件 Dgx.dat 创建的三角网执行下拉菜单“等高线”→“绘制等高线”命令，输入地形图比例尺按回车键，弹出图 10-18（a）所示的“绘制等高线”对话框，根据需要完成对话框的设置后，单击“确定”按钮，CASS 开始自动绘制等高线，结果如图图 10-18（b）所示。

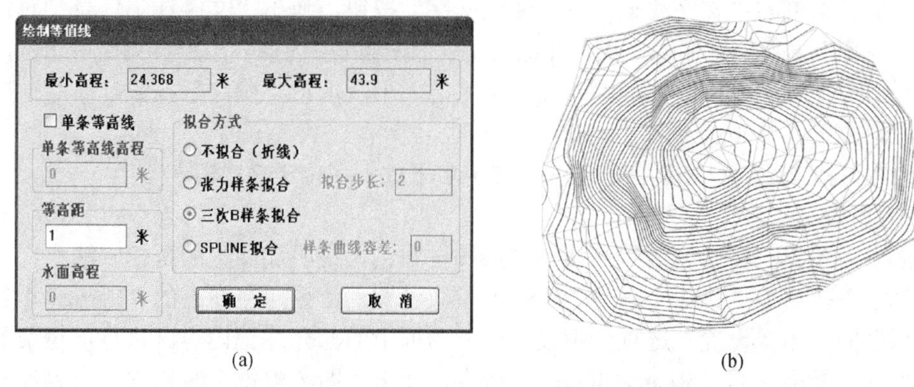

(a)　　　　(b)

图 10-18　“绘制等高线”对话框的设置及绘制等高线结果

4）等高线的修饰

（1）注记等高线：有 4 种注记等高线的方法，其命令位于下拉菜单“绘图处理”→“等高线注记”下，如图 10-19（a）所示。批量注记等高线时，一般选择“沿直线高程注记”，它要求用户先使用 AutoCAD 的 Line 命令绘制一条垂直于等高线的辅助直线，绘制直线的方向应为注记高程字符字头的朝向。命令执行完成后，CASS 自动删除该辅助直线，注记的字符自动放置在 DGX（意为等高线）图层。

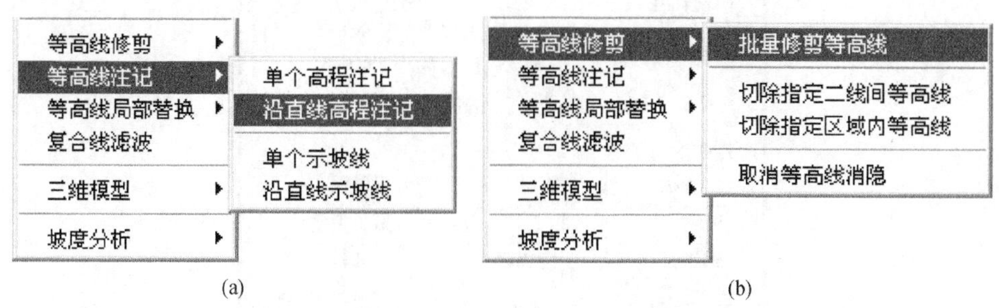

(a)　　　　(b)

图 10-19　等高线注记与修剪命令选项

（2）等高线修剪：有多种修剪等高线的方法，命令位于下拉菜单“绘图处理”→“等高线修剪”，如图 10-19（b）所示。

（3）等值线滤波：不执行任意命令，直接用鼠标单击某条修剪后的等高线，该条等高线上密布的夹点将显示出来。

过密的夹点将使图形文件容量增大，可以执行下拉菜单“等高线”→“等值线滤波”命令适当稀释等高线夹点。命令执行后的提示如下：

请输入滤波阈值<0.5 米>:

请选择要进行滤波的等值线：

输入的滤波阈值越大，稀释掉的夹点就越多，默认值为 0.5m。过大的滤波阈值会导致等高线失真，通常选择默认值。

4. 地形图的整饰

本节只介绍使用最多的加注记和加图框的操作方法。

1）加注记

为某条道路加上路名“天水北路”的操作方法如下。

单击屏幕菜单的“文字注记”→“注记文字”按钮，弹出“文字注记信息”对话框，在“注记内容”输入框中输入“天水北路”；在注记排列中选择“雁形排列”单选框，注记类型选择“交通设施”单选框，输入图面文字的大小，单击“确定”按钮，命令行提示：请输入注记位置（中心点）：

在绘图区点击后，CASS 自动将注记文字水平放置（位于 ZJ 图层）。

2）加图框

下面以为图 10-18（b）的等高线图形加图框为例，说明加图框的操作方法。

先执行下拉菜单“文件”→“CASS7.1 参数设置”命令，在弹出的“CASS7.0 参数设置”对话框的“图幅设置”选项卡中设置好外图框中的部分注记内容。执行下拉菜单“绘图处理”→“标准图幅（50cm×40cm）”命令，弹出“图幅整饰”对话框，内容设置如图 10-20 所示，根据图幅内容选择取整或不取整相关单选项，勾选“删除图框外实体”复选框，单击“确定”按钮，CASS 自动截取以图 10-20“左下角坐标”为起点的 50cm×40cm 的标准图幅，并修剪掉内图框以外的所有对象。

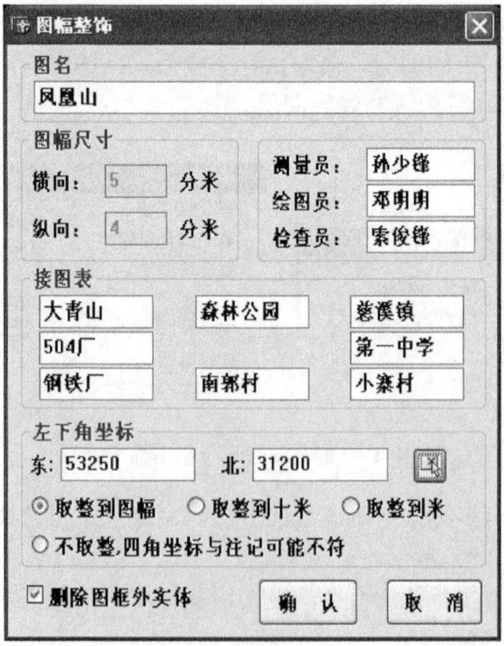

图 10-20　“图幅整饰”对话框

10.4　地面三维激光扫描仪测绘地形图

三维激光扫描仪是无合作目标激光测距仪与角度测量系统组合的自动化快速测量系统，它是 20 世纪 90 年代中期出现的一项新技术，又被称为实景复制技术。三维激光扫描测图是利用扫描点云数据，提取地物目标特征信息，利用绘图软件绘制标准地形图的过程。扫描点云是三维地理数据，而地形图是二维地理坐标成果，将三维数据转换成二维地理成果的就是二三维一体化测量的过程。三维激光扫描的工作流程一般分为三个步骤：①根据扫描对象的特点和精度要求拟定作业路线和扫描仪测站位置，确定合理的扫描距离和采样密度等；②数据获取，一般包括点云数据的采集和纹理信息的获取等；③点云数据处理，包括点云数据的去噪、配准、抽稀重采样等过程，同时要验证点云数据的精度。

1. 三维激光扫描的基本原理

三维激光扫描是一项集光、电、计算机等一体的高新技术，无论扫描仪的类型如何，其构造原理都是相似的，都是由一台高速精确的激光测距仪，配上一组可以引导激光并以均匀角速度扫描的反射棱镜组成。三维激光扫描仪主要包括激光测距系统和激光扫描系统，同时也集成 CCD、仪器内部控制和校正系统等。激光测距仪主动发射激光，同时接受由自然地表反射的信号从而进行测距，针对每一个扫描点可测得测站至扫描点的斜距，再配合扫描的水平和垂直方向角，可以得到每一扫描点与测站的空间相对坐标。如果测站的空间坐标已知，可以求得每一个扫描点的三维坐标。地面三维激光扫描仪测量原理如图 10-21 所示，依据测量激光束从发射到返回所用的时间计算距离观测值 S，精密时钟控制编码器保证激光扫描能够同步测量出横向扫描角度观测值 α 和纵向扫描角度值 θ 。激光扫描数据中所采用的坐标系统是仪器自定义的三维坐标系。坐标原点 O 位于激光束发射处；Z 轴位于仪器竖向扫描面内，向上为正；X 轴位于仪器的横向扫描面内与 Z 轴垂直，且垂直于物体所在方向；Y 轴位于仪器的横向扫描面内与 X 轴垂直，且与 X 轴、Z 轴一起构成右手坐标系，同时 Y 轴正方向指向物体。由图 10-21 可知，激光扫描点 P 的坐标计算公式为

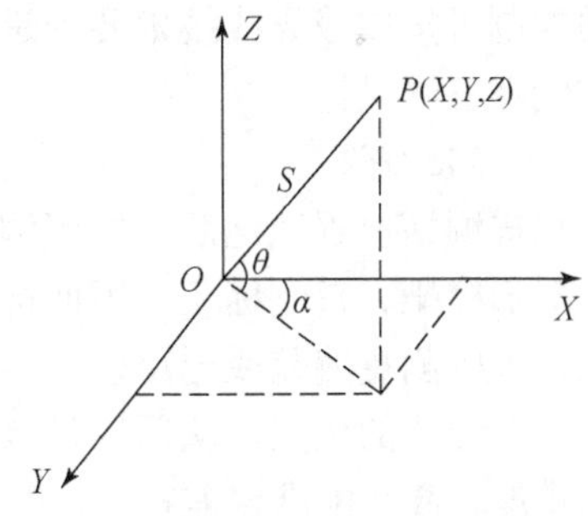

图 10-21　地面三维激光扫描仪测量原理

$$\begin{cases} X = S\cos\theta\cos\alpha \\ Y = S\cos\theta\sin\alpha \\ Z = S\sin\theta \end{cases} \tag{10-2}$$

式中，S 为点 P 到激光扫描仪的空间距离；α为横向扫描角观测值；θ为纵向扫描角观测值。

2. 点云数据采集

通过地面三维激光扫描仪，获取具有影像真实感的高精度点云数据。点云数据是实际物体的真实尺寸的复原，是目前完整、精细和快捷地对物体现状进行档案保存的手段。点云数据不但包含对象物体的空间尺寸信息和反射率信息，还可以结合高分辨率的外置数码相机，逼真地保留对象物体的纹理色彩信息；结合其他测量仪器（如全站仪、GNSS）实测坐标，将点云数据置于一定的空间坐标系内。在 Trimble RealWorks、Cyclone 等点云后处

理软件中，实现对点云数据的漫游、浏览，以及对物体尺寸、角度、面积、体积等的量测，也可以将其直接导入电脑，利用点云实现地物、地貌特征点、线要素提取和绘图工作。

由于地面三维激光扫描仪测距范围和视角的限制，要完成大场景的地面完整的三维数据获取，需要布设多个测站，且需要多视点扫描来弥补点云空洞。地面三维激光扫描仪是以扫描中心为原点建立的独立局部扫描坐标系，为建立一个统一的测量坐标系，因此，需要先建立地面控制网，通过扫描仪中心与后视标靶坐标，将扫描仪坐标系转换到控制网坐标系，从而建立起统一的坐标系统。地面点云数据的采集主要包括场地踏勘、控制网布设、标靶布设、扫描作业等四个步骤。

1）场地踏勘

场地踏勘的目的是根据扫描目标的范围、形态及需要获取的重点目标等，完成扫描作业方案的整体设计，其中主要是扫描测站位置的选择。科学布置扫描测站可以以最少的站点获取最详细的数据。扫描测站的设置应满足以下要求：

（1）相邻扫描测站之间有适度的重合区域，布设扫描测站要考虑尽量减少其他物体的遮挡，且测站之间要有一定的重合区域，以保证获取点云的完整性及后续配准的可能性。

（2）扫描测站距离地面目标应选择适当，根据所使用仪器的参数，扫描的目标应控制在扫描仪的一般测程之内，以保证获得的点云数据的质量。

2）控制网布设

对大场景地形图测量，需要在测区事先布设图根控制网，对扫描仪测站点和后视点的坐标可用 GNSS RTK 进行测设。若采用导线形式布设图根控制网，控制点之间应通视良好，各控制点之间的间距大致相同，控制点选在有利于仪器安置且受外界环境影响较小的地方。平面控制可按二级导线技术要求进行测量，高程可按三等水准进行测量，经过平差后得到各控制点三维坐标。

3）标靶布设

扫描测站位置选定后，按照测站的分布情况进行靶标的布设。现有标靶主要有平面标靶、球形标靶、自制标靶。平面标靶和自制标靶属于单面标靶，当入射偏角较大时，容易产生较大的测量偏差或无反射信号，且容易产生畸变，不利于后续的标靶坐标提取。球形标靶具有独特的优点，从四周任意角度扫描都不会变形，因此基于标靶球提取的标靶中心坐标精度较高，配准误差较小。

通过标靶配准统一各测站点云坐标时，标靶的布设具有一定的要求，具体如下：

（1）相邻两个测站之间至少需扫描 3 个或 3 个以上标靶位置信息，以作为不同测站点间点云配准转换的基准；

（2）标靶应分散布设，不能放置在同一直线或同一高程平面上，防止配准过程中出现无解的情况；

（3）在条件许可的情况下，尽量利用球形标靶，这不仅可以克服扫描位置不同所引起的标靶畸变问题，同时也可提高配准精度。

4）扫描作业

扫描的目的是获取地形的三维坐标数据，建立精确的数字地面模型，提取等高线为工程应用等方面服务。架设好仪器后（有的三维激光扫描仪有倾角计量功能，无需整平，如 Trimble TX8）设置仪器参数，进行扫描。扫描时点云数据并不是越多越好，在满足项目工程需求的情况下，以最优的扫描参数获取点云数据会提高工作效率。扫描点云数据配准统一坐标时，每个测站至少需要 3 个标靶参与坐标转换，因此，每站扫描时注意标靶球的位置摆放要求。

全站仪或 GNSS RTK 地形测量都是单点采集，速度缓慢，加上必要的准备工作和内业的数据处理，要完成一个地形区域的全部测量工作需要较长的作业工期。对于地貌的测绘也仅限于地貌特征点的数据采集，没有地形细节描述数据，因而无法了解测区地形的详细状况。利用三维激光扫描技术制作的地形图精度优于全站仪或 GNSS RTK 地形测量，且可大大缩短外业工作时间，将大部分时间转为在软件中对扫描数据的内业处理。基于三维激光扫描的地形测图技术的应用，改变了传统测绘的作业流程，减轻了外业作业强度，有助于提高内业成图的自动化程度。

3. 点云数据处理

1）点云数据配准

一幅扫描点云图无法获取地形的全貌，而从不同扫描测站获得的点云分别采用其各自的局部坐标系，因此需要将其配准到一个统一坐标系下，一般采用最近邻迭代配准算法对两个扫描测站的点云数据进行自动拼接。数据配准分为有标靶和无标靶控制的点云配准。有标靶配准通过在扫描区域中设置的相邻的扫描点云图的 3 个或 3 个以上的同名靶标来获取公共点，以此作为控制点进行变换参数解算；无标靶配准要选择特征明显的同名点，采用先粗配准后精配准的方法实施。粗配准是通过对应的同名特征，解算出初始的点云变换参数；精配准是在粗配准的基础上提高精度，获取最佳变换参数。

2）点云数据的去噪

由于三维激光扫描技术是对整个测区空间信息的扫描，包含了地表的所有信息。扫描过程中外界环境因素对扫描目标的阻挡和遮掩，导致地物本身的反射特性不均匀、扫描仪的扫描方向与反射面夹角超限等，致使获取的点云数据挟带一些噪点（如屋顶上的杂草、周围的行人等形成的噪点），这些噪点的存在直接影响点云数据的质量，所以在生成等高线前需要将非地貌部分的点云数据进行剔除。可通过点云后处理软件人工交互操作，转换不同视角，实现粗差、噪点的剔除。

3）点云数据重采样

前期采集数据时采用分站式扫描，相邻两站在扫描过程中会有一定的重叠区域，在数据拼接过程中会造成数据冗余。如果直接利用扫描点来构建三角网追踪等值线，其细节过多，会导致等高线紊乱。此外，目标物离扫描仪的远近也会对点云密度造成影响，随着扫描距离的增加，数据点的密度逐渐减少，因此有必要在不影响数据精度的情况下，对点云数据设置某一阈值进行重采样。在 Trimble Realworks 软件中，执行“取样”菜单命令，根据建筑物本身和点云数据的完整情况选取取样模式，经重采样后生成重采样后的点云数据。

4. 地物的提取与地形图绘制

将处理好的点云数据通过后处理软件导出，选择保存类型为 ASCII 格式，使用 Excel 软件编辑成“点号,,Y 坐标,X 坐标,Z 坐标”的文本格式，并以“.dat”后缀重新命名，生成南方 CASS 数据，通过展点，绘制地形图。或通过点云后处理软件导出“.DXF”格式的数据作为 CAD 底图导入南方 CASS 软件，绘制地形图。

10.5 无人机倾斜摄影测绘地形图

摄影测量是测绘学科的一个分支，它是利用光学摄影机摄影的相片，研究和确定被摄物体的形状、大小、位置、性质和相互关系的一门科学和技术。摄影测量经历了模拟、解析与数字摄影测量三个阶段，包含的内容有：获取被摄物体的影像，研究单张和多张相片影像的处理方法，包括理论、设备和技术，以及将所测成果以图解形式或数字形式输出的方法。摄影测量的主要任务是用于测制各种比例尺地形图、建立地形数据库，并为各种地理信息系统和土地利用信息系统提供基础数据。

无人机倾斜摄影测量是近年来航测领域逐渐发展起来的新技术，打破了传统航空摄影测量只能从垂直的正视角度拍摄的局限，通过新增多个不同角度镜头（一般为五视镜头，分别为正视、左视、右视、前视、后视镜头），配合惯导系统，可同时获得同一位置多个不同角度的、具有高分辨率的影像，采集丰富的地物侧面纹理及位置信息。基于详尽的航测数据，进行影像预处理、区域联合平差、多视影像匹配等一系列操作，批量建立高质量、高精度的三维 GIS 模型。无人机倾斜摄影系统可垂直起降，定点悬停，具有机动灵活、作业高效迅速、成本低、成图快、高精度和高清晰等特点，极大程度上丰富了航测区域的地理信息，为地形图测绘提供了更多侧面纹理信息和地物细节，因而具有广阔的应用前景。

利用无人机倾斜摄影测量技术进行大比例尺地形图测绘的主要内容包括航线设计、多视像片获取、像片控制点（简称像控点）布设和测量、三维实景模型的构建、三维测图、外业调绘与补测、数字线划图（digital line gragh，DLG）地形图成果输出等，其作业流程如图 10-22 所示。无人机倾斜摄影测量技术的关键是可以有效处理与利用倾斜摄影数据，主要包括多视影像的联合平差、多视影像的密集匹配、数字表面模型（digital surface model，DSM）生成和真正射影像（true digital orthophoto map，TDOM）纠正等。

1. 航线设计

根据测区范围与实地情况，下载谷歌影像图，确定实验范围，根据建筑高度的差异设置航测参数、相机参数、航高与影像重叠度等，自动生成飞行计划。通过对飞行计划的检查和修改，确定无误后传输到无人机控制系统中，完成航线设计。

2. 像控点布设与测量

在应用无人机航测技术进行大比例尺地形图测绘时，应结合测区的实际地形条件及大比例尺地形图测绘任务的具体要求来合理选择控制点的位置，并科学确定控制点的数量，以确保无人机能够高效完成图像数据的采集。像片平面控制点的点位目标应选择在影像清晰的明显地物上，宜选在交角良好的细小线状地物交点、明显地物折角顶点、影像小于 0.2mm 的点状地物中心。像片高程控制点的点位目标应选择在高程变化较小的地方。布点前应准备好油性喷漆、标靶板（木板或自制的硬纸板）。可利用油性喷漆或石灰，在水泥、沥青等材质的路面上划“十”或“L”形标记，标记宽度不小于 5cm，以便内业精确刺点。点位尽量选择在平坦的水平面上，尽量利用已有的地面标识来做像控点，如斑马线、人行道等在航拍照片上清晰可见的地方。

无人机倾斜摄影像控点布设主要考虑能保证地物点平面位置精度和高程精度满足规范要求，分布均匀，主要采取区域网法布设像控点，遵循以下规则。

（1）在测区的 4 个角点和中心位置各布设 1 个像控点。

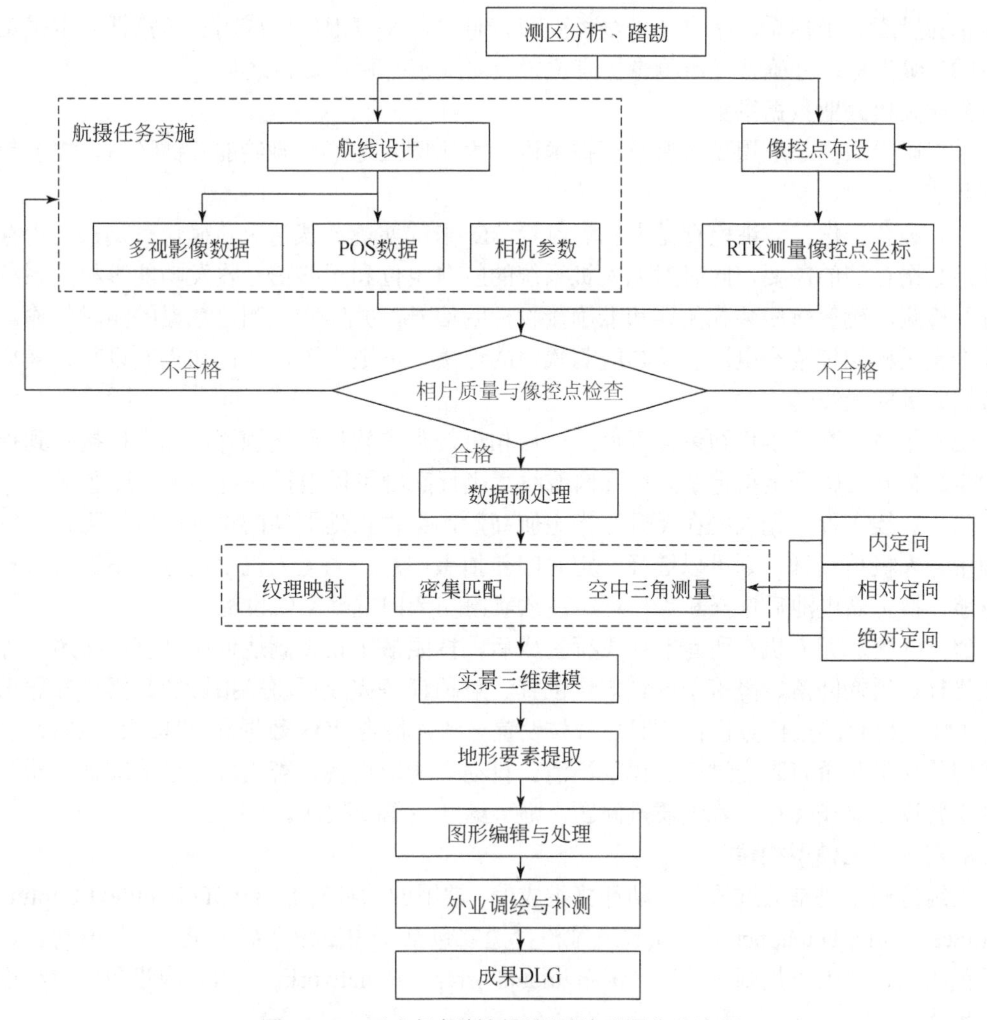

图 10-22　无人机倾斜摄影测量地形图作业流程

定位定姿系统（position and orientation system，POS）

（2）测区范围内，每隔 100～150m 布设一个像控点。

（3）建筑密集区尽可能多布设一些像控点，以保证房角点的平面位置精度。

（4）相对平面的第一条和最后一条航线之间的布点基数应控制在 8 个以内。

（5）若待测区域属于微丘陵地形，相对应的测绘基线数不应超过 12 个；若待测区域为重丘陵区域，基线数上限可扩增至 16 个。

此外，在布设无人机航测图像采集点位的过程中应遵循既有航线的布点规律，特别是在不规则网端点四周，应充分考虑到双点特性，防止遇到像控点目标不够明确时出现采集效果不佳的情况。对于一些像控点目标不易选择的特殊位置，可将小型目标作为高程点，采取分段拟合的方式进行局部检验。此举不但能够保证采集到的影像足够清晰，还可明确物体的交点和顶点位置。

像控点的外业测量方法可根据测区实际情况和精度的要求，在已有控制点的基础上，平面控制测量采用全站仪导线测量、交会法测量和 GNSS RTK 测量；高程控制测量采用水准测量、三角高程测量。用 RTK 进行测量时，要正确设置对应的天线类型和天线高，像控点坐标的投影、坐标系、中央子午线经度和带号等，待气泡居中或用三角撑杆固定采集像控点的三维坐标，并确认好所测像控点位置及对应点号后，做点之记。

3. 无人机外业数据采集

采集影像数据是应用无人机航测技术进行大比例尺地形图测绘的关键环节，主要包括以下环节。

（1）准备工作。详细检查无人机的内置 SD 卡的实际装载情况，确认有足够的内存空间满足数据存储的需要，同时对无人机系统的航向定位和无线信号收发功能等相关系统功能进行检测，确保航线装载无误和准确接收控制信号，并能完成测绘数据的实时传输。还要检查无人机螺旋桨和电池安装与航测软件的连接、参数设置，在已知点架设基站采集静态数据并量取天线高。

（2）起飞。准备工作结束无误后，开启相机，点击软件起飞触屏，无人机接收到指令开始盘旋爬升，爬升至指定航高后飞向航线，飞行高度可以根据项目情况合理选择。

（3）航线飞行。无人机在爬升至指定航高后，会根据地面站的设置沿航线飞行，飞行过程中无人机按飞行计划可以选择一定时间差拍摄像片；当无人机中途电量不够时选择一键返航，换上新电池后选择断点飞行，注意航向和旁向重叠率的设置。

（4）降落。无人机在所有航线飞行完成后，按照规定设置到达返航高度，按照飞行计划在飞行点缓慢降落，降落至区域规定位置。航拍任务完成后将航拍影像数据全部导出检查，主要是检查航拍任务执行情况是否与设置一致，检查 POS 数据和 RTK 数据是否正常，以及照片质量是否有曝光过度、模糊不清、抖动等情况出现，若出现上述情况则重新补拍或者重新设置航线飞行；若无质量问题，则可继续飞第二架次。

4. 实景三维模型构建

三维建模主要是通过软件自动计算生成的，常用的软件有 Smart 3D（Context Capture）、PhotoScan、Pix4D mapper 等。实景三维模型建立包括空中三角（简称空三）加密解算、点云数据匹配、三维不规则三角网（triangulated irregular network，TIN）构建和模型纹理映射等步骤。

空三加密解算是利用连续的、有高重叠度的影像建立光学模型和对应 POS 数据求得各影像高精度的外方位元素。因为倾斜影像中包含垂直视角和倾斜视角的影像，在匹配连接点时会产生大量同名点，所以常规同名点测算法不再适用。利用垂直视角的 POS 作为其他倾斜视角影像的初始方位元素，根据成像模型和共线方程，计算每个像素的物方坐标，基于多基线多特征匹配技术生成倾斜影像之间的连接点，结合少量像控点通过光束法进行区域网平差迭代，反复解算后得到满足精度要求的空三加密解算结果。空三加密解算完成后，即可得到影像姿态和位置的模型。通过观察模型将位置偏差过大的影像剔除，即将偏差的影像删除后重新进行空三加密解算。

点云数据匹配是运用空三加密模型计算出各像点的三维坐标，通过多视角倾斜影像密集匹配技术生成点云模型数据，目前常用的密集匹配算法有多基元多影像匹配算法、共线条件约束下的多片最小二乘影像匹配算法和基于物方的多视立体匹配算法等。点云模型数据量较大，一般对其进行切块处理，以减少数据量，加快计算速度。

三维 TIN 构建遵循邻近三点成面原则，利用点云数据块生成三维 TIN 模型，并对其进行优化。

模型纹理映射首先将整个模型分割成若干个一定大小的规则瓦片，其次将每个瓦片作为一个任务自动分配给各计算节点进行纹理影像的配准和贴附，再次利用倾斜影像的内、外方位元素及模型的空间坐标，根据位置关系将倾斜影像纹理映射至三维 TIN 模型，最后整合各数据建立实景三维模型。

5. 地形图数据采集

地形图数据采集可采用三维模型立体采集和正射影像采集相结合的方式。测区三维模型构建完成后，将其导入三维测图软件（如清华三维 EPS），实现在模型上采集房屋、道路、属性标注及其他地物的 DLG 数据。例如，要将 Context Capture 软件构建的三维模型导入 EPS 平台，需要建立一个索引文件。启动三维测图软件 EPS 子菜单下面的 osgb 数据转换模块，通过倾斜摄影的 data 文件目录（瓦片数据）与 metadata.xml 文件生成 DSM 实景表面模型，转换后会在 data 文件内生成一个 DSM 文件，然后将其加载到 EPS 软件，并在带有真实地理坐标信息的三维实景模型上进行数字化测图，按照大比例尺绘图要求提取房屋、道路、水系、地貌等地形要素。在 EPS 软件中完成测区全部要素提取后，通过数据转换功能将 EPS 数据转换为南方 CASS 软件能够识别的 dwg 格式数据，完成图形编辑与处理、等高线绘制、注记要素标注、地形图整饰等。

6. 外业调绘与补测

地物、地貌调绘采用全野外调绘，修补测各类地物，然后在计算机上对原始数据进行编辑。对于零星新增、变化、遗漏地物用皮尺进行勘丈补绘，对于大范围新增地物用全站仪或 RTK 野外实测。由于植被等其他地物遮挡造成局部模型扭曲、变形，部分地形地貌要素无法采集，三维测图只能完成地物要素的 70%，剩余的还需外业调绘、补测，主要采集以下内容：①夹在多层房屋间的棚房、简易房屋、破坏房屋；②植被茂密区的高程信息；③被树木遮挡的路灯、雨污水井、通风口等地面独立设施；④被树木遮挡的围墙、栅栏、内部道路等。

思考与练习题

1. 经纬仪配合量角器测图前都需要做哪些准备工作？

2. 试述经纬仪配合量角器测绘法在一个测站测绘地形图的工作步骤。

3. 表 10-6 是经纬仪配合量角器测绘法在测站 A 上观测 2 个碎部点的记录，定向点为 B，仪器高 i_A=1.570m，经纬仪竖盘指标差 x=0°12′00″，测站高程为 H_A=298.506m，试计算碎部点的水平距离和高程。

表 10-6　经纬仪视距法测图计算

碎部点序号	视距测量结果				计算结果	
	上丝读数 /mm	下丝读数 /mm	水平度盘读数	竖盘读数	水平距离 /m	高程 /m
1	1300	1947	136°24′36″	87°21′12″		
2	1600	2364	241°19′48″	91°55′24″		

4. 如图 10-23 所示，小黑点为已测定其平面位置和高程的地形点，高程数值注记在右侧。图 10-23 中，黑三角表示山顶，虚线表示山谷线，点划线表示山脊线。根据这些地形点高程及地性线，用内插法绘制等高距为 5m 的等高线。

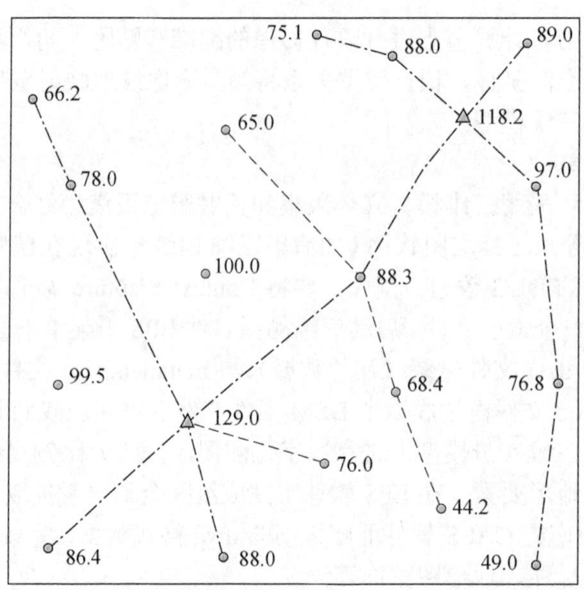

图 10-23　碎部点展点图

5. 数字测图有哪些方法？各有何特点？

6. 试用 CASS 自带坐标文件 dgx.dat 绘制等高线，等高距设为 1m，并注记计曲线的高程。

7. 绘图说明在一个测站利用全站仪进行极坐标法碎部测量的测图过程。

8. 如何正确选择地物特征点和地貌特征点？

第 11 章　大比例尺地形图应用

11.1　地形图的识图

11.1.1　地形图的坐标系统

1. 地理坐标系统

国家基本地形图的内图廓均是由经纬线构成的，图上展绘地理坐标网，用于确定点的地理位置。但在不同比例尺地形图上，地理坐标网的展绘形式有所不同。

在 1∶2.5 万、1∶5 万、1∶10 万地形图上，上（北）、下（南）内图廓是纬线，左（西）、右（东）内图廓是经线。如图 11-1 所示，在图廓四角注有经纬度数值，纬度 38°20′注在纬线上，经度 114°30′注在经线上。

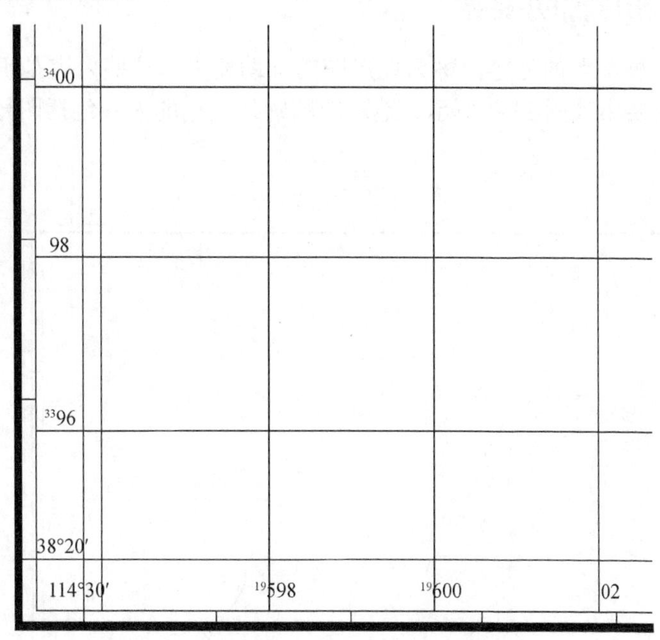

图 11-1　1∶10 万地形图坐标网

在内外图廓之间绘有经纬度的分划线（称为分度带）。在本图上每隔 1′标出一个分划线。读地理坐标时，只需将两对应边上相同数值的分划线连接起来，即可在图面上构成地理坐标网。由于在大于 1∶10 万的地形图上，已绘有平面直角坐标网，为了避免两种坐标网在图面上相互干扰，将经纬线坐标只标绘在图廓上。

2. 高斯平面直角坐标系

我国 1∶1 万至 1∶50 万比例尺国家基本地形图均采用高斯平面直角坐标系，如“1954

北京坐标系”或“1980 西安坐标系”，就是按高斯-克吕格投影方法绘制的。

在地形图上高斯平面直角坐标格网的注记（图 11-1），沿东、西图廓注记纵坐标值，其值由南向北增加；沿南、北图廓注记横坐标值，其值由西向东增加。在图廓的四角，注记有纵、横坐标的数值，纵坐标注记为四位数，如图上 3396、3400，标明该线距赤道的公里数。横坐标注记是五位数，前两位数指明投影带的带号（按我国经度位置，带号应为二位数字）。其后三位数标明该线距纵坐标轴的公里数，如图上 598、600。注明带号的原因在于仅知一点的 X、Y 坐标值，就可以在 60 个投影带内找到该值的对应点，因此，还必须表明点位所属的投影带。规定在横坐标 Y 值前面冠以投影带带号。其他各坐标线的注记仅注后两位数学，如 02、04。

城市地形图一般采用以通过城市中心的某一子午线为中央子午线的任意带高斯平面坐标系，称为城市独立坐标系。当工程建设范围比较小时，也可采用把测区作为平面看待的假定平面直角坐标系。

高程系统一般使用“1956 年黄海高程系”或“1985 国家高程基准”。但也有一些地方高程系统，如上海及其临近地区即采用“吴淞高程系”，广东有地区采用“珠江高程系”等。各高程系统之间只需加减一个常数即可进行换算。

地形图采用的坐标系和高程系统在南图廓外的左下方用文字说明。

11.1.2 地形图的辅助要素

在地形图图廓外配置的内容，称为地形图的辅助要素，这些内容是识图和用图所必要的。地形图的辅助要素如图 11-2 所示。地形图图廓外注记的内容包括图号、图名、图幅接

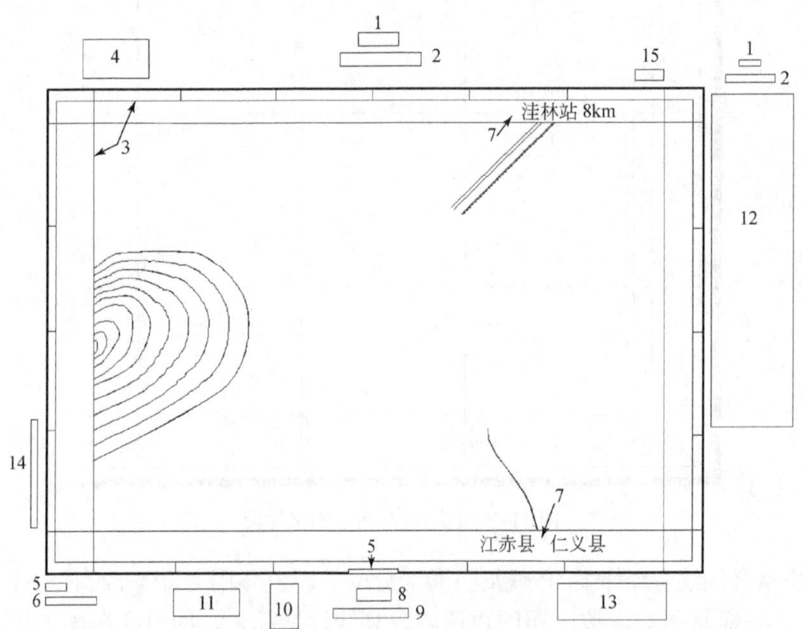

1-图名；2-图号；3-图廓线；4-图幅接合表；5-测图日期；6-坐标系、图式、高程系、等高距；7-图廓间说明注记；8-数字比例尺；9-直线比例尺；10-偏角图[图 11-3（a）]；11-坡度尺[图 11-3（b）]；12-图例；13-测量、绘图、检查人员；14-测绘单位；15-密级

图 11-2 地形图的辅助要素

合（简称接图）表、比例尺、坐标系、图式、等高距、测图日期、测绘单位、图廓线、坐标格网、三北方向线和坡度尺等，它们分布在东、南、西、北四面图廓线外。

1. 图号、图名和图幅接合（简称接图）表

为了区别各幅地形图所在的位置和拼接关系，每一幅地形图都编有图号和图名。图号是根据统一的分幅进行编号的，图名是用本图内最著名的地名、最大的村庄或突出的地物、地貌等的名称来命名的。图号、图名注记在北图廓上方的中央，如图 11-2 所示的标号 1。在图的北图廓左上方，画有该幅图四邻各图号（或图名）的略图，称为图幅接合（简称接图）表，如图 11-2 所示的标号 4。中间一格画有斜线的代表本图幅，四邻分别注明相应的图号（或图名）。图幅接合（简称接图）表的作用是便于查找到相邻的图幅。

2. 比例尺

如图 11-2 所示的标号 8、9，在每幅图南图框外的中央均注有数字比例尺，在数字比例尺下方绘出直线比例尺，直线比例尺的作用是便于用图解法确定图上直线的距离。对于 1∶500、1∶1000 和 1∶2000 等大比例尺地形图，一般只注明数字比例尺，不注明直线比例尺。

3. 偏角图

三北方向是指真子午线北方向 N、磁子午线北方向和高斯平面坐标系的纵轴方向+x。三个方向间的角度关系图一般绘制在中、小比例尺地形图的东图廓线的坡度比例尺上方。如图 11-3（a）图所示，该图幅的磁偏角为 2°16′（西偏）；坐标纵轴偏于真子午线以西 0°21′；而磁子午线偏于坐标纵线以西 1°55′。利用该关系图，可对图上任一方向的真方位角、磁方位角和坐标方位角三者之间进行相互换算。

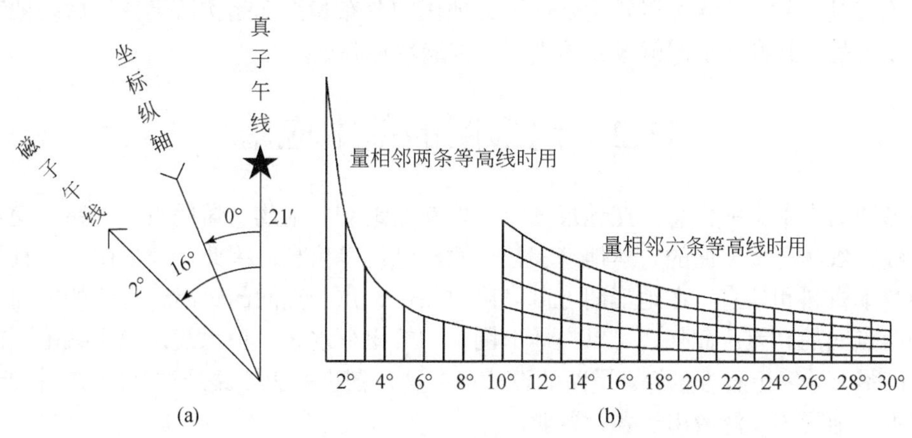

图 11-3 1∶10 万地形图坐标网

4. 坡度尺

坡度尺是在地形图上量测地面坡度和倾角的图解工具。如图 11-3（b）所示，制成公式为

$$i = \tan\alpha = \frac{h}{dM} \tag{11-1}$$

式中，i 为地面坡度；α 为地面倾角；h 为等高距；d 为等高线平距；M 为比例尺分母。

用分规量出相邻等高线平距 d 后，在坡度尺上使分规的两针尖下面对准底线，上面对准曲线，即可在坡度尺上读出地面倾角 α。

11.1.3 地物与地貌的识别

应用地形图应了解地形图所使用的地形图图式，熟悉一些常用的地物和地貌符号，了解图上文字注记和数字注记的确切含义。

地形图上的地物、地貌是用不同的地物符号和地貌符号表示的。比例尺不同，地物、地貌的取舍标准也不同，随着各种建设的不断发展，地物、地貌又在不断改变。要正确识别地物、地貌，阅读前应先熟悉测图所用的地形图式、规范和测图日期。下面分别介绍地物、地貌的识别方法。

1. 地物的识别

识别地物的目的是了解地物的大小、种类、位置和分布情况。通常按先主后次的程序，并顾及取舍的内容与标准进行。按照地物符号先识别大的居民点、主要道路和用图需要的地物，然后再扩大到识别小的居民点、次要道路、植被和其他地物。通过分析，就会对主、次地物的分布情况，主要地物的位置和大小形成较全面的了解。

2. 地貌的识别

识别地貌的目的是了解各种地貌的分布和地面的高低起伏状况。识别时，主要是根据基本地貌的等高线特征和特殊地貌（如陡崖、冲沟等）符号进行。山区坡陡，地貌形态复杂，尤其是山脊和山谷等高线犬牙交错，不易识别。首先可根据水系的江河、溪流找出山谷、山脊系列，无河流时可根据相邻山头找出山脊。其次可按照两山谷间必有一山脊，两山脊间必有一山谷的地貌特征，识别山脊、山谷地貌的分布情况。结合特殊地貌符号和等高线的疏密进行分析，就可以较清楚地了解地貌的分布和高低起伏情况。最后将地物、地貌综合在一起，整幅地形图就像立体模型一样展现在眼前。

11.2 地形图的基本应用

地形图具有丰富的信息，在地形图上可以获取地貌、地物、居民点、水系、交通、通信、管线、农林等多方面的自然地理和社会政治经济等信息，因此，地形图是工程规划、设计的基本资料和信息。在地形图上可以确定点位、点与点间的距离、直线的方向、点的高程和两点间的高差；此外还可以在地形图上勾绘出分水线、集水线，确定某范围的汇水面积，在图上计算土石方量等。道路的设计可在地形图上绘出道路经过处的纵、横断面图。由此可见，地形图广泛应用于各行各业。

11.2.1 确定点的空间坐标

如图 11-4 所示，欲在地形图上求出 A 点的坐标值，首先通过 A 点在地形图的坐标格网上作平行于坐标格网的平行线 mn、op，其次按测图比例尺量出 mA 和 oA 的长度，最后得出 A 点的平面坐标为

$$\left.\begin{aligned} x_A &= x_0 + mA \\ y_A &= y_0 + oA \end{aligned}\right\} \tag{11-2}$$

式中，x_0、y_0为 A 点所在坐标格网中那一个方格的西南角坐标（图 11-4 中 x_0=5000m,

y_0=1200m）。

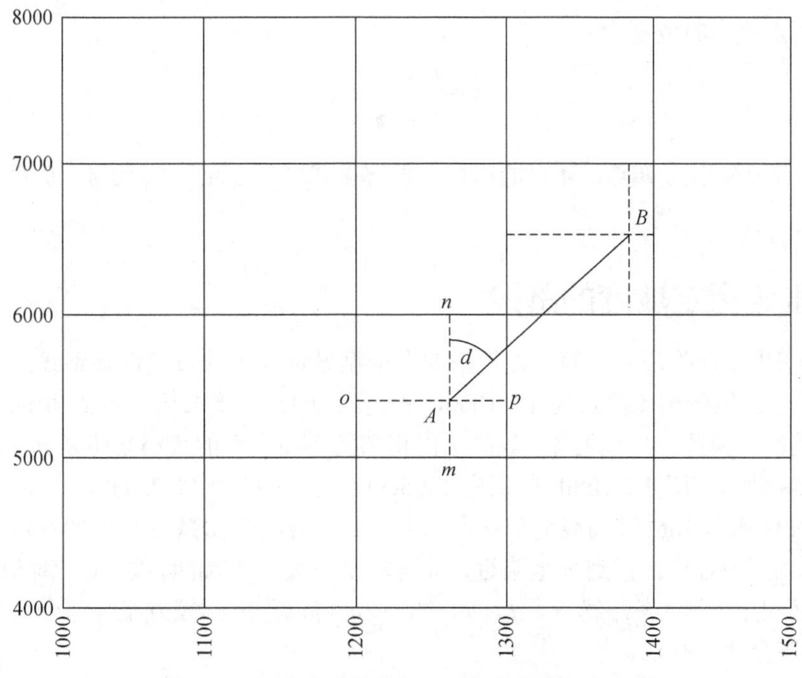

图 11-4　图上求点的坐标及两点的距离和方位角

如果 A 点恰好位于图上某一条等高线上，则 A 点的高程与该等高线高程相同。如图 11-5 中 A 点位于两等高线之间，可通过 A 点画一条垂直于相邻两等高线的线段 mn，则 A 点的高程为

$$H_A = H_m + \frac{mA}{mn}h \tag{11-3}$$

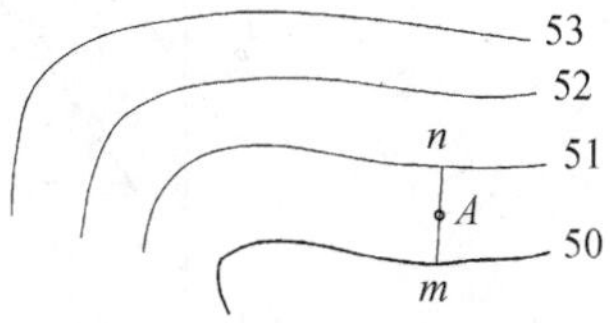

图 11-5　图上求点的高程

式中，H_m 为通过 m 点的等高线上的高程；h 为等高距。

由此可见，在地形图上很容易确定 A 点的空间坐标（X_A, Y_A, H_A）。

11.2.2　确定直线的距离、方向、坡度

如图 11-4 所示，欲求 A、B 两点的距离，先用式（11-2）求出 A、B 两点的坐标，则 A、B 两点的距离为

$$D_{AB} = \sqrt{(X_B - X_A)^2 + (Y_B - Y_A)^2} \tag{11-4}$$

要确定直线 AB 的方位角 α_{AB}，可根据已经量得的 A，B 两点的平面坐标计算出象限角

$$R_{AB} = \arctan\left(\frac{Y_B - Y_A}{X_B - X_A}\right) \tag{11-5}$$

然后，根据直线所在的象限参照表 7-4 的规定计算坐标方位角 α_{AB}。

当精度要求不高时，可以通过 A 点作平行于坐标纵轴的直线，用量角器直接在图上量取直线 AB 的坐标方位角 α_{AB}。

A、B 两点直线的坡度为

$$i=\frac{H_B-H_A}{D_{AB}} \tag{11-6}$$

式中，H_B、H_A 分别为 B 点、A 点的高程，求解见式（11-3）；D_{AB} 为 A、B 两点间距离，求解见式（11-4）。

11.2.3　确定指定坡度的路线

路线在初步设计阶段，一般先在地形图上根据设计要求的坡度选择路线的可能走向，如图 11-6 所示。地形图比例尺为 1∶1000，等高距为 1m，要求从 A 地到 B 地选择坡度不超过 4%的路线。为此，先根据 4 %坡度求出相邻两等高线间的最小平距 $d=h/i=1/0.04=25\text{m}$（式中 h 为等高距），即 1∶1000 地形图上 2.5cm，将两脚规张成 2.5cm，以 A 为圆心，以 2.5cm 为半径作弧与 50m 等高线交于 a 点，再以 a 点为圆心作弧与 51m 等高线交于 b 点，依次定出 c，d，…各点，直到 B 地附近，即得坡度不大于 4 %的路线。在该地形图上，用同样的方法，还可定出另一条路线 A，a'，b'，c'，…，可以作为比较方案，综合各种因素择优选取一条经济合理的路线。

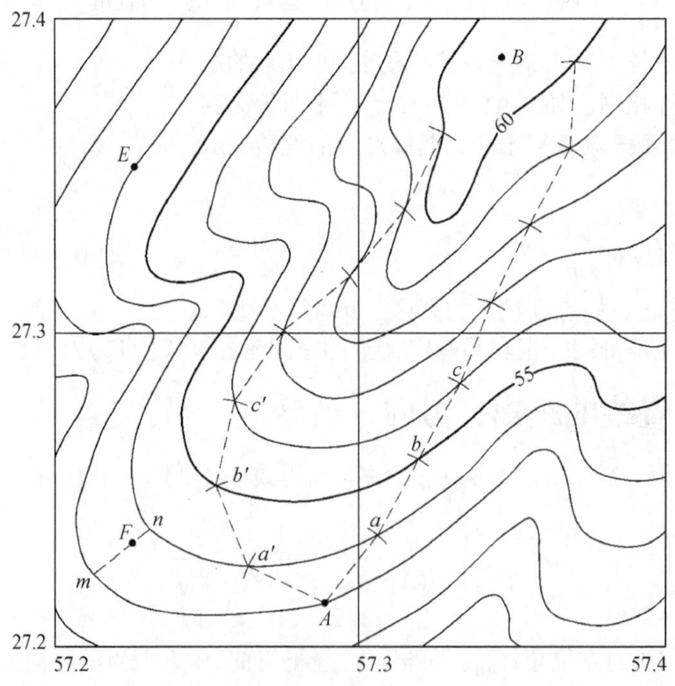

图 11-6　图上确定等坡度线

11.3　图形面积量算

图上面积量算方法有透明方格纸法、平行线法、CAD 法、解析法与求积仪法等，本节主要介绍 CAD 法和解析法。

1. CAD 法

1）多边形面积的量算

面积的边界为一多边形，且已知各顶点的平面坐标，可通过新建记事本文件，按格式“点号,,y,x,0”输入多边形顶点的坐标。下面以图 11-7 所示的“六边形顶点坐标.dat”文件定义的六边形为例，介绍在 CASS 中计算其面积的方法。

1,,1400.340,1742.065,0.000
2,,1623.845,1848.622,0.000
3,,1585.863,2074.872,0.000
4,,1362.359,2085.090,0.000
5,,1306.848,2016.485,0.000
6,,1319.995,1904.089,0.000

图 11-7　六边形顶点坐标求算面积文件

（1）执行 CASS 下拉菜单“绘图处理/展野外测点点号”命令，在弹出的对话框中选择“六边形顶点坐标.dat”文件，展绘 6 个顶点于 AutoCAD 的绘图区。

（2）将 AutoCAD 的对象捕捉设置为节点（nod）捕捉，执行多段线命令 pline，依次连接 6 个顶点为一个封闭的六边形。

（3）执行 AutoCAD 的面积命令 area，命令行提示及操作过程如下。

命令：area

指定第一个对角点或[对象(O)/加(A)/减(S)]：O

选择对象：点取多边形上的任意点

面积=79721.1492，周长=1083.0234

上述结果的意义是：多边形的面积为 79721.1492m^2，周长为 1083.0234m。

2）不规则图形面积的计算

当待量取面积的边界为不规则边界图形，如图 11-8 所示，只知道边界中的某个长度，曲线上点的平面坐标不易获得时，可用扫描仪扫描边界图形并获得该边界图形的 JPG 格式图像文件，将该图像文件插入 AutoCAD，再在 AutoCAD 中量取图形的面积。在 AutoCAD 中的操作过程如下。

（1）执行插入光栅图像命令 imageattach，将扫描的 JPG 文件插入到 AutoCAD 的当前图形文件中。

（2）执行对齐命令 align，根据已知长度 72.5m 和图形对应的两点 A，B 校准图形。

（3）执行多段线命令 pline，沿图中的边界描绘一个封闭多段线。

（4）执行 AutoCAD 的面积命令 area 可测量出该边界图形的面积和周长。

2. 解析法

当图形边界为多边形，各顶点的平面坐标已在图上量出或已实地测定，可以根据多边形各顶点的平面坐标，用解析法计算面积。

在图 11-9 中，1，2，3，4 为多边形的顶点，其平面坐标已知，则该多边形的每一条边及其向 y 轴的坐标投影线（图中虚线）和 y 轴都可以组成一个梯形，多边形的面积 A 就是这些梯形面积的和或差，计算公式为

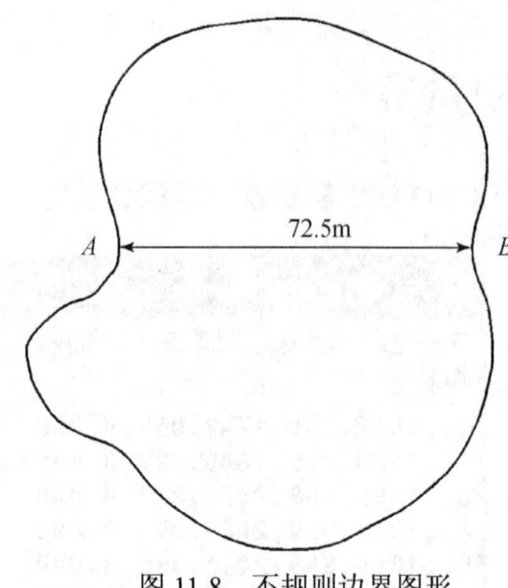

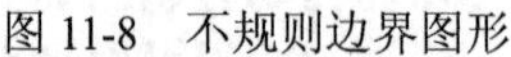

图 11-8　不规则边界图形

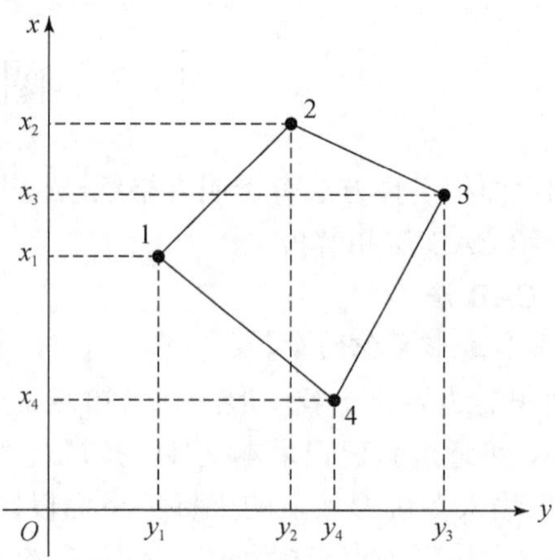

图 11-9　解析法面积计算

$$A=\frac{1}{2}[(x_1+x_2)(y_2-y_1)+(x_2+x_3)(y_3-y_2)-(x_3+x_4)(y_3-y_4)-(x_4+x_1)(y_4-y_1)]$$

$$=\frac{1}{2}[x_1(y_2-y_4)+(x_2(y_3-y_1)+x_3(y_4-y_2)+x_4(y_1-y_3)]$$

对于任意的 n 边形，可以写出按坐标计算面积的通用公式为

$$A=\frac{1}{2}\sum_{i=1}^{n}x_i(y_{i+1}-y_{i-1}) \tag{11-7}$$

需要说明的是，当 $i=1$ 时，y_{i-1} 用 y_n 代替；$i=n$ 时，y_{i+1} 用 y_1 代替。式（11-7）是将多边形各顶点投影至 y 轴的面积计算公式。将各顶点投影于 x 轴的面积计算公式为

$$A=\frac{1}{2}\sum_{i=1}^{n}y_i(x_{i+1}-x_{i-1}) \tag{11-8}$$

当 $i=1$ 时，x_{i-1} 用 x_n 代替；$i=n$ 时，x_{i+1} 用 x_1 代替。

图 11-9 的多边形顶点 1→2→3→4 为顺时针编号，计算出的面积为正值；如为逆时针编号，则计算出的面积为负值，但两种编号方法计算出的面积绝对值相等。

11.4　工程建设中地形图的应用

1. 绘制确定方向的断面图

根据地形图可以绘制沿任一方向的断面图。这种图能直观显示某一方向线的地势起伏形态和坡度陡缓，它在许多地面工程设计与施工中，都是重要的资料，绘制断面图的方法如下。

（1）规定断面图的水平比例尺和垂直比例尺。通常水平比例尺与地形图比例尺一致，而垂直比例尺需要扩大，一般要比水平比例尺扩大 5～20 倍，因为在多数情况下，地面高差大小相对于断面长度来说，还是微小的，为了更好地显示沿线的地形起伏，如图 11-10 所示，水平比例尺为 1∶1000，垂直比例尺为 1∶200。

（2）按图 11-10 上 AB 线的长度绘一条水平线 ab 线，作为基线（因断面图与地形图水

平比例尺相同，所以 *ab* 线长度等于 *AB*），并确定基线所代表的高程，基线高程一般略低于图上最低高程。如图 11-10 中鞍部最低处高程约为 48m，基线高程定为 45。

（3）作基线的平行线，平行线的间隔，按垂直比例尺和等高距计算。如图 11-10（a）所示，等高距 1m，垂直比例尺 1∶200，则平行线间隔为 2mm，并在平行线一边注明其所代表的高程，如 45m，50m，…。

（4）在地形图上作 *A*，*B* 两点的连线，与各等高线相交，各交点的高程即为交点所在等高线的高程，而各交点的平距可在图上用比例尺量得。在毫米方格纸上画出两条相互垂直的轴线，以横轴 *ab* 表示平距，以垂直于横轴的纵轴表示高程，在地形图上量取 *A* 点至各交点及地形特征点的平距，并把它们分别转绘在横轴上，以相应的高程作为纵坐标，得到各交点在断面上的位置。连接这些点，即得到 *AB* 方向的断面图[图 11-10（b）]。

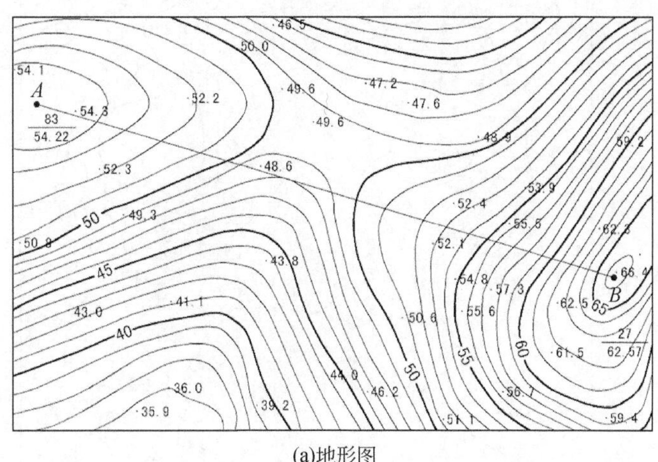

(a)地形图

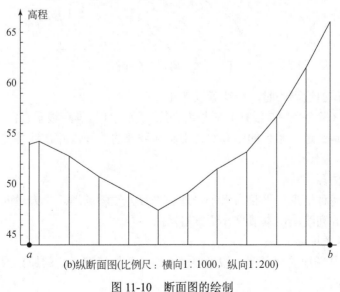

高程
65
60
55
50
45
a
b

(b)纵断面图(比例尺：横向1∶1000，纵向1∶200)

图 11-10　断面图的绘制

2. 确定汇水面积

当道路跨越河流或沟谷时，需要修建桥梁或涵洞。桥梁或涵洞的孔径大小，取决于河流或沟谷的水流量，水流量的大小取决于汇水面积的大小。汇水面积是指地面上某一区域内的雨水注入同一河流而通过某一断面（指设桥、涵处）。汇水面积可由地形图上山脊线的界线求得。

如图 11-11 所示，一条公路经过山谷，拟在 *P* 处架桥或修涵洞，其孔径大小应根据流经该处的水流量决定，而水流量又与山谷的汇水面积有关。由山脊线和公路上的线段所围成的封闭区域 *A-B-C-D-E-F-G-H-I* 的面积，就是这个山谷的汇水面积。量出该面积的值，再结合当地的气象水文资料，便可进一步确定流经公路 *P* 处的水量，为桥梁或涵洞的孔径设计提供依据。

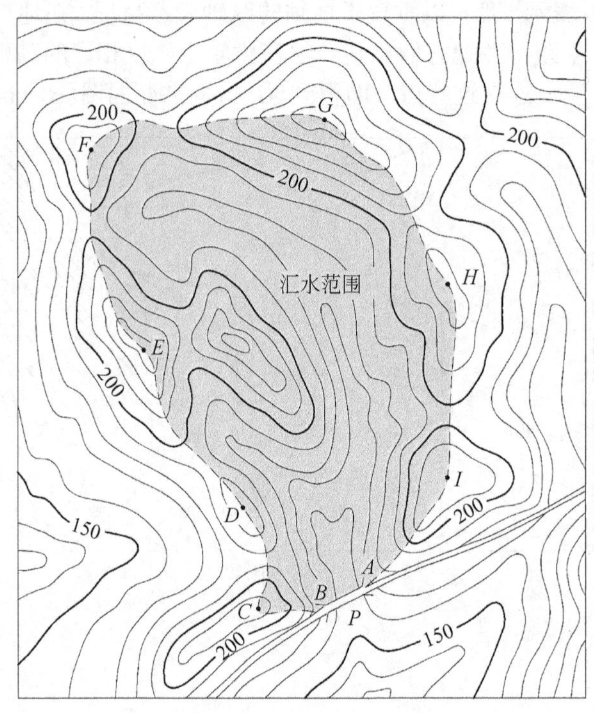

图 11-11　确定汇水面积

确定汇水面积的边界线时，应注意以下几点：

（1）边界线（除公路 *AB* 段外）应与山脊线一致，且与等高级垂直；

（2）边界线是经过一系列的山脊线、山头和鞍部的曲线，并在河谷的指定断面（公路或水坝的中心线）闭合。

3. 土石方量估算

场地平整有两种情形：平整为水平场地和平整为倾斜场地。土方量的计算方法有方格网法、断面法和等高线法，本节只介绍方格网法。

1）平整为水平场地

图 11-12 为某场地的地形图，假设要求将原地貌按填挖平衡的原则改造成水平面，土方量的计算步骤如下：

（1）在地形图上绘制方格网。在拟施工的范围内打上方格，方格边长取决于地形变化的大小和要求估算土方量的精度，一般取 10m×10m、20m×20m、50m×50m 等。

（2）计算各方格顶点的高程。各方格顶点的高程用线性内插法求出，并注记在各顶点的上方。

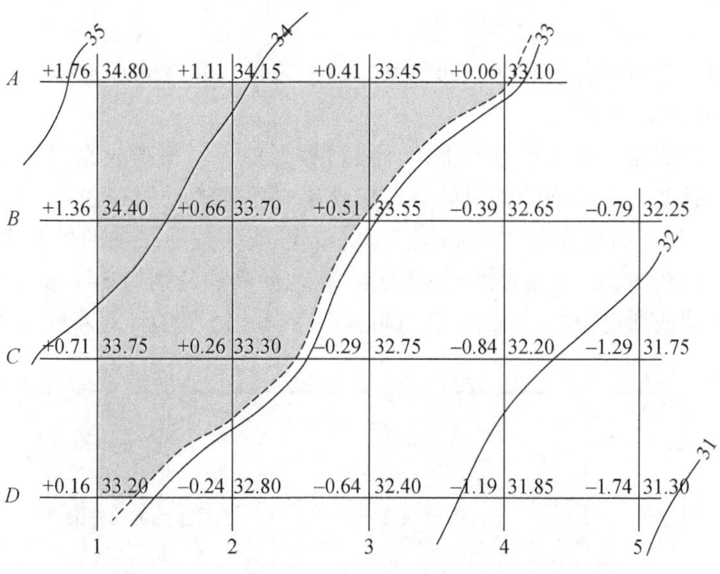

图 11-12　平整为水平场地方格网法土方量计算

（3）计算填挖平衡的设计高程。把每一个方格 4 个顶点的高程相加，除以 4 得到每一个方格的平均高程 H_i，再把各个方格的平均高程加起来，除以方格总数 n，即得设计高程 $H_{设}$，这样求得的设计高程，可使填挖方量基本平衡。

$$H_{设}=\frac{1}{n}(H_1+H_2+\cdots+H_n)=\frac{1}{n}\sum_{i=1}^{n}H_i \tag{11-9}$$

由图 11-12 可知，方格网的角点 A_1、A_4、B_5、D_1、D_5 的高程用到一次，边点 A_2、A_3、B_1、C_1、D_2、D_3、…的高程用到两次，拐点 B_4 的高程用到三次，中点 B_2、B_3、C_2、C_3、…的高程用到四次，因此设计高程的计算公式为

$$H_{设}=\frac{\sum H_{角}\times 1+\sum H_{边}\times 2+\sum H_{拐}\times 3+\sum H_{中}\times 4}{4n} \tag{11-10}$$

将图 11-12 的高程数据代入式（11-10），求出设计高程为 33.04m，在地形图中按内插法绘出 33.04m 的等高线（图 11-12 中的虚线），它就是填挖的分界线，又称为零线。

（4）计算填挖高度（即施工高度）。用各方格顶点的地面高程 $H_{地}$ 减去设计高程 $H_{设}$，即得其填、挖高度 h，其值注明在各方格顶点的左上方。计算公式为

$$h=H_{地}-H_{设} \tag{11-11}$$

（5）计算填挖方量。填挖方量计算公式为

$$\left.\begin{array}{ll}\text{角点} & h\times\frac{1}{4}A\\ \text{边点} & h\times\frac{1}{2}A\\ \text{拐点} & h\times\frac{3}{4}A\\ \text{中点} & h\times A\end{array}\right\} \tag{11-12}$$

式中，*h* 为填（挖）高度；*A* 为方格面积。

将所得的填、挖方量各自相加，即得总的填挖方量，两者应基本相等。

2）平整为倾斜面场地

将原地形整理成某一坡度的倾斜面，一般可根据挖、填平衡的原则，绘制出设计倾斜面的等高线。有时要求所设计的倾斜面必须包含某些不能改动的高程点（称为设计倾斜面的控制高程点），如已有道路的中线高程点、永久性或大型建筑物的外墙地坪高程等。如图 11-13 所示，设 *A*、*B*、*C* 三点为控制高程点，其地面高程分别为 54.6m、51.3m 和 53.7m。要求将原地形整理成通过 *A*、*B*、*C* 三点的倾斜面，其土方量的计算步骤如下。

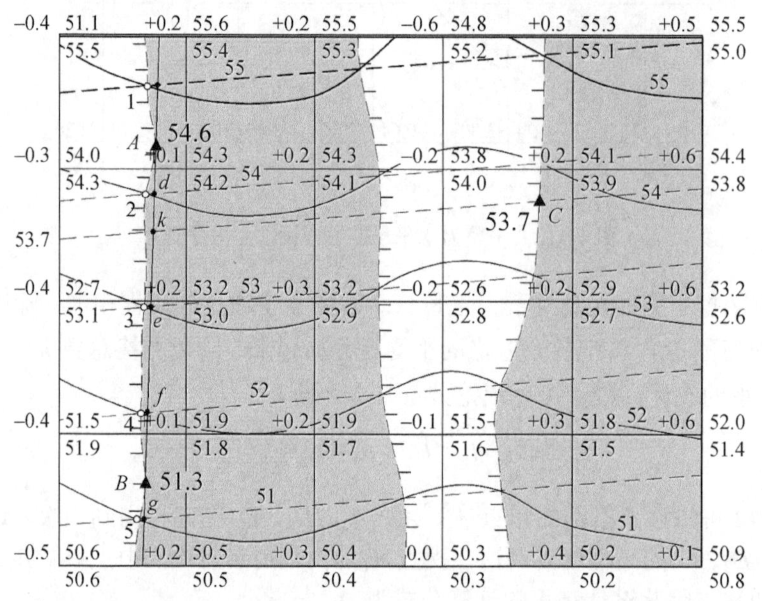

图 11-13　平整为倾斜面场地方格法土方量计算

（1）确定设计等高线的平距。过 *A*、*B* 二点作直线，用比例内插法在 *AB* 直线上求出高程为 54m、53m、52m 各点的位置，也就是设计等高线应经过 *AB* 直线上的相应位置，如 *d*、*e*、*f*、*g*、…等点。

（2）确定设计等高线的方向。在 *AB* 直线上比例内插出一点 *k*，使其高程等于 *C* 点的高程 53.7m。过 *kC* 连一直线，则 *kC* 方向就是设计等高线的方向。

（3）插绘设计倾斜面的等高线。过 *d*、*e*、*f*、*g*、…各点作的平行线（图中的虚线），即为设计倾斜面的等高线。过设计等高线和原同高程的等高线交点的连线，如图中连接 1、2、3、4、5 等点，就可得到挖、填边界线。图中绘有短线的一侧为填土区，另一侧为挖土区。

（4）计算挖、填土方量。与前面的方法相同，首先在图上绘制方格网，并确定各方格顶点的挖深和填高量。不同之处是各方格顶点的设计高程是根据设计等高线内插求得的，并注记在方格顶点的右下方。其填高和挖深量仍注记在各顶点的左上方。挖方量和填方量的计算和平整为水平场地时相同。

11.5 数字地形图的应用

本节介绍使用 CASS7.1 在数字地形图上查询点位坐标、直线的方位角和距离、封闭对象或指定区域的面积，选线、绘制路线纵横断面图、计算填挖土方量等命令的操作方法，这些命令位于“工程应用”下拉菜单下。

1. 查询计算与结果注记

打开“D:\3S\CASS7.1\Dem\Study.dwg”图形文件。下面的查询操作全部在该图形文件中进行。

1）查询指定点的坐标

执行下拉菜单“工程应用\查询指定点的坐标”命令，提示如下。

输入点：（点取捕捉图 11-14 中的图根点 D121）

测量坐标：X=31194.120 米 Y=53167.880 米 H=495.800 米

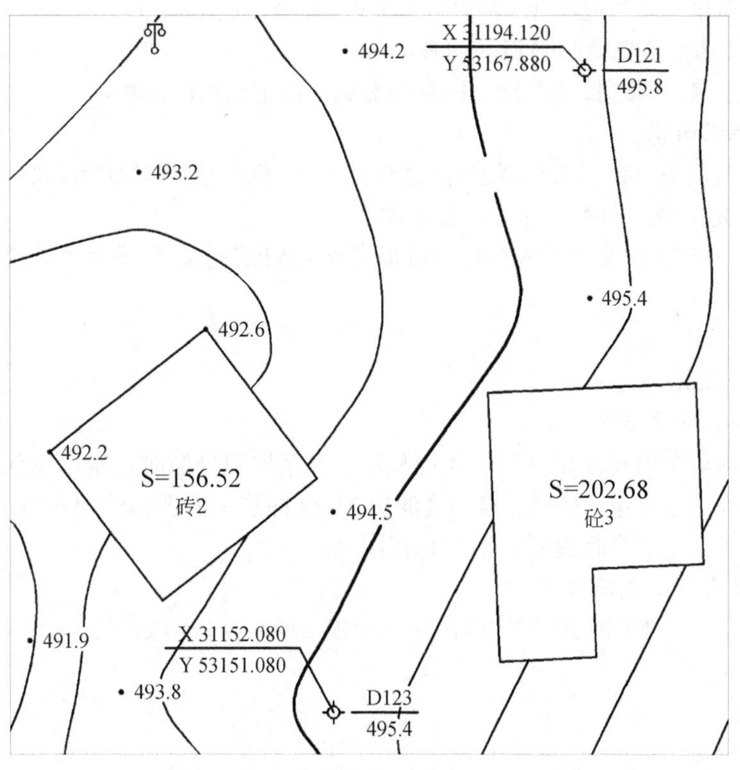

图 11-14 数字地形图应用实例（单位：m）

如要在图上注记点的坐标，则必须执行屏幕菜单的“文字注记”命令，在弹出的“注记”对话框中点击坐标注记图标并单击“确定”按钮，根据命令行的提示指定注记点和注记位置后，CASS 自动标注指定点的 x、y 坐标，图 11-14 注记了 D121 和 D123 点的坐标。

2）查询两点的距离和方位角

执行下拉菜单“工程应用\查询两点距离及方位角”命令，提示如下。

第一点，输入点:（圆心捕捉图 11-14 中的 D121 点）

第二点，输入点:（圆心捕捉图 11-14 中的 D123 点）

两点间距离=45.273 米，方位角=201 度 46 分 57.39 秒

3）查询线长

执行下拉菜单“工程应用\查询线长”命令，提示如下。

选择精度:（1）0.1 米（2）1 米（3）0.01 米<1>

选择曲线:（点取图 11-14 中 D121 点至 D123 的直线）

完成响应后，CASS 弹出 AutoCAD 信息提示框，给出查询的线长值。

4）查询封闭对象的面积

执行下拉菜单“工程应用\查询实体面积”命令，提示如下。

选择对象:（点取图 11-14 中砼房屋轮廓线上的点）

实体面积为 202.683 平方米

5）注记封闭对象的面积

执行下拉菜单“工程应用\计算范围的面积”命令，提示如下。

1.选目标/2.选图层/3.选指定图层的目标<1>

先键入图层名，再选择该图层上的封闭对象，注记它们的面积。

6）统计注记面积

对图中的面积注记数字求和。统计上述全部房屋面积的操作步骤为:执行下拉菜单“工程应用\统计指定区域的面积”命令，提示如下。

面积统计 —可用：窗口（W.C）/多边形窗口（WP.CP）/...等多种方式选择已计算过面积的区域

选择对象：all

选择对象：Enter

总面积=597.88 平方米

也可以点取单个面积注记文字；当面积注记文字比较分散时，也可以使用各种类型窗选方法选择面积注记对象，CASS 自动过滤出 MJZJ 图层上的面积注记对象进行统计计算，统计计算的结果只在命令行提示，不注记在图上。

7）计算指定点围成的面积

执行下拉菜单“工程应用\指定所围成的面积”命令，提示如下:

输入点:

…

输入点：Enter

指定点所围成的面积=×.×××平方米

面积计算结果只在命令行提示，不注记在图上。

2. 利用数字地图进行土方量计算

CASS 设置 DTM 法土方计算、断面法土方计算、方格网法土方计算、等高线法和区域土方量平衡法 5 种土方量的计算方法，CASS 土方量计算命令见图 11-15，本节只介绍方格网法和区域土方量平衡法，使用的案例坐标文件为 CASS 自带的 dgx.dat。

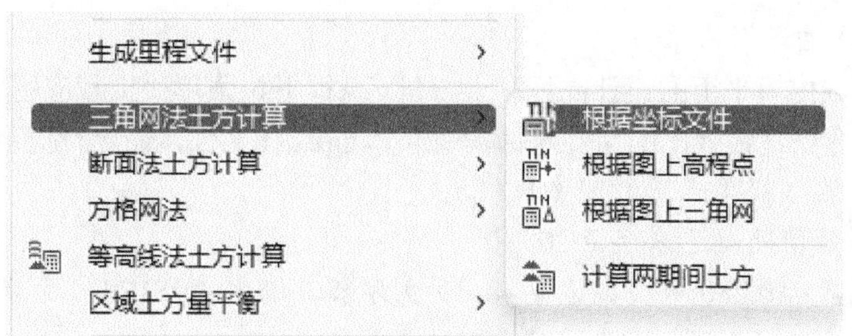

图 11-15　CASS 土方量计算命令

1）方格网法

执行下拉菜单“绘图处理\展高程点”命令，将坐标文件 dgx.dat 中的碎部点三维坐标展绘在 CASS 绘图区。执行 AutoCAD 多段线命令 pline 绘制一条闭合多段线作为土方计算的边界，如图 11-16 所示。

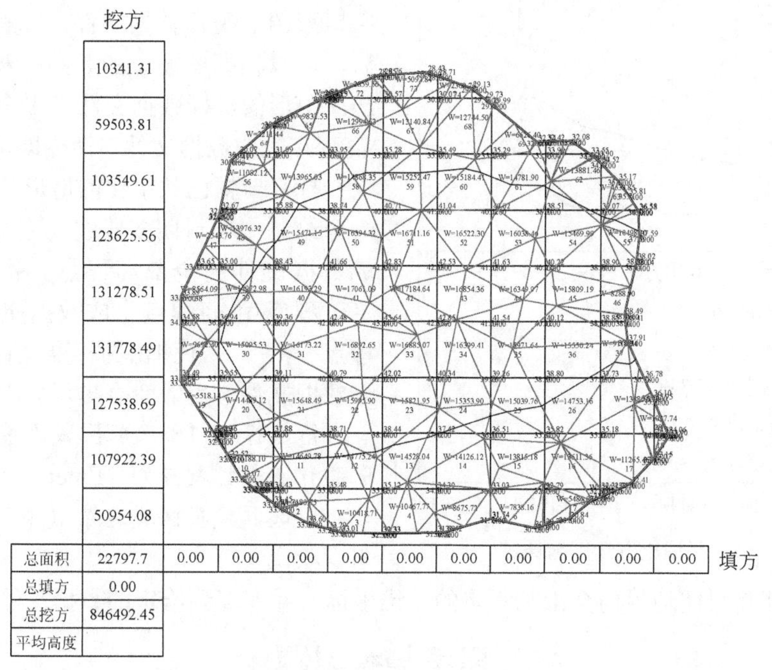

图 11-16　方格网法土方量计算

执行下拉菜单“工程应用\方格网法土方计算”命令，点选土方计算闭合多段线，在弹出的标准文件对话框中选择 dgx.dat 文件后，在“设计面”区选择平面单选框，方格宽度输入 10，单击“确定”按钮，CASS 按对话框的设置自动绘制方格网，计算每个方格网填挖土方量，并将计算结果绘制土方量图，结果见图 11-16，并在命令行给出下列计算结果提示。

最小高程=24.368，最大高程=43.900

总填方=0.0 立方米，总挖方=886491.0 立方米

方格宽度一般要求为图上 2cm，在 1∶500 比例尺地形图上，2cm 的实地距离为 10m。方格宽度越小，土方计算精度越高。

2）区域土方量平衡法

计算指定区域挖填平衡的设计高程和土方量。执行下拉菜单“工程应用\区域土方量平衡\根据坐标文件”命令，在弹出的文件对话框中选择 dgx.dat 文件，命令行提示及输入如下。

请选择土方边界线（点选封闭多段线）:

请输入边界插值间隔（米）：<20>10

土方平衡高度=40.280 米，挖方量=8119 立方米，填方量=8120 立方米

请指定表格左下角位置：<直接回车不绘表格>

请指定表格左下角位置：<直接回车不绘表格>（在展绘点区域外拾取一点）

完成响应后，CASS 在指定点处绘制一个土方计算专用表格，并绘出挖填平衡分界线，如图 11-17 所示。

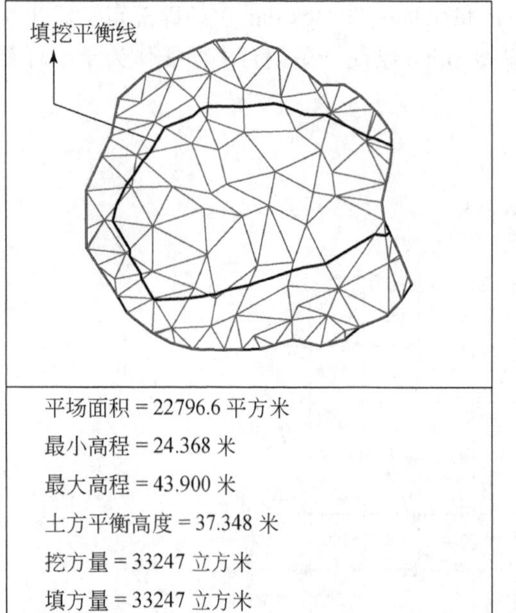

平场面积 = 22796.6 平方米
最小高程 = 24.368 米
最大高程 = 43.900 米
土方平衡高度 = 37.348 米
挖方量 = 33247 立方米
填方量 = 33247 立方米

计算日期：2022年8月31日　　计算人：胡锦坤

图 11-17　区域土方量平衡计算

3. 坐标数据文件的输出

上节介绍的土方量计算方法都要求有数字地形图的坐标数据文件，图解地图数字化后，可以根据图面上的等高线和高程点生成当前图形的坐标数据文件。执行“工程应用\高程点生成数据文件”命令即可。

打开一幅已数字化的地形图，使用 pline 命令绘制一条封闭多段线，它必须包含要生成数据文件的全部高程点。执行下拉菜单“工程应用\高程点生成数据文件\有编码高程点”命令，在弹出的标准文件对话框中键入数据文件名后，命令提示如下。

请选择：（1）选取区域边界（2）直接选取高程点或控制点<1> Enter

请选取建模区域边界：（点取已绘制的封闭多段线）

CASS 即将封闭边界内全部高程点的三维坐标，并保存到给定的数据文件中。

思考与练习题

1. 如何在地形图上确定地面点的空间坐标、直线的距离、方向、坡度？

2. 根据图 11-18 的等高线地形图，沿图上 *A-B* 方向，按图下已画好的高程比例，做出 *A-B* 地形断面图。

3. 场地平整范围见图 11-19 方格网所示，方格网的长宽均为 20m，要求按挖填平衡的原则平整为水平场地，试计算：挖填平衡的设计高程 $H_{设}$ 及挖填土方量，并在图上绘出挖填平衡的边界线。

4. 已知五边形顶点平面坐标如图 11-20 所示，分别用 CAD 法和解析法计算其周长和面积。

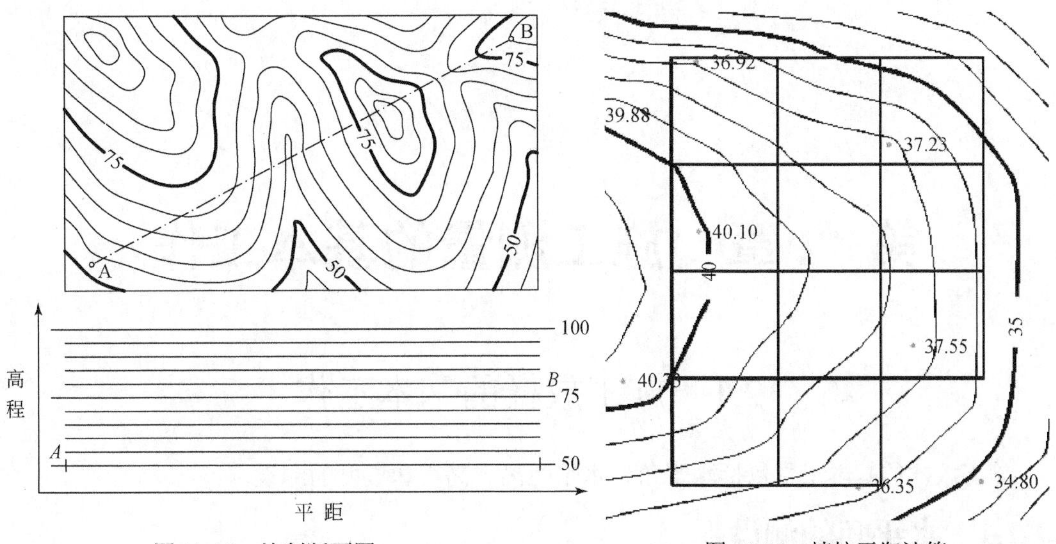

图 11-18　绘制断面图　　　　图 11-19　填挖平衡计算

5. 图 11-21 为 1∶10000 的等高线地形图，图下印有直线比例尺，用以从图上量取长度。根据该地形图，用图解法解决以下三个问题：

（1）求 *A*，*B* 两点的坐标及 *A*-*B* 连线的坐标方位角；

（2）求 *C* 点的高程及 *A*-*C* 连线的地面坡度；

（3）从 *A* 点到 *B* 点定出一条地面坡度 *i*=7% 的线路。

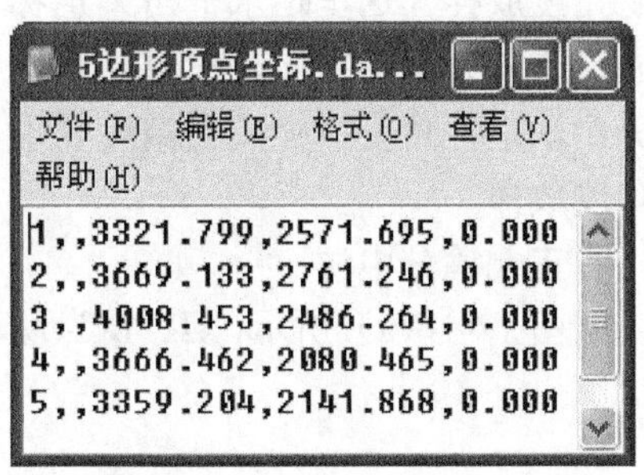
5边形顶点坐标.da...
文件(F) 编辑(E) 格式(O) 查看(V) 帮助(H)

```
1,,3321.799,2571.695,0.000
2,,3669.133,2761.246,0.000
3,,4008.453,2486.264,0.000
4,,3666.462,2080.465,0.000
5,,3359.204,2141.868,0.000
```

图 11-20　五边形顶点平面坐标

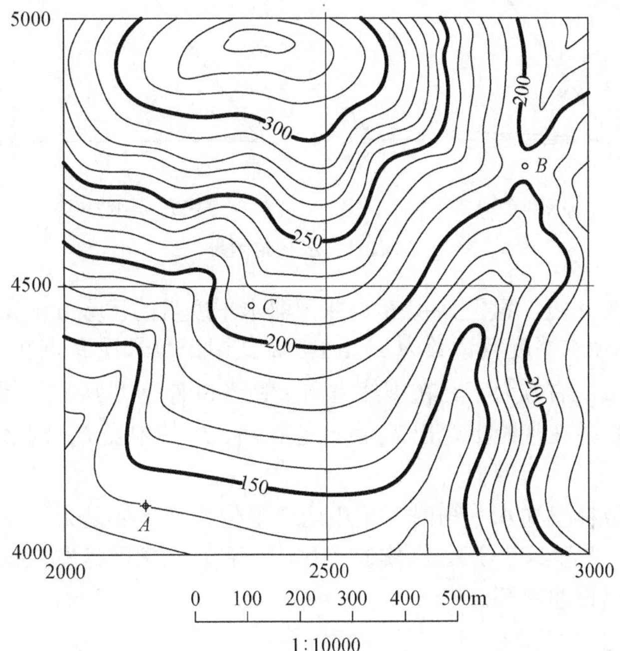

图 11-21　在地形图上量取坐标高程方位角及地面坡度

第 12 章　施工测量的基本工作

12.1　施工放样的基本工作

施工放样的基本工作包括水平角、水平距离、高程和坡度的测设。

12.1.1　水平角的测设

角度放样（这里指水平角）也称为拨角，是在已知点上安置经纬仪，以通过该点的某一固定方向为起始方向，按已知角值把该角的另一个方向测设到地面上。通常可采用正倒镜分中法进行角度放样，当精度要求高时，可在正倒镜分中法的基础上用多测回修正法进行角度放样。

1. 正倒镜分中法

如图 12-1（a）所示，A、B 为现场已定点，欲定出 AP 方向使 $\angle BAP = \beta$，具体步骤如下。

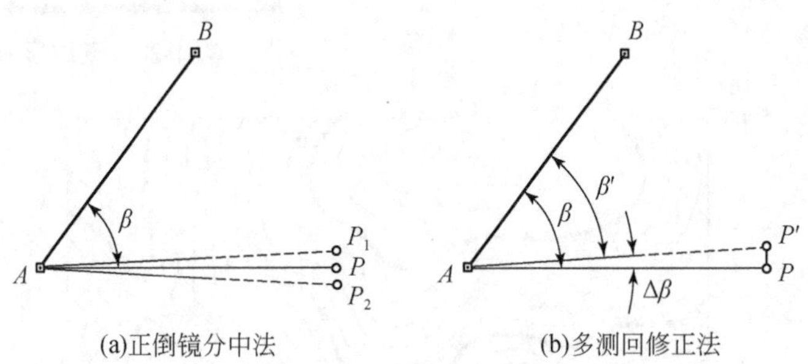

(a)正倒镜分中法　　(b)多测回修正法

图 12-1　水平角测设

将经纬仪安置在 A 点，盘左后视 B 点并读取水平度盘的读数 a（或配制水平度盘读数为零），转动照准部使水平度盘读数为 $b = a \pm \beta$，式中正负号视 P 点在 AB 线的左方还是右方而定，左方为负，右方为正。在视线方向上适当位置定出 P_1 点；然后盘右后视 B 点，用上述方法再次拨角并在视线上定出 P_2 点，定出 P_1、P_2 的中点 P，则$\angle BAP$ 就是要放样的β角。

正倒镜分中法放样已知水平角时，采用两个盘位拨角主要是为了校核，而精度提高并不明显（尤其是 DJ_2 光学经纬仪）。在实际工作中，有时也常用盘左或盘右一个盘位进行角度放样，如偏角法测设曲线等。

2. 多测回修正法

当角值β的放样精度要求较高时，可先按上述正倒镜分中法在实地定出 P'点，如图 12-1

（b）所示。以 P'为过渡点，根据放样精度选用必要的测回数实测角度$\angle BAP'$，取各测回平均角值为β'，设计角值为β，则角度修正值 $\Delta\beta=\beta-\beta'$。将 $\Delta\beta$转换为 P'点的垂距来修正角值，垂距计算公式为

$$P'P=\frac{\Delta\beta}{\rho}\cdot AP' \tag{12-1}$$

式中，$\rho=206265''$；$\Delta\beta$以秒为单位。长度 AP'可用尺概略丈量。

将 P'垂直于 AP'方向偏移 PP'定出 P 点，则$\angle BAP$ 即为放样的β角。实际放样时应注意点位的改正方向。

12.1.2　水平距离的测设

距离放样是在量距起点和量距方向确定的条件下，自量距起点沿量距方向丈量已知距离，定出直线另一端点的过程。根据地形条件和精度要求的不同，距离放样可采用不同的丈量工具和方法，通常精度要求不高时可用钢尺或皮尺量距放样，精度要求高时可用全站仪或测距仪放样。

1. 钢尺法

采用钢尺法距离放样，当距离值不超过一尺段时，由量距起点沿已知方向拉平尺子，按已知距离值在实地标定点位。当距离较长时，则按 4.1 节钢尺量距的方法，自量距起点沿已知方向定线，依次丈量各尺段长度并累加，至总长度等于已知距离时标定点位。为避免出错，通常需丈量两次，并取中间位置为放样结果。这种方法只能在精度要求不高的情况下使用。

2. 全站仪或测距仪法

距离放样如图 12-2 所示，A 为已知点，欲在 AC 方向上定一点 B，使 A、B 间的水平距离等于 D。具体放样方法如下：

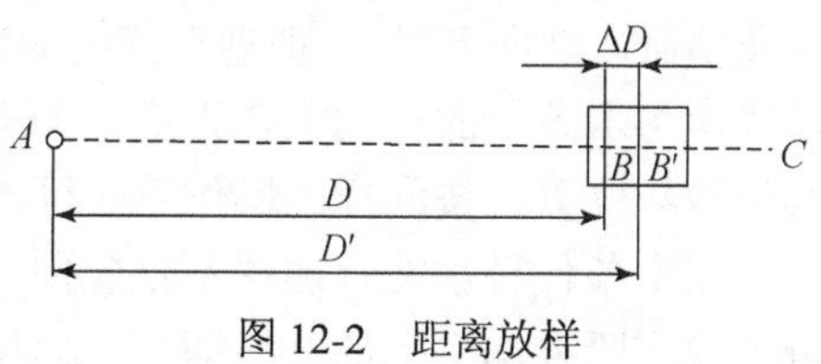

图 12-2　距离放样

（1）在已知点 A 安置全站仪，照准 AC 方向，沿 AC 方向在 B 点的大致位置放置棱镜，测定水平距离，根据测得的水平距离与已知水平距离 D 的差值，沿 AC 方向移动棱镜，至测得的水平距离与已知水平距离 D 很接近或相等时钉设标桩（若精度要求不高，此时钉设的标桩位置即可作为 B 点）。

（2）由仪器指挥在桩顶画出 AC 方向线，并在桩顶中心位置作垂直于 AC 方向的短线，交点为 B'。在 B'置棱镜，测定 A、B'间的水平距离 D'。

（3）计算差值 $\Delta D=D-D'$，根据 ΔD 用钢卷尺在桩顶修正点位。

12.1.3　高程的测设

高程测设的任务是将设计高程测设在指定桩位上。高程测设主要在平整场地、开挖基坑、定路线坡度和定桥台桥墩的设计标高等场合使用。高程测设的方法有水准测量法和全站仪三角高程测量法，水准测量法一般用视线高程法进行测设。

高程测设时，首先需要在测区内布设一定密度的水准点（临时水准点）作为放样的起算点，其次根据设计高程在实地标定出放样点的高程位置。高程位置的标定措施可根据工

程要求及现场条件确定，土石方工程一般用木桩标定放样高程的位置，可在木桩侧面划水平线或标定在桩顶上；混凝土及砌筑工程一般用红漆做记号标定在它们的面壁或模板上。

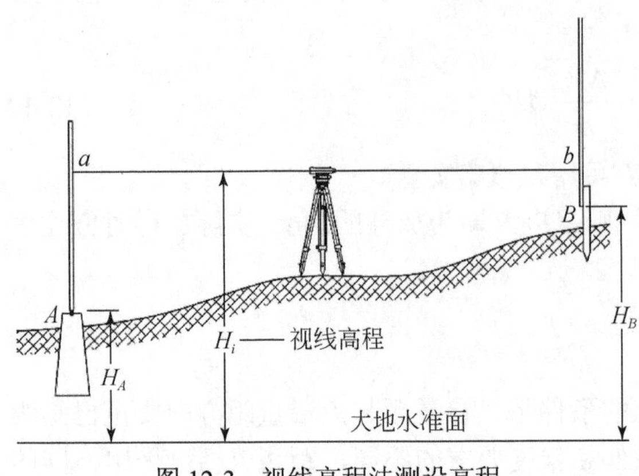

图 12-3　视线高程法测设高程

1. 水准仪测设法

1）一般地形的高程放样

一般情况下，放样高程位置均低于水准仪视线高且不超出水准尺的工作长度。视线高程法测设高程如图12-3 所示，A 为已知点，其高程为 H_A，欲在 B 点定出高程为 H_B 的位置。具体放样过程为：先在 B 点打一长木桩，将水准仪安置在 A、B 之间，在 A 点立水准尺，后视 A 尺并读数 a，计算 B 处水准尺应有的前视读数

$$b=(H_A+a)-H_B \tag{12-2}$$

靠 B 点木桩侧面竖立水准尺，上下移动水准尺，当水准仪在尺上的读数恰好为 b 时，在木桩侧面紧靠尺底画一横线，此横线即为设计高程 H_B 的位置。也可在 B 点桩顶竖立水准尺并读取读数 b'，再用钢卷尺自桩顶向下量 $b-b'$，即得高程为 H_B 的位置。

如果上述放样点不是一点，而是一批设计高程均为 H_B 的待定点，用木条代替水准尺更为方便。首先选择一根长度适当的木条立于已知水准点 A 上，按观测者指挥在木条上标出水准仪视线高位置，其次用钢卷尺从该标记向上量取 $\Delta H=H_A-H_B$ 并划一红线（如果 ΔH 为负值时，则向下量）。把划有红线的木条立在放样位置，上下移动木条，直到望远镜十字丝横丝与木条上的红线重合为止，这时木条底面就是设计高程 H_B 的位置。最后移动木条到其他放样位置，按同样的操作方法可放样出所有设计高程为 H_B 的点。

用木条代替水准尺放样不仅轻便，而且可减少放样出错的机会，因为用木条放样时观测者只需照准木条上的红线即可，而用水准尺放样时则须每次在尺面上读数，显然后者比前者更容易出错。

为了提高放样精度，放样前应仔细检校水准仪和水准尺；放样时尽可能使前后视距相等；放样后可按水准测量的方法观测已知点与放样点之间的实际高差，并以此对放样点进行检核和必要的归化改正。

2）深基坑的高程放样

当基坑开挖较深，基坑底部设计高程与基坑边已知水准点的高程相差较大并超出水准尺的工作长度时，可采用水准仪配合悬挂钢尺的方法向下传递高程。深基坑高程的测设如图 12-4 所示，A 为已知水准点，其高程为 H_A，欲在 B 点定出高程为 H_B 的位置（H_B 应根据放样时基坑实际开挖深度选择，通常取 H_B 比基坑底部设计高程高出一个定值，如 1m），在基坑边用支架悬挂钢尺，钢尺零端朝下并悬挂 10 kg 重物，放样时最好用两台水准仪同时观测，具体方法如下。

在 A 点立水准尺，基坑顶的水准仪后视 A 尺并读数 a_1，前视钢尺读数 b_1，基坑底的水准仪后视钢尺读数 a_2，然后计算 B 处水准尺应有的前视读数 b_2。

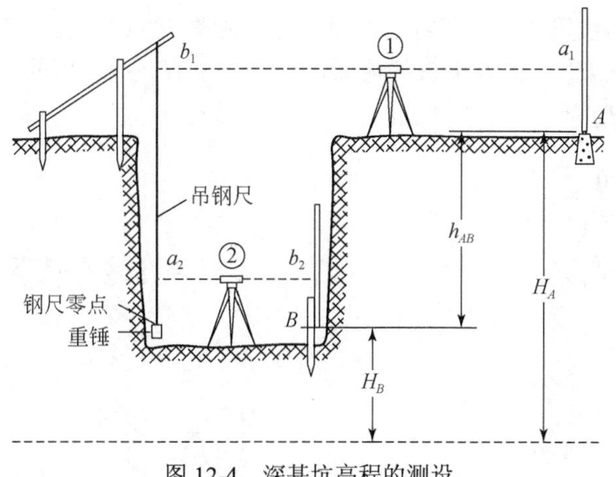

图 12-4　深基坑高程的测设

$$b_2 = H_A + a_1 - (b_1 - a_2) - H_B \tag{12-3}$$

上下移动 B 处的水准尺，直到水准仪在尺上的读数恰好为 b_2 时标定点位。为了控制基坑开挖深度，一般需要在基坑四周定出若干个高程均为 H_B 的点位。如果 H_B 比地基设计高程高出一个定值 ΔH，施工人员就可用长度为 ΔH 的木条方便地检查基底标高是否达到了设计值，在基础砌筑时还可用于控制基础顶面标高。

3）高墩台的高程放样

当桥梁墩台高出地面较多时，放样高程位置往往高于水准仪的视线高，这时可采用钢尺直接量取垂距或“倒尺”的方法。

墩台高程的测设如图 12-5 所示，A 为已知点，其高程为 H_A，欲在 B 点墩身或墩身模板上定出高程为 H_B 的位置。放样点的高程 H_B 高于仪器视线高程，首先在基础顶面或墩身（模板）适当位置选择一点，用水准测量的方法测定其高程值，其次以该点作为起算点，用悬挂钢尺直接量取垂距来标定放样点的高程位置。

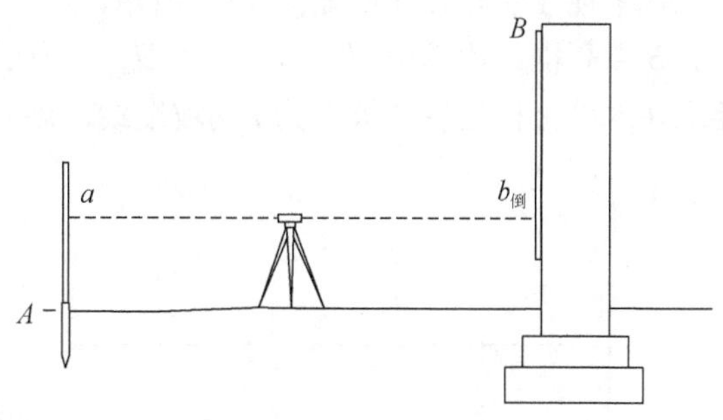

图 12-5　墩台高程的测设

当 B 处放样点高程 H_B 的位置高于水准仪视线高，但不超出水准尺工作长度时，可用倒尺法放样。在已知高程点 A 与墩身之间安置水准仪，在 A 点立水准尺，后视 A 尺并读数 a，在 B 处靠墩身倒立水准尺，放样点高程 H_B 对应的水准尺读数 $b_倒$为

$$b_倒 = H_B - (H_A + a) \tag{12-4}$$

靠 B 点墩身竖立水准尺，上下移动水准尺，当水准仪在尺上的读数恰好为 $b_倒$时，沿水准尺尺底（零端）画一横线即为高程为 H_B 的位置。

2. 全站仪三角高程测设法

当预测设的高程与水准点之间的高差较大时，可以使用全站仪测设。如图 12-6 所示，在基坑边缘设置一个水准点 A，在 A 点安置全站仪，量取仪器高 i_A；在 B 点安置棱镜，读

取棱镜高 v_B，在全站仪里执行“坐标”测量命令，测量 B 点的坐标，输入仪器高和棱镜高后得 B 点桩面的高程 H'_B，在 B 点桩的侧面、桩面以下 H'_B-H_B 值的位置画线，其高程就等于欲测设的高程 H_B。

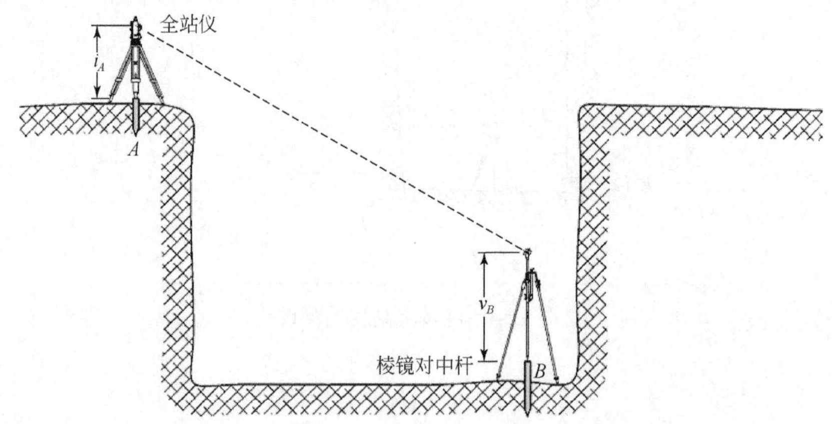

图 12-6　利用全站仪三角高程法进行高程放样

12.1.4　坡度的测设

在修筑道路，敷设上、下水管道和开挖排水沟等工程设施时，需要测设设计坡度线。坡度测设所用仪器有水准仪、经纬仪与全站仪。本节介绍水准仪和全站仪测设法。

1. 水准仪测设法

1）水平视线法

水平视线法测设坡度如图 12-7 所示，A、B 为设计坡度线的两端点，A 点设计高程为 H_A，B 点高程可计算得 $H_B=H_A+i\times D_{AB}$。为了施工方便，每隔一定的距离 d 打入一木桩，要求在木桩上标出设计坡度为 i 的坡度线，施测步骤如下。

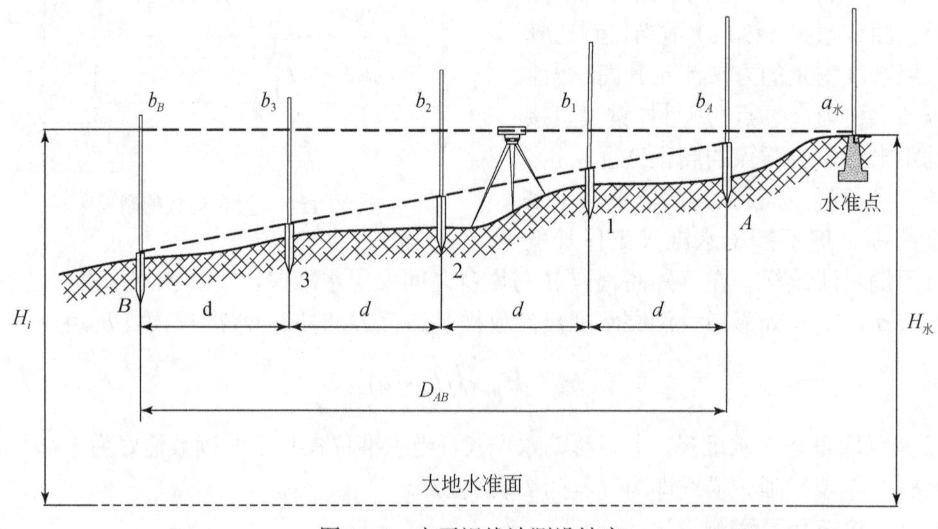

图 12-7　水平视线法测设坡度

（1）标定两端点，并计算中间各桩高程。首先用高程放样的方法，将坡度线两端点 A、B 的高程标定在地面木桩上；其次按照公式 $H_n = H_{n-1} + i \times d$（$n$ 表示某桩号点）计算出中间各桩点的高程，即

第 1 点的计算高程　$H_1 = H_A + i \times d$

第 2 点的计算高程　$H_2 = H_1 + i \times d$

$$\vdots$$

B 点的计算高程　$H_B = H_n + i \times d = H_A + i \times D_{AB}$（用于计算检核）

（2）计算中间各点水准尺应有前视读数。在坡度线上靠近已知水准点附近安置水准仪，瞄准立在水准点上的标尺，读后视读数 $a_{水}$，并计算视线高程 $H_i=H_{水}+a_{水}$。根据各桩点已知的高程值，分别计算中间点上水准尺应有前视读数 $b_n=H_i-H_n$。

（3）实地打桩。沿 AB 方向，按一定间距 d 标定出中间 1、2、3、…、n，打木桩。

（4）测设高程标识线。在各桩处立水准尺，上下移动水准尺，当水准仪视线对准该尺前视读数 b_n 时，水准尺零点位置即为所测设高程标识线。

2）倾斜视线法测设坡度

倾斜视线法测设坡度如图 12-8 所示，设地面上 A 点的高程为 H_A，现要从 A 点沿 AB 方向测设出一条坡度为 i 的直线，AB 间的水平距离为 D。使用水准仪测设的方法如下。

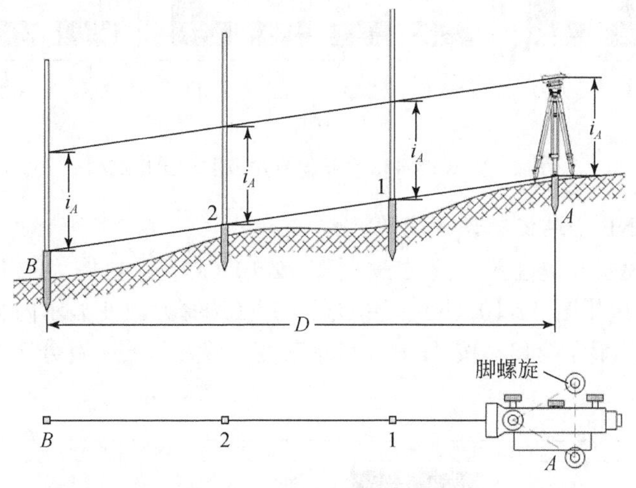

图 12-8　倾斜视线法测设坡度

（1）计算出 B 点的设计高程为 $H_B=H_A-iD$，应用水平距离和高程测设方法测设出 B 点。

（2）在 A 点安置水准仪，使一个脚螺旋在 AB 方向线上，另两个脚螺旋的连线垂直于 AB 方向线，量取水准仪高 i_A，用望远镜瞄准 B 点的水准尺，旋转 AB 方向上的脚螺旋，至视线倾斜至水平尺读数为仪器高 i_A 为止，此时，仪器视线坡度即为 i。在中间点 1、2 处打木桩，在桩顶上立水准尺使其读数均等于仪器高 i_A，这样各桩顶的连线就是测设在地面上的设计坡度线。

2. 全站仪测设法

当设计坡度 i 较大，超出了水准仪脚螺旋的最大调节行程时，可使用全站仪测设。方法是：将屏幕显示的竖盘读数切换为坡度显示，直接将望远镜视线的坡度值调整到设计坡度值 i 即可，不需要先测设出 B 点的平面位置和高程。

1）使用 KTS-442 全站仪测设坡度的操作

主菜单下按“F4”（配置）→选择“6.键功能设置”→“1.键功能分配”［图 12-9（a）］→按左右光标键，移动左边光标到 P3 页［图 12-9（b）］→按上下光标键，移动光标到“ZA%”［图 12-9（c）和图 12-9（d）］→按 F4“确定”键，将 P3 页软键 F4 功能设置为“ZA%”。

“测量”模式，翻页到 P3 页软键功能菜单，按“F4”（ZA/%）键，屏幕显示的竖盘读数=坡度。制动望远镜，旋转望远镜微动螺旋，使竖盘读数=设计坡度，如 2.00%［图 12-9（g）］。望远镜视准轴的坡度=设计坡度 2.00%。

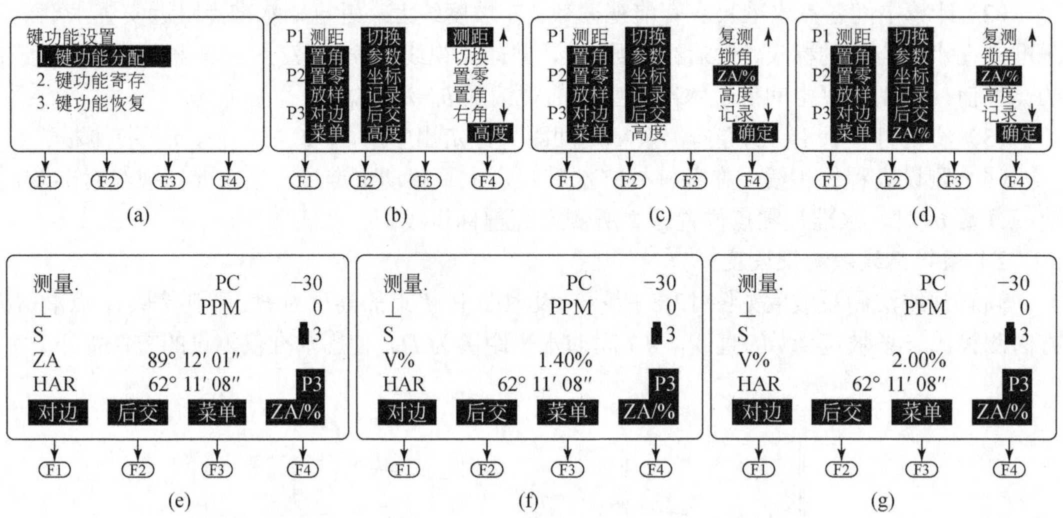

图 12-9　KTS-442 全站仪测设坡度的操作过程

2）使用 R202NE 全站仪测设坡度的操作

先按“F5”（模式）键进入“模式 B”［图 12-10（a）］；再按“F2”（角度设定）键进入“角度设定”窗口［图 12-10（b）］；单击“F5”（选择）改变显示内容为“%坡度”；屏幕转入“模式 A”的显示窗口。按“F4”（显示改变）键显示坡度百分比的数值（以%形式）［图 12-10（c）］。

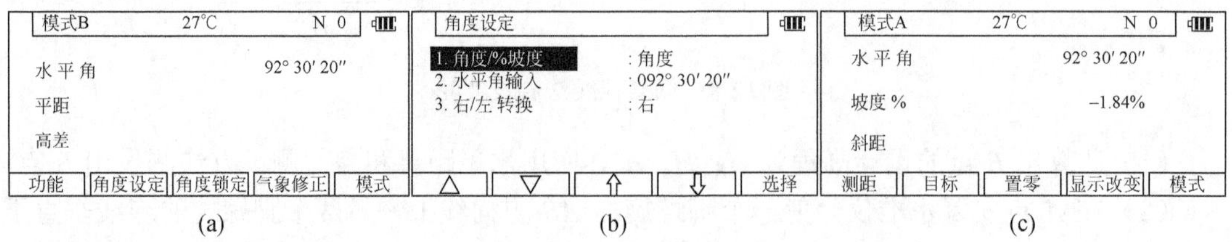

图 12-10　R202NE 全站仪定义坡度测设的操作过程

12.2　点的平面位置的测设

点的平面位置测设方法有极坐标法、角度交会法、距离交会法、直角坐标法等。

1. 极坐标法

放样位置附近至少要有两个控制点作为放样的起算点，如图 12-11 中的控制点 $A(x_A, y_A)$ 和 B（x_B, y_B），设放样点 P 的设计坐标为（x_P, y_P），具体放样步骤如下。

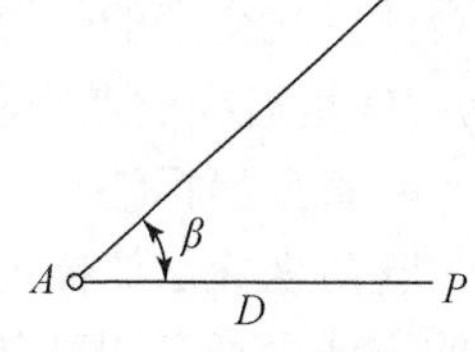

图 12-11　极坐标法

（1）计算放样数据（或称为放样元素）。根据 A、B 点的坐标计算 A、B 两点间的坐标差（$\Delta x_{AB}=x_B-x_A$, $\Delta y_{AB}=y_B-y_A$），再按式（7-9）计算直线 AB 和 AP 的象限角，并根据坐标增量的正负号计算坐标方位角 α_{AB} 和 α_{AP}。

由 AB 方向顺时针旋转至 AP 方向的水平夹角 β 为

$$\beta = \alpha_{AP} - \alpha_{AB} \tag{12-5}$$

若 $\beta<0°$，则加 360°。

A、P 两点间的水平距离为

$$D = \sqrt{(x_P - x_A)^2 + (y_P - y_A)^2} \tag{12-6}$$

（2）放样方法。将经纬仪安置于 A 点，后视 B 点，顺时针方向拨角 β 定出 AP 方向，然后沿 AP 方向量距离 D 即得 P 点。

2. 角度交会法

当放样点远离控制点或不便于量距（如桥墩中心点放样）时，采用角度交会法较为适宜。如图 12-12 所示，控制点 A、B 及放样点 P 的坐标值均已知，具体放样步骤如下。

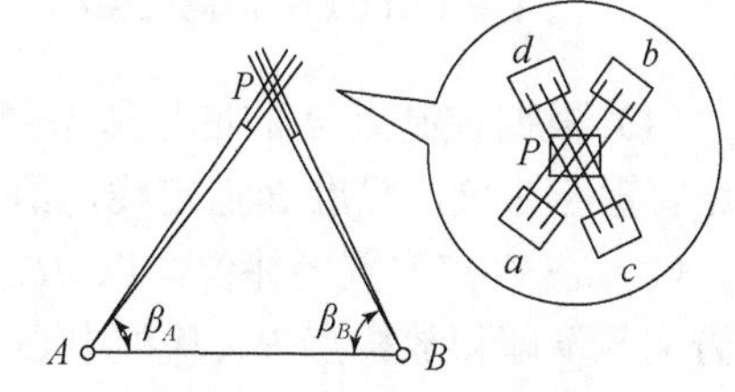

图 12-12　角度交会法

（1）计算放样数据 β_A、β_B。按前述方法计算 AB、AP、BP 的方位角，并按式（12-7）计算交会角：

$$\beta_A = \alpha_{AB} - \alpha_{AP}$$
$$\beta_B = \alpha_{BP} - \alpha_{BA} \tag{12-7}$$

（2）放样方法。用角度交会法定点，一般采用打骑马桩的方法。角度交会法如图 12-12 所示，交会时最好用两台经纬仪，分别安置在 A、B 点，首先，粗略交会出 P 的大致位置；其次，A 点的经纬仪逆时针方向拨角 β_A，在 P 点的两侧分别打 a、b 两个木桩，根据盘左、盘右两次拨角定出的方向在 a、b 两个木桩上各定两点，取平均位置 1、2 作为 AP 方向；再次，同法 B 点的经纬仪顺时针方向拨角 β_B，在 P 点的两侧分别打 c、d 两个木桩，根据盘左、盘右两次拨角定出的方向在 c、d 两个木桩上各定两点，取平均位置 3、4 作为 BP 方向；最后，在1、2 和 3、4 之间拉细线，两线的交点即为 P 的正确位置。

P 点的定位精度主要取决于 β_A、β_B 的拨角精度，除此之外，还与交会角（$\angle APB$）的大小有关。当交会角在 90°左右时，交会精度最高，一般不宜小于 60°或大于 150°。

3. 距离交会法

距离交会法是利用放样点到两已知点的距离交会定点。放样时分别以两已知点为圆心、以相应的距离为半径用尺子在实地画弧，两弧线的交点即为放样点位置。此法要求放样点距已知点的距离不超过一整尺长。

在公路勘测阶段，需对路线交点进行固定，并在交点附近的建筑物或树木等物体上作标记、量出标记至交点的距离并记录。施工时，可借助建筑物或树木上所做的标记用距离交会法寻找交点的位置。距离交会法如图 12-13 所示，N_1、N_2是勘测阶段在房屋上作的标记，JD 是路线交点，利用已知距离 D_1、D_2交会可快速找到 JD 桩位。

4. 直角坐标法

直角坐标法放样，是指在施工现场特定的坐标系中，利用待定点的坐标 x、y 直接定位的方法。通常以建筑物的主轴线方向为 X 轴，以某一固定点为坐标原点。直角坐标法如图 12-14 所示，A、B 为桥轴线方向上的控制点，P 为墩台基桩中心点（放样点）。具体放样步骤如下：

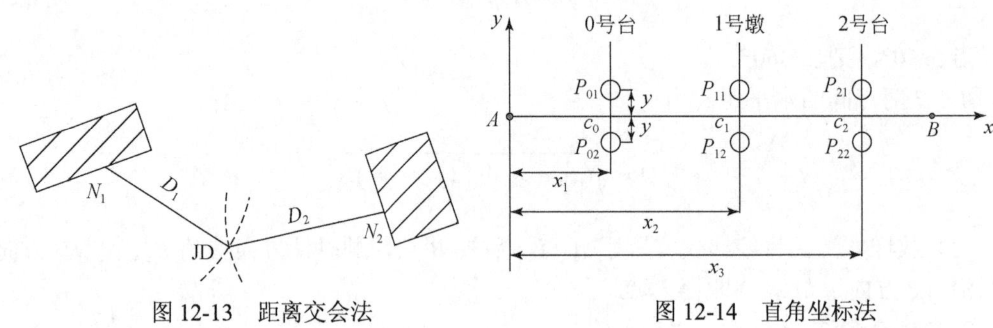

图 12-13　距离交会法　　图 12-14　直角坐标法

（1）根据控制点 A 的桩号和墩台中心的桩号计算墩台中心至 A 点的水平距离即 x，在 A 点安置经纬仪，瞄准 B 点定线，沿 AB 方向量 x 得墩台中心点 C。

（2）在 C 点安置经纬仪，以 AB 方向为基准方向，拨角 90°得桥墩台轴线方向 CP，沿该方向量 y 即得放样点 P（基桩中心点）。

在放样点距控制轴线较近且精度要求不高的情况下，也可用十字方向架配合皮尺放样，如测设圆曲线的切线支距法、弦线支距法等。

12.3　全站仪三维坐标放样

将测区已知点与设计点的三维坐标上传到全站仪内存文件后，执行全站仪的坐标放样命令就可以实现。

如图 12-15 中的 I_{10} 和 I_{11} 点为测区已知导线点，A，B，C，D，E 为建筑物的待放样点。测区需要先放样 A～E 点的平面位置。假设图中 7 个点的三维坐标已上传到仪器内存工作文件 JOB1，已在 I_{10} 点安置好全站仪，量取仪器高 i，在 I_{11} 点安置好棱镜对中杆，量取棱镜高 v。

使用 R202NE 全站仪放样，图 12-15 中 C 点的操作过程已在 5.3 节介绍，不再累述。这里只对放样过程的一些细节加以强调。全站仪水平角差调零后，照准部就不能再水平旋转，只能仰俯望远镜，指挥棱镜移动到仪器视线方向。

放样平距的正负与棱镜对中杆移动方向之间的关系如图 12-16 所示，设棱镜对中杆的当前位置为 C' 点，应在 C' 后、离开仪器方向>0.730m 的 C'' 点竖立一定向标识（如铅笔或测钎），测站观测员下俯仪器望远镜，照准定向标识附近，用手势指挥，使定向标识移动到

仪器视线方向的 C''；用钢卷尺沿 $C'C''$ 直线方向量距，距离 C' 点 0.730m 的点即为放样点 C 的准确位置。将棱镜对中杆移至 C 点，整平棱镜对中杆，测站观测员上仰望远镜，照准棱镜中心，按“F1”（测距）键进行测距。当屏幕显示的放样距离为 0.000m 时，棱镜对中杆中心即为放样点 C 的平面位置。全站仪放样时，测站与镜站应各配一个步话机，步话机用于测站报送放样平距代数值，如图 12-16 中的−0.730m。测站指挥棱镜横向移动到仪器视线方向，棱镜完成整平后，示意测站重新测距等应通过手势确定。

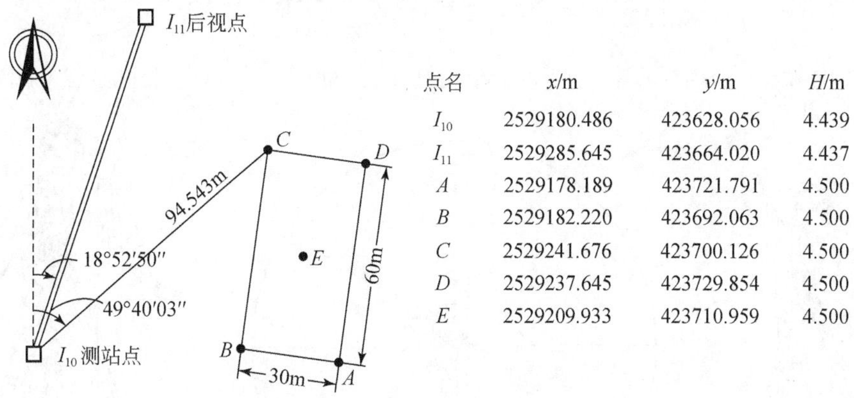

点名	x/m	y/m	H/m
I_{10}	2529180.486	423628.056	4.439
I_{11}	2529285.645	423664.020	4.437
A	2529178.189	423721.791	4.500
B	2529182.220	423692.063	4.500
C	2529241.676	423700.126	4.500
D	2529237.645	423729.854	4.500
E	2529209.933	423710.959	4.500

图 12-15　全站仪轴线交点坐标放样

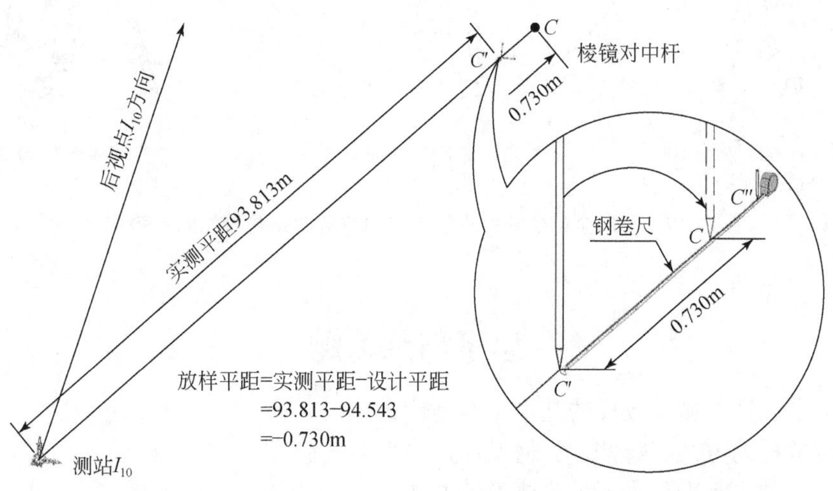

图 12-16　放样平距的正负与棱镜对中杆移动方向之间的关系

使用全站仪放样点位的平面位置测站与镜站的手势配合如图 12-17 所示，当棱镜位于望远镜视场外时，使用望远镜光学粗瞄器指挥棱镜快速移动，测站手势见图 12-17（a）；当棱镜移动到望远镜市场内时，应上仰或下俯望远镜，使望远镜基本照准棱镜，指挥棱镜缓慢移动，测站手势见图 12-17（b）；当棱镜接近仪器视线方向时，应下俯望远镜，照准棱镜对中杆底部，指挥棱镜微小移动，测站手势见图 12-17（c）；当棱镜对中杆底部已移至仪器视线方向时，测站手势见图 12-17（d），司镜员应立即整平棱镜对中杆，完成操作后，应及时告知测站，手势见图 12-17（e）。

测站观测员上仰望远镜，照准棱镜中心，按“F1”（测距）键进行测距，并将测得的放样平距用步话机告知镜站。当测得的放样平距为零时，测站应及时告知镜站钉点，手势见

图 12-17（f）。

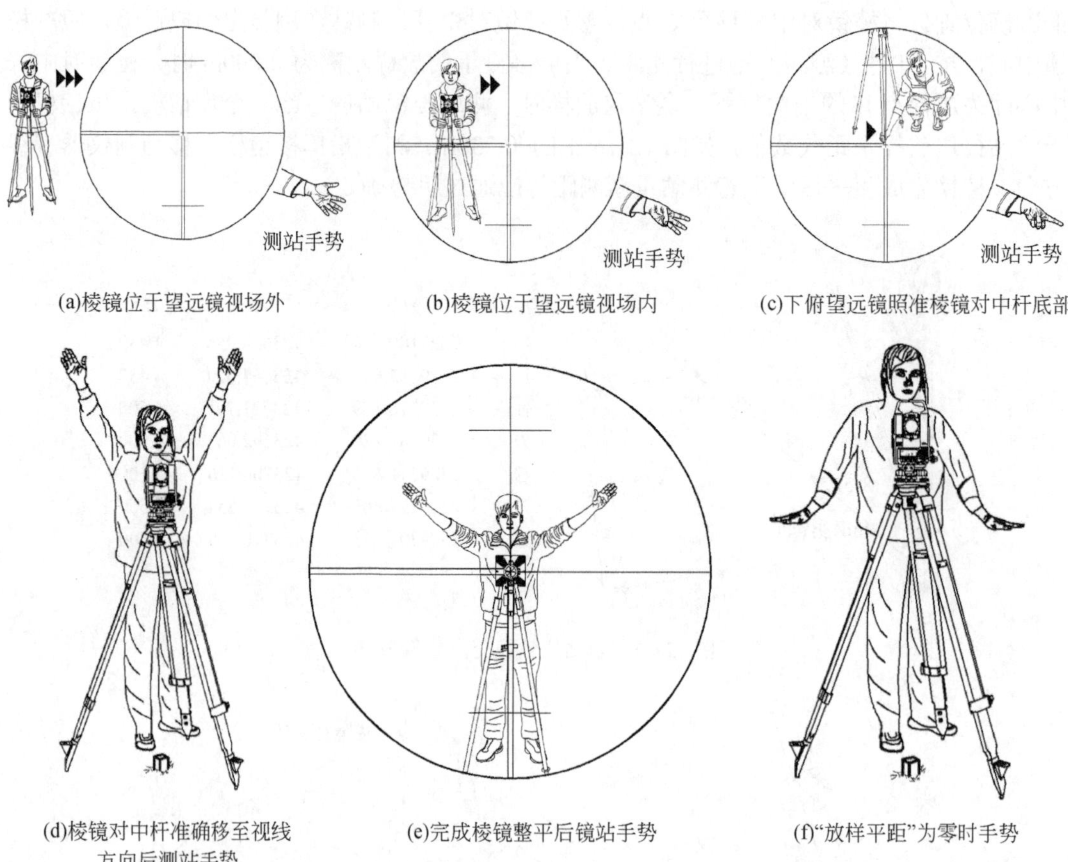

(a)棱镜位于望远镜视场外　(b)棱镜位于望远镜视场内　(c)下俯望远镜照准棱镜对中杆底部

(d)棱镜对中杆准确移至视线方向后测站手势　(e)完成棱镜整平后镜站手势　(f)"放样平距"为零时手势

图 12-17　使用全站仪放样点位的平面位置测站与镜站的手势配合

思考与练习题

1. 什么是放样？施工放样的基本工作是什么？
2. 角度放样的方法有哪些，如何操作？
3. 试叙述使用水准仪进行坡度测设的方法。
4. 试叙述使用全站仪进行坡度测设的方法。
5. 平面点位的基本放样方法有哪几种，如何实施？
6. 已知控制点的坐标为：A（1000.000，1000.000）、B（1108.356，1063.233），欲确定 Q（1025.465，938.315）的平面位置。试计算以极坐标法放样 Q 点的测设数据（仪器安置于 A 点）。
7. 高程放样有哪几种情况，每种情况下采用怎样的方法测设？
8. 简述用全站仪进行坐标放样的步骤。

第 13 章　建筑施工测量

任何土木建筑工程，都需要经过勘测、设计和施工三个阶段。土木建筑工程在施工阶段所做的测量工作，称为建筑施工测量，其任务是将图纸设计的建筑物或构筑物的平面位置 x，y 和高程 H 按设计的要求，以一定的精度测设到实地上，作为施工的依据，并在施工过程中进行一系列的衔接测量工作。

施工测量应遵循“由整体到局部，先控制后碎部”的原则，主要工作内容包括施工控制测量和施工放样工作，工业与民用建筑及水工建筑的施工测量依据为《工程测量标准》（GB 50026—2020）。

13.1　施工控制测量

测图控制网是为测图而建立的，未考虑施工的要求，因此，控制点的分布、密度和精度都难以满足施工测量要求。在施工以前，必须重新建立场区施工控制网。场区控制分为场区平面控制和场区高程控制。

13.1.1　场区平面控制

工业厂房、民用建筑、内部道路等大部分是沿着互相平行或垂直的方向布设的，因此，在新建的大、中型建筑工地上，施工的平面控制网一般布设成矩形格网，称为“建筑方格网”。对于面积不大而又不太复杂的建筑设计，常采用平行于主要建筑物的轴线布设一条或若干条基线，作为建筑施工的平面控制，称为“建筑基线”；在地形平坦而通视比较困难的地区或建筑物布置不很规则地区常布置导线或导线网。

1. 建筑基线

一般在场地中央布设一条长轴线或若干条与其垂直的短轴线，常见的布设形式有一字形、直角形、丁字形和十字形等（图 13-1）。

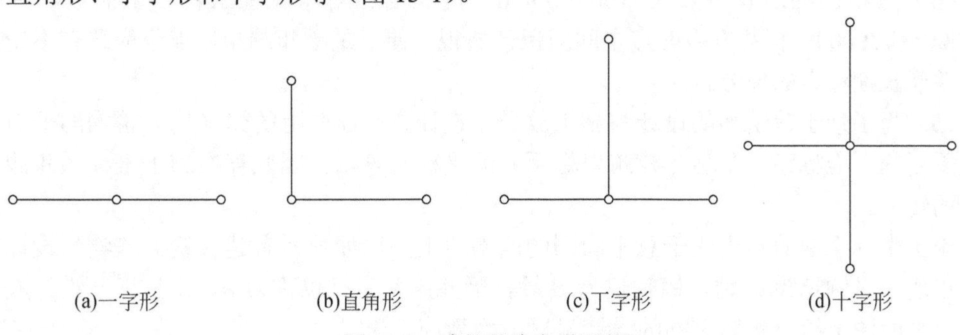

图 13-1　建筑基线布设形状

建筑基线的布设要求如下。

（1）建筑基线应与主要建筑物轴线平行或垂直，尽可能靠近主要建筑物，以便于用直角坐标法进行测设。

（2）基线点位应选在通视良好和不易被破坏的地方。为了能长期保存，要埋设永久性的混凝土桩。

（3）基线点应不少于三个，以便检测基线点位有无变动。

2. 建筑方格网

由正方形或矩形格网组成的施工控制网称为建筑方格网，或称为矩形网，是建筑场地常用的控制网形式之一，适用于按正方形或矩形布置的建筑群或大型、高层建筑的场地。布设方格网时，应根据建（构）筑物、道路、管线的分布，结合场地的地形情况，先选定方格网的主轴线（图 13-2 中 *A*、*C*、*D*、*E*、*B* 为主轴线点），再全面布设方格网。

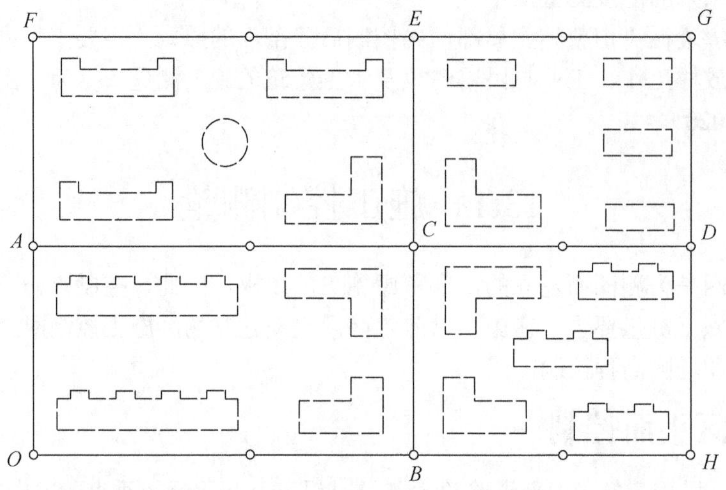

图 13-2　建筑方格网布设形状

建筑方格网的布设要求与建筑基线基本相同，另外还应考虑以下几点。

（1）方格网的主轴线应选在建筑区的中部，并与总平面图上所设计的主要建筑物轴线平行。

（2）纵横主轴线应严格正交呈 90°，误差应控制在±5″。

（3）主轴线长度以能控制整个长度为宜，一般为 300～500m，以保证定向精度。

（4）方格网的边长一般为 100～300m，边长的相对精度视工程要求而定，一般为 1/10000～1/30000。相邻方格网点之间应保证通视；便于量距和测角，点位应选在不受施工影响并能长期保存的地方。

（5）为了便于建筑物的设计与施工放样，设计总平面图上的建（构）筑物的平面位置一般采用施工坐标系（又称为建筑坐标系）的坐标来表示。因此存在施工坐标系和测量坐标系的转换。

施工坐标系的原点设置于总平面图的西南角上，以便使所有建（构）筑物的设计坐标均为正值。纵轴记为 *A* 轴，横轴记为 *B* 轴，因此施工坐标也称为 *A*、*B* 坐标。设计人员在设计总平面图上给出的建筑物的设计坐标，均为施工坐标。

如图 13-3 所示，在测量坐标系 *XOY* 中，*P* 点的坐标为（X_P, Y_P），在施工坐标系中，*P* 点的坐标为（A_P, B_P），(X_0, Y_0)为施工坐标系原点在测量坐标系内的坐标，α为施工坐标系

中 $O'A$ 轴与测量坐标系 OX 轴之间的夹角。

将施工坐标系换算为测量坐标系的计算公式为

$$\left.\begin{aligned} X_P &= X_0 + A_P \times \cos\alpha - B_P \times \sin\alpha \\ Y_P &= Y_0 + A_P \times \sin\alpha + B_P \times \cos\alpha \end{aligned}\right\} \quad (13\text{-}1)$$

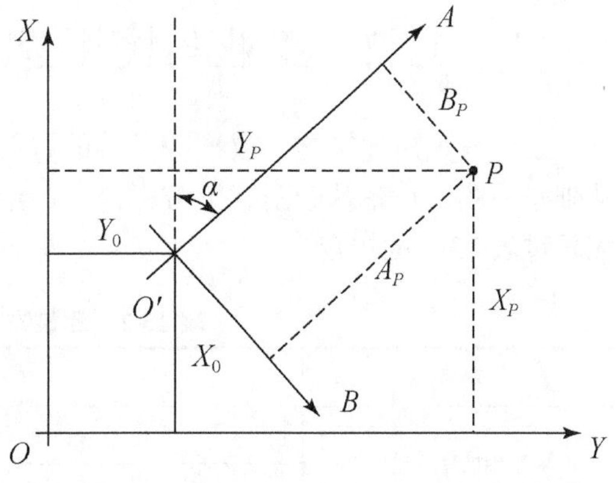

图 13-3　施工坐标系与测量坐标系的换算

在设计方格网时，可首先将方格网绘在透明纸上，其次覆盖到总平面图上移动，求得一个合适的布网方案，最后再转绘到总平面图上。

3. 导线网

由于全站仪的普及，场区平面控制网一般布设成导线网的形式，其等级和精度应符合下列规定。

（1）建筑场地大于 $1km^2$ 或重要工业区，应建立一级或一级以上精度等级的平面控制网。

（2）建筑场地小于 $1km^2$ 或一般性建筑区，应建立二级精度等级的平面控制网。

（3）用原有控制网作为场区控制网时，应进行复测检查。

场区一级、二级导线测量的主要技术要求应符合表 13-1 的规定。

表 13-1　场区导线测量的主要技术要求

等级	导线长度 /km	平均边长 /m	测角中误差 /（″）	测距相对中误差	测回数		方位角闭合差/（″）	导线全长相对闭合差
					2″仪器	6″仪器		
一级	2.0	100～300	≤±5	≤1/30000	3	—	$10\sqrt{n}$	≤1/15000
二级	1.0	100～200	≤±8	≤1/14000	2	4	$16\sqrt{n}$	≤1/10000

13.1.2　场区高程控制

场区高程控制网应布设成闭合环线、附合路线或结点网形。大中型施工项目的场区高程测量精度应不低于三等水准的要求。场区水准点，可单独布置在场地相对稳定的区域，也可以设置在平面控制点的标石上。水准点的间距宜小于 1km，距离建（构）筑物不宜小于 25m，距离回填土边线不宜小于 15m。施工中，当少数高程控制点标石不能保存时，应将其高程引测到稳固的建（构）筑物上，引测的精度不应低于原高程点的精度等级。

建筑场地高程控制点的密度应尽可能满足在施工放样时安置一次仪器即可测设出所需的高程点，而且在施工期间，高程控制点的位置应稳固不变。对于小型施工场地，高程控制网可一次性布设，当场地面积较大时，高程控制网可分为首级网和加密网两级布设，相应的水准点称为基本水准点和施工水准点。基本水准点是施工场地高程首级控制点，用来检核其他水准点高程是否有变动；施工水准点用来直接测设建（构）筑物的高程。

13.2　工业与民用建筑施工放样的基本要求

工业与民用建筑施工放样应具备的资料有建筑总平面图、设计与说明、轴线平面图、基础平面图、设备基础图、土方开挖图、结构图、管网图等。建筑物施工放样的偏差，不应超过表 13-2 的规定。

表 13-2　建筑物施工放样的允许偏差

项目	内容		允许偏差/mm
基础桩位放样	单排桩或群桩中的边桩		±10
	群桩		±20
各施工层上放线	外廓主轴线长度 L/m	$L\leq 30$	±5
		$30<L\leq 60$	±10
		$60<L\leq 90$	±15
		$90<L$	±20
	细部轴线		±2
	承重墙、梁、柱边线		±3
	非承重墙边线		±3
	门窗洞口线		±3
轴线竖向投测	每层		3
	总高 H/m	$H\leq 30$	5
		$30<H\leq 60$	10
		$60<H\leq 90$	15
		$90<H\leq 120$	20
		$120<L\leq 150$	25
		$150<L$	30
标高竖向传递	每层		±3
	总高 H/m	$H\leq 30$	±5
		$30<H\leq 60$	±10
		$60<H\leq 90$	±15
		$90<H\leq 120$	±20
		$120<L\leq 150$	±25
		$150<L$	±30

柱子、桁架或梁安装测量的偏差，不应超过表 13-3 的规定。

表 13-3　柱子、桁架或梁安装测量的允许偏差

<table>
<tr><th colspan="2">测量内容</th><th>允许偏差/mm</th></tr>
<tr><td colspan="2">钢柱垫板标高</td><td>±2</td></tr>
<tr><td colspan="2">钢柱±0 标高检查</td><td>±2</td></tr>
<tr><td colspan="2">混凝土柱（预制）±0 标高检查</td><td>±3</td></tr>
<tr><td rowspan="3">柱子垂直度检查</td><td>钢柱牛腿</td><td>5</td></tr>
<tr><td>标高 10m 以内</td><td>10</td></tr>
<tr><td>标高 10m 以上</td><td>$H/1000\leqslant 20$</td></tr>
<tr><td colspan="2">桁架和实腹梁、桁架和钢架的支承结点间相邻高差的偏差</td><td>±5</td></tr>
<tr><td colspan="2">梁间距</td><td>±3</td></tr>
<tr><td colspan="2">梁面垫板标高</td><td>±2</td></tr>
</table>

注：H 为管道垂直部分的长度

构件预装测量的偏差，不应超过表 13-4 的规定。

表 13-4　构件预装测量的允许偏差

测量内容	允许偏差/mm
平台面抄平	±1
纵横中心线的正交度	$\pm 0.8\sqrt{l}$
预装过程中的抄平工作	±2

注：l 为自交点起算的横向中心线长度的米数，长度不足 5m 时，以 5m 计

附属构筑物安装测量的偏差，不应超过表 13-5 的规定。

表 13-5　附属构筑物安装测量的允许偏差

测量内容	允许偏差/mm
栈桥和斜桥中心线的投点	±2
轨面的标高	±2
轨道跨距的丈量	±2
管道构件中心线的定位	±5
管道标高的测量	±5
管道垂直度的测量	$H/1000$

13.3　民用建筑施工测量

民用建筑是指住宅、办公楼、食堂、俱乐部、医院和学校等建筑物。建筑施工测量的主要内容有建筑物的轴线测设、基础施工测量、墙体施工测量等。

13.3.1　轴线测设

1. 建筑物的定位测量

建筑工程项目的部分轴线交点和外墙角点一般由城市规划部门直接测设到实地，施工企业的测量员只能依据这些点来测设轴线。测设轴线前，应用全站仪检查规划部门所测点位的正确性。

建筑物的定位测量一般采用以下几种方法。

（1）根据建筑方格网或建筑基线进行定位，尽量采用直角坐标法，地形条件不允许时，采用极坐标法。

（2）根据测量控制点定位，主要采用极坐标法。

（3）利用现有建筑物定位。

如图 13-4 所示，首先在设计图上量出施工建筑物 *ABCD* 与现有建筑物 *MNPQ* 之间的各种关系，通过引辅助线放样建筑物角点的步骤如下。

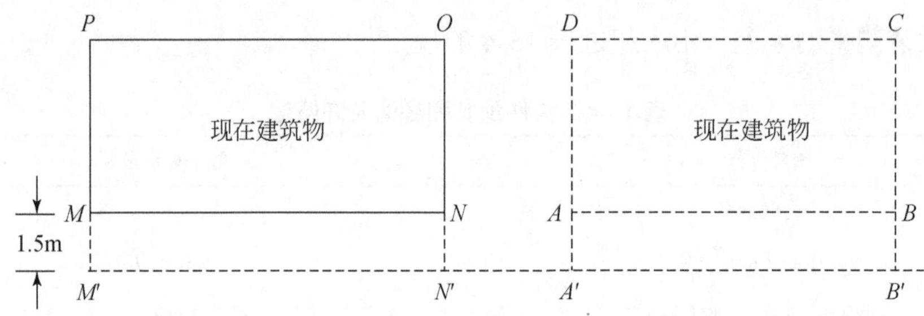

图 13-4　利用现有建筑物定位

（1）引辅助线。作 *MN* 的平行线 *M′N′*，即为辅助线。沿现有建筑物 *PM* 与 *OM* 墙面向外量出 *MM′*与 *NN′*，为 1.5～2.0m，并使 *MM′*=*NN′*，在地面上定出 *M′*和 *N′*两点，连接 *M′*和 *N′*两点即为辅助线。

（2）经纬仪置于 *M′*点，对中整平，照准 *N′*点，然后沿视线方向，根据图纸上所给的 *NA* 尺寸，从 *N′*点用卷尺量距依次定出 *A′*、*B′*两点，地面打木桩，桩上钉钉子。

（3）仪器置于 *A′*点，对中整平，测设 90°角在视线方向上量取 *A′A*=*M′M*，在地面打木桩，桩顶钉钉子定出 *A* 点。再沿视线方向量新建筑物宽 *AD*，在地面打木桩，桩顶钉钉子定出 *D* 点。注意应使用正倒镜取中定点。同样方法，仪器置于 *B′*点测设 90°，定出 *B* 点与 *C* 点。

（4）检查 *C*、*D* 两点之间距离应等于新建筑物的设计长，距离误差允许为 1/5000。在 *C* 点和 *D* 点安经纬仪测量角度应为 90°，角度误差允许为±30″。

2. 建筑物放线

建筑物放线就是根据已测设的角点桩（建筑物外墙主轴线交点桩）及建筑物平面图，详细测设建筑物各轴线的交点桩（或称为中心桩），建筑物角点、中心点的测设如图 13-5 所示。

测设方法是，在角点（*M*、*N*、*P*、*Q*）上设站用经纬仪定向，钢尺量距，依次定出 2、3、4、5 各轴线与 *A* 轴线和 *D* 轴线的交点（中心桩），然后再定出 *B*-*B*、*C*-*C* 轴线与 1-1 至 6-6 轴线的交点（中心桩）。建筑物外轮廓中心桩测定后，继读测定建筑物内各轴线的交点（中心桩）。

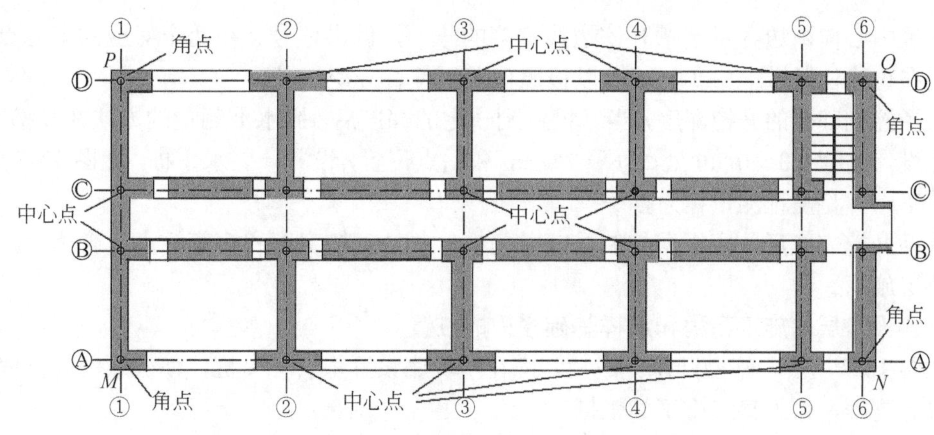

图 13-5　建筑物角点、中心点的测设

3. 龙门板和轴线控制桩的设置

建筑物放样后，所测设的轴线交点桩（或称为角桩），在开挖基础时将被破坏。施工时，为了能方便地恢复各轴线的位置，一般是把轴线延长到安全地点，并作好标识。延长轴线的方法有两种：轴线控制桩法和龙门板法，轴线控制桩和龙门板如图 13-6 所示。

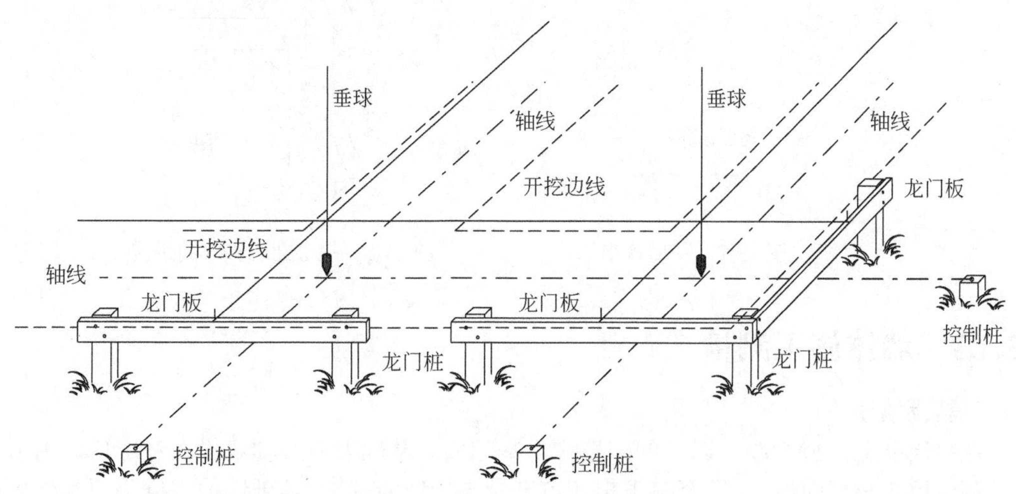

图 13-6　轴线控制桩和龙门板

龙门板法适用于一般小型的民用建筑物，为了方便施工，在建筑物四角与隔墙两端基槽开挖边线以外 1.5～2m 处钉设龙门桩。桩要钉得竖直、牢固，桩的外侧面与基槽平行。根据建筑物场地的水准点，用水准仪在龙门板上测设建筑物±0.000 标高线。根据±0.000 标高线把龙门板钉在龙门桩上，使龙门板的顶面在一个水平面上，且与±0.000 标高线一致，如图 13-6 所示。然后用经纬仪将轴线引测到龙门板上。

13.3.2　基础施工测量

基础分为墙基础和柱基础。基础施工测量的主要内容是放样基槽开挖边线和抄平开挖深度、测设垫层的施工高程和放样基础模板的位置。

1. 放样基槽开挖边线和抄平

按照基础大样图上的基槽宽度，再加上口放坡的尺寸，计算出基槽开挖边线的宽度。

由桩中心向两边各量基槽开挖边线宽度的一半，做出记号。在两个对应的记号点之间拉线，在拉线位置撒上白灰，就可以按照白灰线位置开挖基槽。

为了控制基槽的开挖深度，当基槽挖到一定的深度后，用水准测量的方法在基槽壁上、离坑底设计高程 0.3～0.5m 处、每隔 2～3m 和拐点位置，设置一些水平桩，如图 13-7 所示。建筑施工中，将高程测设称为抄平。

基槽开挖完成后，应根据控制桩或龙门板，复核基槽宽度和槽底标高，合格后，方可进行垫层施工。

2. 测设垫层的施工高程和放样基础模板的位置

如图 13-7 所示，基槽开挖完成后，应在基坑底设置垫层标高桩，使桩顶面的高程等于垫层设计高程，作为垫层施工的依据。

垫层施工完成后，根据控制桩（或龙门板），用拉线的方法，吊垂球将墙基轴线投设到垫层上，用墨斗弹出墨线，用红油漆画出标记（图 13-8）。墙基轴线投设完成后，应按设计尺寸复核。

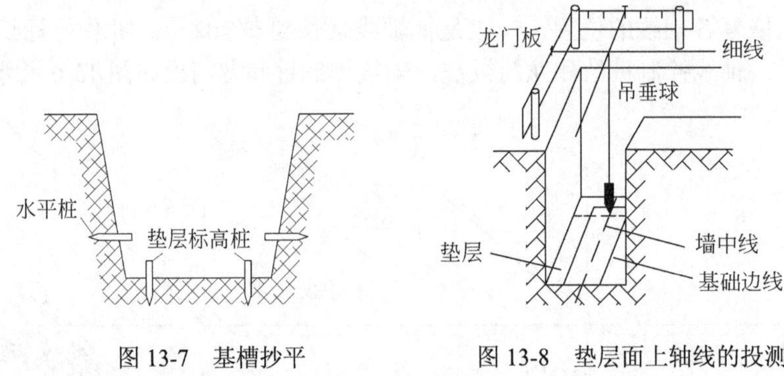

图 13-7　基槽抄平　　　图 13-8　垫层面上轴线的投测

13.3.3　墙体施工测量

1. 基础墙砌筑

在垫层之上，±0.000m 以下的砖墙称为基础墙。基础墙中心轴线投在垫层后，用水准仪检测各墙角垫层面标高，符合要求后即可开始基础墙的砌筑。基础墙的高度是用基础“皮数杆”控制的。

皮数杆用一根木杆制成，在杆上按照设计尺寸将砖和灰缝的厚度分皮一一画出，每五皮砖注上皮数（基础皮数杆的层数从±0.000 向下注记），并标明±0.000、防潮层和需要预留洞口的标高位置等。如图 13-9 所示，皮数杆一般都立在建筑物转角和隔墙处，立皮数杆时先在地面钉一木桩，用水准仪测出±0.000 标高位置，并作标识，然后使皮数杆上的±0.000m 位置与±0.000m 桩上标定位置对齐，用垂球使皮数杆处于竖直位置，以此作为基础墙的施工依据。

2. 墙体定位

在±0.000m 以上的墙体称为主体墙。

如图 13-10 所示，基础墙砌筑到防潮层以后，可根据轴线控制桩或龙门板上的中线钉，

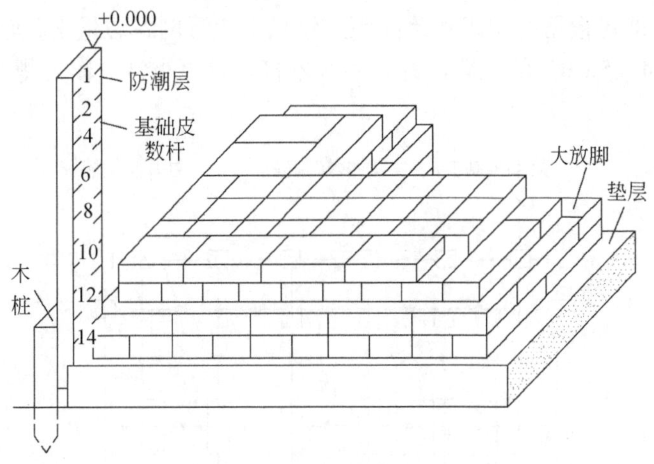

图 13-9　基础皮数杆的设置

用经纬仪或拉细线，把第一层楼房的墙中线和边线投测到防潮层上，并弹出墨线，检查外墙轴线交角是否等于 90°；符合要求后，把墙轴线延伸到基础墙的侧面上画出标识，作为向上投测轴线的依据。同时对门、窗和其他洞口的边线，也在外墙基础立面上画出标识。

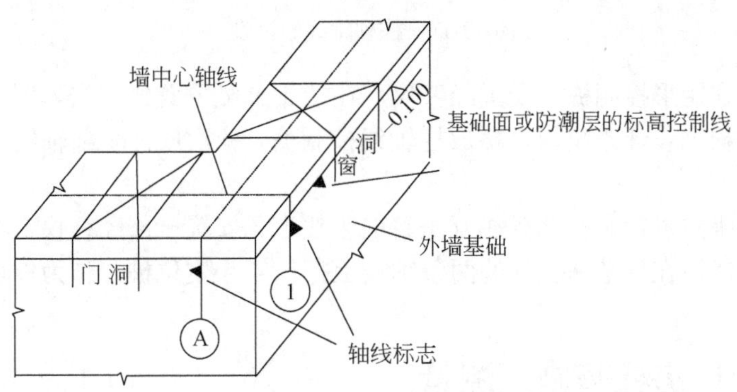

图 13-10　墙体定位

3. 墙体标高的控制

墙体砌筑时，其标高也常用皮数杆控制。在墙身皮数杆上根据设计尺寸，按砖和灰缝的厚度画线，并标明门、窗、过梁、雨棚、圈梁和楼板等的标高位置。杆上注记从±0.000向上增加。墙身皮数杆的设立方法与基础皮数杆相同。

每层墙体砌筑到一定高度后，常在各层墙面上测设出+0.50m 的标高线（俗称 50 线），作为掌握楼面抹灰及室内装修的标高依据。

框架结构民用建筑，墙体砌筑是在框架施工后进行的，故可在柱面上画线代替皮数杆。

13.4　工业厂房施工测量

13.4.1　工业厂房轴线的测设

如图 13-11 所示，先根据建筑方格网测设厂房矩形控制网 *RRUU*。检查矩形控制网的精度符合要求后，即可根据柱间距和跨间距用钢尺沿矩形网各边量出各轴线控制桩（如 *A*，*B*，*C*，1，2，3，4，5，6）的位置，并打入大木桩，钉上小钉，作为测设基坑和施工安装的依据。

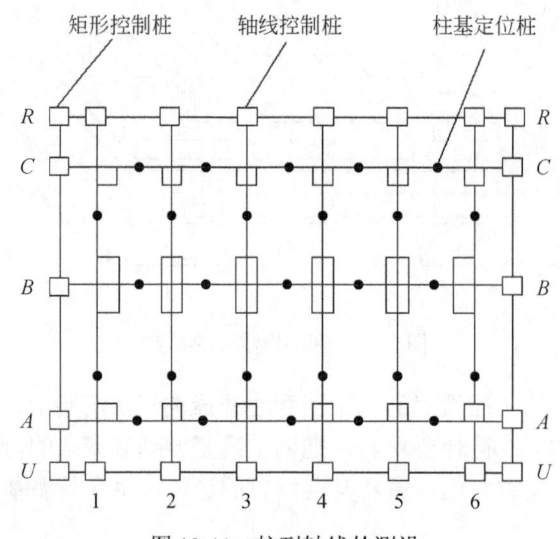

图 13-11　柱列轴线的测设

放样方法：在矩形控制桩上安置经纬仪，在端点 *R* 处安置经纬仪，照准另一端点 *U*，确定此方向线，根据设计距离，严格放样轴线控制桩。依次放样全部轴线控制桩，并逐桩加以检测。

柱列轴线桩确定以后，在两条相互垂直的轴线上各安置一部经纬仪，沿轴线方向交会出柱基的位置。然后在柱基基坑外的两条轴线上打入 4 个定位桩，作为修坑和竖立模板的依据。

13.4.2　工业厂房柱基施工测量

1. 柱基的测设

柱基测设就是为每个柱子测设出四个柱基定位桩，作为放样柱基坑开挖边线、修坑和立模板的依据。柱基定位桩应设置在柱基坑开挖范围以外。

图 13-12（a）是杯形柱基大样图。按照基础大样图的尺寸，用特制的角尺，在柱基定位桩上，放出基坑开挖线，撒白灰标出开挖范围。桩基测设时，应注意定位轴线不一定都是基础中心线，具体应仔细查看设计图纸确定。

2. 基坑高程的测设

当基坑开挖到一定深度时，应在坑壁四周离坑底设计高程 0.3～0.5m 处设置几个水平桩，作为基坑修坡和清底的高程依据。

3. 垫层和基础放样

在基坑底设置垫层标高桩，使桩顶面的高程等于垫层的设计高程，作为垫层施工的依据。

4. 基础模板的定位

在柱子或基础施工时，若采用现浇方式进行施工，则必须安置模板。模板内模的位置将是柱子或基础的竣工位置。模板定位就是将模板内侧安置于柱子或基础的设计位置上。

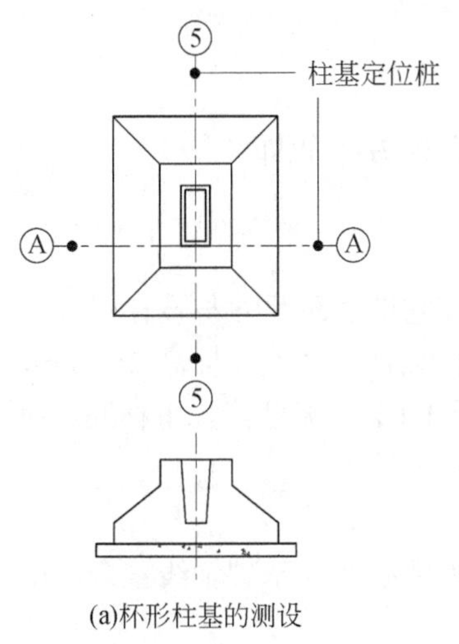

(a)杯形柱基的测设

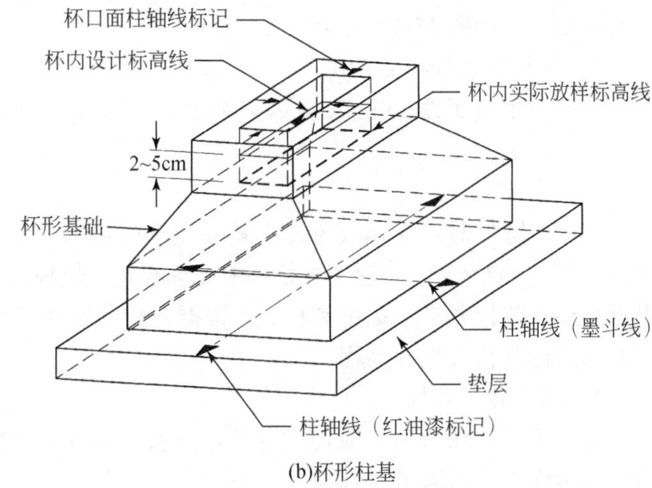

(b)杯形柱基

图 13-12　柱基的测设

如图 13-12（b）所示，完成垫层施工后，根据基坑边的柱基定位桩，用拉线的方法，吊垂球将柱基定位线投影到垫层上，用墨斗弹出墨线，用红油漆画出标记，作为柱基立模板和布置基础钢筋的依据。立模板时，将模板底线对准垫层上的定位线，并用垂球检查模板是否竖直，同时注意使杯内底部标高低于其设计标高 2～5cm，作为抄平调整的余量。拆模后，在杯口面上定出柱轴线，在杯口内壁上定出设计标高。

13.4.3　工业厂房构件安装测量

装配式单层工业厂房主要由柱、吊车梁、屋架、天窗和屋面板等主要构件组成。在吊装每个构件时，有绑扎、起吊、就位、临时固定、校正和最后固定等操作工序。下面主要介绍柱子、吊车梁及吊车轨道等构件的安装测量工作。

1. 柱子安装测量

1）柱子安装的精度要求

（1）柱脚中心线应对准柱列轴线，偏差应不超过±5mm。

（2）牛腿面的高程与设计高程应一致，误差应不超过±5mm（柱高≤5m）或±8mm（柱高≤8m）。

（3）柱子全高竖向允许偏差应不超过 1/1000 柱高，最大应不超过±20mm。

2）柱子吊装前的准备工作

柱子吊装前，应根据轴线控制桩，将定位轴线投测到杯形基础顶面上，并用红油漆画上“▼”标明，如图 13-13 所示。在杯口内壁，测出一条高程线，从该高程线起向下量取 10cm 即为杯底设计高程。

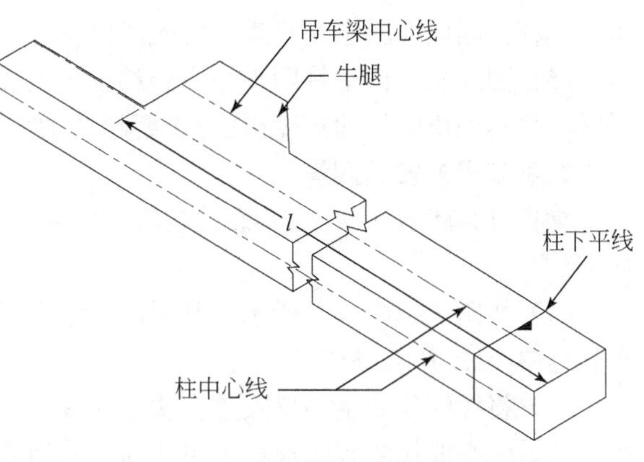

图 13-13　在预制的厂房柱子上弹线

在柱子的三个侧面弹出中心线；根据牛腿面设计标高，用钢尺量出柱下平线的标高线，如图 13-13 所示。

3）柱长检查与杯底抄平

柱底到牛腿面设计长度l应等于牛腿面高程 H_2 减去杯底高程 H_1，也即

$$l = H_2 - H_1 \tag{13-2}$$

预制牛腿柱时，受模板制作误差和变形的影响，不可能使它的实际尺寸与设计尺寸一致。为了解决这个问题，通常在浇注杯形基础时，使杯内底部标高低于其设计标高 2～5cm，用钢尺从牛腿顶面沿柱边量到柱底，根据各柱子实际长度，用 1∶2 水泥砂浆找平杯底，使牛腿面的标高符合设计高程。

4）柱子的竖直校正

将柱子吊入杯口后，应使柱身基本竖直，再令其侧面所弹中心线与基础轴线重合，用木楔初步固定后，即可进行竖直校正。

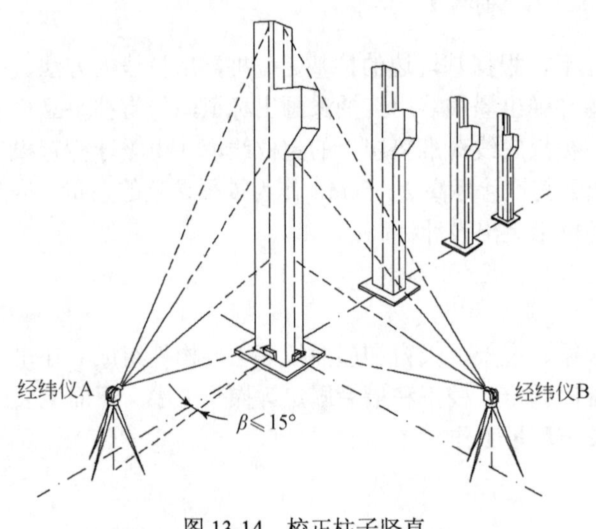

图 13-14　校正柱子竖直

如图 13-14 所示，将两台经纬仪或全站仪分别安置在柱基纵、横轴线附近离柱子距离约为柱高的 1.5 倍。瞄准柱子中心线底部，固定照准部，上仰望远镜照准柱子中心线顶部。若重合，则柱子在该方向上已竖直；否则应调整，直到柱子两侧中心线都竖直为止。

校正柱子时，应注意下列事项。

（1）严格检验校正用的经纬仪。因为校正柱子时，往往只能用盘左或盘右观测，仪器误差影响较大。操作时，应注意使照准部管水准气泡严格居中；

（2）在两个方向上校正好柱子的垂直度后，应复查平面位置，检查柱子下部的中线是否对准基础轴线。

（3）当校正变截面柱子时，经纬仪应安置在轴线上校正，否则容易产生差错。

（4）在烈日下校正柱子时，柱子受强太阳光照射后，容易向阴面弯曲，使柱顶有一个水平位移。因此，应选在早晨或阴天时校正。

（5）因纵轴方向上柱距很小，经纬仪可安置在纵轴一侧，当安置一次仪器校正几根柱子时，仪器偏离轴线的角度β最好不要超过 15°（图 13-14）。

2. 吊车梁的安装测量

如图 13-15 所示，吊车梁吊装前，应先在其顶面和两个端面弹出中心线。安装步骤如下。

（1）如图 13-16（a）所示，利用厂房中心线 A_1A_1，根据设计轨道距离，在地面测设吊车轨道中心线 $A'A'$、$B'B'$。

（2）将经纬仪或全站仪安置在轨道中线一个端点 A'瞄准另一端点 A'，上仰望远镜，将吊车轨道中心线投测到每根柱子牛腿面上并弹墨线。

（3）根据牛腿面的中心线和吊车梁端面的中心线将吊车梁安装在牛腿面。

（4）检查吊车梁顶面高程。在地面安置水准仪，柱子侧面测设+50cm 的标高线（相对于厂房±0.000）；用钢尺沿柱侧面量该标高线至吊车梁顶面高度 h，如 h +0.5m 不等于吊车梁顶面设计高程，则需在吊车梁下加减铁板调整，直至符合要求为止。

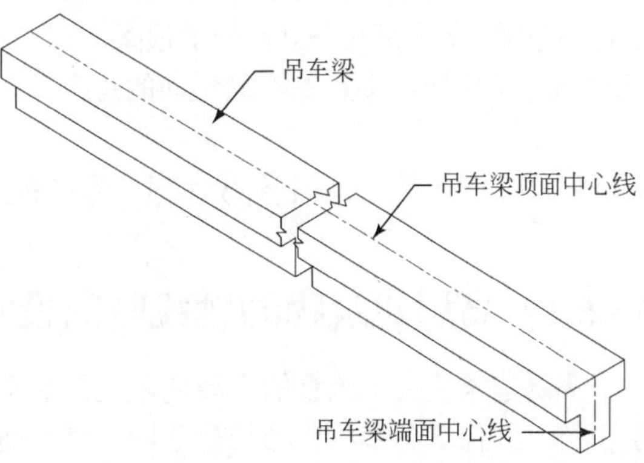

图 13-15　在吊车梁顶面和端面弹线

3. 吊车轨道安装测量

（1）吊车梁顶面中心线间距检查：一般使用平行线法检查，如图 13-16（b）所示，在地面上分别从两条吊车轨道中心线量距 a =1m，得两条平行线 $A''A''$、$B''B''$；将经纬仪或全站仪安置在平行线一端 A''点，瞄准另一端点 A''，固定照准部，上仰望远镜投测；另一人在吊车梁上左右移动水平木尺，当视线对准 1m 分划时，尺的零点应与吊车梁顶面中线重合。若不重合，应予以修正。可用撬杆移动吊车梁，直至使吊车梁中线至 $A''A''$（或 $B''B''$）间距等于 1m 为止。

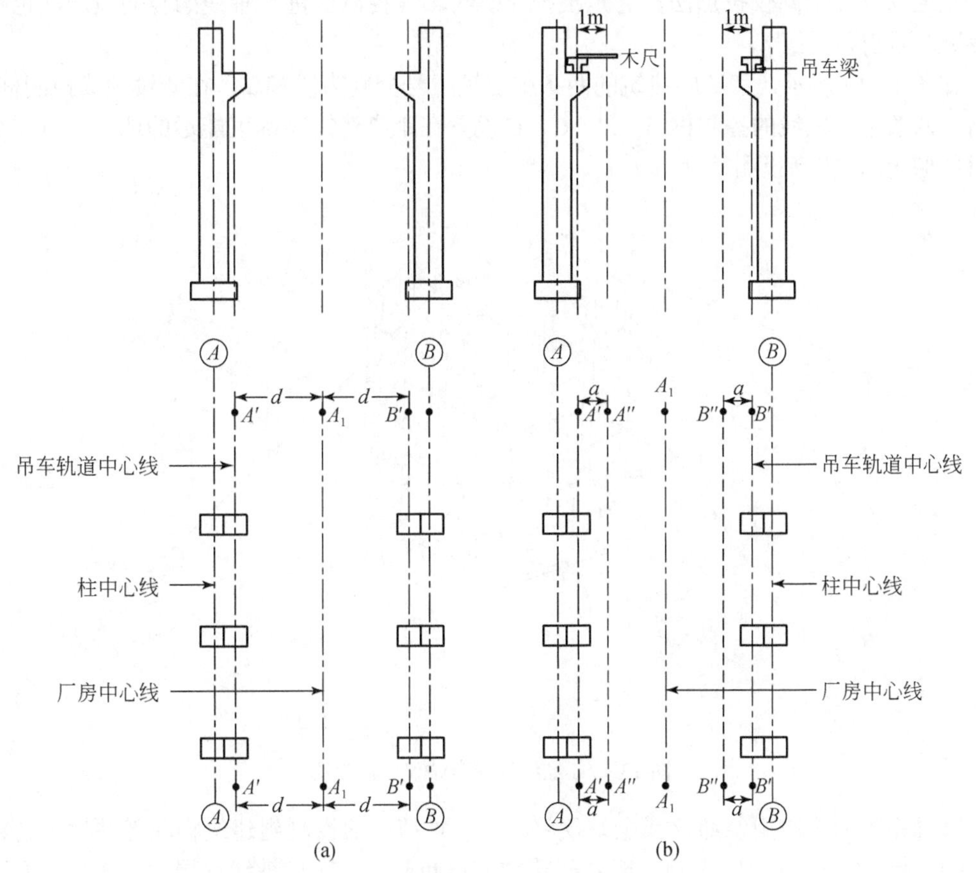

图 13-16　吊车梁和吊车轨道的安装

（2）吊车轨道检查：将吊车轨道吊装到吊车梁上安装后，应进行两项检查。将水准仪安置在吊车梁上，水准尺竖立在轨道顶面，每隔 3m 测一点高程，与设计高程比较，误差应不超过±2mm；用钢尺丈量两吊车轨道间的跨距，与设计跨距比较，误差应不超过±3mm。

13.5　高层建筑物施工测量

13.5.1　高层建筑物的轴线竖向投测

高层建筑物施工测量的主要问题是控制垂直度，就是将建筑物的基础轴线准确地向高层引测，并保证各层相应轴线位于同一竖直面内，控制竖向偏差，使轴线向上投测的偏差值不超限。表 13-2 规定的竖向传递轴线点中误差与建筑物的结构及高度有关，例如，总高≤30m 的建筑物，竖向传递轴线点的偏差不应超过 5mm，每层竖向传递轴线点的偏差不应超过 3mm。高层建筑轴线竖向投测方法主要有外控法和内控法两种。

1. 外控法

外控法利用测量仪器在建筑物外部轴线控制点上进行轴线传递工作。根据轴线传递仪器的不同，外控法可分为经纬仪和全站仪投点法、全站仪坐标法、GNSS 坐标法。本节主要介绍经纬仪和全站仪投点法，它是根据建筑物轴线控制桩进行轴线的竖向投测，也称为“经纬仪引桩投测法”。

如图 13-17 所示，某高层建筑的两条中心轴线号分别为③和Ⓒ，在测设轴线控制桩时，应将这两条中心轴线的控制桩 3，3′，C，C'设置在距离建筑物尽可能远的地方，以减少投测时的仰角α，提高投测精度。

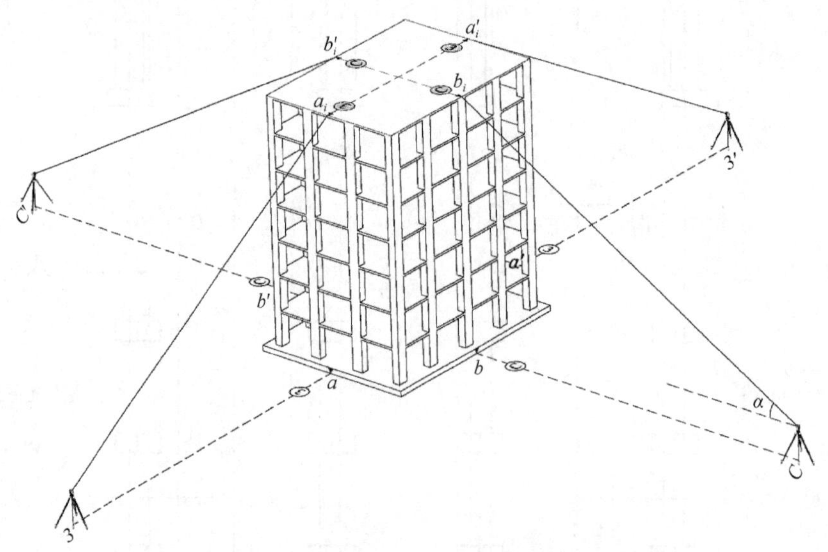

图 13-17　经纬仪或全站仪竖向投测

基础完工后，应用经纬仪或全站仪将③和Ⓒ轴精确地投测到建筑物底部并标定之，如图 13-17 所示中 a，a'，b，b'点，随着建筑物的不断升高，应将轴线逐层向上传递。方法是将仪器分别安置在控制桩 3，3′，C，C'点上，分别瞄准建筑物底部的 a，a'，b，b'点，采用正倒镜分中法，将轴线③和Ⓒ投测至每层楼板上并标定之。例如，图 13-17 中的 a_i，a_i'，

b_i，b_i'点为第 i 层的 4 个投测点。再以这 4 个轴线控制点为基准，根据设计图纸放出该层的其余轴线。

随着建筑物增高，望远镜仰角α不断增大，投测精度将随α增大而降低。为保证投测精度，应将轴线控制桩 3、3′、C、C'引测到更远的安全地点，或者附近建筑物屋顶上。方法是：将经纬仪或全站仪分别安置在某层投测点 a_i，a_i'，b_i，b_i'点上，分别瞄准地面控制桩 3、3′、C、C'，以正倒镜分中法将轴线引测到远处。图 13-18 为将 C'点引测到远处的 C_1'点，将 C 点引测到附近大楼屋顶上的 C_1 点。以后，从 i+1 层开始，就可以将仪器安置在新引测的控制桩上进行投测。

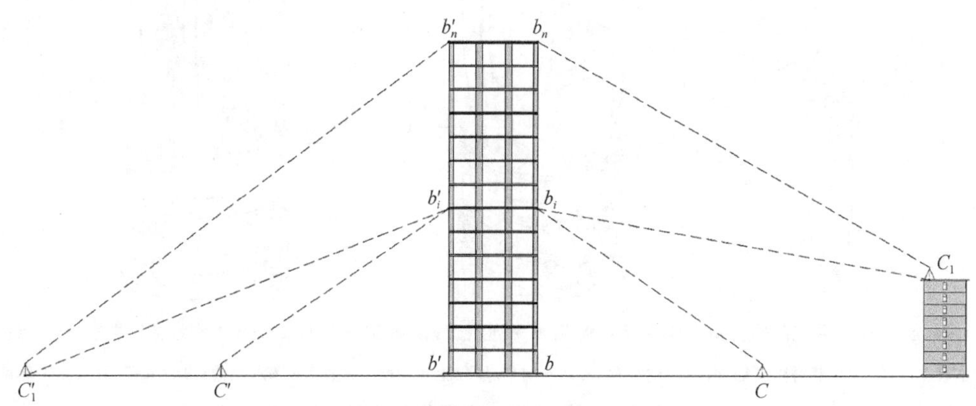

图 13-18　将轴线引测到远处或附近建筑物屋顶上

引桩投测仪器须严格检验和校正后才能使用，尤其是照准部管水准器轴应严格垂直于竖轴，作业过程中，必须确保照准部管水准气泡居中，使用全站仪投测时，应打开补偿器。

2. 内控法

内控法是在建筑物内±0 平面设置轴线控制点，并预埋标识，以后在各层楼板相应位置上预留 300mm×300mm 的传递孔，在轴线控制点上直接采用吊线坠或激光铅垂仪法，通过预留孔将其点位垂直投测到任一楼层。本节主要介绍激光垂准仪投测法。

1）激光垂准仪的原理与构造

图 13-19 为苏州一光仪器有限公司生产的 DZJ2 型激光垂准仪。它是在光学垂准系统的基础上添加了半导体激光器，可以分别给出上下同轴的两根激光铅垂线，并与望远镜视准轴同心、同轴、同焦。当望远镜照准目标时，在目标处就会出现一个红色光斑，并可以从目镜 6 观察到；另一个激光器通过下对点系统将激光束发射出来，利用激光束照射到地面的光斑进行对中操作。

仪器的操作非常简单，在测站点上架好三脚架，将激光垂准仪安装到三脚架头上，按图中的 11 键打开电源；按对点/垂准激光切换开关 12，使仪器向下发射激光，转动激光光斑调焦螺旋 5，使激光光斑聚焦于地面上一点，进行常规的对中整平操作，安置好仪器；按对点/垂准激光切换开关，使仪器通过望远镜向上发射激光，转动激光光斑调焦螺旋，使激光光斑聚焦于目标面上的一点。仪器配有一个网格激光靶，将其放置在目标面上，可以使靶心精确地对准激光光斑，从而方便地将投测轴线点标定在目标面上。移动网格激光靶，使靶心精确地对准激光光斑，将投测轴线点标定在目标面上 S_1 点；将水平度盘旋转仪器照准部 180°，重复上述操作得 S_2 点，取 S_1 和 S_2 点连线的中点得最终投测点 S。

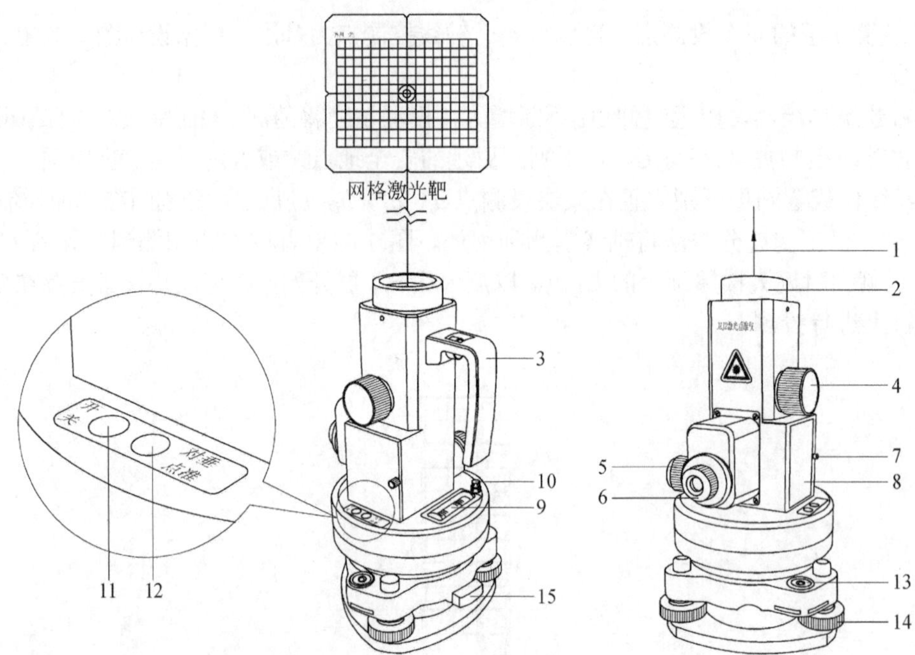

1-望远镜端激光束；2-物镜；3-手柄；4-物镜调焦螺旋；5-激光光斑调焦螺旋；6-目镜；7-电池盒盖固定螺丝；8-电池盒盖；9-管水准器；10-管水准器校正螺丝；11-电源开关；12-对点/垂准激光切换开关；13-圆水准器；14-脚螺旋；15-轴套锁钮

图 13-19　DZJ2 型激光垂准仪

DZJ2 型激光垂准仪是利用圆水准器 13 和管水准器 9 来整平仪器的，激光的有效射程白天为 120m，夜间为 250m，距离仪器望远镜 80m 处的激光光斑直径≤5mm，其向上投测一测回垂直测量标准偏差为 1/4.5 万，等价于激光铅垂精度为±5″。当投测高度为 150m 时，其投测偏差为 3.3mm，可以满足表 13-2 的限差要求。仪器使用两节 5 号碱性电池供电，发射的激光波长为 0.65 μm，功率为 0.1mW。

2）激光垂准仪投测轴线点

投测点位设计如图 13-20 所示，先根据建筑物的轴线分布和结构情况设计好投测点位，投测点位距离最近轴线的距离一般为 0.5～0.8m。基础施工完成后，将设计投测点位准确地测设到地坪层上，以后每层楼板施工时，都应在投测点位处预留 30cm×30cm 的垂准孔，用激光垂准仪投测轴线点如图 13-21 所示。

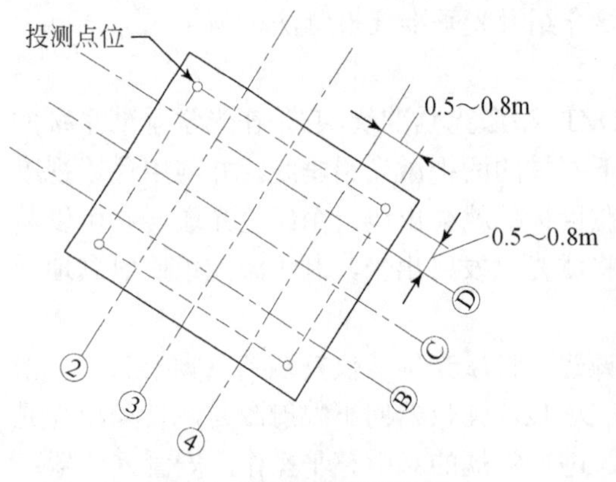

图 13-20　投测点位设计

将激光垂准仪安置在首层投测点位上，打开电源，在投测楼层的垂准孔上，就可以看见一束可见激光；依据水平度盘，在对径 180°两个盘位投测取其中点的方法获取投测点位，在垂准孔旁的楼板面上弹出墨线标记。以后要使用投测点时，仍然用压铁拉两根细麻线恢复其中心位置。

根据设计投测点与建筑物轴线的关系（图 13-20），就可以测设出投测楼层的建筑轴线。

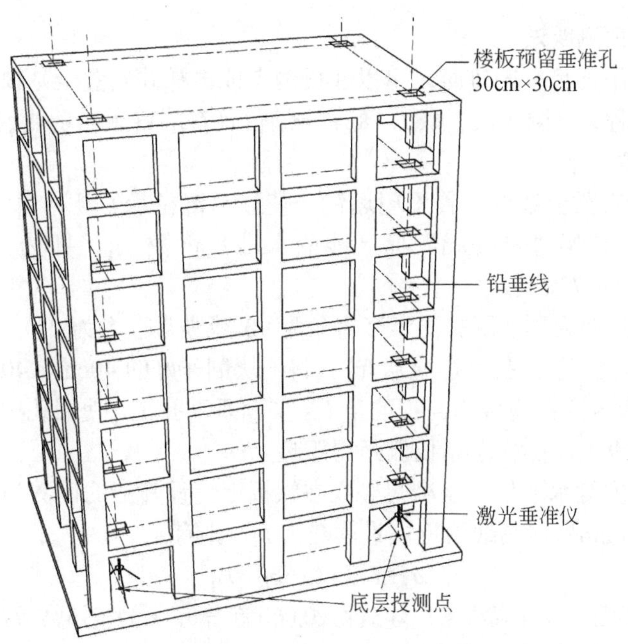

图 13-21　用激光垂准仪投测轴线点

13.5.2　高层建筑物的高程竖向传递

1. 悬吊钢尺法

如图 13-22（a）所示，首层墙体砌筑到 1.5m 标高后，水准仪在内墙面测设一条“+50mm”标高线，作为首层地面施工及室内装修标高依据。以后每砌一层，吊钢尺从下层“+50mm”标高线处，向上量设计层高，测出上一楼层“+50mm”标高线。以第二层为例，图中各读数间存在方程$(a_2-b_2)-(a_1-b_1)=l_1$，由此解出

$$b_2=a_2-l_1-(a_1-b_1) \quad (13\text{-}3)$$

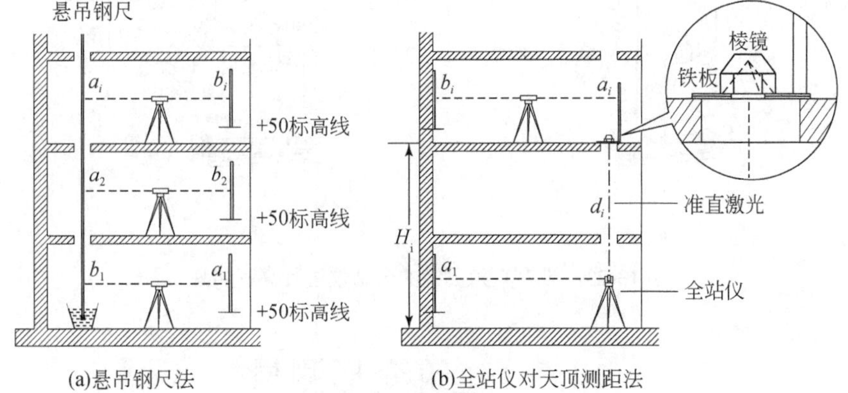

(a)悬吊钢尺法　　(b)全站仪对天顶测距法

图 13-22　高程竖向传递的方法

在进行第二层的水准测量时，上下移动水准尺，使其读数为 b_2，沿水准尺底部在墙面上画线，即可得到该层的“+50mm”标高线。同理，第三层的 b_3 为

$$b_3=a_3-(l_1+l_2)-(a_1-b_1) \quad (13\text{-}4)$$

2. 全站仪对天顶测距法

超高层建筑，吊钢尺有困难时，可以在投测点或电梯井安置全站仪，通过对天顶方向测距的方法引测高程，见图 13-22（b），要求全站仪具有准直激光功能或安装直角目镜，见图 13-23。操作步骤如下。

（1）在投测点安置全站仪，置平望远镜（使显示窗显示的竖直角为 0°或竖盘读数为 90°），读取竖立在首层“+50mm”标高线的水准尺读数 a_1，即为全站仪横轴至首层“+50mm”标高线的仪器高。

（2）将望远镜指向天顶（屏幕显示竖直角为 90°或竖盘读数为 0°），打开全站仪的准直激光（R202NE 按住㊌键 2s 打开准直激光），将一块制作好的 40cm×40cm，中间开了一个 Φ30mm 圆孔的铁板放置在需传递高程的第 i 层层面垂准孔上，使圆孔中心对准准直激光光斑，将棱镜扣在铁板上，操作全站仪测距得距离 d_i。

（3）在第 i 层安置水准仪，水准尺竖立在铁板上，设其上的读数为 a_i，另一把水准尺竖立在第 i 层“+50mm”标高线附近，设读数为 b_i，则有

$$a_1+d_i-k+(a_i-b_i)=H_i \tag{13-5}$$

式中，H_i 为第 i 层楼面的设计高程（以建筑物±0.000 起算）；k 为棱镜常数，由实验方法测定。

由式（13-5），可以解出 b_i 为

$$b_i=a_1+d_i-k+(a_i-H_i) \tag{13-6}$$

上下移动水准尺，使其读数为 b_i，沿水准尺底部在墙面上画线，即可得到第 i 层的“+50mm”标高线。

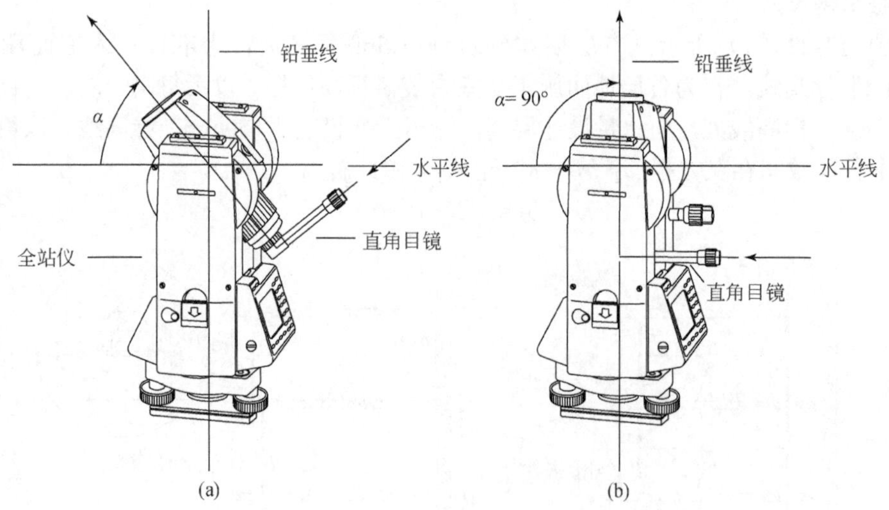

图 13-23　带有直角目镜的全站仪进行高程传递

13.6　建筑变形测量

建筑变形包括沉降和位移。沉降观测在高程控制网的基础上进行，位移观测在平面控制网的基础上进行。建筑变形测量是每隔一定时期，对控制点和观测点进行重复测量，通过计算相邻两次测量的变形量及累积变形量来确定建筑物的变形值和分析变形规律。建筑变形测量应遵循技术先进、经济合理、安全适用、确保质量的原则，严格按照《建筑变形

测量规范》（JGJ8—2016）的规定进行。

13.6.1　建筑变形测量的一般规定

1. 设置变形测量点的要求

变形测量点可分为控制点和观测点（又称变形点）。控制点包括基准点、工作基点，以及联系点、检核点、走向点等工作点。各种测量点的选设及使用，应符合下列要求。

（1）工作基准点应选设在变形影响范围以外便于长期保存的稳定位置。使用时，应作稳定性检查或检验，并应以稳定或相对稳定的点作为测定变形的参考点。

（2）工作基点应选设在靠近观测目标且便于联测观测点的稳定或相对稳定位置。测定总体变形的工作基点，当按两个层次布网观测时，使用前应利用基准点或检核点对其进行稳定性检测。

（3）当基准点与工作基点之间需要进行连接时应布设联系点，选设其点位时应顾及连接的构形，位置所在处应相对稳定。

（4）对需要单独进行稳定性检查的工作基点或基准点应布设检核点，其点位应根据使用的检核方法成组地选设在稳定位置处。

（5）对需要定向的工作基点或基准点应布设定向点，并应选择稳定且符合照准要求的点位作为定向点。

（6）观测点应选设在变形体上能反映变形特征的位置，可从工作基点或邻近的基准点和其他工作点对其进行观测。

2. 建筑变形测量的精度等级

建筑变形测量的等级及其精度要求见表 13-6。

表 13-6　建筑变形测量的等级及其精度要求

变形测量等级	沉降观测	位移观测	适用范围
	观测点测站高差中误差μ/mm	观测点坐标中误差μ/mm	
特级	≤0.05	≤0.3	特高精度要求的特种精密工程和重要科研项目变形观测
一级	≤0.15	≤1.0	高精度要求的大型建筑物和科研项目变形观测
二级	≤0.50	≤3.0	中等精度要求的建筑物和科研项目变形观测 重要建筑物主体倾斜观测、场地滑坡观测
三级	≤1.50	≤10.0	低精度要求的建筑物变形观测 一般建筑物主体倾斜观测、场地滑坡观测

注：①观测点测站高差中误差，系指几何水准测量测站高差中误差或静力水准测量相邻观测点相对高差中误差；②观测点坐标中误差，系指观测点相对测站点的坐标中误差、坐标差中误差及等价的观测点相对基准线的偏差值中误差、建（构）筑物相对底部点的水平位移分量中误差

13.6.2　沉降观测

在建筑物施工过程中，随着上部结构的逐步建成、地基荷载的逐步增加，建筑物将会产生下沉现象。建筑物的下沉是逐渐产生的，并将延续到竣工交付使用后的相当长一段时期。因此建筑物的沉降观测应按照沉降产生的规律进行。沉降观测在高程控制网的基础上进行。

在建筑物周围一定距离、基础稳固、便于观测的地方，布设一些专用水准点，在建筑物上能反映沉降情况的位置设置一些沉降观测点，根据上部荷载的加载情况，每隔一定时

期观测基准点与沉降观测点之间的高差一次，据此计算与分析建筑物的沉降规律。

1. 专用水准点的设置

专用水准点分为水准基点和工作基点。

每一个测区的水准基点不应少于 3 个，对于小测区，当确认点位稳定可靠时可少于 3 个，但连同工作基点不得少于 2 个。水准基点的标石，应埋设在基岩层或原状土层中。在建筑区内，点位与邻近建筑物的距离应大于建筑物基础最大宽度的 2 倍，其标石埋深应大于邻近建筑物基础的深度。在建筑物内部的点位，其标石埋深应大于地基土压层的深度。水准基点的标石，可根据点位所在处的不同地质条件选埋基岩水准基点标石[图 13-24(a)]、深埋钢管水准基点标石[图 13-24（b）]、深埋双金属管水准基点标石[图 13-24（c）]、混凝土基本水准标石[图 13-24（d）]。

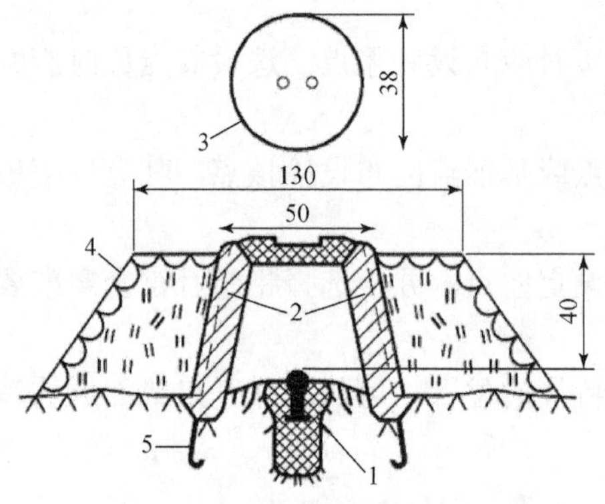

1-抗蚀的金属标志；2-钢筋混凝土井圈；3-井盖；4-砌石土丘；5-井圈保护层

(a)基岩水准基点标石（单位：cm）

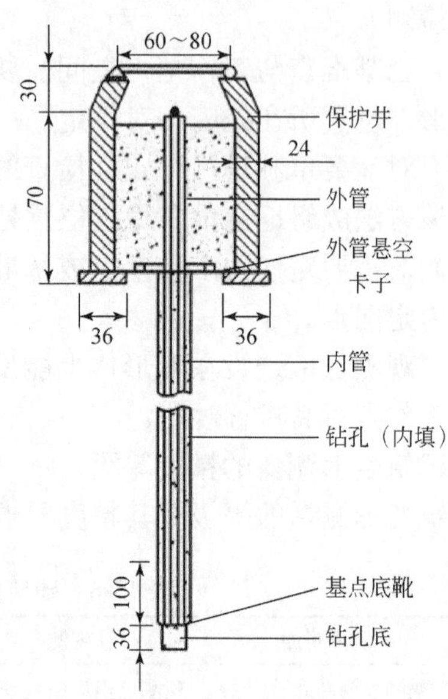

(b)深埋钢管水准基点标石（单位：cm）

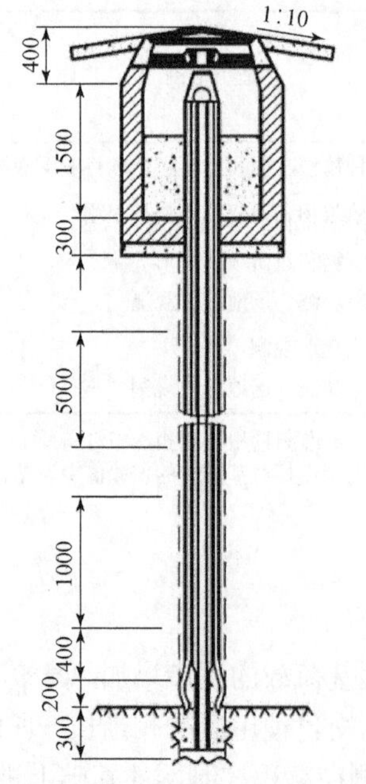

(c)深埋双金属管水准基点标石（单位：mm）

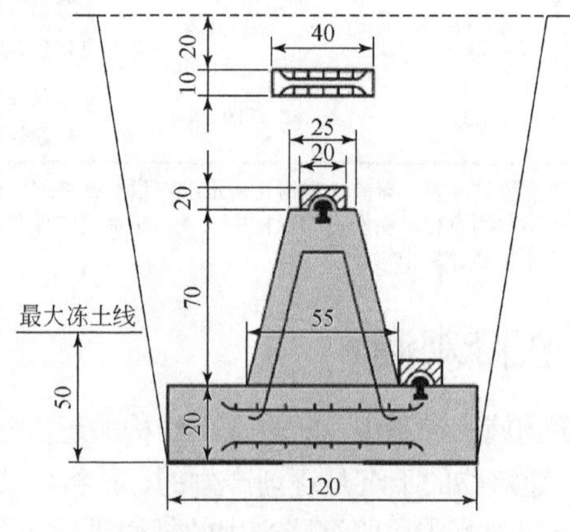

(b)混凝土基本水准标石（单位：cm）

图 13-24　水准基点标石

工作基点与联系点布设的位置应视构网需要确定。工作基点位置与邻近建筑物的距离不得小于建筑物基础深度的 1.5～2.0 倍。工作基点与联系点也可设置在稳定的永久性建筑物墙体或基础上。工作基点的标石，可按点位的不同要求选埋浅埋钢管水准标石（图 13-25）、混凝土普通水准标石或墙角、墙上水准标识（图 2-16）等。

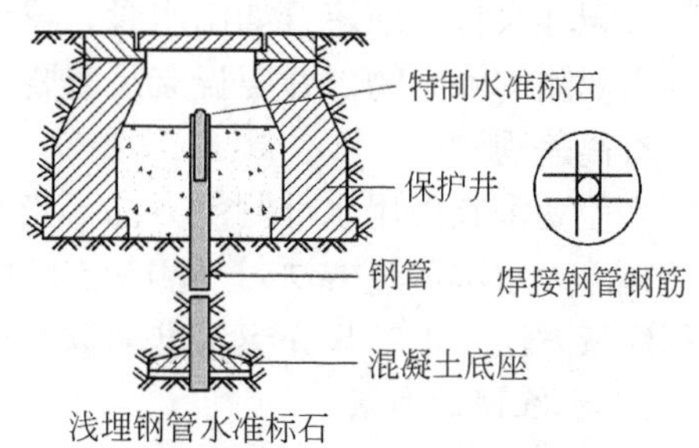

图 13-25　工作基点标石

水准标石埋设后，应达到稳定后方可开始观测。稳定期根据观测要求与测区的地质条件确定，一般不宜少于 15 天。

专用水准点的设置应避开交通干道、地下管线、仓库堆栈、水源地、河岸、松软填土、滑坡地段、机器振动区，以及其他易使标石、标识遭腐蚀和破坏的地点。

2. 沉降观测点的设置

沉降观测点的布置，应能全面反映建筑物地基变形特征，并结合地质情况及建筑结构特点确定，点位宜选择在下列位置。

（1）建筑物的四角、大转角处及沿外墙每 10～15m 处或每隔 2～3 根柱基上。

（2）高低层建筑物、新旧建筑物、纵横墙等交接处的两侧。

（3）建筑物裂缝和沉降缝两侧、基础埋深相差悬殊处、人工地基与天然地基接壤处、不同结构的分界处及填挖方分界处。

（4）宽度大于等于 15m 或小于 15m 而地质复杂及膨胀土地区的建筑物，在承重内隔墙中部设内墙点，在室内地面中心及四周设地面点。

（5）邻近堆置重物处、受振动影响显著的部位及基础下的暗浜（沟）处。

（6）框架结构建筑物的每个或部分柱基上，或沿纵横轴线设点。

（7）片筏基础、箱形基础底板或接近基础结构部分的四角处及其中部位置。

（8）重型设备基础和动力设备基础的四角、基础型式或埋深改变处、地质条件变化处。

（9）电视塔、烟囱、水塔、油罐、炼油塔、高炉等高耸建筑物，沿周边在与基础轴线相交的对称位置上布点，点数不少于 4 个。

沉降观测标识，可根据不同的建筑结构类型和建筑材料，采用墙（柱）标识（窨井式）、基础标识（盒式）和隐蔽式标识（螺栓式）（用于宾馆等高级建筑物），各类标识的立尺部位应加工成半球形或有明显的突出点，并涂上防腐剂，沉降观测点标识如图 13-26 所示。

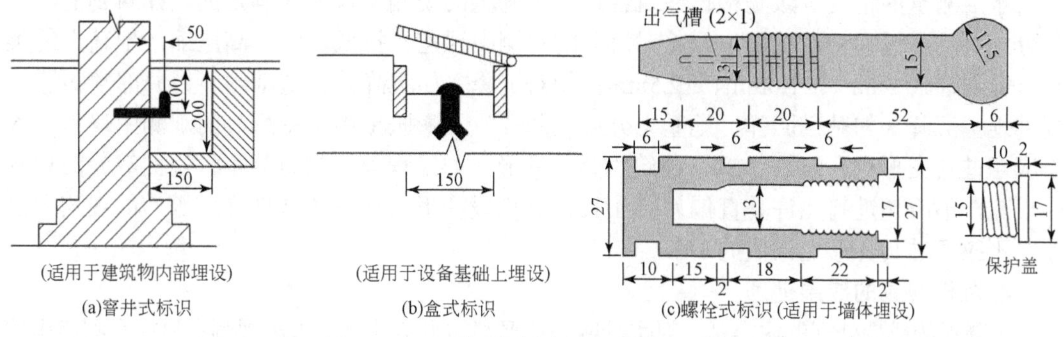

图 13-26　沉降观测点标识（单位：mm）

标识埋设位置应避开如雨水管、窗台线、暖气片、暖水片、暖水管、电气开关等有碍设标与观测的障碍物，并应视立尺需要离开墙（柱）面和地面一定距离。

3. 高差观测

高差观测宜采用水准测量方法，当不便使用水准测量或需要进行自动观测时，可以采用液体静力水准测量方法，当测量点间的高差较大且精度要求低时，也可采用短视线三角高程测量方法。本节只介绍水准测量方法。

1）水准网的布设

对于建筑物较少的测区，宜将水准点连同观测点按单一层次布设；对于建筑物较多且分散的大测区，宜按两个层次布网，即由水准点组成高程控制网、观测点与所联测的水准点组成扩展网。高程控制网应布设为闭合环、结点网或附合高程路线。

2）水准测量的等级划分

水准测量划分为特级、一级、二级和三级。水准测量观测限差列于表 13-7，水准观测视线长度、前后视距差、视线高度应符合表 13-8 的规定。

表 13-7　水准测量观测限差　（单位：mm）

等级		基辅分划（黑红面）读数之差	基辅分划（黑红面）所测高差之差	往返较差及附合或环线闭合差	单程双测站所测高差较差	检测已测测段高差之差
特级		0.15	0.2	$\leqslant 0.1\sqrt{n}$	$\leqslant 0.07\sqrt{n}$	$\leqslant 0.15\sqrt{n}$
一级		0.3	0.5	$\leqslant 0.3\sqrt{n}$	$\leqslant 0.2\sqrt{n}$	$\leqslant 0.45\sqrt{n}$
二级		0.5	0.7	$\leqslant 1.0\sqrt{n}$	$\leqslant 0.7\sqrt{n}$	$\leqslant 1.5\sqrt{n}$
三级	光学测微器法	1.0	1.5	$\leqslant 3.0\sqrt{n}$	$\leqslant 2.0\sqrt{n}$	$\leqslant 4.5\sqrt{n}$
	中丝读数法	2.0	3.0			

注：表中 n 为测站数

表 13-8　水准观测的视线长度、前后视距差、视线高度　（单位：m）

等级	视线长度	前后视距差	前后视距累积差	视线高度	观测仪器
特级	≤10	≤0.3	≤0.5	≥0.5	DSZ05 或 DS05
一级	≤30	≤0.7	≤1.0	≥0.3	
二级	≤50	≤2.0	≤3.0	≥0.2	DS1 或 DS05
三级	≤75	≤5.0	≤8.0	三丝能读数	DS3 或 DS1

3）水准测量精度等级的选择

水准测量的精度等级是根据建筑物最终沉降量的观测中误差来确定的。建筑物的沉降量分绝对沉降量和相对沉降量。绝对沉降的观测中误差，按低、中、高压缩性地基土的类别，分别选±0.5mm、±1.0mm、±2.5mm；相对沉降（如沉降差、基础倾斜、局部倾斜等）、局部地基沉降（如基础回弹、地基土分层沉降等）及膨胀土地基变形等的观测中误差，均不应超过其变形允许值的 1/20，建筑物整体变形（如工程设施的整体垂直挠曲等）的观测中误差，不应超过其允许垂直偏差的 1/10，结构段变形（如平置构件挠度等）的观测中误差，不应超过其变形允许值的 1/6。

4. 沉降观测的成果处理

沉降观测成果处理的内容是，对水准网进行严密的平差计算，求出观测点每期观测高程的平差值，计算相邻两次观测之间的沉降量和累积沉降量，分析沉降量与增加荷载的关系。表 13-9

表 13-9 某建筑物 6 个观测点的沉降观测结果

观测日期/（年. 月. 日）	荷重/（t/m^2）	沉降观测点																	
		1			2			3			4			5			6		
		高程/m	本次下沉/mm	累积沉降/mm	高程/m	本次下沉/mm	累积沉降/mm	高程/m	本次下沉/mm	累积沉降/mm	高程/m	本次下沉/mm	累积沉降/mm	高程/m	本次下沉/mm	累积沉降/mm	高程/m	本次下沉/mm	累积沉降/mm
2008.4.20	4.5	5.157	±0	±0	5.154	±0	±0	5.155	±0	±0	5.155	±0	±0	5.154	±0	±0	5.154	±0	±0
2008.5.05	5.5	5.155	−2	−2	5.153	−1	−1	5.153	−2	−2	5.154	−1	−1	5.153	−1	−1	5.152	−2	−2
2008.5.20	7	5.152	−3	−5	5.15	−3	−4	5.151	−2	−4	5.153	−1	−2	5.15	−4	−5	5.148	−4	−6
2008.6.05	9.5	5.148	−4	−9	5.148	−2	−6	5.147	−4	−8	5.15	−3	−5	5.148	−3	−8	5.146	−2	−8
2008.6.20	10.5	5.145	−3	−12	5.146	−2	−8	5.143	−4	−12	5.148	−2	−7	5.146	−2	−10	5.144	−2	−10
2008.7.20	10.5	5.143	−2	−14	5.145	−1	−9	5.141	−2	−14	5.147	−1	−8	5.145	−1	−11	5.142	−2	−12
2008.8.20	10.5	5.142	−1	−15	5.144	−1	−10	5.14	−1	−15	5.145	−2	−10	5.144	−1	−12	5.14	−2	−14
2008.9.20	10.5	5.14	−2	−17	5.142	−2	−12	5.138	−2	−17	5.143	−2	−12	5.142	−2	−14	5.139	−1	−15
2008.10.20	10.5	5.139	−1	−18	5.14	−2	−14	5.137	−1	−18	5.142	−1	−13	5.14	−2	−16	5.137	−2	−17
2009.1.20	10.5	5.137	−2	−20	5.139	−1	−15	5.137	±0	−18	5.142	±0	−13	5.139	−1	−17	5.136	−1	−18
2009.4.20	10.5	5.136	−1	−21	5.139	±0	−15	5.136	−1	−19	5.141	−1	−14	5.138	−1	−18	5.136	±0	−18
2009.7.20	10.5	5.135	−1	−22	5.138	−1	−16	5.135	−1	−20	5.14	−1	−15	5.137	−1	−19	5.136	±0	−18
2009.10.20	10.5	5.135	±0	−22	5.138	±0	−16	5.134	−1	−21	5.14	±0	−15	5.136	−1	−20	5.136	±0	−18
2010.1.20	10.5	5.135	±0	−22	5.138	±0	−16	5.134	±0	−21	5.14	±0	−15	5.136	±0	−20	5.136	±0	−18

列出了某建筑物上 6 个观测点的沉降观测结果，图 13-27 是根据表 13-9 的数据画出的各沉降点的沉降、荷重、时间关系曲线图。

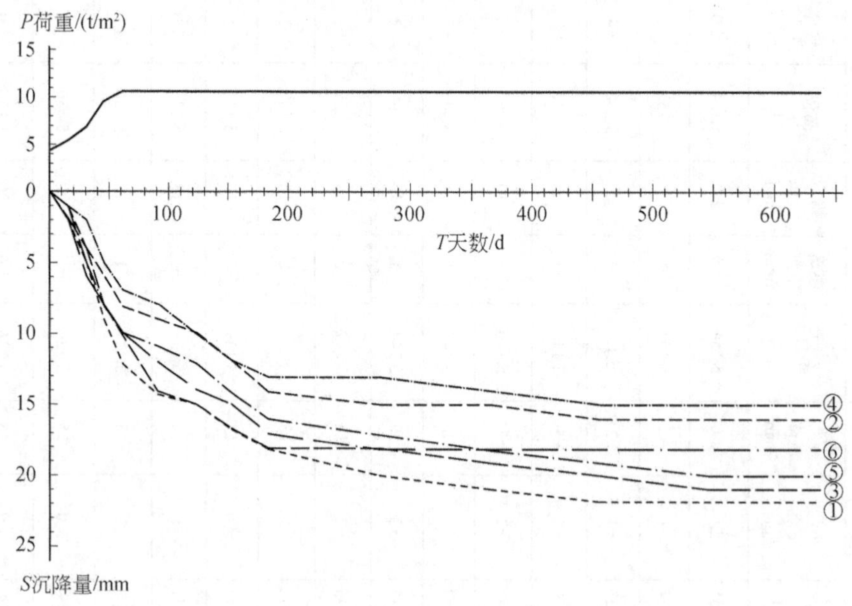

图 13-27　沉降点的沉降、荷重、时间关系曲线图

13.6.3　位移观测

位移观测一般是在平面控制网的基础上进行。

1. 平面控制网的布设

（1）对于建筑物地基基础及场地的位移观测，宜按两个层次布设，即由控制点组成控制网，由观测点及所联测的控制点组成扩展网；对于单个建筑物上部或构件的位移观测，可将控制点连同观测点按单一层次布设。

（2）控制网可采用测角网、测边网、边角网或导线网；扩展网和单一层次布网可采用角交会、边交会、边角交会、基准线或附合导线等形式。各种布网均应考虑网形强度，长短边不宜相差过于悬殊。

（3）基准点（包括控制网的基线端点、单独设置的基准点）、工作基点（包括控制网中的工作基点、基准线端点、导线端点、交会法的测站点等），以及联系点、检核点和走向点，应根据不同布网方式与构形。每一测区的基准点不应少于 2 个，每一测区的工作基点也不应少于 2 个。

（4）平面控制点标识的型式及埋设应符合下列要求：①对特级、一级、二级及有需要的三级位移观测的控制点，应建造观测墩[图 13-28（a）]或埋设专门观测标石，并应根据使用仪器和照准标识的类型，顾及观测精度要求，配备强制对中装置。强制对中装置的对中误差最大不应超过±0.1mm。②照准标识应具有明显的几何中心或轴线，并应符合图像反差大、图案对称、相位差小和本身不变形等要求。根据点位不同情况可选用重力平衡球式照准标识[图 13-28（b）]、旋入式杆状照准标识、直插式觇牌照准标识、屋顶照准标识和墙上照准标识等。

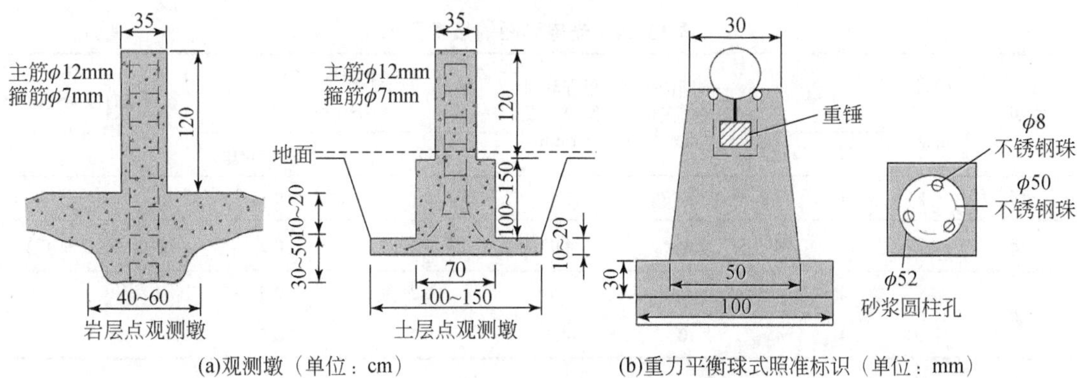

(a)观测墩（单位：cm）　(b)重力平衡球式照准标识（单位：mm）

图 13-28　观测墩与照准标识

（5）平面控制网的精度等级。用于一般工程位移观测的平面控制网分为一、二、三级，可以采用测角控制网、测边控制网或导线测量网的型式布设，其技术要求分别列于表 13-10～表 13-12。

表 13-10　测角控制网技术要求

等级	最弱边边长中误差/mm	平均边长/mm	测角中误差/（″）	最弱边相对中误差
一级	±1.0	200	±1.0	1/200000
二级	±3.0	300	±1.5	1/100000
三级	±10.0	500	±2.5	1/50000

表 13-11　测边控制网技术要求

等级	测距中误差/mm	平均边长/mm	测距相对中误差
一级	±1.0	200	1/200000
二级	±3.0	300	1/100000
三级	±10.0	500	1/50000

表 13-12　导线测量技术要求

等级	导线最弱点点位中误差/mm	导线长度/mm	平均边长/mm	测边中误差/mm	测角中误差/（″）	最弱边相对中误差
一级	±1.4	$750C_1$	150	$\pm0.6C_2$	±1.0	1/100000
二级	±4.2	$1000C_1$	200	$\pm2.0C_2$	±2.0	1/45000
三级	±14.0	$1250C_1$	250	$\pm6.0C_2$	±5.0	1/17000

注：C_1，C_2为导线类别系数。对附合导线，$C_1=C_2=1$；对独立单一导线，$C_1=1.2$，$C_2=\sqrt{2}$；对导线网，导线长度系指附合点余结点或结点间的导线长度，取 $C_1\leqslant0.7$，$C_2=1$

水平角观测一般采用方向观测法，水平角观测的技术要求见表 13-13，光电测距的技术要求应符合表 13-14 的规定。

表 13-13　水平角观测的技术要求　（单位：″）

仪器类别	两次照准目标读数差	半测回归零差	一测回内 2C 互差	同一方向值各测回互差
DJ_1	4	5	8	5
DJ_2	6	8	13	8
DJ_6	—	18	—	20

表 13-14　光电测距的技术要求

等级	仪器精度档次/mm	每边最少测回数		一测回读数间较差限值/mm	单程测回间较差限值/mm	气象数据测定的最小读数		往返或时段间较差限值
		往	返			温度/℃	气压/mmHg	
一级	≤1	4	4	1	1.4	0.1	0.1	
二级	≤3	4	4	3	4.0	0.2	0.5	$\sqrt{2}(a+b\times D\times10^{-6})$
三级	≤5	2	2	5	7.0	0.2	0.5	
	≤10	4	4	10	14.0	0.2	0.5	

（6）平面控制网精度等级的选择。平面控制网的精度等级是根据建筑物最终位移量的观测中误差来确定的。位移量分绝对位移量 s 和相对位移量 Δs。绝对位移一般根据设计、施工的要求，并参照同类或类似项目的经验，直接按表 13-6 选取平面控制网的精度等级。相对位移（如基础位移差、转动挠曲等）、局部地基位移（如受基础施工影响的位移、挡土设施位移等）的观测中误差 $m_{\Delta s}$ 均不应超过其变形允许值的 1/20；建筑物整体性变形（如建筑物的顶部水平位移、全高垂直度偏差、工程设施水平轴线偏差等）的观测中误差不应超过其变形允许值的 1/10；结构段变形（如高层建筑层间相对位移、竖直构件的挠度、垂直偏差、工程设施水平轴线偏差等）的观测中误差不应超过其变形允许值的 1/6。

2. 建筑物主体倾斜观测

建筑物的位移观测包括主体倾斜观测、水平位移观测、裂缝观测、挠度观测、日照变形观测、风振观测和场地滑坡观测。

引起建筑物主体倾斜的主要原因是基础的不均匀沉降。主体倾斜观测是测定建筑物顶部相对于底部或各层间上层相对于下层的水平位移与高差，分别计算整体或分层的倾斜度、倾斜方向及倾斜速度。对于具有刚性建筑的整体倾斜，也可通过测量顶面或基础的相对沉降间接确定。

1）建筑物主体倾斜观测点位的布设要求

（1）观测点应沿对应测站点的某主体竖直线，对整体倾斜按顶部、底部，对分层倾斜按分层部位、底部上下对应布设。

（2）当从建筑物外部观测时，测站点或工作基点的点位应选在与照准目标中心连线呈接近正交或呈等分角的方向线上距照准目标 1.5～2.0 倍目标高度的固定位置处；当利用建筑物内竖向通道观测时，可将通道底部中心点作为测站点。

（3）按纵横轴线或前方交会布设的测站点，每点应选设 1～2 个定向点。基线端点的选设应顾及其测距或丈量的要求。

2）观测点位的标识设置

（1）建筑物顶部和墙体上的观测点标识，可采用埋入式照准标识型式。有特殊要求时，应专门设计。

（2）不便埋设标识的塔形、圆形建筑物及竖直构件，可以照准视线所切同高边缘认定的位置或用高度角控制的位置作为观测点位。

（3）位于地面的测站点和走向点，可根据不同的观测要求，采用带有强制对中设备的观测墩［图 13-28（a）］或混凝土标石。

（4）对于一次性倾斜观测项目，观测点标识可采用标记形式或直接利用符合位置与照准要求的建筑物特征部位；测站点可采用小标石或临时性标识。

3）主体倾斜观测方法

根据不同的观测条件与要求，主体倾斜观测可以选用下列方法进行。

（1）测定基础沉降差法：如图 13-29（a）所示，在基础上选设沉降观测点 A，B，用精密水准测量法定期观测 A，B 两点的沉降差 Δh，设 A，B 两点间的距离为 L，则基础倾斜度为

$$i = \frac{\Delta h}{L} \tag{13-7}$$

例如，测得Δh=0.023m，L=7.25m，则依式（13-7）算出倾斜度为 i=0.3172%。

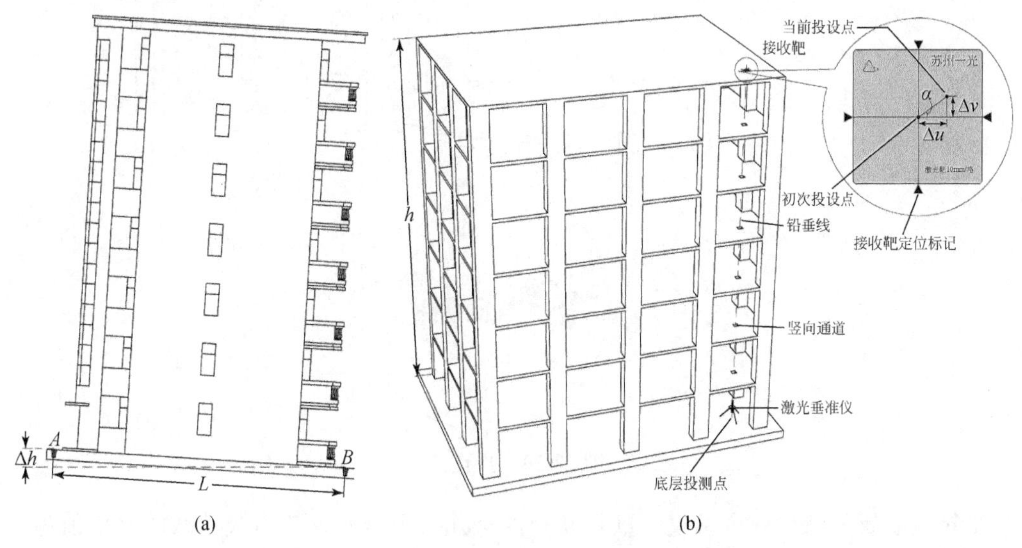

图 13-29　测定基础沉降差法与激光垂准仪法

（2）激光垂准仪法：如图 13-29（b）所示，激光垂准仪要求建筑物的顶部和底部之间至少有一个竖向通道，它是在建筑物顶部适当位置安置接收靶，在其垂线下的地面或地板上埋设点位并安置激光垂准仪，激光垂准仪将通过地面点的铅垂激光束投射到顶部接收靶上，在接收靶上直接读取或用直尺量出顶部的两个位移量 Δu 与 Δv，则倾斜度 i 与倾斜方向角α为

$$\left.\begin{aligned} i &= \frac{\sqrt{\Delta u^2 + \Delta v^2}}{h} \\ \alpha &= \arctan\frac{\Delta v}{\Delta u} \end{aligned}\right\} \tag{13-8}$$

式中，h 为地板点位到接收靶的垂直距离，作业中应严格置平与对中激光垂准仪。

（3）投点法：该法适用于建筑物周围比较空旷的主体倾斜。如图 13-30 所示，设建筑物的高度为 h，选择建筑物上下在一条铅垂向上的墙角，分别在两墙面大致延长线方向、距离为 1.5～2.0 h 处埋设观测点 A，B，在两墙面的墙角处分别横置直尺；在 A 点安置经纬仪或全站仪，盘左向上准确瞄准房顶墙角，旋松望远镜制动螺旋，向下瞄准墙角横置直尺并读数 L_A，盘右重复前述操作，得直尺读数 R_A，取 A 点两次直尺读数的平均值为

$$l_A = \frac{1}{2}(L_A + R_A) \tag{13-9}$$

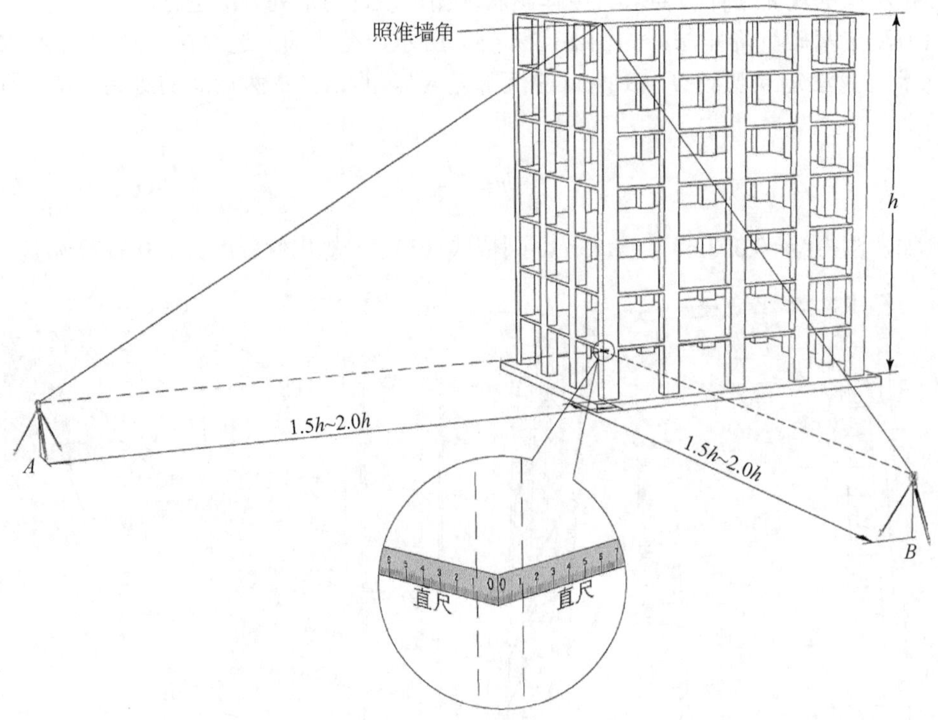

图 13-30　投点法

在 B 点安置经纬仪或全站仪，重复 A 点的操作，得 B 点两次直尺读数的平均值为

$$l_B = \frac{1}{2}(L_B + R_B) \tag{13-10}$$

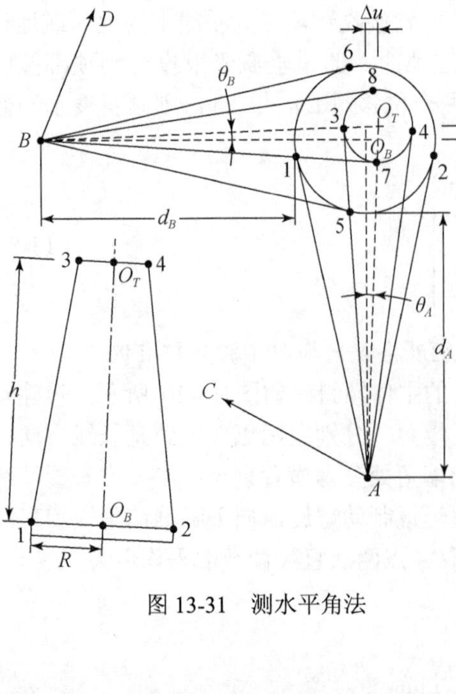

设在 A，B 两点初次观测的直尺读数为 l'_A，l'_B，则当前观测的位移分量为

$$\left.\begin{aligned} \Delta u = l_A - l'_A \\ \Delta v = l_B - l'_B \end{aligned}\right\} \tag{13-11}$$

倾斜度与倾斜方向角依式(13-7)计算。

(4) 测水平角法：该法适用于塔形、圆形建筑物或构件的主体倾斜观测。如图 13-31 所示，设圆形建筑物的高度为 h，上部圆心点为 O_T，下部圆心点为 O_B，底座半径为 R，在纵横两轴线的延长线上、距离建筑物 1.5～2.0h 处设置观测点 A，B，并分别测定其至圆形建筑物底座外墙的最短距离 d_A，d_B。在建筑物上标定 1，2，5，6 与 3，4，7，8 两组观测点，每组观测点应等高。选

图 13-31　测水平角法

择通视良好的远处清晰目标 C，D。

在 A 点安置经纬仪或全站仪，以 C 点为零方向，采用方向观测法依次观测 1，2，3，4 点 3～4 测回，计算出各方向的平均值分别为 l_1'，l_2'，l_3'，l_4'，则有

$$\angle O_B A O_T = \theta_A = \frac{l_1' + l_2' - l_3' - l_4'}{2} \tag{13-12}$$

同理，在 B 点安置经纬仪或全站仪，以 D 点位零方向，采用方向观测法依次观测 5，6，7，8 点 3～4 测回，计算出各方向的平均值分别为 l_5'，l_6'，l_7'，l_8'，则有

$$\angle O_B B O_T = \theta_B = \frac{l_5' + l_6' - l_7' - l_8'}{2} \tag{13-13}$$

$O_B \to O_T$ 的位移分量为

$$\left.\begin{aligned} \Delta u &= \frac{\theta_A''}{\rho''}(d_A + R) \\ \Delta v &= \frac{\theta_B''}{\rho''}(d_B + R) \end{aligned}\right\} \tag{13-14}$$

倾斜度与倾斜方向角依式（13-8）计算。

（5）测角前方交会法：如图 13-32 所示，该法适用于不规则高耸建筑物的主体倾斜观测，当建筑物顶部无适宜照准目标时，应在顶部便于观测与保护的位置埋设观测标识。

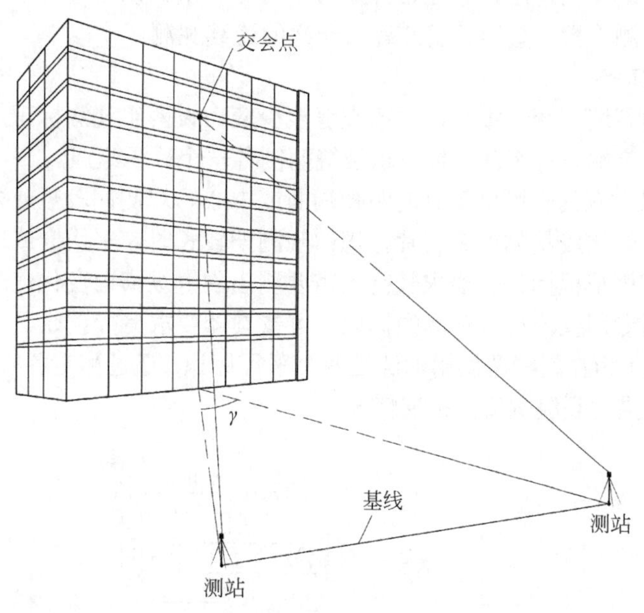

图 13-32　测角前方交会法

前方交会所选基线应与观测点组成最佳构形，交会角γ宜在 60°～120°，基线距离应使用全站仪或测距仪精确测量。

分别在两测站 A，B 点安置经纬仪或全站仪，使用测回法观测图中的夹角 3～4 测回，分别取各测回角值的平均值，代入前方交会计算公式［式（7-28）］计算交会点 P 的平面坐标。

设 P 点初次测量的平面坐标为（x_P，y_P），当前测量的平面坐标为（x_P'，y_P'），则有

$$\left.\begin{aligned}\Delta u = x'_P - x_P \\ \Delta v = y'_P - y_P\end{aligned}\right\} \tag{13-15}$$

倾斜度与倾斜方向角依式（13-8）计算，式中的$h = H_P - \dfrac{(H_A + H_B)}{2}$。

4）观测周期的确定

可视倾斜速度每 1～3 月观测一次。如遇基础附近大量堆载或卸载、场地降雨长期积水等导致倾斜速度加快时，应及时增加观测次数。施工期间的观测周期，可根据要求参照沉降观测的周期确定。倾斜观测应避开强日照和风荷载影响大的时间段。

5）成果提供

倾斜观测应提交倾斜观测点位布置图、观测成果表、成果图、主体倾斜曲线图和观测成果分析等资料。

3. 裂缝观测

裂缝观测指定期测定建筑物上裂缝的变化情况，产生裂缝的原因主要与建筑物不均匀沉降有关，因此裂缝观测通常与沉降观测同步进行，以便于综合分析，及时采取措施，确保建筑物安全。

当建（构）筑物多处产生裂缝时进行裂缝观测。裂缝观测应测定建筑物裂缝分布位置，裂缝走向、长度、宽度、变化程度。观测数量视需要而定，主要或变化大裂缝应进行观测。

观测周期视裂缝变化速度定。通常开始可半月测一次，以后一月左右测一次。当裂缝加大时，应增加观测次数，直至几日或逐日一次的连续观测。

1）裂缝观测标识

对需要观测的裂缝应统一编号，每条裂缝至少应布设两组观测标识，一组在裂缝最宽处，另一组在裂缝末端。每组观测标识由裂缝两侧各一个标识组成。

裂缝观测标识，应具有可供量测的明晰端面或中心。观测期较短或要求不高时，可采用油漆平行标识或建筑胶粘贴的金属片标识；观测期较长时，采用嵌或埋入墙面的金属标识、金属杆标识或楔形板标识。要求较高、需要测出裂缝纵横向变化值时，可采用坐标方格网板标识。使用专用仪器设备观测的标识，可按具体要求另行设计。

如图 13-33（a）为在裂缝两侧用油漆绘两个平行标识；通过测定各组标识间的间距 d_1，d_2，d_3 的变化量来描述裂缝宽度的扩展情况。

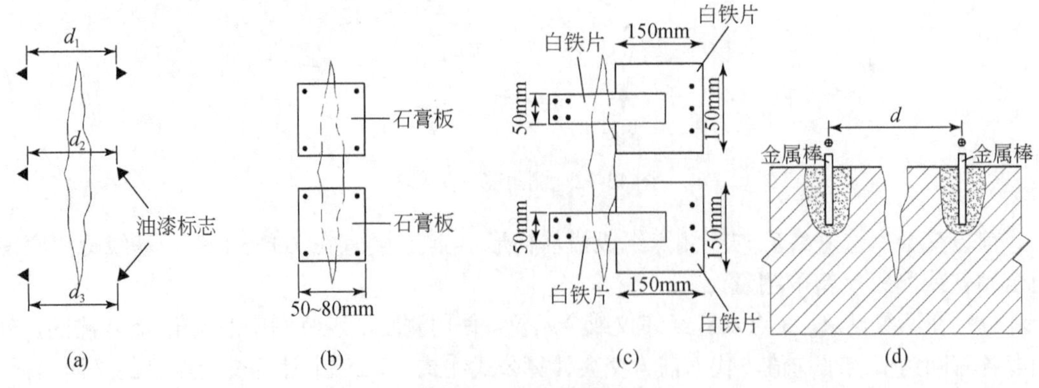

图 13-33　裂缝观测标识

如图 13-33（b）所示，用一块厚 10mm，宽 50～80mm 的石膏板覆盖在裂缝上，与裂缝两侧牢固地连接在一起，当裂缝扩展时，裂缝上的石膏板也随之开裂，进而观测裂缝的大小及扩展情况。

如图 13-33（c）所示，用两块厚约 0.5mm 的薄铁片，将尺寸为 150mm×150mm 的正方形铁片固定在裂缝的一侧，并使其一边与裂缝边缘对齐，喷以白油漆；将尺寸为 200mm×50mm 的矩形铁片固定在裂缝的一侧，并使其部分跨越裂缝并搭盖在正方形铁片之上且与裂缝方向垂直，待白油漆干后，再对两块铁片喷以红油漆。当裂缝扩展时，两铁片将被拉开，其搭盖处显现白底，量取所现白底的宽度，宽度的变化反映了裂缝的发展情况。

如图 13-33（d）所示，将刻有十字丝标识的金属棒埋设于裂缝两侧，定期测定两标识点之间距离 d 的变化量来掌握裂缝宽度的扩展情况。

2）裂缝观测工具与方法

对于数量不多，易于量测的裂缝，可视标识型式不同，用比例尺、小钢尺或游标卡尺等工具定期丈量标识间的距离求得裂缝变位值，或用方格网板定期读取"坐标差"计算裂缝变化值；对于较大面积且不便于人工量测的众多裂缝，宜采用近景摄影测量方法；当需连续监测裂缝变化时，裂缝宽度数据应量取至 0.1mm，每次观测应绘出裂缝的位置、形态和尺寸，注明日期，附必要的照片资料。

3）裂缝观测成果资料

裂缝观测结束后，应提供裂缝分布位置图、裂缝观测成果表、观测成果分析说明资料等，当建筑物裂缝与基础沉降同时观测时，可选择典型剖面绘制两者的关系曲线。

4. 挠度观测

测定建筑物构件受力后产生弯曲变形的工作称为挠度观测。

对于平置的构件，至少在两端及中间设置 A，B，C 三个沉降点，进行沉降观测，测得某时间段内这三点的沉降量分别为 h_a、h_b、h_c（图 13-34），则此构件的挠度为

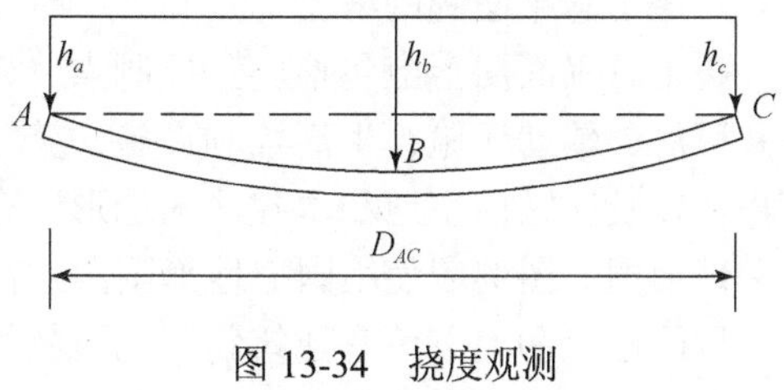

图 13-34　挠度观测

$$f = \frac{h_a + h_c - 2h_b}{2D_{AC}} \tag{13-16}$$

对于直立的构件，至少要设置上、中、下三个位移观测点进行位移观测，利用三点的位移量可算出挠度。对高层建筑物的主体挠度观测时，可采用垂线法，测出各点相对于铅垂线的偏离值。

13.7　竣工总平面图的编绘

工业或大型民用建设项目竣工后，应编绘竣工总平面图。竣工总平面图是设计总平面图在施工后实际情况的全面反映，所以设计总平面图不能完全代替竣工总平面图。编绘竣工总平面图的目如下。

（1）在施工过程中可能由于设计时没有考虑到的问题，设计有所变更，这种临时变更设计的情况必须通过测量反映到竣工总平面图上。

（2）便于日后进行各种设施的维修工作，特别是地下管道等隐蔽工程的检查和维修工作。

（3）为项目扩建提供了原有各建（构）筑物、地上和地下各种管线及交通线路的坐标、高程等资料。

新建项目竣工总平面图的编绘，最好是随着工程的陆续竣工同步进行。一面竣工，一面利用竣工测量成果编绘竣工总平面图。如发现地下管线的位置有问题，可及时到现场查对，使竣工图能真实地反映实际情况。

竣工总平面图的编绘，包括室外实测和室内资料编绘两方面的内容。

1. 竣工测量

在每一个单项工程完成后，必须由施工单位进行竣工测量，提出工程的竣工测量成果。其内容如下。

（1）工业厂房及一般建筑物，包括房角坐标，各种管线进出口的位置和高程，并附房屋编号、结构层数、面积和竣工时间等资料。

（2）铁路和公路，包括起止点、转折点、交叉点的坐标，曲线元素，桥梁、涵洞等构筑物的位置和高程。

（3）地下管网，窨井、转折点的坐标，井盖、井底、沟槽和管顶等的高程；并附注管道及窨井的编号、名称、管径、管材、间距、坡度和流向。

（4）架空管网，包括转折点、结点、交叉点的坐标，支架间距，基础面高程。

（5）其他，竣工测量完成后，应提交完整的资料，包括工程的名称、施工依据、施工成果，作为编绘竣工总平面图的依据。

2. 竣工总平面图的编绘

竣工总平面图上应包括施工控制点、建筑方格网点、主轴线点、矩形控制网点、水准点和厂房、辅助设施、生活福利设施、架空及地下管线、铁路等建筑物或构筑物的坐标和高程，以及厂区内空地和本建区的地形。有关建筑物、构筑物的符号应与设计图例相同，有关地形图的图例应使用国家地形图图式符号。

厂区地上和地下所有建筑物、构筑物绘在一张竣工总平面图上时，如果线条过于密集而不醒目，则可采用分类编图。如综合竣工总平面图，交通运输竣工总平面图和管线竣工总平面图等。比例尺一般采用 1∶1000，工程密集部分可采用 1∶500 的比例尺。

图纸编绘完毕，应附必要的说明及图表，连同原始地形图、地质资料、设计图纸文件、设计变更资料、验收记录等合编成册。

有条件的施工单位，建议采用数字测图软件测制与编绘电子竣工总图。电子竣工总图是三维的，其建筑物和管网均可以按实际高程绘制；各种地物按规范要求分层存储，可以将单项工程的各类竣工图都测绘到一个 dwg 文件中，根据需要控制各图层的显示可以输出各类竣工总图。

思考与练习题

1. 施工测量的内容是什么？如何确定施工测量的精度？施工测量的基本工作是什么？

2. 建筑轴线控制桩的作用是什么？龙门板的作用是什么？

3. 高层建筑轴线投测和高程传递的方法有哪些？

4. 如图 13-35 所示，A，B 为已有的平面控制点，E，F 为待测设的建筑物角点，试计

算分别在 A，B 设站，用极坐标法测设 E，F 点的数据（角度算至 1″，距离算至 1mm）。

5. 建筑变形测量的目的是什么？主要包括哪些内容？

6. 变形测量点分为控制点与观测点，控制点是如何分类的？选设时应符合什么要求？

7. 建筑物主体倾斜观测有哪些方法？各适用于什么场合？

8. 裂缝观测有哪些方法？各适用于什么场合？

9. 编绘竣工总图的目的是什么？有何作用？

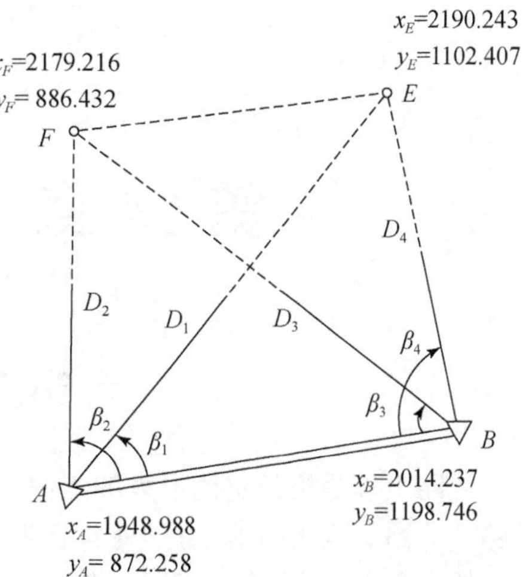

图 13-35　极坐标法测设数据

10. 地基的不均匀沉降导致建筑物发生倾斜，某建筑物的高度 h=29.5m，基础上的沉降观测点 A，B 间的水平距离 L=10.506m，用精密水准测量法观测得 A，B 两点的沉降量 Δh=0.033m，试计算该建筑物的倾斜率与顶点的位移量。

11. 测得某圆形建筑物顶部中心点的坐标为 x_T=4155.951m，y_T=2011.933m，底部中心点的坐标为 x_B=4155.647m，y_B=2012.069m，试计算顶部相对于底部的倾斜位移量与方位角。

第 14 章　线路工程测量

14.1　概　　述

线路工程是指长宽比很大的工程，它们的中线称为线路。线路工程有的建设在地面（如铁路、公路、沟渠等），有的建设在地下（如隧道、地铁、管道等），有的架设在空中（如输电线、索道、输送管道等）。线路工程在勘测设计、施工建设、竣工各阶段及其运营过程中所进行的测量工作称为线路工程测量，工作内容见表 14-1。除管道不设曲线外，各种线路工程测量的程序大致相同。

表 14-1　线路工程测量的工作内容

阶段	规划设计阶段	勘测设计阶段		施工阶段	竣工及运营阶段
		初测	定测		
工作内容	收集资料 图上选线 实地勘察 方案比较与论证	平面控制测量 高程控制测量 地形测量 特殊用途地形测量	实地定线 中线测量 曲线测设 纵横断面测量 纵横断面图绘制	恢复定线 边线放样 施工放样 施工监测 验收测量	竣工测量 竣工图编制 运营监测 安全性评价

为获得一条最经济、最合理的线路，必须进行路线勘测。路线勘测分为两阶段勘测和一阶段勘测两种。对于较高等级的公路一般都采用两阶段勘测，即初测和定测。

初测是根据初步提出的各个线路方案，对地形、地质及水文等进行详细的勘察与测量，为线路的初步设计（方案比较、项目可行性论证、立项决策等）提供必要的地形数据。

定测是把初步设计的线路位置在实地定线，同时结合现场的实际情况调整线路的位置，并为施工图设计收集数据。

14.2　线路中线测量

线路中线测量属于勘察设计院的工作范畴。线路中线测量是将线路设计中心线测设到实地。线路中线的平面线型由直线、圆曲线、缓和曲线三要素组成，如图 14-1 所示。

中线测量的主要工作是：测设中线交点（JD）和转点（ZD）、量距和钉桩、测量转点上的转角 Δ 、测设曲线等。图 14-1 中的 JD、ZD 为公路测量符号。《公路勘测规范》（JTG C10—2007）对公路测量符号有统一规定。常用符号见表 14-2。

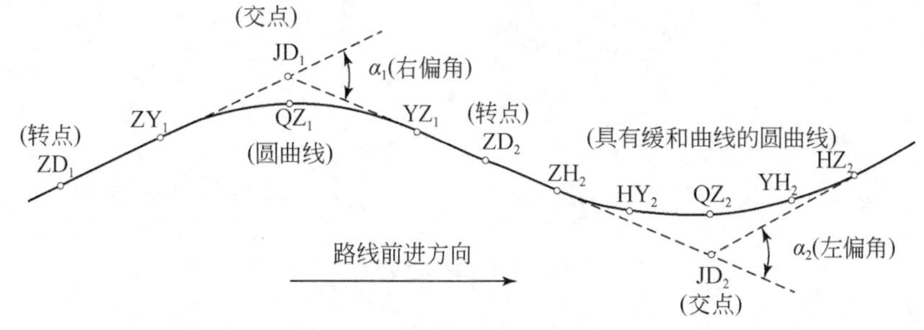

图 14-1　线路中线线型

表 14-2　平曲线主点名称及缩写表

名称	简称	汉语拼音缩写	英语缩写
交点	交点	JD	I.P.
转点	转点	ZD	T.P.
导线点	导点	DD	R.P.
水准点	水准点	BM	B.M.
圆曲线起点	直圆	ZY	B.C.
圆曲线中点	曲中	QZ	M.C.
圆曲线终点	圆直	YZ	E.C.
复曲线公切点	公切	GQ	P.C.C.
第一缓和曲线起点	直缓	ZH	T.S.
第一缓和曲线终点	缓圆	HY	S.C.
第二缓和曲线起点	圆缓	YH	C.S.
第二缓和曲线终点	缓直	HZ	S.T.

1. 交点和转点的测设

纸上定线完成后，应将图上确定的路线交点位置标定到实地。当相邻两交点互不通视或直线较长时，需要在其连线上测定一个或几个转点，以便在交点测量转角时作为照准的目标。直线上一般每隔 200～300m 设一转点，另外，在路线与其他道路交叉处及路线上需设置桥梁、涵洞等构筑物处，也应设置转点。

现在的路线带状地形图基本上是数字地形图，可用 CASS 打开路线地形图 dwg 格式文件，在图上绘制并编辑好转点 ZD 的位置，执行下拉菜单“工程应用\指定点生成数据文件”命令，将图上采集的交点和转点坐标存入坐标文件，再将坐标文件上传到全站仪内存，根据全站仪的放样命令即可将交点和转点测设到实地。

2. 路线转角的测定和里程桩设置

在路线转折处，为了测设曲线，需要测定其转角。转角是指交点处后视线的延长线与前视线的夹角，以 α 表示。转角有左右之分，如图 14-2 所示，位于延长线右侧的，为右转角 α_R；位于延长线左侧的，为左转角 α_L。在路线测量中，转角通常是通过观测路线右角 β 计算求得。

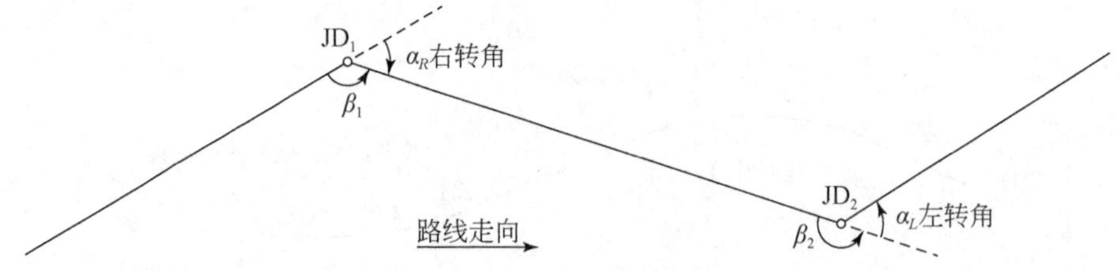

图 14-2　路线转角

$$当\beta<180°时，为右转角，\alpha_R=180°-\beta \qquad (14\text{-}1)$$

$$当\beta>180°时，为左转角，\alpha_L=\beta-180° \qquad (14\text{-}2)$$

右角的测定，应使用精度不低于 DJ_6 级光学经纬仪，采用测回法观测一个测回，两个半测回所测角值相差的限差视公路等级而定，高速公路、一级公路限差为 ±20″ 以内，二级及二级以下公路限差为 ±60″ 以内，如果限差在容许范围内，可取其平均值作为最后结果。

3. 里程桩的设置

在路线交点、转点及转角测定以后，便确定了线路的方向和位置。而后沿线路中线以一定距离在地面上设置一些桩来标定中心线位置和里程，称为线路中线桩，简称中桩。中桩应编号（称为桩号）后钉桩，其编号为该桩至线路起点的里程，所以又称为里程桩。桩号的书写方式是“千米数+不足千米的米数”，其前冠以 K（表示竣工后的连续里程）及控制桩的点名缩写，线路起点桩号为 K0+000。如图 14-3（a）所示，K1+234.56 表示该桩距路线起点的距离为 1234.56m。里程桩分为控制桩、整桩和加桩，是路线纵横断面测量和施工测量的依据。

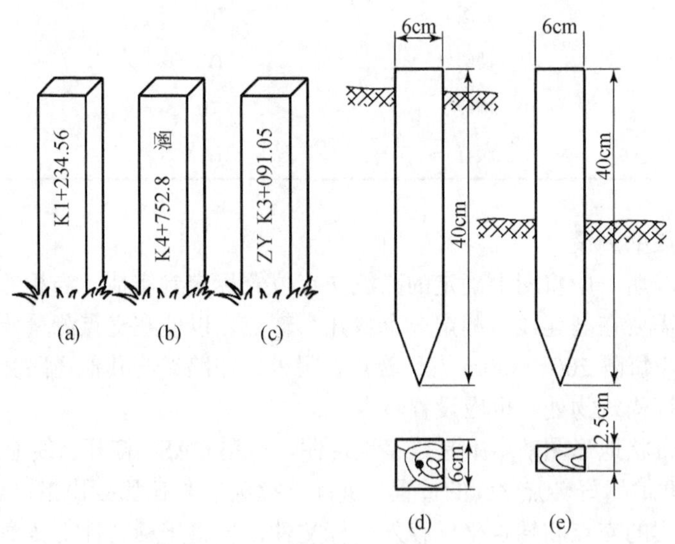

图 14-3　里程桩

控制桩是线路的骨干点，包括线路的起点、终点、转点、曲线主点和桥梁与隧道轴线控制桩、断链桩等。目前采用的控制桩符号为汉语拼音标识，见表 14-2。

整桩是由线路的起点开始，按间隔规定的桩距 l_0 设置的中桩。l_0 对于直线段一般为 20m 或 50m，曲线上根据曲线半径 R 选择，一般为 5m，10m，20m。百米桩和公里桩均属整桩，一般情况下均应设置。

加桩分为地形加桩、地物加桩、曲线加桩和关系加桩等。地形加桩是在路线纵、横向地形有明显变化处设置的桩；地物加桩是在中线上桥梁、涵洞、隧道等人工构筑物处，以及与既有公路、铁路、管线、渠道等交叉处设置的桩；曲线加桩是在曲线起点、中点、终点等曲线主点上设置的桩；关系加桩是在转点和交点上设置的桩。此外，还可根据具体情况在拆迁建筑物处、工程地质变化处、断链处等加桩。对于人工构筑物，在书写里程时，要冠以工程名称如“桥”“涵”等，见图 14-3（b）。在书写曲线加桩和关系加桩时，应在桩号之前加写其缩写名称，见图 14-3（c）。

中桩的设置是在线路中线标定的基础上进行的，由线路起点开始，用经纬仪定线，距离测量可使用测距仪、全站仪或钢尺，低等级线路也可用皮尺，边丈量直线边长边设置。钉桩时，对于交点桩、转点桩、距路线起点每隔 500m 处的整桩、重要地物加桩（如桥梁、隧道位置桩）及曲线主点桩，均应打下断面为 6cm×6cm 的方桩［图 14-3（d）］，桩顶钉以中心钉，桩顶露出地面约 2cm，在距方桩 20cm 左右设置指示桩［图 14-3（e）］，为指示交点桩的板桩，上面书写桩的名称和桩号。钉指示桩要注意字面应朝向方桩，直线上的指示桩应打在路线的同一侧，曲线上则应打在曲线的外侧。主要起控制作用的方桩应用混凝土浇筑，也可用钢筋加混凝土预制桩，且钢筋顶面锯成“十”字以示点位。必要时加设护桩防止桩的损坏成丢失。其余里程桩一般使用板桩，直接将指示桩打在点位上，一半露出地面，以便书写桩号，字面一律背向路线前进方向。

14.3　圆曲线测设

当路线由一个方向转向另一个方向时，必须用曲线连接，曲线的形式很多，其中，圆曲线是最基本的平面曲线。圆曲线是具有一定曲率半径的圆弧线，其测设一般分两步进行。先测设曲线的主点桩，即圆曲线的起点（ZY）、中点（QZ）和终点（YZ）；然后在主点桩之间进行加密，按规定桩距测设圆曲线的其他各点，称为圆曲线的详细测设。

14.3.1　圆曲线主点测设

1. 主点测设元素计算

为测设圆曲线的主点 ZY、QZ、YZ，应先计算出切线长 T、曲线长 L 及外距 E，这些元素称为主点测设元素。如图 14-4 所示，设交点 JD 的转角为 Δ，圆曲线半径为 R，则圆曲线的测设元素计算公式为

$$\left.\begin{aligned}&\text{切线长}\quad T=R\tan\frac{\Delta}{2}\\&\text{曲线长}\quad L=R\Delta\frac{\pi}{180}\\&\text{外距}\quad E=R\left(\sec\frac{\Delta}{2}-1\right)\\&\text{切曲差}\quad D=2T-L\end{aligned}\right\}\tag{14-3}$$

式中，转角 Δ 以度（°）为单位。

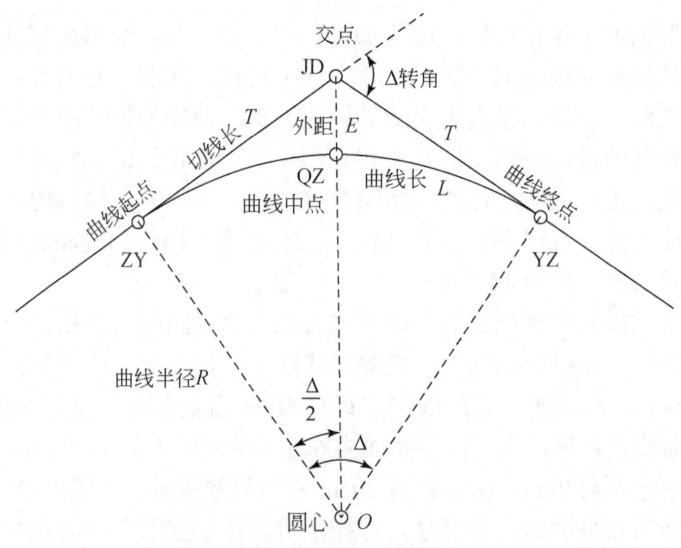

图 14-4　圆曲线及其测设元素

2. 主点里程的计算

交点 JD 的里程是由中线丈量中得到，根据交点的里程和圆曲线测设元素，即可推算圆曲线上各主点的里程并加以校核。由图 14-4 可知：

$$\left.\begin{aligned}&\text{ZY里程}=\text{JD里程}-T\\&\text{YZ里程}=\text{ZY里程}+L\\&\text{QZ里程}=\text{YZ里程}-L/2\\&\text{JD里程}=\text{QZ里程}+D/2\qquad(\text{校核})\end{aligned}\right\}\tag{14-4}$$

注意：圆曲线终点里程 YZ 应为圆曲线起点里程 ZY 加上圆曲线长 L，而不是交点里程加切线长 T，即 YZ 里程≠JD 里程+T。因为在路线转折处道路中线的实际位置应为曲线位置，而非切线位置。

例 14-1　已知某交点的里程为 K3+182.76，测得转角 $\Delta_{右}=25°48'$，拟定圆曲线半径 R=300m，求圆曲线测设元素及主点桩里程。

解：（1）计算圆曲线测设元素。

由式（14-3），可得

$$T=R\tan\frac{\Delta}{2}=300\tan\frac{25°48'}{2}=68.71\,\text{m}$$

$$L=R\Delta\frac{\pi}{180}=300\times25°48'\times\frac{\pi}{180°}=135.09\,\text{m}$$

$$E=R\left(\sec\frac{\Delta}{2}-1\right)=300\times\left(\sec\frac{25°48'}{2}-1\right)=7.77\,\text{m}$$

$$D=2T-L=2\times68.71-135.09=2.33\,\text{m}$$

（2）计算主点桩里程。

JD	K3+182.76	
−）T	68.71	
ZY	K3+114.05	
+）L	135.09	
YZ	K3+249.14	
−）$L/2$	67.54	
QZ	K3+181.60	
+）$D/2$	1.16	（校核）
JD	K3+182.76	（计算无误）

3. 主点的测设

将经纬仪置于交点 JD_i 上，望远镜照准后交点 JD_{i-1} 或此方向上的转点，自交点 JD_i 沿此方向量取切线长 T，即得圆曲线起点 ZY，插一测钎。然后用钢尺丈量自 ZY 至最近一个直线桩的距离，若两桩号之差等于所丈量的距离或相差在容许范围内，即可在测钎处打下 ZY 桩。若超出容许范围，应查明原因，以确保桩位的正确性。设置圆曲线终点时，将望远镜照准前交点 JD_{i+1} 或此方向上的转点，往返量取切线长 T，得圆曲线终点，打下 YZ 桩。设置圆曲线中点时，可自交点沿分角线方向量取外距 E，打下 QZ 桩。

14.3.2　圆曲线的详细测设

圆曲线主点测设完成后，曲线在地面上的位置即确定。当地形变化较大、曲线较长（>40m）时，仅 3 个主点不能将圆曲线的线形准确地反映出来，也不能满足设计和施工的需要。因此必须在主点测设的基础上，按一定桩距 l_0 沿中线设置里程桩和加桩。

曲线测设的方法有多种，这里介绍常用的切线支距法、偏角法和极坐标法。

1. 切线支距法

切线支距法是以圆曲线的起点 ZY 或终点 YZ 为坐标原点，以切线为 x 轴，过原点的半径方向为 y 轴，建立直角坐标。按曲线上各点坐标的 x、y 值设置曲线。

如图 14-5 所示，设 P_i 为曲线上欲测设的点位，该点至 ZY 点或 YZ 点的弧长为 l_i，φ_i 为 l_i 所对的圆心角，R 为圆曲线半径，则 P_i 的坐标计算公式为

$$\left.\begin{aligned} x_i &= R\sin\varphi_i \\ y_i &= R(1-\cos\varphi_i) \end{aligned}\right\} \qquad (14\text{-}5)$$

式中，$\varphi_i = \dfrac{l_i}{R} \cdot \dfrac{180°}{\pi}$。

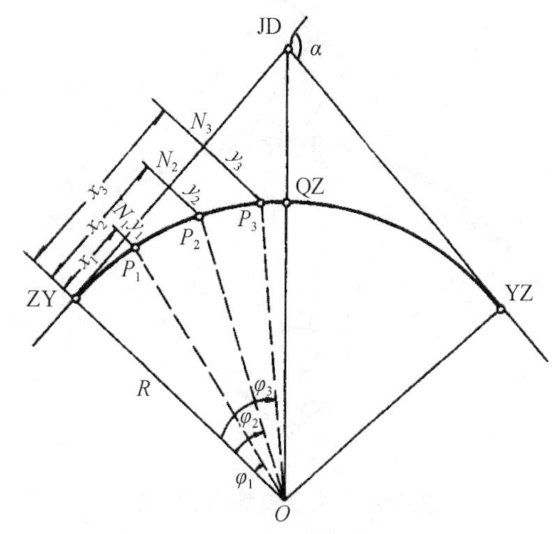

图 14-5　切线支距法测设圆曲线

例 14-2　若例 14-1 采用切线支距法并按整桩号法设桩，试计算各桩坐标。

例 14-1 已计算出主点里程，在此基础上按整桩号法列出详细测设的桩号，并计算其坐标。具体计算见表 14-3。

表 14-3　切线支距法计算表

桩号	各桩至 ZY 或 YZ 的曲线长度 l_i	圆心角 φ_i	x_i/m	y_i/m
ZY K3+114.05	0	0°00′00″	0	0
+120	5.95	1°08′11″	5.95	0.06
+140	25.95	4°57′22″	25.92	1.12
+160	45.95	8°46′33″	45.77	3.51
+180	65.95	12°35′44″	65.42	7.22
QZ K3+181.60				
+200	49.14	9°23′06″	48.92	4.02
+220	29.14	5°33′55″	29.09	1.41
+240	9.14	1°44′44″	9.14	0.14
YZ K3+249.14	0	0°00′00″	0	0

切线支距法测设曲线，为了避免支距过长，一般由 ZY、YZ 点分别向 QZ 点施测。其测设步骤如下。

（1）从 ZY（或 YZ）点开始用钢尺或皮尺沿切线方向量取 P_i 的横坐标 x_i，得垂足 N_i。

（2）在各垂足 N_i 上用方向架定出垂直方向，量取纵坐标 y_i，即可定出 P_i 点。

（3）曲线上各点设置完毕后，应量取相邻各桩之间的距离，与相应的桩号之差作比较，且考虑弧弦差的影响，若较差均在限差之内，则曲线测设合格；否则应查明原因，予以纠正。

这种方法适用于平坦开阔的地区，具有操作简单、测设方便、测点误差不累积的优点，但测设的点位精度偏低。

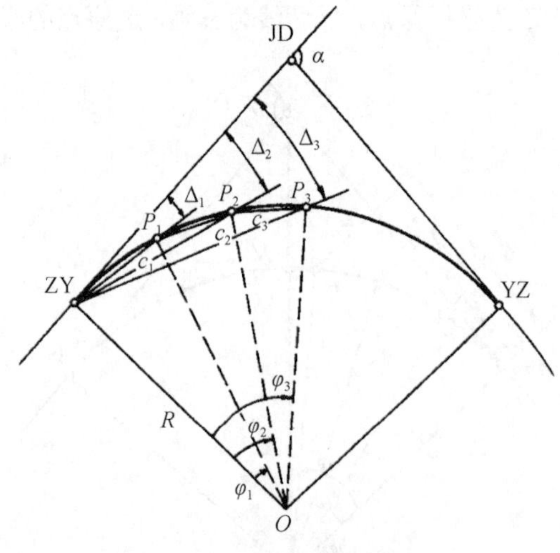

图 14-6　偏角法测设圆曲线

2. 偏角法

偏角法是以圆曲线起点 ZY 或终点 YZ 至曲线任一待定点 P_i 的弦线与切线 T 之间的弦切角（这里称为偏角）Δ_i 和弦长 c_i 来确定 P_i 点的位置。

如图 14-6 所示，根据几何原理，偏角 Δ_i 等于相应弧长 l_i 所对的圆心角 φ_i 一半，即

$$\Delta_i = \frac{\varphi_i}{2} \tag{14-6}$$

顾及式（14-5），则

$$\Delta_i = \frac{l_i}{R} \cdot \frac{90°}{\pi} \tag{14-7}$$

弦长 c_i 计算公式为

$$c_i = 2R\sin\frac{\varphi_i}{2} \tag{14-8}$$

如将式（14-8）中 $\sin\frac{\varphi_i}{2}$ 用级数展开，并以 $\varphi_i=\frac{l_i}{R}$ 代入，则

$$c_i=2R\left[\frac{\varphi_i}{2}-\frac{\left(\frac{\varphi_i}{2}\right)^3}{3!}+\cdots\right]=2R\left(\frac{l_i}{2R}-\frac{l_i^3}{48R^3}+\cdots\right)=l_i-\frac{l_i^3}{24R^2}+\cdots$$

弧弦差

$$\delta_i=l_i-c_i=\frac{l_i^3}{24R^2}\tag{14-9}$$

例 14-3　仍以例 14-1 为例，采用偏角法按整桩号设桩，计算各桩的偏角和弦长。设曲线由 ZY 点和 YZ 点分别向 QZ 点测设，计算见表 14-4。

表 14-4　偏角法计算表

桩号	各桩至 ZY 或 YZ 的曲线长度 l_i/m	偏角值	偏角读数	相邻桩间弧长/m	相邻桩间弦长/m
ZY K3+114.05	0	0°00′00″	0°00′00″	0	0
+120	5.95	0°34′05″	0°34′05″	5.95	5.95
+140	25.95	2°28′41″	2°28′41″	20	20.00
+160	45.95	4°23′16″	4°23′16″	20	20.00
+180	65.95	6°17′52″	6°17′52″	20	20.00
QZ K3+181.60	67.55	6°27′00″	6°27′00″	1.60	1.60
			353°33′00″	18.40	18.40
+200	49.14	4°41′33″	355°18′27″	20	20.00
+220	29.14	2°46′58″	357°13′02″	20	20.00
+240	9.14	0°52′22″	359°07′38″	9.14	9.14
YZ K3+249.14	0	0°00′00″	0°00′00″	0	0

由于经纬仪水平度盘的注字是顺时针方向增加的，测设曲线时，如果偏角的增加方向与水平度盘一致，也是顺时针方向增加，称为正拨；反之称为反拨。对于右转角（本例为右转角），仪器置于 ZY 点上测设曲线为正拨，置于 YZ 点上则为反拨。对于左转角，仪器置于 ZY 点上测设曲线为反拨，置于 YZ 点上则为正拨。正拨时，望远镜照准切线方向，如果水平度盘读数配置在 0°，各桩的偏角读数就等于各桩的偏角值。但在反拨时则不同，各桩的偏角读数应等于 360°减去各桩的偏角值。

偏角法的测设步骤如下（以例 14-3 为例）。

（1）将经纬仪置于 ZY 点上，瞄准交点 JD 并将水平度盘配置在 0°00′00″。

（2）转动照准部使水平度盘读数为桩 K3+120 的偏角读数 0°34′05″，从 ZY 点沿此方向量取弦长 5.95m，定出 K3+120。

（3）转动照准部使水平度盘读数为桩 K3+140 的偏角读数 2°28′41″，由桩 K3+120 量弦长 20m 与视线方向相交，定出 K3+140。

（4）按上述方法逐一定出 K3+160、K3+180 及 QZ 点 K3+181.60，此时定出的 QZ 点应与主点测设时定出的 QZ 点重合，如不重合，其闭合差不得超过限差规定。

（5）将仪器移至 YZ 点上，瞄准交点 JD 并将度盘配置在 0°00′00″。

（6）转动照准部使水平度盘读数为桩 K3+240 的偏角读数 359°07′38″，沿此方向从 YZ 点量取弦长 9.14m，定出 K3+240。

（7）转动照准部使度盘读数为桩 K3+220 的偏角读数 357°13′02″，由桩 K3+240 量弦长 20m 与视线方向相交得 K3+220。

（8）依此逐一定出 K3+200 和 QZ 点。QZ 点的偏差也应满足限差规定。

偏角法不仅可以在 ZY 和 YZ 点上测设曲线，而且可在 QZ 点上测设，也可在曲线任一点上测设。它是一种灵活性大、测设精度较高、适用性较强的常用方法。但这种方法存在着测点误差累积的缺点，所以宜从曲线两端向中点或自中点向两端测设曲线。

应用偏角法测设曲线，布设仪器的点至曲线各桩点视线应通视，当曲线上遇障碍视线受阻时，偏角法搬站次数较多。

3. 极坐标法

用测距仪或全站仪测设圆曲线时，仪器可安置在任何已知坐标点或未知坐标点上，操作极为简便。具有测设速度快、精度高、使用方便灵活的优点。

1）圆曲线主点坐标计算

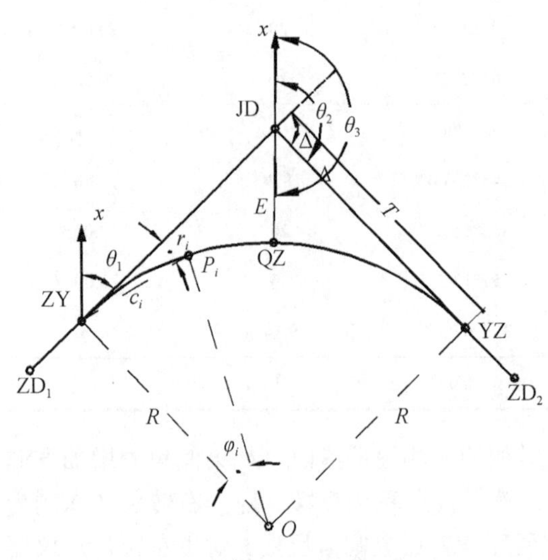

图 14-7　极坐标法测设圆曲线

以图 14-7 的右转角为例，根据路线交点 JD 及转点 ZD_1，ZD_2 的坐标，反算出切线 ZD_1→JD 的方位角为 θ_1，按路线转角 Δ，推算出切线 JD→ZD_2 的方位角为 $\theta_2=\theta_1+\Delta$，分角线 JD→QZ 点的方位角为 $\theta_3=\theta_1+90°+\dfrac{\Delta}{2}$，根据 JD 点的坐标及方位角 θ_1，θ_2，θ_3 和切线长 T，外距 E，计算出圆曲线主点的坐标为

$$\left.\begin{aligned}x_{ZY}&=x_{JD}-T\cos\theta_1\\y_{ZY}&=y_{JD}-T\sin\theta_1\\x_{YZ}&=x_{JD}+T\cos\theta_2\\y_{YZ}&=y_{JD}+T\sin\theta_2\\x_{QZ}&=x_{JD}+E\cos\theta_3\\y_{QZ}&=y_{JD}+E\sin\theta_3\end{aligned}\right\}\tag{14-10}$$

2）圆曲线细部点坐标计算

在图 14-7 中，ZY 点至细部点 P_i 的方位角为

$$\theta_{P_i}=\theta_1+\gamma_i=\theta_1+\frac{\varphi_i}{2}$$

则 P_i 点的坐标计算公式为

$$\left.\begin{aligned} x_{P_i} &= x_{ZY} + c_i \cos\theta_{P_i} \\ y_{P_i} &= y_{ZY} + c_i \sin\theta_{P_i} \end{aligned}\right\} \tag{14-11}$$

例 14-4　如图 14-8 所示，已知 JD 的桩号为 K3+182.76，转角为 $\Delta_{右}$=25°48′10″，易得其测设元素为 T=68.72m；L=135.10m；E=7.77m；D=2.34m，ZY 桩号为 K3+114.04；QZ 桩号为 K3+181.59；YZ 桩号为 K3+249.14。按图 14-8 的 JD、ZD_1 和 ZD_2 坐标计算极坐标法测设圆曲线的数据。

解：由图 14-8 的数据计算出两条切线及 JD 点至 QZ 点的方位角分别为

$$\theta_1=74°53'38''$$

$$\theta_2=\theta_1+\Delta=100°41'48''$$

$$\theta_3=\theta_1+90°+\frac{\Delta}{2}=177°47'43''$$

根据式（14-12）计算出主点 ZY、QZ 和 YZ 的坐标，如图 14-8 所示，圆曲线细部点坐标的计算见表 14-5。

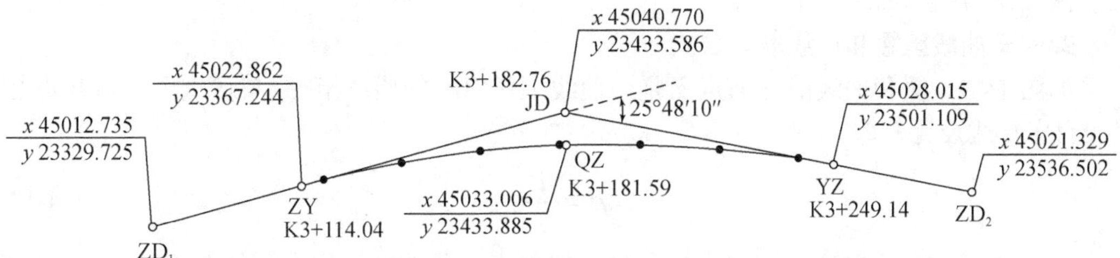

图 14-8　主点 ZY、QZ 和 YZ 的坐标

表 14-5　极坐标法测设圆曲线数据（按偏角弦长）

桩号	各桩至 ZY 的曲线长度 l_i/m	偏角值 γ	弦长 c /m	方位角 θ	x 坐标 /m	y 坐标 /m
ZY K3+114.04	0	0°00′00″	0	74°53′38″	45 022.862	23 367.244
+120	5.95	0°34′09″	5.96	75°27′47″	45 024.358	23 373.013
+140	25.96	2°28′44″	25.95	77°22′22″	45 028.535	23 392.566
+160	45.96	4°23′20″	45.92	79°16′38″	45 031.406	23 412.362
+180	65.96	6°17′55″	65.83	81°11′13″	45 032.948	23 432.297
QZ K3+181.59	67.55	6°27′02″	67.41	81°20′40″	45 033.007	23 433.886
+200	85.96	8°12′31″	85.67	83°06′09″	45 033.150	23 452.294
+220	105.96	10°07′06″	105.41	85°00′44″	45 032.027	23 472.255
+240	125.96	12°01′42″	125.04	86°55′20″	45 029.576	23 492.104
YZ K3+249.14	135.10	12°54′05″	133.96	87°47′43″	45 028.015	23 501.105

14.4　带有缓和曲线的圆曲线测设

14.4.1　缓和曲线

1. 缓和曲线的概念

汽车在行驶过程中，由直线进入圆曲线是司机转动方向盘，从而使前轮逐渐发生转向，其行驶轨迹是一条曲率连续变化的曲线。同时汽车在直线上的离心力为零，而在圆曲线上的离心力为一定值，直线与圆曲线直接相连离心力发生突变，对行车安全不利，也影响行车的稳定和舒适。尤其是汽车高速行驶时，这种现象更为明显。为了使路线的平面线形更加符合汽车的行驶轨迹，离心力逐渐变化，确保行车的安全和舒适，需要在直线与圆曲线之间插入一段曲率半径由无穷大逐渐变化到圆曲线半径的过渡性曲线，此曲线称为缓和曲线。

缓和曲线可采用回旋曲线、双纽线、三次抛物线等线型。目前我国公路和铁路均采用回旋曲线作为缓和曲线。

2. 回旋曲线型缓和曲线基本公式

如图 14-9，缓和曲线的几何意义是：曲线上任意点的曲率半径ρ与该点至曲线起点 ZH 的曲线长 l 成反比，即

$$\rho=\frac{A^2}{l} \tag{14-12}$$

式中，A 为缓和曲线参数，用来表征回旋曲线曲率变化的缓急程度，与车速有关。目前我国公路采用 A^2=0.035V^3，其中，V 为行车速度，以 km/h 为单位。在缓和曲线的起点（ZH）l= 0，则$\rho=\infty$。在缓和曲线的终点 HY，缓和曲线的全长为 l_h，缓和曲线的半径 ρ 等于圆曲线的半径 R。求得缓和曲线参数为

$$A=\sqrt{Rl_h} \tag{14-13}$$

将式（14-13）代入式（14-12），得

$$\rho=\frac{Rl_h}{l} \tag{14-14}$$

缓和曲线全长为

$$l_h=0.035V^3/R \tag{14-15}$$

按照《公路工程技术标准》（JTG B01—2014）规定：缓和曲线的长度应根据相应等级公路的行驶速度求算，并应大于表 14-6 中所列的数值。

表 14-6　缓和曲线长度选定

公路等级		高速公路	一级	二级	三级	四级
地形	平原微丘	100	85	70	50	35
	山岭重丘	70	50	35	25	20

3. 切线角公式

如图 14-9，回旋曲线上任一点 P 的切线与 x 轴（起点 ZH 或 HZ 切线）的夹角称为切

线角，用β表示。该角值与点 P 至曲线起点长度 l 所对应的中心角相等。在 P 处取一微分弧段 dl，所对的中心角为 dβ，于是

$$\mathrm{d}\beta=\frac{\mathrm{d}l}{\rho}=\frac{l\mathrm{d}l}{A^2}$$

积分得

$$\beta=\frac{l^2}{2A^2}=\frac{l^2}{2Rl_h} \tag{14-16}$$

当 l=0 时，即在 ZH 点，由式（14-16）可得β=0；当 $l=l_h$ 时，β以β_h表示，式（14-16）可写成弧度计算式，为

$$\beta_h=\frac{l_h^2}{2Rl_h}=\frac{l_h}{2R}(\mathrm{rad}) \tag{14-17}$$

以角度表示则为

$$\beta_h=\frac{l_h}{2R}\cdot\frac{180°}{\pi}(°) \tag{14-18}$$

式中，β_h 即为缓和曲线全长 l_h 所对的中心角即切线角，也称为缓和曲线角。

4. 缓和曲线的参数方程

如图 14-9 所示，以缓和曲线起点 ZH 为坐标原点，过该点的切线为 x 轴，过原点的半径为 y 轴，在 x-ZH-y 坐标系中，任取一点 P 的坐标为（x, y），则微分弧段 dl 在坐标轴上的投影为

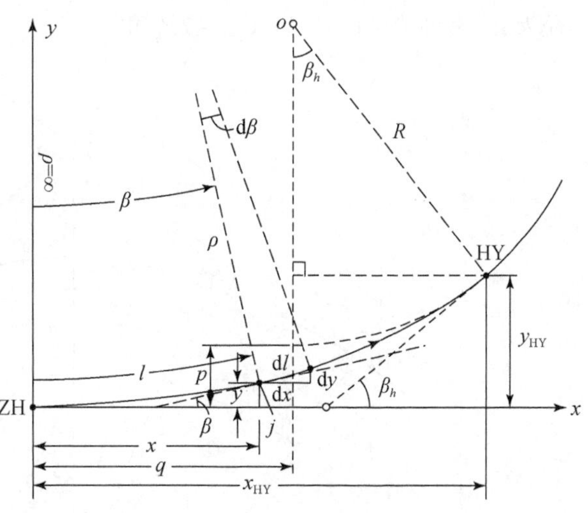

图 14-9　回旋型缓和曲线

$$\left.\begin{aligned}\mathrm{d}x&=\mathrm{d}l\cdot\cos\beta\\ \mathrm{d}y&=\mathrm{d}l\cdot\sin\beta\end{aligned}\right\} \tag{14-19}$$

将式（14-19）中 cosβ、sinβ按级数展开为

$$\left.\begin{aligned}\sin\beta&=\beta-\frac{\beta^3}{3!}+\frac{\beta^5}{5!}-\frac{\beta^7}{7!}+\cdots=\beta-\frac{\beta^3}{6}+\frac{\beta^5}{120}-\frac{\beta^7}{5040}+\cdots\\ \cos\beta&=1-\frac{\beta^2}{2!}+\frac{\beta^4}{4!}-\frac{\beta^6}{6!}+\cdots=1-\frac{\beta^2}{2}+\frac{\beta^4}{24}-\frac{\beta^6}{720}+\cdots\end{aligned}\right\} \tag{14-20}$$

顾及式（14-20）和式（14-16），对式（14-19）积分，略去高次项，整理得

$$\left.\begin{aligned}x&=l-\frac{l^5}{40R^2l_h^2}\\ y&=\frac{l^3}{6Rl_h}\end{aligned}\right\} \tag{14-21}$$

式（14-21）称为缓曲线的参数方程。当 $l=l_h$ 时，得到缓和曲线终点坐标为

$$\left.\begin{aligned} x_h &= l_h - \frac{l_h^3}{40R^2} \\ y_h &= \frac{l_h^2}{6R} \end{aligned}\right\} \tag{14-22}$$

14.4.2　带有缓和曲线的圆曲线主点测设

1. 内移距 p 与切线增值 q 的计算

如图 14-10 所示，在直线与圆曲线之间插入缓和曲线时，必须将原有的圆曲线向内移动距离 p（称为内移距），才能使缓和曲线的起点位于直线方向上，这时切线增长 q（称为切垂距）。公路上一般采用圆心不动的平行移动方法，即未设缓和曲线时的圆曲线为 FG，其半径为（$R+p$）；插入两段缓和曲线 AC 和 BD 后，圆曲线向内移，其保留部分为 CMD，半径为 R，所对的圆心角为（$\alpha-2\beta_h$）。

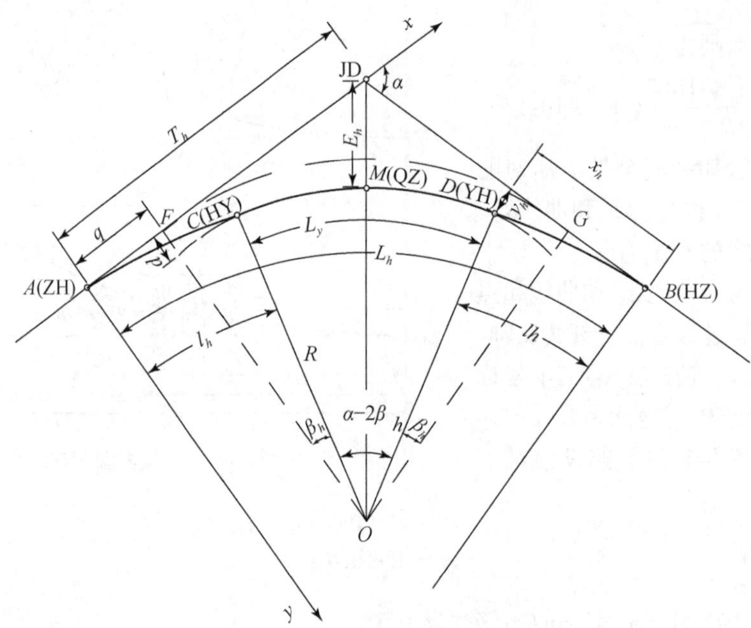

图 14-10　带有缓和曲线的平曲线

测设时必须满足的条件为 $\alpha \geqslant 2\beta_h$，否则应缩短缓和曲线长度或加大圆曲线半径使之满足条件。由图 14-9 和图 14-10 可知

$$\left.\begin{aligned} p &= y_h - R(1-\cos\beta_h) \\ q &= x_h - R\sin\beta_h \end{aligned}\right\} \tag{14-23}$$

将式（14-23）中 $\cos\beta_h$、$\sin\beta_h$ 按式（14-20）展开为级数，略去高次项，并按式（14-18）和式（14-22）将 β_h、x_h 和 y_h 代入，可得

$$
\left.\begin{aligned}
p &= \frac{l_h^2}{24R} \\
q &= \frac{l_h}{2} - \frac{l_h^3}{240R^2}
\end{aligned}\right\} \quad (14\text{-}24)
$$

由式（14-21）与式（14-24）可知，内移距 p 等于缓和曲线中点纵坐标 y 的两倍；切线增值 q 约为缓和曲线长度的一半，缓和曲线的位置大致是一半占用直线部分，另一部分占用原圆曲线部分。

2. 平曲线测设元素

当测得转角 α，圆曲线半径 R 和缓和曲线长 l_h 确定后，即可按式（14-17）及式（14-24）计算切线角 β_h、内移值 p 和切线增值 q。在此基础上计算平曲线测设元素。如图 14-10 所示，平曲线测设元素计算公式为

$$
\left.\begin{aligned}
&\text{切线长} && T_h = (R+p)\tan\frac{\alpha}{2} + q \\
&\text{曲线长} && L_h = R(\alpha - 2\beta_h)\frac{\pi}{180^\circ} + 2l_h \\
&\text{其中圆曲线长} && L_y = R(\alpha - 2\beta_h)\frac{\pi}{180^\circ} \\
&\text{外矢距} && E_h = (R+p)\sec\frac{\alpha}{2} - R \\
&\text{切曲差} && D_h = 2T_h - L_h
\end{aligned}\right\} \quad (14\text{-}25)
$$

3. 平曲线主点测设

根据交点的里程和平曲线测设元素，计算主点里程

$$
\left.\begin{aligned}
&\text{直缓点} && \mathrm{ZH} = \mathrm{JD} - T_h \\
&\text{缓圆点} && \mathrm{HY} = \mathrm{ZH} + l_h \\
&\text{圆缓点} && \mathrm{YH} = \mathrm{HY} + L_y \\
&\text{缓直点} && \mathrm{HZ} = \mathrm{YH} + l_h \\
&\text{曲中点} && \mathrm{QZ} = \mathrm{HZ} - \frac{L_h}{2} \\
&\text{交点} && \mathrm{JD} = \mathrm{QZ} + \frac{D_h}{2}(\text{校核})
\end{aligned}\right\} \quad (14\text{-}26)
$$

主点 ZH、HZ 和 QZ 的测设方法，与 14.3 节圆曲线主点测设相同。HY 和 YH 点可按式（14-22）计算 x_h、y_h 用切线支距法测设。

例 14-5　某一高速公路的设计行车速度为 120km/h，已知某一交点 JD8 的里程桩号为 K9+658.86，转角为Δ=20°18′26″，半径为 R=600m，试计算曲线测设的主元素和曲线主点里程。

解：按规范规定得知，对于高速公路可以取缓和曲线的长度 l_h =100m。

1）计算缓和曲线元素

$$\beta_h = \frac{l_h}{2R} \times \frac{180°}{\pi} = \frac{100 \times 180}{2 \times 600 \times \pi} = 4°46'29''$$

$$p = \frac{l_h^2}{24R} = \frac{100^2}{24 \times 600} = 0.69\text{m}$$

$$q = \frac{l_h}{2} - \frac{l_h^3}{240R^2} = \frac{100}{2} - \frac{100^3}{240 \times 600^2} = 50\text{m}$$

$$x_h = l_h - \frac{l_h^3}{40R^2} = 100 - \frac{100^3}{40 \times 600^2} = 99.93\text{m}$$

$$y_h = \frac{l_h^2}{6R} = \frac{100^2}{6 \times 600} = 2.78\text{m}$$

2）计算缓和曲线主元素

$$T_h = (R + p)\tan\frac{\Delta}{2} + q = (600 + 0.69)\tan\frac{20°18'26''}{2} + 50 = 157.58\text{m}$$

$$L_y = R(\alpha - 2\beta_h)\frac{\pi}{180°} = 600(20°18'26'' - 2 \times 4°46'29'') \times \frac{\pi}{180°} = 112.66\text{m}$$

$$L_h = L_y + 2l_h = 112.66 + 2 \times 100 = 312.66\text{m}$$

$$E_h = (R + p)\sec\frac{\Delta}{2} - R = (600 + 0.69)\sec\frac{20°18'26''}{2} - 600 = 10.25\text{m}$$

$$J_h = 2T_h - L_h = 2 \times 157.58 - 312.66 = 2.50\text{m}$$

3）计算缓和曲线各主点的里程

JD_8的桩号为K9+658.86，按缓和曲线主点里程的计算公式得

JD_8桩号		K9+658.86
$-T_h$		157.58
直缓点ZH里程	ZH桩号	K9+501.28
$+l_h$		100.00
缓圆点HY里程	HY桩号	K9+601.28
$+L_{y/2}$		56.33
曲中点QZ里程	QZ桩号	K9+657.61
$+L_{y/2}$		56.33
圆缓点YH里程	YH桩号	K9+713.94
$+l_h$		100.00
缓直点HZ里程	HZ桩号	K9+813.94

检核：HZ桩号=JD桩号$+T_h-J_h$

=K9+658.86+157.58-2.5=K9+813.94（校核无误）

4）主点的测设

（1）经纬仪安置在交点 DJ8 上，瞄准直缓点 ZH 方向，沿视线方向量取切线长 T_h=157.58m，即得直缓点 ZH，桩号 K9+501.28。

（2）仪器不动，以 ZH 点为后视方向，拨角(180°−Δ)/2，即分角线方向，沿此方向量取外矢距 E_h=10.25m，即得曲中点 QZ，桩号 K9+657.55。

（3）再将经纬仪瞄准缓直点 HZ 方向，沿视线方向量取切线长 T_h=157.58m，即得缓直点 HZ，桩号 K9+813.83。

（4）以 ZH 点为坐标原点，以 ZH-JD8 为切线方向建立直角坐标系的 x 轴，垂直方向为 y 轴，用切线支距法量取 x_h=99.93m，y_h=2.78m，得缓圆点 HY，桩号为 K9+601.28。

（5）同理，以 HZ 点为坐标原点，以 HZ-JD8 为切线方向建立直角坐标系的 x 轴，垂直方向为 y 轴，用切线支距法量取 x_h=99.93m，y_h=2.78m，得圆缓点 YH，桩号 K9+713.83。

（6）在测设出的各主点上钉木桩，并钉一小钉作为标心。

14.4.3　带有缓和曲线的圆曲线的详细测设

1. 切线支距法

切线支距法是以直缓点 ZH 或缓直点 HZ 为坐标原点，以过原点的切线为 x 轴，过原点的半径为 y 轴，利用缓和曲线和圆曲线上各点的 x、y 坐标测设曲线。

在缓和曲线上各点的坐标可按缓和曲线参数方程式（14-21）计算。

圆曲线上各点坐标的计算公式可按图 14-11 写出

$$\left.\begin{aligned} x &= R\sin\varphi + q \\ y &= R(1-\cos\varphi) + p \end{aligned}\right\} \tag{14-27}$$

式中，$\varphi = \dfrac{l'}{R} \cdot \dfrac{180°}{\pi} + \beta_h$，$l'$ 为该点到 HY 或 YH 的曲线长，仅为圆曲线部分的长度。在算出缓和曲线和圆曲线上各点的坐标后，即可按圆曲线切线支距法的测设方法进行设置。

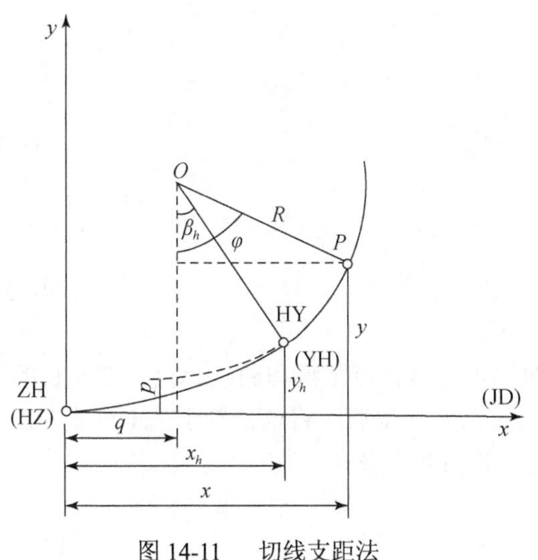

图 14-11　切线支距法

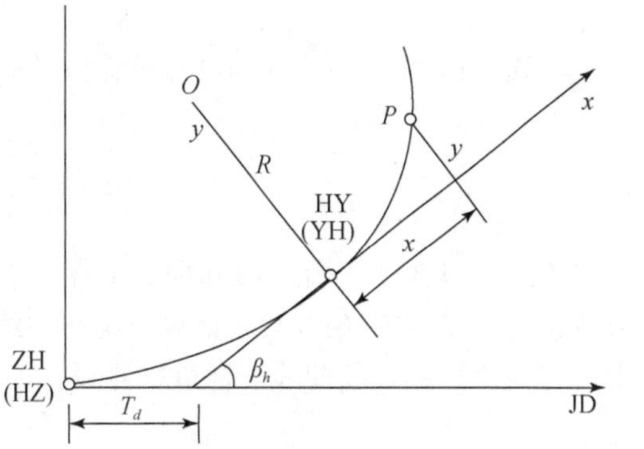

图 14-12　切线支距法测设带有缓和曲线的平曲线

圆曲线上各点也可以缓圆点 HY 或圆缓点 YH 为坐标原点用切线支距法进行测设。此时只要将 HY 或 YH 点的切线定出。如图 14-12，计算出 T_d 之长，HY 或 YH 点的切线即可确定。T_d 计算公式为

$$T_d = x_h - \frac{y_h}{\tan \beta_h} = \frac{2}{3} l_h + \frac{l_h^2}{360R^2} \quad (14\text{-}28)$$

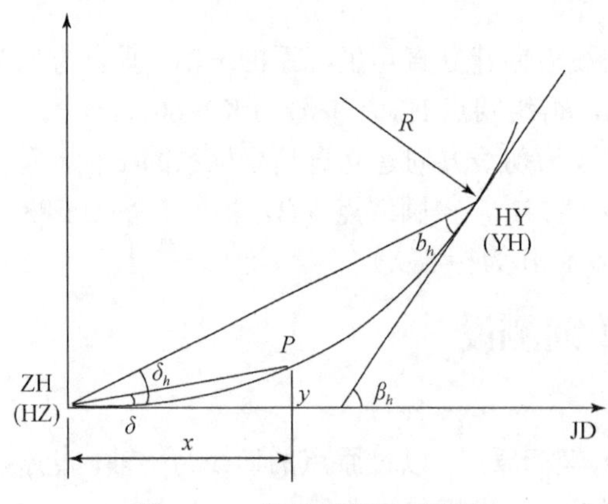

图 14-13　偏角法测设平曲线

2. 偏角法

1）缓和曲线部分测设

如图 14-13 所示，设缓和曲线上任意一点 P 的偏角为 δ，至 ZH 或 HZ 点的曲线长为 l，其弦长近似与曲线长相等，也为 l。由直角三角形得

$$\sin\delta = \frac{y}{l}$$

因 δ 很小，则 $\sin\delta = \delta$ 。顾及 $y = \frac{l^3}{6Rl_h}$，则

$$\delta = \frac{l^2}{6Rl_h} \quad (14\text{-}29)$$

HY 或 YH 点的偏角 δ_h 为缓和曲线的总偏角。将 $l = l_h$ 代入式（14-29）得

$$\delta_h = \frac{l_h}{6R} \quad (14\text{-}30)$$

顾及式（14-17），$\beta_h = \frac{l_h}{2R}$，则

$$\delta_h = \frac{1}{3}\beta_h \quad (14\text{-}31)$$

将式（14-30）与式（14-29）相比，得

$$\delta = \left(\frac{l}{l_h}\right)^2 \delta_h \quad (14\text{-}32)$$

由式（14-32）可知，缓和曲线上任一点的偏角，与该点至缓和曲线起点的曲线长的平方成正比。在按式（14-32）计算出缓和曲线上各点的偏角后，将仪器置于 ZH 点或 HZ 点上，与偏角法测设圆曲线一样进行测设。由于缓和曲线上弦长

$$c = l - \frac{l^5}{90R^2 l_h^2} \quad (14\text{-}33)$$

近似等于相对应的弧长，在测设时，弦长一般以弧长代替。

测设时，将经纬仪置于 ZH 或 HZ 点，后视交点 JD，以切线为零方向，首先拨出偏角 δ_1，以弧长 l_1 代替弦长交出 1 点。再拨角偏角 δ_2, δ_3, …, δ_n，同时从已测定的点上量出弦长定出 2, 3, …, n，直至 HY 点，并检核合格为止。

2）圆曲线部分测设

圆曲线上各点的测设须将仪器迁至 HY 或 YH 点上进行。这时只要定出 HY 或 YH 点的切线方向。就与前面所讲的无缓和曲线的圆曲线一样测设。关键是计算 b_h，如图 14-13 所示，显然：

$$b_h = \beta_h - \delta_h = 3\delta_h - \delta_h = 2\delta_h \tag{14-34}$$

将仪器置于 HY 点上，瞄准 ZH 点，水平度盘配置在 b_h（当曲线右转时，配置在 $360° - b_h$），旋转照准部使水平度盘读数为 0°00′00″并倒镜，此时视线方向即为 HY 点的切线方向。

14.5　路线纵横断面测量

路线纵断面测量又称为中线高程测量，其任务是在道路中线测定之后，测定中线各里程桩的地面高程，供路线纵断面图点绘地面线和设计纵坡之用。横断面测量是测定路中线各里程桩两侧垂直于中线方向的地面高程，供路线横断面图点绘地面线、路基设计、土石方数量计算及施工边桩放样等使用。

路线纵断面高程测量采用水准测量。为了保证测量精度和有效地进行成果检核，按照“从整体到局部”的测量原则，纵断面测量可分为基平测量和中平测量。一般先是沿路线方向设置水准点，建立路线高程控制测量，即为基平测量；再根据基平测量测定的水准点高程，分段进行水准测量，测定路线各里程桩的地面高程，称为中平测量。

14.5.1　基平测量

1. 路线水准点的设置

沿线水准点应根据需要和用途布设永久性水准点和临时性水准点。在路线的起终点、大桥两岸、隧道两端、垭口及一些需要长期进行变形监测的区域（如地质条件不稳定、软基高路堤）附近均应设置永久性水准点。特大桥与大型构筑物每一端应埋 2 个（含 2 个）以上水准点。一般地段每隔 25～30 km 布设一个永久性水准点，临时水准点一般每隔 1.0～1.5 km 设置一个。

永久性水准点应为混凝土桩，也可在牢固的永久性建筑物顶面凸出处设置，点位用红油漆画上“⊠”记号；山区岩石地段的水准点桩可利用坚硬稳定的岩石并用金属标识嵌在岩石上。混凝土水准点桩顶面的钢筋应锉成球面。为便于引测及施工放样，还需沿线布设一定数量的临时水准点。临时性水准点可埋设大木桩，顶面钉入大铁钉作为标识，也可设在地面突出的坚硬岩石或建筑物墙角处，并用红油漆做标识。水准点应选在公路中心线 50～300m 之内地基稳固、醒目、易于引测、便于定测和施工放样，且不易被破坏的地点。水准点用“BM”标注，并注明编号、水准点高程、测设单位及埋设的年月。

2. 基平测量的方法

《公路勘测规范》（JTG C10—2007）规定，公路高程系统宜采用 1985 国家高程基准。

同一条公路应采用同一个高程系统，不能采用同一系统时，应给定高程系统的转换关系。独立工程或三级以下公路联测有困难时，可采用假定高程。公路高程测量采用水准测量，在水准测量确有困难的山岭地带及沼泽、水网地区，四、五等水准测量可用光电测距三角高程测量代替。公路及构造物的水准测量等级应按表 14-7 选定，水准测量的精度应符合表 14-8 的规定。

表 14-7　公路及构造物的水准测量等级

测量项目	等级	水准路线最大长度/km
4000m 以上特长隧道、2000m 以上特大桥	三等	50
高速公路、一级公路、1000～2000m 特大桥、2000～4000m 特大桥	四等	16
二级及二级以下公路、1000m 以下桥梁、2000m 以下隧道	五等	10

表 14-8　水准测量的精度

等级	每公里高差中数中误差/mm		往返较差、附合或环线闭合差/mm		检测已测测段高差之差/mm
	偶然中误差	全中误差	平原微丘区	山岭重丘区	
三等	±3	±6	$\pm 12\sqrt{L}$	$\pm 3.5\sqrt{n}$ 或 $\pm 15\sqrt{L}$	$\pm 20\sqrt{L_i}$
四等	±5	±10	$\pm 20\sqrt{L}$	$\pm 6.0\sqrt{n}$ 或 $\pm 25\sqrt{L}$	$\pm 30\sqrt{L_i}$
五等	±8	±16	$\pm 30\sqrt{L}$	$\pm 45\sqrt{L}$	$\pm 40\sqrt{L_i}$

注：计算往返较差时，L 为水准点间的路线长度（km）；计算附合或环线闭合差时，L 为附合或环线的路线长度（km）；n 为测站数；L_i 为检测测段长度（km）

当测段高差不符值在规定容许闭合差（限差）之内，取其高差平均值作为两水准点间的高差。超出限差则必须重测。

14.5.2　中平测量

中平测量主要是利用基平测量布设的水准点及高程，引测出各中桩的地面高程，作为绘制路线断面地面线的依据。

中平测量是以两个相邻水准点为一测段，从一个水准点开始，逐个测定中桩的地面高程，直至闭合于下一个水准点上。中平测量只作单程测量。一测段观测结束后，应计算测段高差 $\Delta h_{中}$。它与基平所测测段两端水准点高差 $\Delta h_{基}$ 之差，称为测段高差闭合 f_h。测段高差闭合差应符合中桩高程测量精度要求，否则应重测。其允许误差 $f_{h允}$ 规定如下：高速公路、一级公路为 $\pm 30\sqrt{L}$ mm；二级及以下公路为 $\pm 50\sqrt{L}$ mm。中桩高程可观测一次，取位至厘米。

中桩高程检测限差规定如下：高速公路、一级公路为±5cm；二级及以下公路为±10cm。中桩高程应测量桩标识处的地面高程。对沿线需要特殊控制的建筑物、管线、铁路轨顶等，应按轨顶测出标高，其检测限差为 2cm。相对高差相差悬殊的少数中桩高程可采用三角高程测量或单程支线水准测量。

在每一个测站上，除了传递高程，观测转点外，应尽量多地观测中桩。相邻两转点间所观测的中桩称为中间点，其读数为中视读数。由于转点起着传递高程的作用，在测站上应先观测转点，后观测中间点。转点读数至毫米，视线长不应大于 150mm，水准尺应立于尺垫、稳固的桩顶或坚石上。中间点读数可至厘米，视线也可适当放长，立尺应紧靠桩边的地面上。

如图 14-14 所示，水准仪置于测站 1，后视水准点 BM_1，前视转点 TP_1，将读数记入

表 14-9 后视、前视栏内。然后观测 BM_1 与 TP_1 间的中间点 K0+000、+0250、+100、+108、+120，将读数记入中视栏。再将仪器搬至测站 2，后视转点 TP_1，前视转点 TP_2，然后观测各中间点+140、+160、+180、+200、+221，+240，将读数分别记入后视、前视和中视栏。按上述方法继续前测，直至闭合于水准点 BM_2。

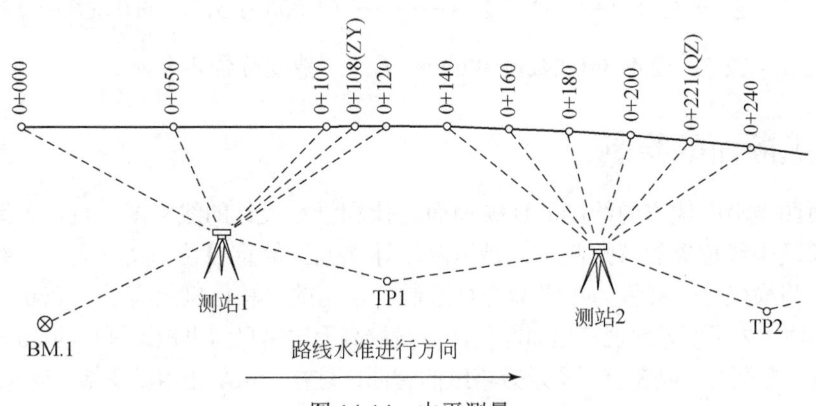

图 14-14　中平测量

表 14-9　中平测量记录表

测站	测点	水准尺读数/m			视线高程/m	高程/m	备注
		后视	中视	前视			
1	BM_1	2.191			1514.505	1512.314	H_{BM1}=1512.314
	K0+000		1.62			1512.89	
	+050		1.90			1512.61	
	+100		0.62			1513.89	
	+108		1.03			1513.48	
	+120		0.90			1513.60	
	TP_1			1.006		1513.499	
2	TP_1	3.162			1516.661	1513.499	
	+140		0.50			1516.16	
	+160		0.52			1516.14	
	+180		0.82			1515.84	
	+200		1.20			1515.46	
	+221		1.01			1515.65	
	+240		1.06			1515.65	
	TP_2			1.521		1515.140	
⋮	TP_2	2.246			1517.386	1515.140	
	…	…	…	…	…	…	
	K1+240		2.32			1523.068	
	BM_2			0.606		1524.782	H_{BM2}=1524.824

中桩的地面高程及前视点高程应按所属测站的视线高程进行计算。每一测站的计算公式为

视线高程=后视点高程+后视读数

中桩高程=视线高程-中视读数

转点高程=视线高程-前视读数

复核：$f_{h容} = \pm 50\sqrt{L} = \pm\sqrt{1.24} = \pm 56\ \text{mm}$（$L$=$K$1+240-$K$0+000=1.24km）

$\Delta h_{基}=1\ 524.824-1\ 512.314=12.51\text{m}$

复核：$\Delta h_{中}=1\ 524.782-1\ 512.314=12.468\text{m}$

$\sum a-\sum b=(2.191+3.162+2.246+\cdots)-(1.006+1.521+\cdots+0.606)=12.468\text{m}$

$\Delta h_{基}-\Delta h_{中}=12.51-12.468=0.042\text{m}=42\text{mm}<f_{h容}$，精度符合要求。

14.5.3　纵断面的绘制

纵断面图是沿中线方向绘制的反映地面起伏和纵坡设计的线状图，表示各路段纵坡的大小和坡长及中线位置的填挖高度，是道路设计和施工的重要技术文件之一。纵断面图以中桩的里程为横坐标、高程为纵坐标进行绘制。常用的里程比例尺有 1∶5000、1∶2000、1∶1000 几种。为了明显地表示地面起伏，一般取高程比例尺为里程比例尺的 10～20 倍。纵断面图一般自左至右绘制在透明毫米方格纸的背面，这样，可防止用橡皮修改时把方格擦掉。

图 14-15 为路线设计纵断面图，由上、下两部分组成。

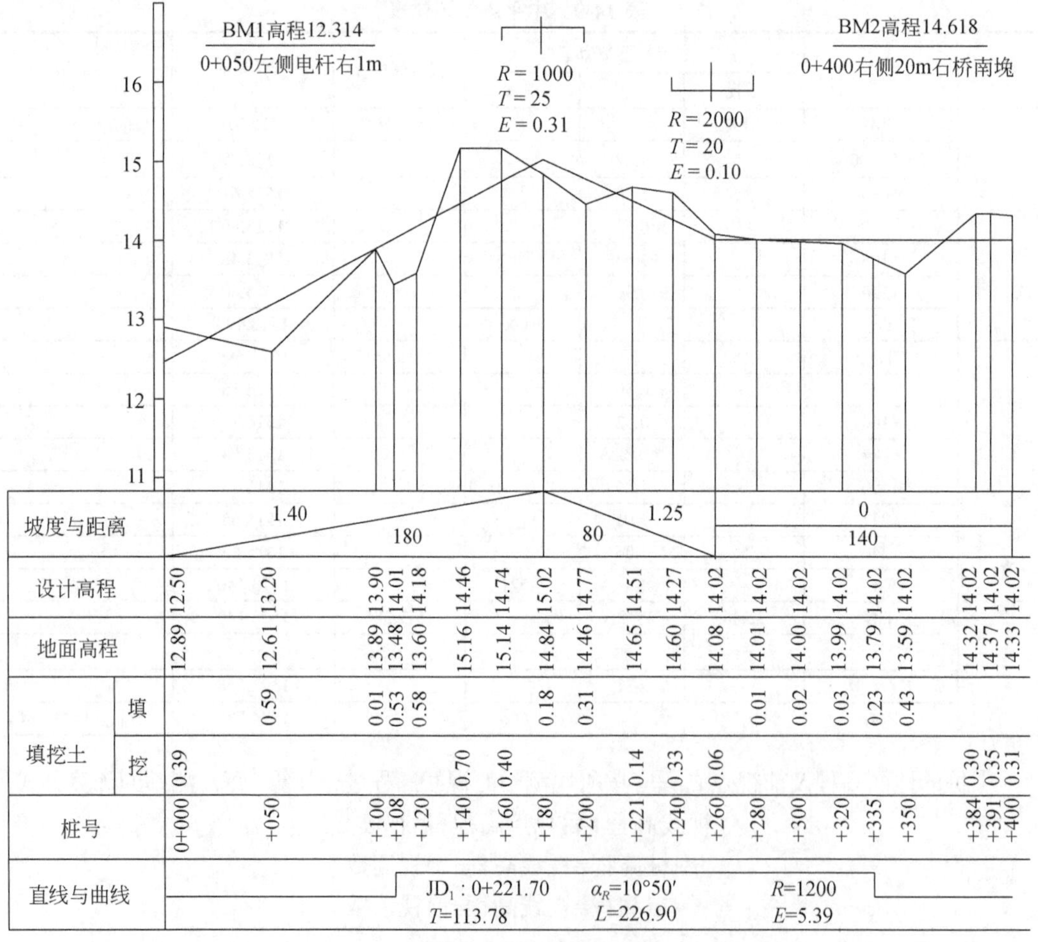

图 14-15　路线设计纵断面图

路线设计纵断面图的上半部，从左至右绘有贯穿全图的两条线，细折线表示中线方向的地面线，是根据中平测量的中桩地面高程绘制的；粗折线表示纵坡设计线。此外，上部还注有以下资料：水准点编号、高程和位置；竖曲线示意图及其曲线元素；桥梁的类型、孔径、跨数、长度、里程桩号和设计水位；涵洞的类型、孔径和里程桩号；其他道路、铁路交叉点的位置、里程桩号和有关说明等。路线设计纵断面图的下部几栏表格，注记以下有关测量和纵坡设计的资料。

（1）在图纸左面自下而上填写直线与曲线、桩号、填挖土、地面高程、设计高程、坡度与距离等栏，上部纵断面图上的高程按规定的比例尺注记，但先要确定起始高程（如图 14-15 中 0+000 桩号的地面高程）在图上的位置，且参考其他中桩的地面高程，使绘出的地面线处于图上的适当位置。

（2）在“桩号”栏中，自左至右按规定的里程比例尺注上各中桩的桩号。

（3）在“地面高程”栏中，注上对应于各中桩桩号的地面高程，并在纵断面图上按各中桩的地面高程依次展绘其相应位置，用细直线连接各相邻点位，即得中线方向的地面线。

（4）在“直线与曲线”栏中，应按里程桩号标明路线的直线部分和曲线部分。曲线部分用直角折线表示，上凸表示路线右偏，下凹表示路线左偏，并注明交点编号及其桩号，注明 Δ，R，T，L，E 等曲线元素。

（5）在上部地面线部分进行纵坡设计。设计时，要考虑施工时土石方量最小、填挖方尽量平衡及小于限制坡度等道路有关技术规定。

（6）在“坡度与距离”栏中，分别用斜线或水平线表示设计坡度的方向，线上方注记坡度数值（以百分比表示），下方注记坡长，水平线表示平坡。不同的坡段以竖线分开。某段的设计坡度值计算公式为

设计坡度=（终点设计高程－起点设计高程）/平距

（7）在“设计高程”栏中，分别填写相应中桩的设计路基高程。某点的设计高程按计算公式为

设计高程=起点设计高程+设计坡度×起点至该点的平距

（8）在“填挖土”栏中，施工量的计算公式为

某点的施工量=该点地面高程-该点设计高程

14.5.4　横断面测量

路线横断面测量的主要任务是在各中桩处测定垂直于道路中线方向的地面起伏，然后绘成横断面图。横断面图是设计路基横断面、计算土石方和施工时确定路基填挖边界的依据。横断面测量的宽度由路基宽度及地形情况确定，一般在中线两侧各测 15～50m，高程、距离的读数取位至 0.1m，检测限差应符合表 14-10 的规定。

表 14-10　横断面测量检测限差表

路线	距离/m	高程/m
高速公路、一级公路	$\pm(L/100+0.1)$	$\pm(h/100+L/200+0.1)$
二级及以下公路	$\pm(L/50+0.1)$	$\pm(h/50+L/100+0.1)$

注：L 为测点至中桩的水平距离（m）；h 为测点至中桩的高差（m）

横断面测量应逐桩施测，其方向应与路线中线垂直，曲线路段与测点的切线垂直。

横断面测量方法：高速公路、一级公路应采用水准仪-皮尺法、横断面仪法、全站仪法或经纬仪视距法，二级及二级以下公路可采用手水准皮尺法。

1. 横断面方向的测定

横断面方向应与路线中线垂直，曲线路段与测点的切线垂直。一般可采用方向架、方向盘定向，精度要求高的横断面定向可用经纬仪、全站仪定向。

1）直线段横断面方向的测定

直线段横断面方向与路线中线垂直，一般采用方向架测定。方向架的结构如图 14-16（a）所示，由相互垂直的照准杆 aa'，bb'构成的十字架，cc'为定向杆，支撑十字架的杆件高约 1.2m。

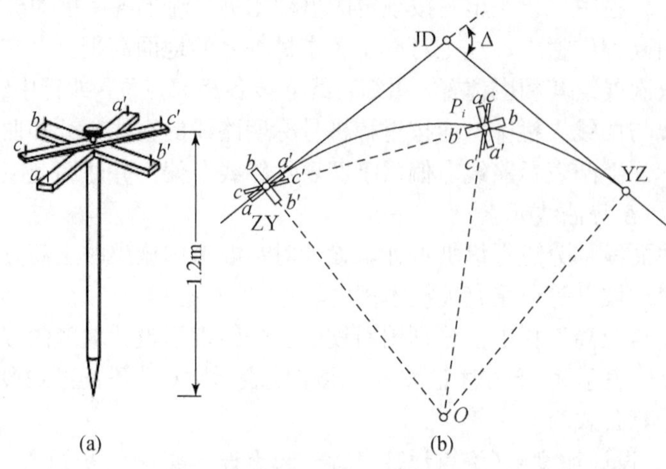

图 14-16　路线纵断面图

将方向架置于桩点上，方向架上有两个相互垂直的固定片，用其中一个瞄准该直线上任一中桩，另一个所指方向即为该桩点的横断面方向，见图 14-16（b）。

2）圆曲线横断面方向的测定

（1）将方向架置于 ZY 点，使照准杆 aa'指向 JD 点，这时，照准杆 bb'方向指向圆心。

（2）旋松定向杆 cc'的制动钮，使其照准圆曲线上的另一细部点 P_i，旋紧定向杆 cc'的制动钮。

（3）将方向架置于 P_i 点，使照准杆 bb'指向 ZY 点，这时，定向杆 cc'所指的方向即为圆心方向。

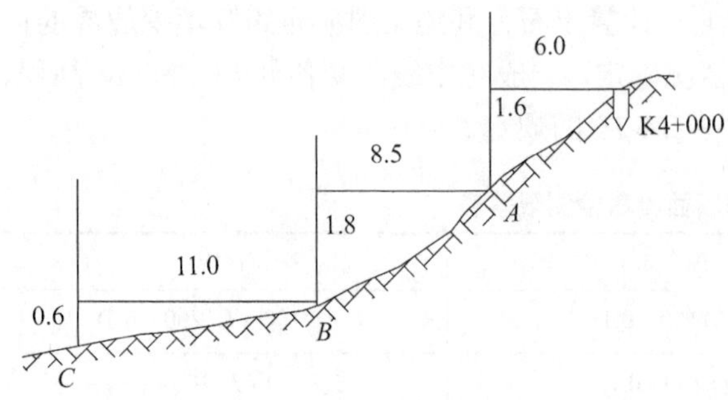

图 14-17　花杆皮尺法测量横断面

2. 横断面的测量方法

横断面上中桩的地面高程已在纵断面测量时完成，横断面上各地形特征点相对于中桩的平距和高差可用下述方法测定。

1）花杆皮尺法

如图 14-17 所示，A、B、C、…为

横断面方向上所选定的变坡点。施测时将花杆立于 A 点，从中桩处地面将尺拉平量出至 A 点的距离，并测出皮尺截于花杆位置的高度，即 A 相对于中桩地面的高差。同法可测得 A 至 B、B 至 C、…的距离和高差，直至所需要的宽度。中桩一侧测完后再测另一侧。此法简便，但精度较低，适用于山区等地形变化较多的地段。

记录表格如表 14-11，表中按路线前进方向分左侧、右侧。分数的分子表示测段两端的高差，分母表示其水平距离。高差为正表示上坡，为负表示下坡。

表 14-11　横断面测量记录表

左侧			桩号	右侧			
……				……			
$\frac{-0.6}{11.0}$	$\frac{-1.8}{8.5}$	$\frac{-1.6}{6.0}$	K4+000	$\frac{+1.5}{4.6}$	$\frac{+0.9}{4.4}$	$\frac{-1.6}{7.0}$	$\frac{+0.5}{10.0}$
$\frac{-0.5}{7.8}$	$\frac{-1.2}{4.2}$	$\frac{-0.8}{6.0}$	K3+980	$\frac{+0.7}{7.2}$	$\frac{+1.1}{4.8}$	$\frac{-0.4}{7.0}$	$\frac{+0.9}{6.5}$

2）水准仪-皮尺法

在平坦地区可使用水准仪测量横断面。水准仪-皮尺法测量横断面如图 14-18 所示，施测时选一适当位置安置水准仪，后视中桩水准尺读取后视读数，前视横断面方向上各变坡点上水准尺读取各前视读数，后视读数分别减去各前视读数即得各变坡点与中桩地面高差。用钢尺或皮尺分别量取各变坡点至中桩的水平距离。根据变坡点与中桩的高差及距离即可绘制横断面。

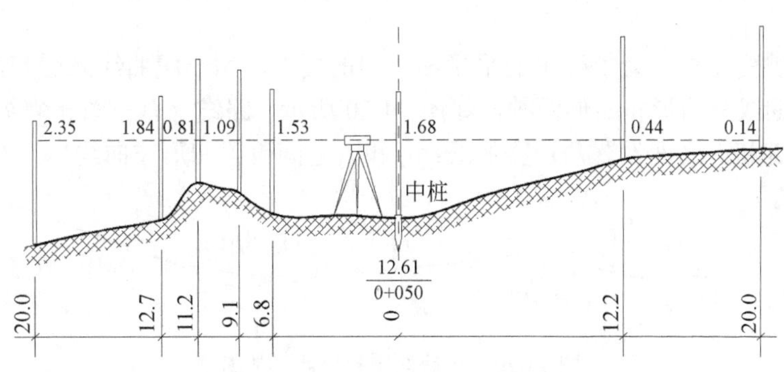

图 14-18　水准仪-皮尺法测量横断面

3）经纬仪视距法

在地形复杂、山坡较陡的地段宜采用经纬仪施测。将经纬仪安置在中桩上，照准横断面方向，量取仪器横轴至中桩地面的高度作为仪器高，用视距测量的方法测出横断面方向各变坡点至中桩的水平距离和高差。

4）全站仪法

在测站安置全站仪，路线中桩上安置棱镜，按全站仪斜距测量键测量中桩至测站斜距，然后移动棱镜于中桩横断面地形变化点，利用全站仪的对边测量功能，可直接测得地形变化点至中桩的斜距、平距及高差；也可直接测量出横断面方向各变坡点的坐标，利用坐标绘制断面图。

3. 横断面图的绘制

绘制横断面图一般采用现场边测边绘的方法，以便及时对横断面进行核对。但也可在现场记录（表 14-11），回到室内绘图。绘图比例尺一般采用 1∶200 或 1∶100，绘在毫米方格纸上。绘图时，首先将中桩位置标出，其次分左、右两侧，按照相应的水平距离和高差，逐一将变坡点标在图上，最后用直线连接相邻各点，即得横断面地面线。

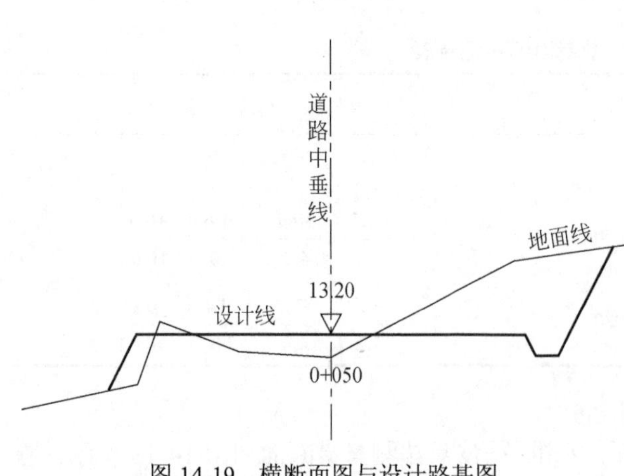

图 14-19　横断面图与设计路基图

横断面图绘制好后，经路基设计，先在透明纸上按与横断面图相同的比例尺分别绘出路堑、路堤和半填半挖的路基设计线，称为标准断面图。然后按纵断面图上该中桩的设计高程把标准断面图套在实测的横断面图上。也可将路基断面设计线直接画在横断面图上，绘制成路基断面图，这项工作俗称“戴帽子”。图 14-19 为横断面图与设计路基图，其细线为横断面地面线，粗线为半填半挖的路基断面图。根据横断面的填、挖面积及相邻中桩的桩号，可以计算出施工的土石方量。

14.6　竖曲线的测设

在路线纵坡变化处，为了行车的平稳和视距的要求，用一段曲线来缓和，这种曲线称为竖曲线。竖曲线有凸形和凹形两种，如图 14-20 所示，路线上有三条相邻纵坡 i_1（+），i_2（+），i_3（+），i_1 和 i_2 之间设置凸形竖曲线；i_2 和 i_3 之间设置凹形竖曲线。

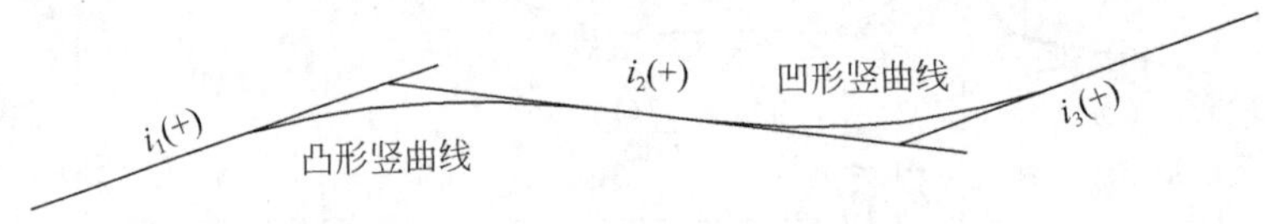

图 14-20　横断面图与设计路基图

如图 14-21 所示，两相邻纵坡的坡度分别为 i_1、i_2，竖曲线半径为 R，则竖曲线测设元素为曲线长

$$L=\omega\cdot R$$

由于竖曲线相邻纵坡的坡度差 ω 很小，可认为 $\omega=i_1-i_2$，于是有

$$L=R(i_1-i_2) \tag{14-35}$$

切线长

$$T=R\tan\frac{\omega}{2}$$

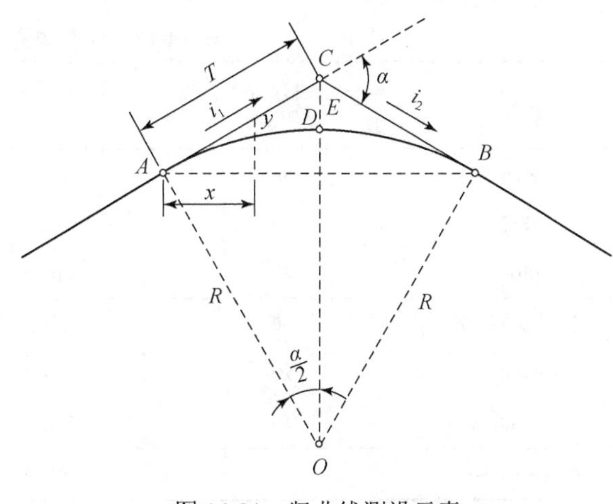

图 14-21 竖曲线测设元素

因ω很小，$\tan\frac{\omega}{2}=\frac{\omega}{2}$，则

$$T=R\cdot\frac{\omega}{2}=\frac{L}{2}=\frac{1}{2}R(i_1-i_2)\quad(14\text{-}36)$$

又因为ω很小，可以认为

$$DF=E$$

$$AF=T$$

根据三角形 ACO 与 ACF 相似，可以列出

$$\frac{R}{T}=\frac{T}{2E}$$

外距

$$E=\frac{T^2}{2R}\qquad(14\text{-}37)$$

同理可导出竖曲线上任一点 P 距切线的纵距（也称高程改正值）的计算公式：

$$y=\frac{x^2}{2R}\qquad(14\text{-}38)$$

式中，x为竖曲线上任一点 P 至竖曲线起点或终点的水平距离。y 值在凹形竖曲线中为正号，在凸形竖曲线中为负号。

例 14-6 设竖曲线半径 R=3000m，相邻坡段的坡度$i_1=3.1\%$，$i_2=1.1\%$，变坡点的里程桩号为 K16+770，其高程为 396.67m。如果曲线上每隔 10m 设置一桩，试计算竖曲线上各桩点的高程。

解：（1）计算竖曲线测设元素。

按式（14-35）～式（14-37）计算可得

$$L=3000\times(3.1-1.1)\%=60$$

$$T=\frac{60}{2}=30$$

$$E=\frac{30^2}{2\times3000}=0.15$$

（2）计算竖曲线起、终点桩号及高程。

起点桩号　K16+（770−30）=K16+740

起点高程　396.67−30×3.1%=395.74

终点桩号　K16+（770+30）=K16+800

终点高程　396.67+30×1.1%=397.00

（3）计算各桩竖曲线高程。

两坡道的坡度均为正值，且 $i_1>i_2$，故为凸形竖曲线，y 取负号。竖曲线高程计算表见表 14-12。

表 14-12　竖曲线高程计算表

桩号	至竖曲线起点或终点的平距 x/m	高程改正值 y/m	坡道高程 /m	竖曲线高程 /m	备注
起点 K16+740	0	0.00	395.74	395.74	
+750	10	−0.02	396.05	396.03	
+760	20	−0.07	396.36	396.29	
变坡点 K16+770	30	−0.15	396.67	396.52	
+780	20	−0.07	396.78	396.71	
+790	10	−0.02	396.89	396.87	
终点 K16+800	0	0.00	397.00	397.00	

计算出各桩的竖曲线高程后，即可在实地进行竖曲线的测设。

14.7　道路施工测量

道路施工测量主要包括路线中线的恢复、路基边桩的测设等工作。

1. 路线中线的恢复

从路线勘测到开始施工这段时间里，往往会有一些中桩丢失，故在施工之前，应根据设计文件进行中线的恢复工作，并对原来的中线进行复核，以保证路线中线位置准确可靠。恢复中线所采用的测量方法与路线中线测量方法基本相同。此外，对路线水准点也应进行复核，必要时还应增设一些水准点以满足施工需要。

由于路线中线桩在施工中要被挖掉或推掉，为了在施工中控制中线位置，需要在不易受施工破坏、便于引测、易于保存桩位的地方测设施工控制桩，方法如下。

1）平行线法

在设计的路基宽度以外，测设两排平行于中线的施工控制桩，如图 14-22 所示，控制桩的间距一般取 10～20m。

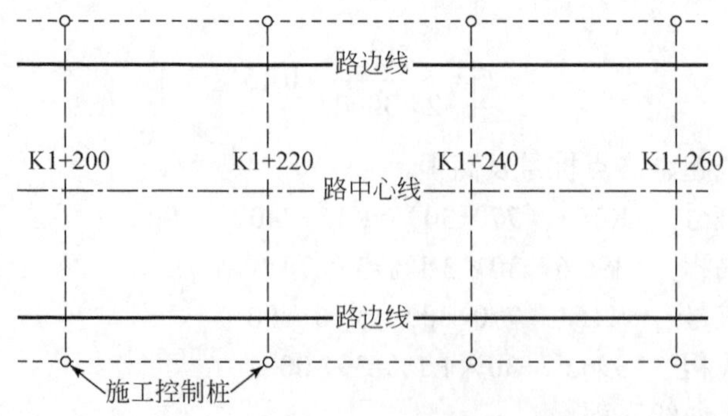

图 14-22　平行线法测设施工控制桩

2）延长线法

在路线转折处的中线延长线上及曲线中点 QZ 至交点 JD 的延长线上测设施工控制桩，如图 14-23 所示。量出控制桩至交点的距离并记录。

2. 路基边桩的测设

路基边桩的测设就是在地面上将每一个横断面的路基边坡线与地面的交点用木桩标定出来。边桩的位置由两侧边桩至中桩的距离来确定。常用的边桩测设方法如下。

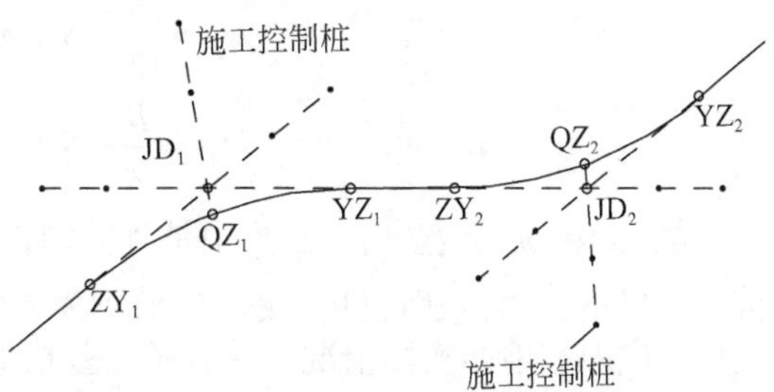

图 14-23　延长线法测设施工控制桩

1）图解法

直接在横断面图上量取中桩至边桩的距离，然后在实地用皮尺沿横断面方向测量其位置。当填挖方不很大时，采用此法较简便。

2）解析法

路基边桩至中桩的平距系通过计算求得。

（1）平坦地段路基边桩的测设。填方路基称为路堤，如图 14-24 所示，路堤边桩与中桩的距离为

$$l_{左}=l_{右}=\frac{B}{2}+mh \tag{14-39}$$

挖方路基称为路堑，如图 14-25 所示，路堑边桩至中桩的距离为

$$l_{左}=l_{右}=\frac{B}{2}+S+mh \tag{14-40}$$

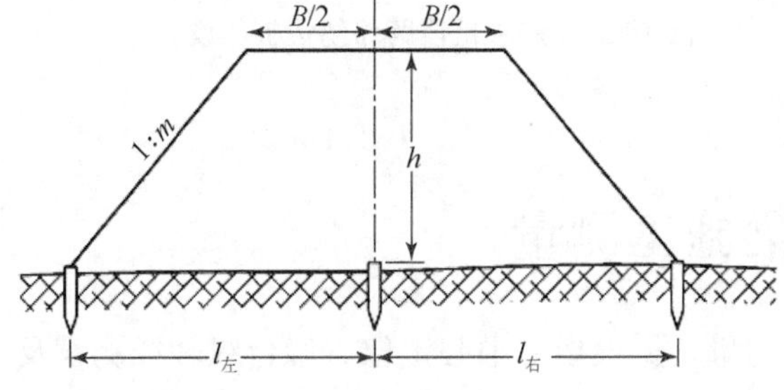

图 14-24　路堤边桩的测设

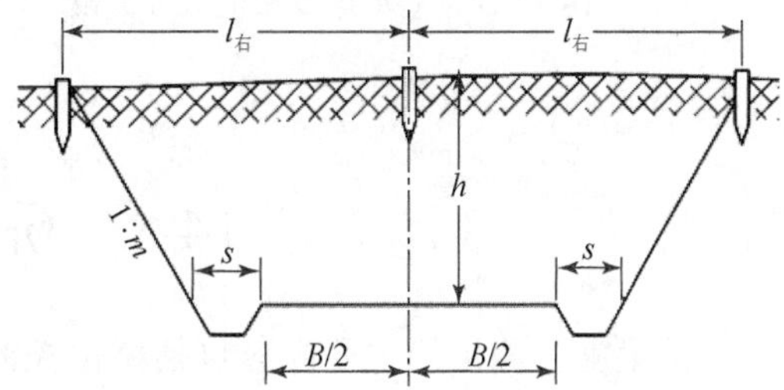

图 14-25　路堑边桩的测设

式（14-39）和式（14-40）中，B 为路基设计宽度；1∶m 为路基边坡坡度；h 为填方高度或挖方深度；S 为路堑边沟顶宽。

以上是断面位于直线段时求算 D 值的方法。若断面位于曲线上且有加宽时，在以上述方法求出 D 值后，还应将曲线内侧的 D 值加上加宽值。

（2）倾斜地段路基边桩的测设。在倾斜地段，边桩至中桩的距离随着地面坡度的变化而变化。如图 14-26 所示，路堤边桩至中桩的距离为

$$\left.\begin{aligned}D_{上}&=\frac{B}{2}+m(h_{中}-h_{上})\\D_{下}&=\frac{B}{2}+m(h_{中}-h_{下})\end{aligned}\right\} \tag{14-41}$$

如图 14-27 所示，路堑边桩至中桩的距离为

$$\left.\begin{aligned} D_{上} &= \frac{B}{2} + S + m(h_{中} + h_{上}) \\ D_{下} &= \frac{B}{2} + S + m(h_{中} - h_{下}) \end{aligned}\right\} \tag{14-42}$$

式中，B、S 和 m 为已知；$h_{中}$ 为中桩处的填挖高度，亦为已知；$h_{上}$、$h_{下}$ 为斜坡上、下侧边桩与中桩的高差，在边桩未定出之前则为未知数。因此在实际工作中采用逐渐趋近法测设边桩。先根据地面实际情况，并参考路基横断面，估计边桩的位置。然后测出该估计位置与中桩的高差，并以此作为 $h_{上}$、$h_{下}$，代入式（14-41）或式（14-42）计算 $D_{上}$、$D_{下}$，并据此在实地定出其位置。若估计位置与其相符，即得边桩位置。否则应按实测资料重新估计边桩位置，重复上述工作，直至相符为止。

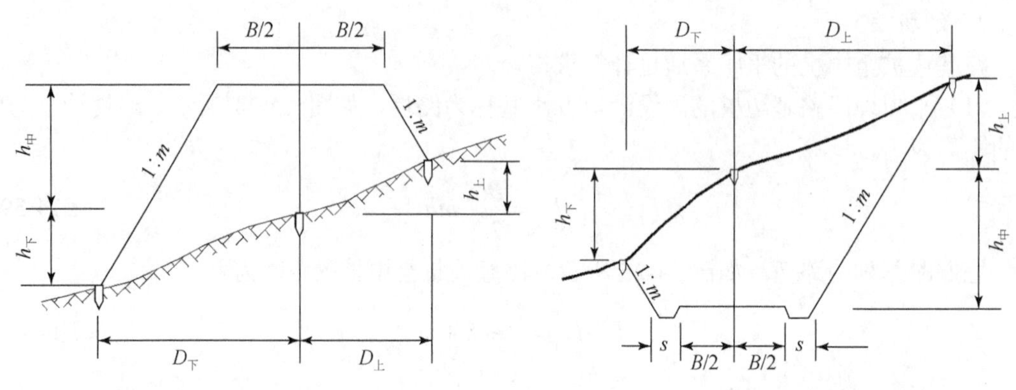

图 14-26　斜坡地段路堤边桩测设　　图 14-27　斜坡地段跨路堑边桩测设

14.8　桥梁施工测量

桥梁施工测量的主要内容包括桥位控制的量、桥梁墩台中心定位、墩台纵轴线测设及墩台施工放样等。

14.8.1　桥位控制测量

1. 桥位平面控制测量

为保证桥梁与相邻路线在平面位置上正确衔接，应在桥址两岸的路线中线上埋设控制桩。两岸控制桩的连线称为桥轴线。两控制桩之间的水平距离称为桥轴线长度。

建立桥位控制网的目的是按规定精度求出桥轴线的长度和放样墩台的位置。桥位平面控制可以采用三角网、边角测量或 GNSS 测量的方法，常用的桥位控制网图形有双三角形[图 14-28（a）]、大地四边形[图 14-28（b）]和双大地四边形[图 14-28（c）]。

布设成三角网时的网形要求如下。

（1）桥轴线一般与基线一端连接，成为控制网的一条边，桥轴线与基线交角尽量近于垂直，基线长度一般不小于桥轴线长度的 0.7 倍。

（2）三角网的传距角应尽量接近 60°，一般不宜小于 30°，困难情况下应不小于 25°。

（3）三角点应选在不被水掩、不受施工干扰的地方。

《公路勘测规范》（JTG C10—2007）规定的桥位三角网的主要技术指标见表 14-13。

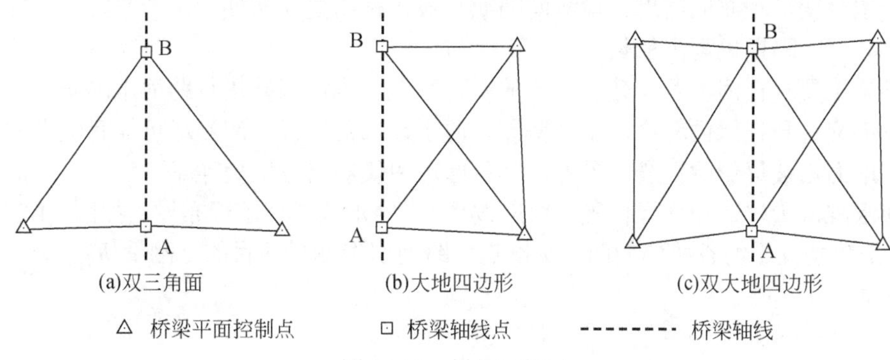

图 14-28　桥位三角网

表 14-13　桥位三角网主要技术指标

等级	测角中误差	桥轴线相对中误差	三角形最大闭合差	测回数		
				DJ_1	DJ_2	DJ_6
二等	±1.0″	1/250000	±3.5″	≥12	—	—
三等	±1.8″	1/150000	±7.0″	≥6	≥9	—
四等	±2.5″	1/100000	±9.0″	≥4	≥6	—
一级	±5.0″	1/40000	±15.0″	—	≥3	≥4
二级	±10.0″	1/20000	±30.0″	—	≥1	≥3

桥位三角网基线（边长）观测采用光电测距仪或全站仪测量，因此对基线场地没有特殊要求。三角网水平角观测采用方向观测法，桥轴线、基线（边长）及水平角观测的测回数应满足表 14-13 的规定。当布设成边角网时，可以适当放宽网形的限制，但控制网观测时应满足表 14-14 相应的指标要求。

表 14-14　桥位三角网观测技术要求

等级	卫星高度角	时段长度/min		平均重复设站数/（次/每点）	同时观测有效卫星数/个	数据采样率/s	GDOP
		静态	快速静态				
二等	≥15°	≥240	—	≥4	≥4	≤30	≤6
三等	≥15°	≥90	≥30	≥2	≥4	≤30	≤6
四等	≥15°	≥60	≥20	≥1.6	≥4	≤30	≤6
一级	≥15°	≥45	≥15	≥1.4	≥4	≤30	≤6
二级	≥15°	≥40	≥10	≥1.2	≥4	≤30	≤6

2. 高程控制

桥位的高程控制一般应采用水准测量的方法建立。水准点应埋设在桥址附近安全稳固、便于观测的位置，一般在桥址两岸各设置两个水准点；当桥长在 200m 以上时，每岸至少埋设 3 个水准基点，同岸 3 个水准点中的两个应埋设在施工范围之外，以免受到破坏。对于地质条件较差或易受破坏的地段，应加设辅助水准点或明、暗标识。桥位水准点应与路线水准点联测，必要时，应与桥位附近其他单位的水准点或工程设施联测。水准点的高程一般采用国家水准点高程，当相距太远，联测有困难时，可引用桥位附近其他单位的水准点，也可使用假定高程。

桥梁在施工过程中，还必须加设施工水准点。所有桥址高程水准点，不论是基本水准点还是施工水准点，都应根据其稳定性和应用情况定期检测，以保证施工高程放样测量和以后桥梁墩台变形观测的精度。检测间隔期一般在标石建立初期应短一些，随着标石稳定性逐步提高，间隔期也逐步加长。

桥梁施工要求在河流两岸建立统一的高程系统，因此需要进行跨河水准测量。跨河水准测量场地应选择在水面较窄、土质坚硬、便于设站的河段，应当尽可能有较高的视线高度，以免地面植被等影响视线。另外，安置标尺和仪器点应尽量等高。

跨河水准测量仪器和标尺位置一般应按“Z”字形或类似图形布设。如图 14-29 所示，A_1 和 A_2 是分别位于河谷两岸的两个水准点，跨河水准测量的目的是测量 $h_{A_1A_2}$。一测回的观测顺序如下。

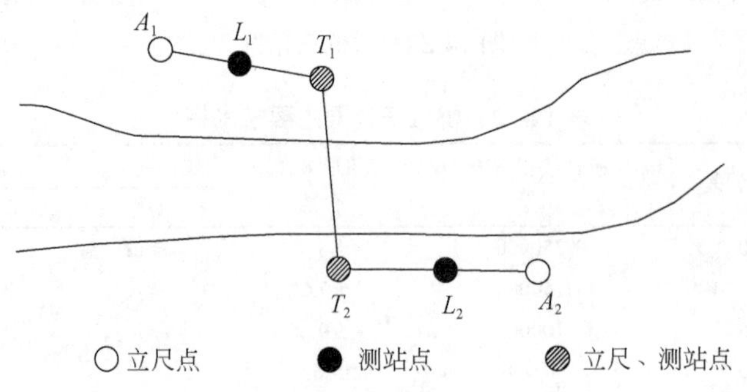

图 14-29　跨河水准测量的测站和立尺点

（1）如图 14-29 所示布设测量路线。T_1 和 T_2 处为仪器轮换安置点（同时是远标尺轮换安置点），A_1 和 A_2 处为近标尺安置点。要求 $A_1T_1=A_2T_2$，且为 10～20m。图中各点应当用直径不小于 5cm，长度为 30～50cm 的木桩牢固地打入地面，其顶端钉上铁帽钉供安装标尺用。

（2）在 A_1 和 T_1 中间的 L_1 位置整平水准仪，且使 $L_1A_1=L_1T_1$。用同一只标尺按一般操作规程，测定高差 $h_{T_1A_1}$。

（3）移动仪器到 T_1 点，精密整平仪器后，照准本岸 A_1 点上的水准标尺，用中丝读标尺基、辅分划各一次。

（4）将仪器转向，照准对岸 T_2 点上的远标尺。对准焦距后用胶布将调焦螺旋固定，用中丝法读标尺基、辅分划各两次。

以上（2）（3）（4）步骤为上半测回。

（5）在确保调焦螺旋不受触动的条件下，立即将仪器搬到对岸 T_2 点上，同时，A_1 点上的标尺也移到 T_1 点上。待仪器精密整平后，首先照准对岸 T_1 点上的远标尺，用中丝法读标尺基、辅分划各两次。

（6）精密整平仪器后，照准本岸 A_2 点上的水准标尺，用中丝读标尺基、辅分划各一次。

（7）在 A_2 和 T_2 中间 L_2 位置整平水准仪，且使 $L_2A_2=L_2T_2$。用同一只标尺按一般操作规程，测定高差 $h_{T_2A_2}$。

以上（5）（6）（7）步骤为下半测回。

由于跨河水准测量视线较长，读数困难，可在水准尺上安装一块可以沿尺上下移动的觇板。如图 14-30 所示，觇板用铝或其他金属或有机玻璃制造，背面设有夹具，可沿水准标尺面滑动，并能用固定螺丝控制，将觇板固定于标尺任一位置；觇板中央开一小窗，小窗中央安一水平指标线（用马尾丝或细铜丝）。由观测者指挥扶尺员上下移动觇板，使觇板上的水平指标线落在水准仪十字丝横丝上，然后由扶尺员在水准尺上读取标尺读数。

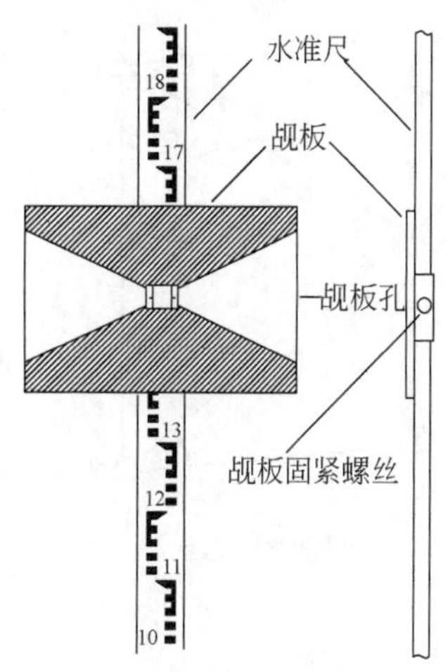

图 14-30　观测觇板

当水准路线等级为四等或五等、跨河视线长度超过 200m 时，应根据跨河宽度和仪器设备等情况，选用相应等级的光电测距三角高程测量。

14.8.2　桥梁墩台中心定位

桥梁墩台中心定位是桥梁施工测量的关键，根据桥轴线控制桩的里程和墩台中心的设计里程，以桥轴线控制点和平面控制点为依据，准确地测设出墩台中心位置和纵横轴线，以固定墩台位置和方向。若为曲线桥梁，其墩台中心不在桥端点的连线上，此时应考虑设计资料、曲线要素和主点里程等。直线桥梁墩台中心定位一般采用下述方法。

1. 直接测距法

当桥梁墩台位于无水河滩上，或水面较窄，用钢尺可以跨越丈量时，可用直接测距法。如图 14-31 所示，首先根据桥轴线控制点 *A*、*B* 和墩台中心的里程，即可求得其间距离。其次使用检定过的钢尺，考虑尺长、温度、倾斜三项改正，采用精密测设已知水平距离的方法，沿桥轴线方向从一端测至另一端，依次测设出各墩台的中心位置，最后与 *A*、*B* 控制点闭合，进行检核。经检核合格后，用大木桩加钉小铁钉标定于地上，定出各墩台中心位置。也可采用光电测距施测墩、台中心位置。

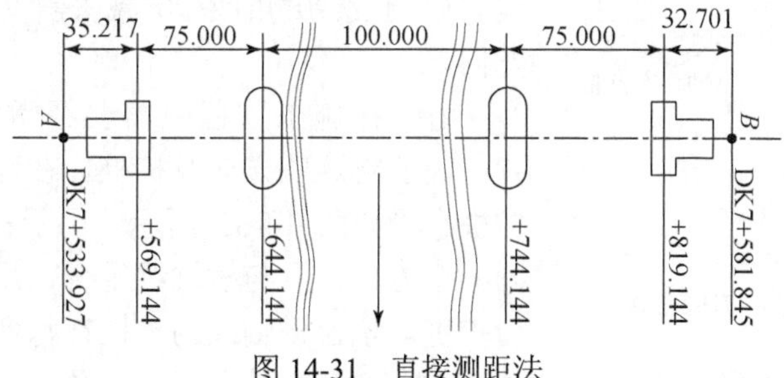

图 14-31　直接测距法

2. 角度交会法

当桥墩所在的位置河水较深，无法直接丈量，且不易安置反射棱镜时，则可用角度交会法测设墩位。

用角度交会测设墩位的方法，如图 14-32（a）和 14-32（b）所示，利用已有的平面控制点及礅位的已知坐标，计算出在控制点上应测设的角度α、β，将型号为 DJ_2 或 DJ_1 的三台经纬仪分别安置在控制点 *A*、*C*、*D* 上，从三个方向（其中 *AB* 为桥轴线方向）交会得出。交会的误差三角形[图 14-32（c）]在桥轴线上的距离 P_2P_3，对于墩底定位不宜超过 25mm，对于墩顶定位不宜超过 15mm。再由 P_1 向桥轴线作垂线 P_2P_3，*P* 点即为桥墩中心。当交会方向中不含桥轴线方向时，示误三角形的边长不应大于 30mm，并以示误三角形的重心作为桥墩台中心。

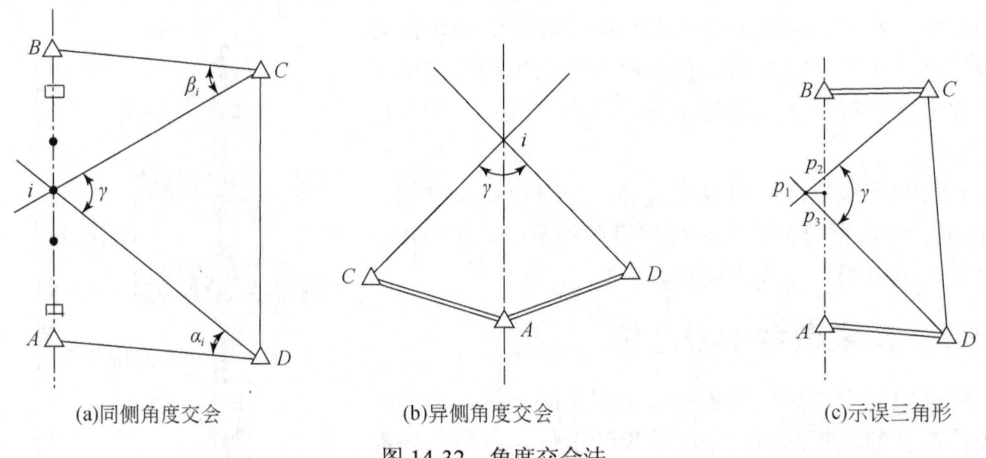

图 14-32　角度交会法

14.8.3　墩台纵横轴线测设

在墩台定位以后，还应测设墩台的纵横轴线，作为墩台细部放样的依据。在直线桥上，墩台的纵轴线是指过墩台中心平行于线路方向的轴线；在曲线桥上，墩台的纵轴线则为墩台中心处曲线的切线方向的轴线。墩台的横轴线是指过墩台中心与其纵轴垂直（斜交桥则为与其纵轴垂直方向成斜交角度）的轴线。

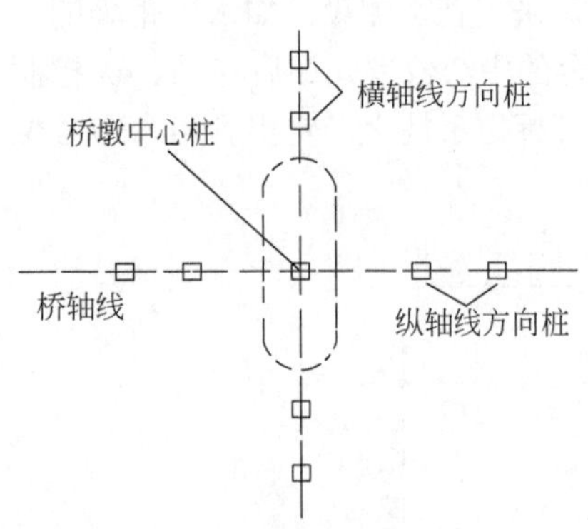

图 14-33　直线桥墩台护桩布设

在直线桥上，各墩台的纵轴线在同一个方向上，而且与桥轴线重合，无须另行测设。墩台的横轴线是过墩台中心且与纵轴线垂直或与纵轴垂直方向成斜交角度的，测设时应在墩台中心架设经纬仪，自桥轴线方向测设 90°角或 90°减去斜交角度，即为横轴线方向。

由于在施工过程中需要经常恢复纵横轴线的位置，需要将这些方向及护桩标在地面上，直线桥墩台护桩布设如图 14-33 所示。由于各个墩台的纵轴线是同一个方向，且与桥轴线重合，用桥轴线的控制桩作为护桩。墩台横轴线的护桩在每侧应不小于两个，以便在墩台修出地面一定高度以后，在同一侧仍能用以恢复轴线。施工中常常在每侧设置三个护桩，以防止护桩被破坏。护桩位置应设在施工场地外一定距离处。如果施工期限较长，则应用固桩方法将护桩加以保护。. 位于水中的桥墩，如采用筑岛或围堰施工，则可把纵横轴线测设于岛上或围堰上。

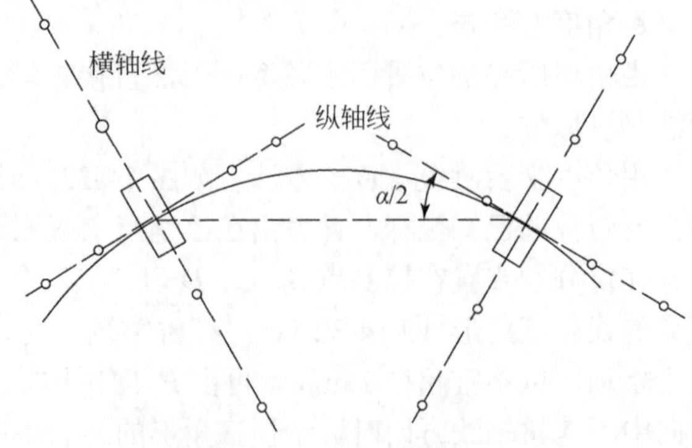

图 14-34　曲线桥墩台护桩布设

在曲线桥上，若墩台中心位于路线中线上，则墩台的纵轴线为墩台中心曲线的切线方向，而横轴与纵轴垂直。如图 14-34 所示，假定相邻墩台中心间曲

线长度为l，曲线半径为R，则

$$\frac{\alpha}{2}=\frac{180}{\pi}\cdot\frac{l}{2R}\ (°) \tag{14-43}$$

测设时，在墩台中心安置经纬仪，自相邻的墩台中心方向测设$\frac{\alpha}{2}$角，即得纵轴线方向，自纵轴线方向再测设 90°角，即得横轴线方向。若墩台中心位于路线中线外侧，应根据设计资料提供的数据采用上述方法测设墩台的纵横轴线。在纵横轴线方向上，每侧至少要钉设两个护桩。

14.8.4　墩台施工放样

桥梁墩台主要由基础、墩台身、台帽或盖梁三部分组成，其细部放样，是在实地标定好的墩位中心和桥墩纵、横轴线的基础上，根据施工的需要，按照施工图自下而上分阶段地将桥墩各部位尺寸放样到施工作业面上。

1. 基础施工放样

明挖基础是桥梁墩台基础常用的一种形式。它是在墩台位置处先挖基坑，将坑底整平以后，在坑内砌筑或灌筑基础及墩台身。当基础及墩、台身修出地面后，再用土回填基坑。视土质情况，坑壁可挖成垂直的或倾斜的。

在进行基坑放样时，根据墩台纵横轴线及基坑的长度和宽度测设出其边线。如果开挖基坑时，坑边要求具有一定的坡度，则应设放基坑的开挖边界线。设放边坡界线时，应根据坑底与地表的高差及坑壁坡度计算出其至坑边的距离，而坑边至纵横线的距离已知，根据图 14-35 所示的关系，边坡桩至墩台中心的距离D计算公式为

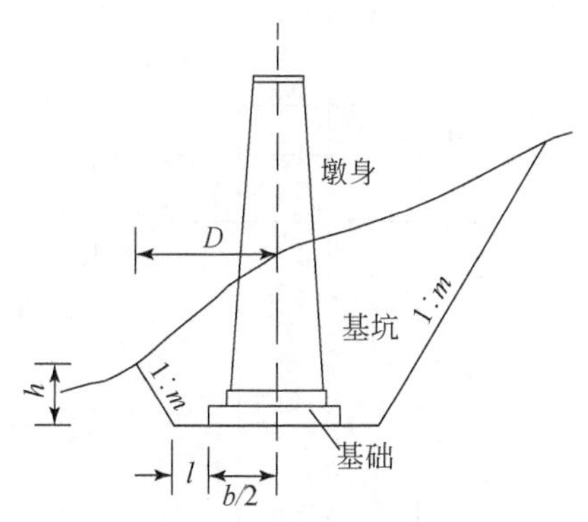

图 14-35　明挖基础基坑放样

$$D=\frac{b}{2}+l+h\times m \tag{14-44}$$

式中，b为坑底的长度或宽度；h为坑底与地表的高差；m为坑壁坡度系数的分母；l为预留工作宽度。

桩基础可分为单桩和群桩，单桩的中心位放样方法同墩台中心定位。群桩构造如图 14-36（a）所示，为在基础下部打入一组基桩，再在桩上灌筑钢筋混凝土承台，使桩和承台连成一体，然后在承台以上浇筑墩身。基桩位置放样如图 14-36（b）所示，以墩台纵横轴线为坐标轴，按设计位置用直角坐标法测设逐桩桩位。

2. 桥墩（柱）细部放样

基础完工后，应根据岸上水准基点检查基础顶面的高程。墩台细部放样是以其纵横轴线为依据的。如果墩台身是用浆砌圬工，则在砌筑每一层时，都要根据纵横轴线来控制其位置和尺寸。如果是用混凝土灌筑，则基础顶面和每一节顶面上都需要测出墩台的中心及其纵横轴线作为下一节立模的依据，在立模时，在模板的外面需预先画出其中心线，然后在纵横轴线的护桩上架设经纬仪，照准该轴线方向的另一护桩，根据这一方向校正模板的位置，直至模板中线位于视线的方向上。

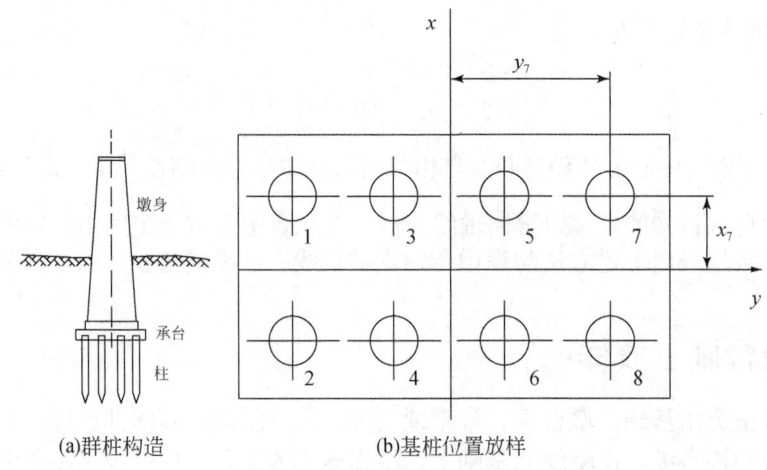

图 14-36　桩基础施工放样

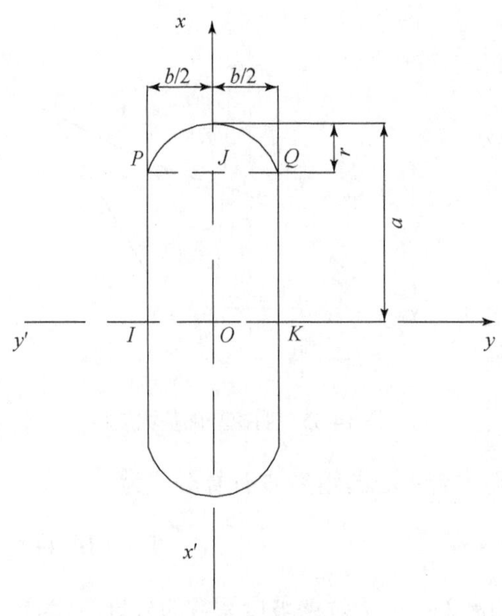

图 14-37　圆头墩身放样

图 14-37 为圆头墩身放样。设墩身某断面长度为 a，宽度为 b，圆头半径为 r，可以墩中心 O 点为准，根据纵横轴线及相关尺寸，用直角坐标法可测设出 I，K，P，Q 点和圆心 J 点。然后以 J 点为圆心，r 为半径可放出圆弧上各点。同样放样出桥墩的另一端。

3. 台帽与盖梁放样

当墩台身砌筑完毕时，测定出墩台中心及纵横轴线，以便安装墩台帽的模板，安装锚栓孔，安装钢筋。横板立好后应再一次进行复核，以确保台帽或盖梁中心、锚栓孔位置等符合设计要求，并在模板上标出墩台帽顶面标高，以便灌筑。

支承垫石是墩台帽上的高出部分，供支承梁端之用。支承垫石的放样是根据设计图纸所给出的数据，从纵横轴线放出，在灌筑垫石时，应使混凝土面略低于设计高程 1～2cm，以便用砂浆抹平到设计标高。

墩台施工时，各部分的高程是通过布设在附近的施工水准点传递到墩台身或围堰上的临时水准点，然后由临时水准点用钢尺向下或向上量取的。但墩台帽的顶面及垫石的高程等则用水准仪测设。

14.9　隧 道 测 量

14.9.1　隧道测量概述

在隧道施工中，为了加快工程进度，一般由隧道两端洞口相向开挖。长大隧道施工时，通常还要在两洞口间增加平硐、斜井或竖井，以增加掘进工作面，加快工程进度。隧道自两端洞口相向开挖，在洞内预定位置挖通，称为贯通，因此，隧道测量也称为贯通测量。隧道测量的任务是：准确测设出洞口、井口、坑口的平面位置和高程；隧道开挖时，测设隧道中线的方向和高程，指示掘进方向，保证隧道按要求的精度正确贯通；放样洞室各细部的平面位置与高程，放样衬砌的位置等。

与地面测量工作不同的是，隧道施工的掘进方向在贯通之前无法通视，只能完全依据沿隧道中线布设的支导线来指导施工。因为支导线无外部检核条件，同时隧道内光线暗淡，工作环境较差，在测量工作中极易产生疏忽或错误，造成相向开挖隧道的方向偏离设计方向，使隧道不能正确贯通，其后果是必须部分拆除已经做好的衬砌，削帮后重新衬砌，或采取其他补救措施，这样不但令产生巨大的经济损失，还会延误工期。所以，进行隧道测量工作时，要十分认真细致，除按规范的要求严格检验与校正仪器外，还应注意采取多种有效措施削弱误差，避免发生错误。

由于工程性质和地质条件的不同，地下工程的施工方法也不相同。施工方法不同，对测量的要求也有所不同。总的来说，地下隧道施工需要进行的测量工作主要包括在地面上建立平面和高程控制网的地面控制测量、建立地面地下统一坐标系统的联系测量、地下控制测量和隧道施工测量。

14.9.2　地面控制测量

1. 平面控制测量

地面平面控制网是包括进口控制点和出口控制点在内的控制网，并能保证进口点坐标和出口点坐标及两者的连线方向达到设计要求。地面平面控制测量一般采用导线法、三角（边）锁和 GNSS 法。

1）导线法

洞外地形复杂，量距又特别困难时，光电测距导线作为洞外控制，已是主要的方法。施测导线时尽量使导线为直伸形，减少转折角，使测角误差对贯通的横向误差减小。

2）三角（边）锁法

长隧道都位于地形复杂的山岭地区，可采用此方法建立精密三角网。隧道小三角控制网如图 14-38 所示，对到三角网一般布设成沿隧道路线方向延伸的单三角锁，最好沿洞口连线方向布设成直伸型三角锁，以减小边长误差对横向贯通的影响。三角锁必须测量高精度的基线，测角精度要求也较高，如《公路勘测规范》（JTG C10—2007）规定二等小三角网

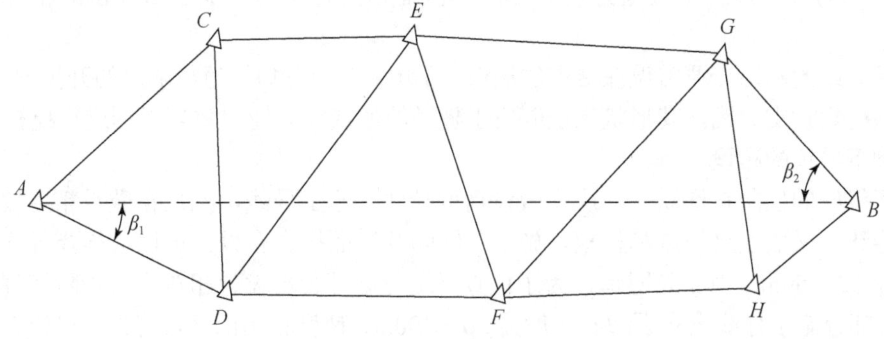

图 14-38　隧道小三角控制网

的测角精度为±1″。起始边的相对误差不应低于 1/250000，最弱边相对中误差不低于 1/100000。如果有较高精度的测距仪，多测几条起始边，用测角锁计算比较简便。根据各控制点坐标可推算开挖方向的进洞关系角度β_1，β_2。如在 A 点后视 C 点，拨角β_1，即得进洞的中线方向。

3）GNSS 法

利用 GNSS 定位系统建立洞外的隧道施工控制网，由于无需通视，没有测量误差积累，特别适合特长隧道及通视条件较差的山岭隧道，并能保证施工控制网的精度。布设 GNSS 网时，一般只需在洞口处布点。对于直线隧道，洞口点选在线路中线上，另外再布设两个定向点，除要求洞口点与定向点通视外，定向点之间不要求通视，对于曲线隧道，还应把曲线上的主要控制点包括在网中。图 14-39 为一GNSS 控制网布网方案，A、B 点分别为隧道的进口点和出口点，在竖井口、斜井口、进口 A、出口 B 设置 GNSS 观测点，构成边连式网形结构，可靠性高。如果需要与国家高级控制点联测，可将两个高级点与该网组成整体网，或联测一个高级点和给出一个方位角。

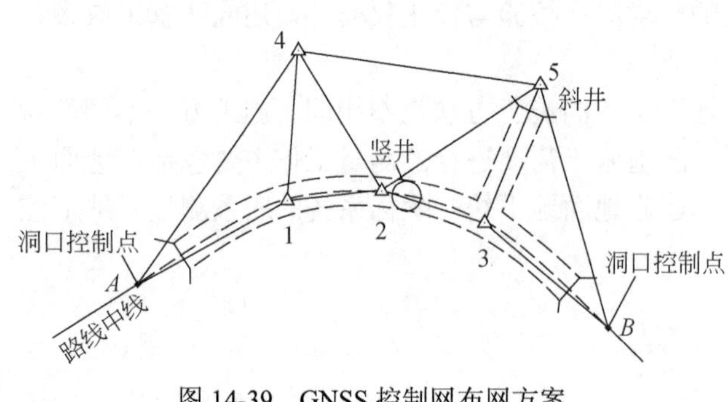

图 14-39　GNSS 控制网布网方案

2. 地面高程控制测量

高程控制测量的任务是按照规定的精度测量两开挖洞口附近水准点的高程，作为高程引测进洞的依据。每一洞口埋设的水准点应不少于两个，两个水准点的位置以能安置一次仪器即可联测为宜。水准路线应选择连接各洞口较平坦和最短的路线，且形成闭合环或敷设两条相互独立的水准路线，以达到测站少、观测快、精度高的要求。由已知水准点从一端洞口向另一端洞口观测。水准测量的等级取决于两洞口间水准路线的长度。中短隧道通常用三、四等水准测量，长隧道用二等水准测量。

14.9.3　地下控制测量

隧道地下平面控制一般采用导线测量。其目的是以必要的精度，按照与地面控制测量统一的坐标系统，建立地下的控制系统。根据地下导线的坐标，就可以放样出隧道中线及其衬砌的位置，指出隧道开挖的方向，保证相向开挖的隧道在所要求的精度范围内贯通。

地下导线的起始点通常设在隧道的洞口、平坑口、斜井口，随着隧道的开挖向前延伸，因此，只能敷设支导线，其形状完全取决于隧道的形状，只能用重复观测进行检核。

1. 地下导线的布设

为了很好的控制贯通误差，应先敷设精度较低的施工导线，然后再敷设精度较高的基本控制导线，采取逐级控制和检核。施工导线随开挖面推进布设，用以放样指导开挖，边长一般为 25～50m。对于长隧道，为了检查隧道方向是否与设计相符合，当隧道掘进一段后，选择部分施工导线点布设边长一般为 50～100m、精度较高的基本导线，以检查开挖方向的精度。当特长隧道掘进大于 2 km 时，可选部分基本导线点敷设主要导线，其边长一般为 150～300m，用测距仪测边，并加测陀螺边以提高方位的精度。因此导线布设时应考虑到点位、精度和贯通精度要求。地下控制导线布设方案如图 14-40 所示，其中 *A*、*B*、*C*、…为主导线，*a*、*b*、*c*、…为基本导线，1、2、3、…为施工导线。隧道施工中，导线点大多埋设在洞顶板，测角、量距与地面大不相同。

由于地下导线布设成支导线，而且测一个新点后，中间要间断一段时间，当导线继续向前测量时，需先进行原测点检测。在直线隧道中，检核测量可只进行角度观测；在曲线隧道中，还需检核边长。在有条件时，尽量构成闭合导线。同时，由于地下导线的边长较短，仪器对中误差及目标偏心误差对测角精度影响较大，应根据施测导线等级，增加对中次数。井下导线边长丈量可用钢尺或测距仪进行。

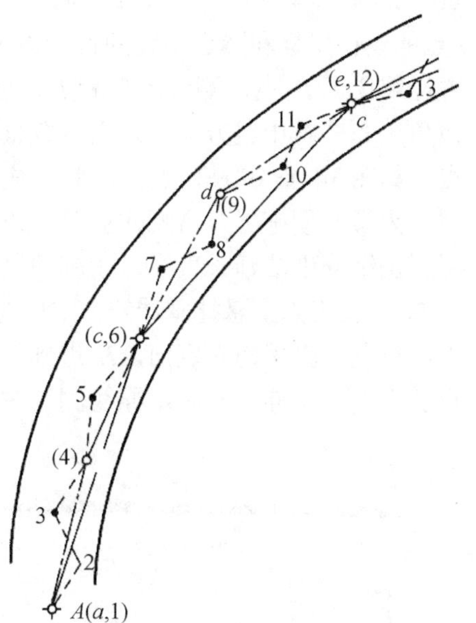

图 14-40　地下控制导线布设方案

2. 地下导线的外业

隧道中的导线点要选在坚固的地板或顶板上，应便于观测和安置仪器、通视较好，边长要大致相等，且不小于 20m。测角一般用测回法，观测时要严格进行对中，瞄准目标或垂球线上的标识。如果导线点在洞顶，则要求经纬仪具有向上对中功能。量边一般采用悬空丈量。在水平巷道内丈量水平距离时，望远镜放水平瞄准目标或垂球线，在视丝与垂球线的交点处做标识（大头针和小钉）。距离超过一尺段，中间要加分点。如果是倾斜巷道，又是点下对中，还要测出竖直角。若用光电测距仪测量边长，既方便又快速。

3. 地下导线测量的内业

导线测量的计算与地面相同。只是地下导线随隧道掘进而敷设，在贯通前难以闭合，也难以附合到已知点上，是一种支导线的形式。因此，根据对支导线的误差分析可知，测角误差对导线点位的影响随测站数的增加而增大，故尽量增长导线边，以减少测站数；量边的系统误差对隧道纵向误差影响较大，测角误差对隧道横向误差影响较大。

4. 地下高程控制测量

当隧道坡度小于 8°时，多采用水准测量建立高程控制；当坡度大于 8°时，可采用三角高程测量。随着隧道的掘进，可每隔 50m 在地面上设置一个洞内高程控制点，也可埋设在洞顶或洞壁上，也可将导线点作为高程控制点。但都力求稳固或便于观测。地下高程控制测量都是支水准路线，必须往返观测进行检核。若有条件尽量闭合或附合。

地下高程测量方法与地面基本相同。若水准点在顶板上，水准尺倒立于点下，规定倒尺的读数为负值，高差的计算与地面相同。

14.9.4　隧道施工测量

在隧（巷）道掘进过程中首先要给出掘进的方向，即隧道的中线；同时要给出掘进的坡度，称为腰线。这样才能保证隧道按设计要求掘进。

1. 隧道中线的测设

隧道施工时通常用中线确定掘进方向。先用经纬仪根据洞内已敷设的导线点设置中线点。如图 14-41 所示，P_3，P_4 为已敷设导线点，i 为待定中线点，已知 P_3，P_4 的实测坐标、i 点的设计坐标和隧道中线的设计方位角，即可推算出放样中线点所需的数据 β_4，β_i 和 L_i。置经纬仪于 P_4 点，测设 β_4 角和 L_i，便可标定 i。在 P_i 点埋设标识并安置仪器，后视 P_4 点，拨角 β_i 角即得中线方向。随着开挖面向前推进，便需要将中线点向前延伸，埋设新的中线点，如图 14-41 中 i+1 点。由此构成施工控制点，各施工控制点间的距离不宜超过 50m。

为了方便施工，常规作业是在近工作面处采用串线法指导开挖放线。在工作面附近，用正倒镜分中法延长直线，在洞顶设置三个临时中线点 D，E，F（图 14-42），间距不宜小于 5m。在三点上悬挂垂球线，定向时，一人在 E 点指挥，另一人在作业面上用红油漆标出中线位置。因用肉眼定向，E 点到作业面的距离不宜超过 30m。当继续向前掘进时，导线也随之向前延伸，同时用导线测设中线点，检查和修正掘进方向。

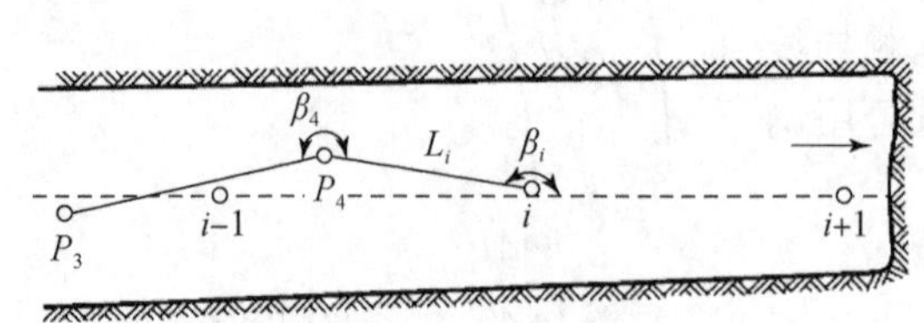

图 14-41　隧道中线测设图

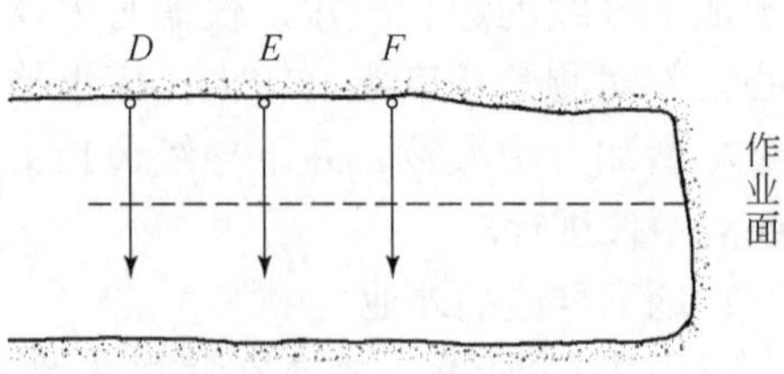

图 14-42　串线法定中线

2. 隧道腰线的标定

在隧道掘进过程中，除给出中线外，还要给出掘进的坡度。一般用腰线法放样坡度和各部位的高程。作业时在两侧洞壁每隔 5～10m 测设出高于洞底设计高程约 1m 的腰线点。腰线点测设一般采用视线高法。如图 14-43 所示，A 点高程 H_A 为已知，且已知 B 点的设计高程 $H_{设}$，设坡度为 i，在中线上量出 1 点距 B 点距离 l_1、1 点距 2 点之间的距离 l_0 和 2 点距 3 点之间的距离 l_0，就可计算 1，2，3 点的设计高程为

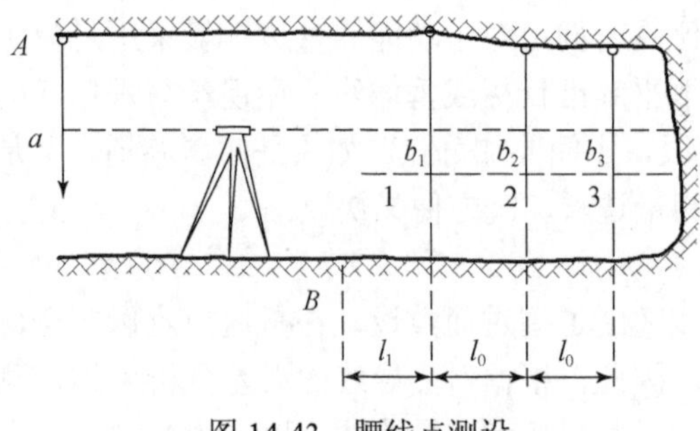

图 14-43　腰线点测设

$$H_1 = H_{设} + l_1 i + 1(\text{m})$$
$$H_2 = H_1 + l_0 i$$
$$H_3 = H_2 + l_0 i$$

安置水准仪后视 A 点，读数 a，仪器高程为 $H_{仪}=H_A-a$。

分别瞄准 1，2，3 点的边邦上的相应位置的水准尺，使读数分别为

$$\left.\begin{aligned} b_1 &= H_1 - H_{仪} \\ b_2 &= H_2 - H_{仪} \\ b_3 &= H_3 - H_{仪} \end{aligned}\right\} \tag{14-45}$$

尺底即是腰线点的位置。可在两侧标识 1，2，3 点，三点的连线即为腰线。

3. 开挖断面的测设

由于隧道内工作面狭小，光线暗淡，在隧道施工中，一般使用具有激光指向功能的全站仪、激光经纬仪或激光指向仪来指示掘进方向。当采用盾构施工时，可以使用激光指向仪后激光经纬仪配合光电跟踪靶，指示掘进方向。

若用凿岩爆破法施工，则每爆破一次后，都应将设计隧道断面放样到开挖面上，以供施工人员安排炮眼，准备下一次爆破。隧道断面测设如图 14-44 所示，开挖断面的放样是在中垂线 *VV* 和腰线 *HH* 的基础上进行的，它包括量边倒墙和拱顶两部分的放样工作。在设计图纸上一般都给出断面的宽度、拱脚和拱顶的标高、拱曲线半径等数据。侧墙的放样是以中垂线 *VV* 为准，向两边量取开挖宽度的一半，用红漆或白灰标出，即是侧墙线。拱形部分可根据计算或在 AutoCAD 上标注的尺寸放样出圆周上的 1′，2′，3′等点，然后，连成圆弧。

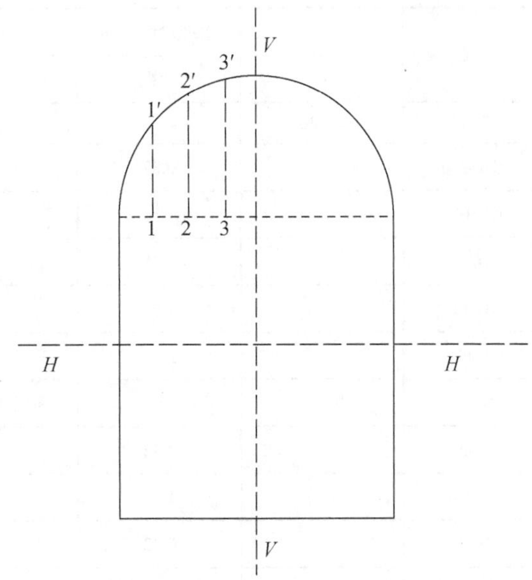

图 14-44　隧道断面测设

思考与练习题

1. 道路中线测量的内容是什么？

2. 什么是路线的转角？如何确定转角是左转角还是右转角？

3. 已知路线导线的右角β:（1）β=210°42′;（2）β=162°06′。试计算路线转角值，并说明是左转角还是右转角。

4. 在路线右角测定之后，保持原度盘位置，如果后视方向的读数为 32°40′00″，前视方向的读数为 172°18′12″，试求出分角线方向的度盘读数。

5. 里程桩是如何分类的？加桩有什么类型？ZH 属于什么桩？JD 属于什么桩？

6. 路线纵横断面测量的任务是什么？

7. 已知交点的里程桩号为 K4+300.18，测得转角$\alpha_{左}$=17°30′，圆曲线半径 R=500m，若采用切线支距法并按整桩号法设桩，试计算各桩坐标。并说明测设步骤。

8. 已知交点的里程桩号为 K10+110.88，测得转角$\alpha_{左}$=24°18′，圆曲线半径 R=400m，若采用偏角法按整桩号设桩，试计算各桩的偏角及弦长（要求前半曲线由曲线起点测设，后半曲线由曲线终点测设）。并说明测设步骤。

9. 什么是缓和曲线？缓和曲线长度如何确定？

10. 已知交点的里程桩号为 K21+476.21，转角$\alpha_{右}$=37°16′，圆曲线半径 R=300m，缓和曲线长 l_h 采用 60m，试计算该曲线的测设元素、主点里程及缓和曲线终点的坐标，并说明主点的测设方法。

11. 完成表 14-15 的中平测量记录计算表。

表 14-15 中平测量记录计算表

测点	水准尺读数/m			视线高程/m	高程/m	备注
	后视	中视	前视			
BM_5	1.426				417.628	
K4+980		0.87				
K5+000		1.56				
+020		4.25				
+040		1.62				
+060		2.30				
ZD_1	0.876		2.402			
+080		2.42				
+092.4		1.87				
+100		0.32				
ZD_2	1.286		2.004			
+120		3.15				
+140		3.04				
+160		0.94				
+180		1.88				
+200		2.00				
ZD_3			2.186			

12. 洞内支导线布设与测量有什么特点？水平角观测应注意什么？
13. 桥位平面控制网可以采用什么方法布设？有哪些图形？
14. 什么是墩台施工定位？简述墩台位常用的几种方法。

参考文献

陈久强，刘文生. 2006. 土木工程测量. 北京：北京大学出版社

陈丽华. 2006. 土木工程测量. 杭州：浙江大学出版社

段琪庆，王倩. 2017. 土木工程测量. 北京：科学出版社

高等学校土木工程专业教学指导委员会. 2011. 高等学校土木工程专业本科指导性专业规范. 北京：中国建筑工业出版社

高井祥，肖本林，付培义，等. 2015. 数字测图原理与方法. 3 版. 徐州：中国矿业大学出版社

国家测绘局. 2010. 全球定位系统实时动态测量（RTK）技术规范（CH/T 2009—2010）. 北京：测绘出版社

罗新宇. 2003. 土木工程测量学教程. 北京：中国铁道出版社

宁津生，陈俊勇，李德仁，等. 2016. 测绘学概论. 3 版. 武汉：武汉大学出版社

牛全福，党星海，郑加柱，等. 2017. 工程测量. 2 版. 北京：人民交通出版社

潘正风，程效军，成枢，等. 2009. 数字测图原理与方法. 2 版. 武汉：武汉大学出版社

覃辉，于超，朱茂栎. 2019. 土木工程测量. 5 版. 上海：同济大学出版社

全国科学技术名词审定委员会测绘学名词审定委员会. 2020. 测绘学名词. 4 版. 北京：测绘出版社

索俊锋，杨学锋. 2015. 土木工程测量. 北京：国防工业出版社

许娅娅，雒应. 2010. 测量学. 北京：人民交通出版社

张豪. 2019. 土木工程测量. 北京：中国建筑工业出版社

张坤宜. 2013. 交通土木工程测量. 4 版. 北京：人民交通出版社

张正禄，等. 2005. 工程测量学. 武汉：武汉大学出版社

中华人民共和国国家测绘局. 2006. 国家一、二等水准测量规范（GB/T 12897—2006）. 北京：中国标准出版社

中华人民共和国住房和城乡建设部，国家市场监督管理总局. 2020. 工程测量标准（GB 50026—2020）. 北京：中国计划出版社

中华人民共和国国家市场监督管理总局，中国国家标准化管理委员会. 2020. 卫星导航定位基准站网络实时动态测量（RTK）规范（GB/T 39616—2020）. 北京：中国标准出版社

中华人民共和国国家质量监督检验检疫总局，中国国家标准化管理委员会. 2009a. 国家三、四等水准测量规范（GB/T 12898—2009）. 北京：中国标准出版社

中华人民共和国国家质量监督检验检疫总局，中国国家标准化管理委员会. 2009b. 全球定位系统（GPS）测量规范（GB/T 18314—2009）. 北京：中国标准出版社

中华人民共和国国家质量监督检验检疫总局，中国国家标准化管理委员会. 2017. 国家基本比例尺地图图式 第 1 部分：1∶500 1∶1000 1∶2000 地形图图式（GB/T 20257.1—2017）. 北京：中国标准出版社

中华人民共和国交通部. 2007. 公路勘测规范（JTG C10—2007）. 北京：人民交通出版社

中华人民共和国住房和城乡建设部. 2012. 城市测量规范（CJJ/T8—2011）. 北京：中国建筑工业出版社

中华人民共和国住房和城乡建设部. 2016. 建筑变形测量规范（JGJ 8—2016）. 北京：中国建筑工业出版社